U0067287

成人生涯發展

概念、議題及實務

Adult Career Development: Concepts, Issues and Practices

▶Spencer G. Niles 主編
▶蕭文　校閱
▶彭慧玲、蔣美華、林月順　譯

Adult Career Development

Concepts, Issues and Practices

Third Edition

Edited by: Spencer G. Niles

目錄

CONTENTS

主編者簡介

Spencer G. Niles

經歷：《諮商與發展》（*Journal of Counseling and Development*）雜誌編輯

全國生涯發展協會（National Career Development Association, NCDA）主席及公共政策研究中心負責人

美國賓州州立大學（Pennsylvania State University）教授兼系主任

專長：諮商員教育、諮商心理學及復健諮商

其他：榮獲 2007 年 NCDA 傑出成就獎

2005 至 2006 年擔任 NCDA 北大西洋地區理事

2004 至 2005 年擔任 NCDA 理事長

多篇專題論文的作者及共同執筆者

生涯發展與公共政策研究中心（Center for the Study of Career Development and Public Policy）共同召集人

通訊地址：327 Cedar Building
Penn State University
University Park, PA 16802

校閱者簡介

蕭文

學歷：美國密蘇里大學諮商心理學博士

現職：國立暨南國際大學輔導與諮商研究所所長
國立暨南國際大學教務長

經歷：中國輔導學會理事長
國立彰化師範大學輔導與諮商學系教授、系主任

譯者簡介

彭慧玲（負責第 11 至 15 章之翻譯）

學歷：美國賓州州立大學諮商員教育博士
美國威斯康辛大學（University of Wisconsin-River Falls）輔導碩士

現職：國立台北商業技術學院財務金融系教授
國立台北商業技術學院兼任學生輔導中心諮商心理師與諮商實習生督導

經歷：國立台北商業技術學院學生輔導中心主任
國立暨南國際大學輔導與諮商研究所兼任教授
國立台灣師範大學復健諮商研究所兼任教授
國立彰化師範大學復健諮商研究所兼任教授

蔣美華（負責第 1 至 5、16 至 22 章之翻譯）

學歷：國立彰化師範大學輔導與諮商研究所教學碩士

現職：台北市立聯合醫院中正區社區門診諮商心理師
台北縣市中小學到校服務諮商心理師
國立台北商業技術學院學生輔導中心諮商心理師兼諮商實習生督導

經歷：台北市立聯合醫院萬華區社區門診諮商心理師
東南科技大學兼任健康心理學講師
高中、大專輔導老師

林月順（負責第 6 至 10 章之翻譯）

學歷：國立政治大學心理學學士

現職：國立台北商業技術學院財務金融系助教

經歷：國立台北商業專科學校代理學生輔導中心主任
開南商工兼任輔導老師

致中文版讀者序

2009年，大多數的成人正經驗到：自己生命中複雜多元化、多樣貌職涯發展就業市場的挑戰，更多人面臨到整個產業勞動力結構變遷的衝擊；加上電腦科技的進步，早已取代了部分工作，許多行業可能甚至不久就會消失。所以，終生學習變成了所有成人一生中必要的責任也是義務。當下，幾乎所有的上班族，都會在生涯發展的某個階段或關鍵時刻，出現必要的工作轉換與調適；而雙生涯夫妻也得更努力取得工作與家庭的平衡。面對這些全球性的劇變，生涯輔導理論專家們，正奮力地在當今的社會環境脈絡中，透過不同當事人的生涯敘說，企圖整合出更適切的職涯論述與意義；而從事生涯實務工作者，更努力從當事人所切身關切的生涯議題上，去找到更適切、有效的實務策略與方法。本書每章的作者，對當代上班族所經驗到的相關工作議題，均提出不同的創新理論、模式，並針對不同族群當事人所經驗到的特定議題，提出實務性的創新策略及不同的因應方式。我很榮幸有機會與所有參與作者一起完成這本書，希望所有輔導領域的讀者們能親身體驗本書的價值，並將本書列為手邊的重要資源與專業圖書之一。

Today, adults experience multiple challenges in their career development. Contingent work forces characterize the work experience for many. Others find their jobs replaced by technology or eliminated altogether. Lifelong learning is a necessity for all and nearly all working adults change their jobs at some point in their working lives. Dual-career couples strive to balance work and family responsibilities. Career theorists struggle to provide descriptions of career processes that are relevant for the current context. Career practitioners seek more effective ways to address their client's career concerns. This book provides some relief to those experiencing such challenges. The chapter authors offer innovative theories, models, and practices that address contemporary issues workers experience. They propose strategies that creatively address career counseling client concerns. They provide sensitive solutions to specific issues experienced by diverse clients. I am honored to be associated with these authors and hope that the readers find this book to be a valuable addition to their professional libraries.

Spencer G. Niles

序言

全國生涯發展協會（NCDA）很榮幸能推出原文書第三版的《成人生涯發展——概念、議題及實務》。Spencer G. Niles 深知這些作者們在成人生涯發展領域都能提出最具人性思維，且合乎當前趨勢的理論和實務。

隨著世界的迅速變動，人們的生活深受影響，有關於成人生涯發展重要性的認識，在過去幾十年中也有所加深。科技的改變帶來了新的職業，並改革了現有的職業。當前的工作世界已不斷重塑所有成人的工作生活，為某些人帶來經濟的改變與機會，也造成另外一些人生活上的困境。更好的健康生活知識及醫學的進步，延長了我們的壽命，同時許多人對於工作的意義及下半輩子的收入，產生了新的疑慮。

改變是持續的，所以我們必須專注去因應這些改變將如何影響我們當事人的生涯。NCDA 出版本書，以協助合格的諮商輔導員及其他生涯發展專業人員，提供能掌握的訊息與暢通情報的服務，給這些正面臨生活挑戰和機會的成人們。

協會在此表達對 Spencer G. Niles 及所有作者們的感謝，因為他們貢獻了這麼重要的一本書。透過他們的努力及付出，使得這部資源得以問世。我們相信，您將會感激從本書中所獲得的知識。

Roger Lambert

NCDA 理事長（2001-2002）

致謝

非常感謝全國生涯發展協會董事會以及執行董事 Deneen Pennington 對本書出版計畫的大力支持。Carri Hoffman 提供了優秀的編輯專業，並且主導了本書最終版本的完成。本人非常感謝 Carri 在此計畫上的努力，也非常感謝各章的作者對本書所付出的時間及心力，能與作者群交流分享是本人的榮幸，他們優質的著作以及對專業的執著，是啟迪人心的。

一如往常，我要感謝我的家人（Hugh、Polly、Kathy、Jenny、Jonathan、Susan 和 Sandra）教導著我，其實生涯發展就發生在整個生命發展的脈絡中。

對於讀者，本人誠摯地希望，在有生之年當你正奮力思考如何運用此寶貴資源協助人時，本書能助你一臂之力。

Spencer G. Niles
賓州州立大學

推薦序——金序

生涯的問題，原來就是一個相當複雜的問題；而成人的生涯問題，經緯萬端，處理起來更是困難無比。從時間的縱深觀之，成人經歷了生命發展的關鍵三分之一甚或二分之一，歷經出生、成長、學習與探索的幾個關鍵階段，生涯的選擇與安置揉合了生命前期的經驗，從生澀到老練，涉世已深。從空間的廣袤觀之，生命角色從單純的學生、友朋進入到夫妻、父母，生涯發展不是在真空中運作，各種角色與任務糾結纏繞，盤根錯節。生涯決定無法從自我一個角度單純的考量，而是觸一髮而動全身。歷經人生之風霜，當生涯的困境浮現，整個問題已然不是我們看到的冰山一角，而是一個難以撼動，冷冽而又堅固的龐然巨物。

2008 年，前所未有的金融海嘯席捲全世界，各國政府除了卯勁於經濟與金融的措施外，也緊緊盯住節節攀升的失業率。失業率是一個社會安定與否的重要指標，一個安定的工作也是一個人維持自身價值的重要護身符。然而，當一個成人在考慮：「下一步該怎麼走」的時候，不只是一個職務移動的問題，而是一個對生命安置的重要提問。1946 年的諾貝爾文學獎得主赫曼赫塞（Hermann Hesse）中年對自己提出這個問題時，足足花了十年的光陰（1916-1926），在心理分析大師容格（Carl Jung）和他學生的協助下，才能邁出下一步。

成年人跨出生命的下一步，得搬開許多阻擋在前面的石頭。生涯諮商人員所面對的挑戰，因此既艱且鉅。本書是一本值得我們放在案頭的參考手冊。每一篇文章的作者，都是美國生涯輔導界知名的學者；原書從一版到三版，他們陸續將成人生涯發展最新的概念、議題與實務，毫無保留的呈現出來。雖然，這些作者的視野與經驗是美式的，他們撰寫的面向是美國的國情，讀者是美國的生涯諮商人員，而文字背後所要傳達的概念與議題，是跨越文化與族群的。特別值得我們注意的是第四篇與第五篇，這兩篇針對多元族群與多元場合的生涯服務，提出了許多寶貴的看法，這是華人世界過去較少關注，而未來又不得不正視的。

撰寫本文期間，得知生涯發展理論一代學者何倫（John Holland）辭世的消息。他所提出的六角型生涯類型理論，以及發展出來的量表，不僅在海峽兩岸，乃至世界各國都廣為流傳；造福蒼生，不知凡幾。哲人其萎，典範猶存。謹藉本書一角，表達我們的追思與懷念。

金樹人

謹識於澳門大學

推薦序——林序

全球性的金融海嘯，不斷飆升的失業率正席捲而來，直接衝擊著世界各地升斗小民傳統安穩的生活。從 20 幾歲的年輕人到 50 多歲的中高階主管，無一倖免，都承受著工作不保的壓力。失業潮更遍及各行各業，根據調查，有高達七成的民眾擔心自己或家人會被裁員或失業，焦慮孩子能否順利上大學？恐懼自己未來能否有尊嚴和安然的退休？這一連串貫穿成人階段的生命或生涯困境與危機的提問，表面上最關心的是眼前的世界性經濟蕭條問題，但就長遠眼光而言，成人們已遭逢整個生命歷程中生存與生計的隱憂，影響的不僅是個人生涯問題，更撼動多數家庭與整個社會的安定與發展，也牽動著一個國家未來的競爭力。

固然景氣低迷深不可測，踩不到底看不見方向，但是現階段上班族要如何面對這前所未有的危機？失業族要如何自處、排遣、等待東山再起？而各企業、組織、機關裁員後，又要用怎樣的人力佈局來走過風暴？而政府機關呢？祭出如此多元多樣化的經濟振興方案、就業方案及職訓計畫方案，真的能度過危機，走過風暴嗎？《成人生涯發展》一書的出版，正見證著經濟蕭條景氣低迷時代的意義性。本書譯者之一彭慧玲教授，於 2006 年參加芝加哥 NCDA 國際會議，與作者 Dr. Spencer G. Niles 談及台灣目前生涯發展狀況，發現書中內容有關當前成人生涯關注的趨勢概念、多元理論與多元文化對象、多元場域的實務相關方案極適合華人社會，尤其是台灣變動多元的新移民社會，例如：Dr. Edwin L. Herr 提到「職涯不再是線性發展」的概念，「成人生涯發展，不再是努力工作與忠於老闆就能保住工作」；強調成人應「為生活而工作」，而非「為工作而生活」，應看重「終生學習」，並追求「個人與專業成長」的生活方式；而且改變是持續的，挑戰是永遠的，個人如何因應，以及思考靈性與工作的關係。

果真，也許台灣一直處在經濟持續成長中，就像溫水煮青蛙一樣，在不知不覺中喪失很多危機意識，整個社會也扭曲了成功的定義與生命生存的價值與意義。托爾斯泰在《伊凡·伊列區之死》探討一個問題：「人一生中真正值得去追求的究竟是些什麼？」也許最壞的時代，也是最好的時代，不景氣更是價值重建的最好時機。有人說：失業潮是價值觀扭曲的產物，現在很多成人第一次面對工作不保與生活驟變，不知所措的孤單、焦慮、惶恐、無助隨之而來，被迫停下紛亂的腳步，開始思索自己的生活工作與興趣的關係，連結家人與朋友忽略已久的親情，重新思考工作的意義，開始找尋自己生命的節奏，企圖重整自己的生命舞台，誰說黑暗不是一種力量，逆境不是另類祝福，只看個人如何詮釋。

身為生涯諮商人員，在面對景氣急凍與職場寒冬中，更需要本書各章節重視個人的內省、直覺與體驗性知識的人文關懷與省思的智慧，及肯定身、心、靈的全人發展精神，協助人性中「自我發現」與「自我實現」的潛能茁壯。書中對多元族群社會改革的倡導（advocate）與組織、企業、社區或政府合作增加就業能力及改善職場壓力，及與社福體系合作協助新移民生活和就業安置，與各大專院校及高中職的教育體系，都有很棒的概念及生涯關注議題與協助方案範例，提供參考。

本書譯者均具生涯輔導的研究背景與豐富的學校及社區生涯實務經驗，兼顧原文專有名詞意涵，用字遣詞流暢易讀，非常適合諮商輔導、社區諮商與復健諮商相關系所的「生涯輔導專題」教科書或參考用書。希望本書的出版，在學術界或實務方面，都能針對整個社會失業率的高漲及成人的就業需求現狀，有所助益；也能推動國家對整個產業就業相關政策的實施與政策的整合規劃。更期許本書，能帶動「成人生涯發展」相關的理論與實務結合的研究，及成人生涯發展歷程諮商與輔導的行動方案，進而影響國內與所有華人地區的成人生涯發展。

林幸台

謹識於國立台灣師範大學

復健諮商研究所

校閱者序

我從來沒有想到我會把一本生涯諮商的書閱讀完。以前，對生涯諮商的了解是有限的，或是只有在某些研究中需要把生涯諮商作為研究的一部分時，我才會很勉強的去閱讀相關的文獻。儘管我個人對諮商專業的研究有高度熱忱，可是生涯諮商絕不是我的領域。

這本彭慧玲教授所引進的生涯諮商論著，從第一章第一段開始，就深深的吸引我，我花了一個多禮拜的時間把全書的每一個字都讀了一遍，期間我數度拿起電話與好朋友分享這本書的所有精華。

本書是以全球視野的角度，將近十年來因社會變遷、網際網路的興起、工作條件的轉變、雇主與員工關係的改變，乃至人們對工作定義的再詮釋，加上多元族群對生涯發展的需求，一一納入本書討論的範圍。本書突破了過去傳統生涯諮商的觀點，強調生涯諮商與一個人對內在自我的認知與掌握，例如性向與興趣，但更強調個人的生涯發展必須考量個人的動機、價值感與投入程度，而這一切又必須以社會脈絡的發展為前提。了解了這些，我終於了解以前生涯諮商為什麼不是那麼吸引我，因為人的一生發展本來就是不可預測的啊！

這是一本非常棒的書，它不只是生涯諮商，其他諮商領域如社區諮商、成人諮商、女性諮商、老人諮商、企業諮商的論題都包括其中，值得大家一起來閱讀。

蕭文

2009 年 8 月 13 日

譯者序

在21世紀的當下，我們正經歷一場世界性的個人生活及生存的變革。尤其是網際網路通訊系統的興起、國際關係及社會形式複雜的挑戰，導致全球經濟變動加劇、產業合併重整及工作就業性質的改變；面對全球化的金融海嘯、經濟蕭條及失業率飆升，所衍生出來的職場競爭、各項專業知識與技能的日新月異，及瞬間汰舊換新的科技趨勢下，無界限生涯（boundless career）早已登場；而過去在生涯諮商輔導中，由個人特質因素所主導的「人境適配理論」，也就是個人在生命早期所做從一而終的「線性生涯決定」，現在已被複雜多變的「環境脈絡式生涯」所取代。

所以個人「積極的不確定」與「計畫中的偶然」，這兩種以矛盾及不確定性為重點的新生涯決策思考模式，似乎更能幫助成人面對未來的不穩定及複雜的改變；它鼓勵我們「學習與矛盾共處，肯定不確定性的正面特性」，並且「不要懼怕改變與迎向挑戰」。本書所定義的成人「Adult」，在生理年齡上指25歲以後，但在精神層面而言，是完全沒有年齡的限制。

此《成人生涯發展——概念、議題及實務》一書，是全國生涯發展協會（NCDA）出版，集合全美生涯菁英教授所編著，由當前最受關切的生涯議題談起，針對不同族群（同性戀、有色人種、身心障礙、成人學生、熟年員工……）及不同場合（組織、社區等）；整合各種社會學習理論、生涯決策理論及各學派諮商理論，並且在不同需求的當事人身上，示範不同計畫方案實例；也教我們如何對實務設計方案的執行，做計畫成效的評量，最後闡述未來社會所面臨的生涯挑戰。其中更多新穎實務的生涯理念，如：靈性與工作的密切關係，有深入的個人自我覺察檢視與靈性的自我成長建構。

現今很多人到了中年，功成名就什麼都有了，但總覺得不對勁，就是不開心、不快樂，不知道自己這一切都是為了什麼？更不知道自己活著是為了什麼？到底怎樣的生涯發展，才是成功而有意義的呢？反思過去在理性、邏輯的生涯決策中，「靈性」這個貼近個人內心底層的覺察與理解，就一直或經常被忽視；還好現在已有越來越多的實務諮商師開始體認：靈性是個人生命的中心，自己才是生涯發展的主導者、創造者與擁有者；也認知生涯發展是終身持續的發展歷程，是全人（holistic）的發展，最終是要每個人過一個自己滿意、快樂的生活。也就是協助當事人建構一個有意義的生涯，保持終身學習、有彈性及適應性是每個人對自己生涯的承諾，所以生涯發展諮商，不是在生命歷程中某一階段或某個年齡群特定的需求，而生涯發展也是全人發展。

譯者彭老師在大專院校諮商中心服務多年，與同仁及實習老師們均發現，來談的學生中，有三分之二的困擾都是圍繞著生涯發展相關議題，或與生涯直接有關的問題，例如：升學、就業直接相關的抉擇或自我探索、親情、友情、兩性交往的人際溝通等生涯發展議題。譯者蔣老師在健康中心從事社區諮商門診，每診次六人中都有二到三位是失業或面臨職場壓力與關係衝突而來求助；這些人都有著自卑的低自我概念及低自我效能感、否定自己，並夾雜著焦慮、無助、憤怒、恐慌的複雜、低落情緒。其實工作的不順遂，可能只是生涯諮商輔導的治療起點，他們的人際互動、家庭環境關係，實際上潛藏著無數個人議題與生涯發展問題，已盤根錯節很難切割；所以整個諮商歷程中，生命故事的敘說、檢視、建構與身心靈的整合乃是必要的。雖然無論是大專院校的諮商輔導工作，或社區諮商門診的實務經驗中，都發現個人議題與生涯發展議題有其重疊與關聯性，但大多數的成人，卻是在沒有足夠的認知技巧下，去因應這個複雜的生涯發展挑戰。

回顧近年來，台灣的生涯諮商輔導發展，大專的生涯輔導教育工作開始得最早，也行之有年；而目前教育部的政策著重在以推動高中、職的生涯規劃課程為重點。然而對於生命中最關鍵也最精華的後面三分之二階段的成人生涯發展，卻仍付之闕如；「成人生涯發展」一詞，幾乎很少被提起，更少被使用。直到最近，高等教育畢業失業率攀高，才喚起教育部對推動大專院校生涯諮商輔導教育的重視。過去都是就業輔導單位與學校諮商中心各自展現為主，例如：舉辦就業博覽會及生涯工作坊等；今日高等教育更可以加強學生諮商中心與就業輔導單位的生涯諮商中心合作模式，主動辦理有關大專院校學生的生涯輔導就業相關方案，及增強社區成人生涯發展的多元專業知識及技能，以提升成人多元的就業能力。

本書在 2004 年舊金山 NCDA 會議時購買並決定翻譯，感謝心理出版社林總編輯敬堯的努力聯繫取得美國原作者 Dr. Spencer Niles 授權翻譯。初次譯稿，彭老師於 2007 年在暨南國際大學第一學期擔任「生涯輔導專題研究」課程時，請輔導與諮商研究所研二研究生（吟芳、立欣、健輝、悳惠、智傑、秀勳、雅婷、亮丰、宇平、鎧宇、千育、貽瑗、怡芬、建君、品希、德慧、琇琪、玫君、加敏、怡君）試讀自己有興趣的主題，並在課堂中分享討論，中間林老師月順拔刀相助，最後蔣老師多次修稿完成，前後耗時近三年。

我們都深深體認翻譯本書工程的浩大，但希望書中豐富精彩且適切地整合性生涯發展知識與技巧，能有助於國內對成人生涯發展的重視與生涯發展諮商服務品質的提升；尤其實務部分，正呼應著自己成人生涯轉換的自我堅持信念與意志力。本書雖非一般心靈激勵的通俗讀物，卻是一本兼具身、心、靈整合的理論與實務書，是生涯諮商輔導相關課程的重要教科書及參考用書；更適用於各社區大學與各大專院校在職進修教育，探討成人生命發展的檢視與省思。因為，今天生涯的不確定，不再是成長中學生的專利，而是所有成人一生中都感受到的威脅。最後，要特別感謝心理執編林汝穎小姐及所有人員辛苦地校對，期待本書的出版能帶動亞洲地區台灣及遍及有中國人的地方，對成人生涯發展與生涯諮商輔導教育的重視與實踐。

彭慧玲、蔣美華、林月順

於 2009 年 8 月八八水災期間

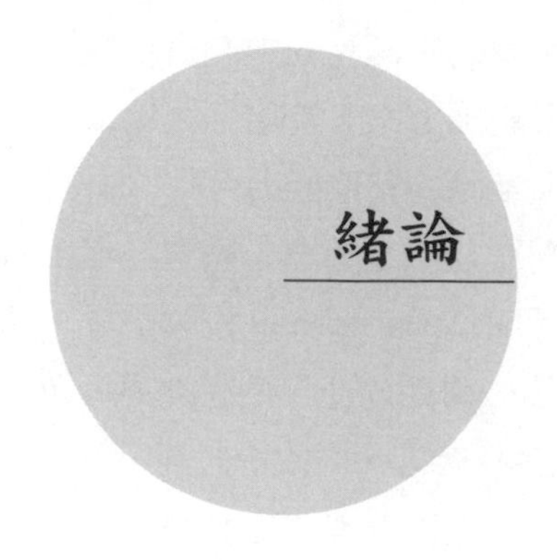

緒論

本書原文書第二版一開始寫道：「就當我在想答案時……問題已經變了！」我認為遭遇到問題的不斷改變及演變中的生涯挑戰，是當前社會成人的典型經驗。Super的信念就是：自我概念會隨著時間演變，導致做選擇及不斷適應是一個生命中持續的過程（Super, Savickas, & Super, 1996）。這也可應用於職場上（即工作隨著時間演變，使得人們需要對持續的需求做出抉擇及調適）。改變是經常的，挑戰也是。在本書第三版中，我們力求探討今日成人所面臨的改變情境以及新浮現的挑戰。我們提供了理論性的概念和實務上的介入給生涯專業人員，以幫助成人在自己的生涯之路能向前邁進。

為此，本書集合了生涯發展理論及實務領域中佼佼者的心力。讀者將會很快體認到，他們很幸運能有機會了解有關培養成人生涯發展的概念、議題，以及實務方面的專業知識。各章的作者提供了當前最新和實用的資訊，以探討不同成人群體的生涯關注。

在第一章中，Spencer Niles、Edwin Herr 及 Paul Hartung 討論了當前社會上的成人所面對的生涯關注。他們也指出影響這些生涯關注出現的重要趨勢。最後，他們指出生涯專業人員須將自己的理論及實務概念化，以有效處理成人的生涯關注。

第二篇「理論與概念」一開始由 Fred Vondracek 及 Erik Porfeli 提供發展觀點相關的新思考模式，應用在成人生涯發展。John Krumboltz 及 Sheila Henderson 延伸了生涯諮商輔導的學習理論，進而持續將重點放在理論的概念上。Sunny Hansen說明了整合生活規劃（integrative life planning），並討論如何在成人尋求管理自己的工作及生活上，有助於他們因應生活角色上的顧慮，並帶來全人化的關注（holistic focus）。

Bob Lent 和 Steve Brown 也針對社會認知生涯理論，提供了非常重要且有用的方法，討論如何與成人在生涯發展中經驗到的顧慮相連結。最後，Gary Peterson 及他在佛羅里達州的同事，幫助我們了解到，他們的認知訊息處理模式，在成人生涯諮商輔導方面是非常有用的概念。

本書第三篇「策略、方法及資源」凸顯了輔助成人當事人生涯發展的特定取向。本篇中的各章節提供策略，針對：⑴評估成人生涯能力（John Crites和Brian Taber）；⑵賦能（empowering）當事人使能積極參與生涯諮商輔導過程，並採取行動（Amundson）；以及⑶將科技的電腦傳送系統，用於生涯諮商輔導過程，並協助當事人解決生涯顧慮（Harris-Bowlsbey）。各章節提供讀者，讓生涯諮商輔導及評估更為全方位、相互合作協調及有效率的理念。

許多讀者都知道，生涯發展理論及實務的領域向來遭受批評，在多元社會的使用上有其侷限性。本書的下一篇「多元群體」試圖將焦點放在特定的群體及致力於討論，對這些群體的成員各自可能面臨的顧慮，並提供最有用的生涯輔導，來論述這些批評。Ellen Cook、Mary Heppner 及 Karen O'Brien描述生態的觀點，對於當前社會正面臨生涯顧慮的女性為何特別有效。Jerry Trusty 隨後提供了更重要的訊息，即生涯實務的專業人員在輔導有色人種時，須知道的事情。Mark Pope 及 Bob Barret 提供了非常有幫助的訊息及建議，有關如何使輔導諮商更適用於男女同性戀者或雙性戀者所經驗到的顧慮。Ed Levinson 提供了生涯相關的想法給生涯諮商輔導員們，來面對有學習障礙的成人。Denny Engels 及 Hank Harris 概要地舉出了所有生涯專業人員，具有協助軍人及其眷屬因應軍旅生涯獨特挑戰的相關知識及技能的重要性。最後，Julie Miller 則探討了越來越多的「熟年」員工。

生涯輔導也發生在多元的場合中。因此，本書的第五篇「多元場合」探討了特定場合的生涯服務，並提供相關的考量。Kerr Inkson 及 Michael Arthur 提供了認識工商業中的生涯發展新架構（「組織式生涯」）。當然，許多成人在自己的社區內尋求生涯協助，而不在工商業的場合中工作。因此，Jane Goodman 及 Sandra McClurg 為成人提供了社區生涯服務有用的解釋。Deborah Marron 及 Jack Rayman 將重點放在就讀研究型大學的成人學生的生涯顧慮。最後，Darrell Luzzo 針對越來越多就讀社區大學的成人提供了有用的訊息。

本書最後一篇「訓練生涯諮商輔導員、評量計畫及未來情境」，協助訓練生涯專業人員（Jane Swanson 及 Karen O'Brien）和督導生涯服務的執行（Susan Whiston 及 Briana Brecheisen），及思考影響服務品質的重要因素。最後，Edwin Herr 針對成人生涯發展理論及未來取向，提出重要的觀點。

在緒論結束前，特別要指出本書代表了 H. Daniel Lea 和已故的 Zandy B. Leibowitz 研究的延續。Daniel 和 Zandy 編輯了本書的前二版。因此，我很榮幸有機會從他們手中接棒，感謝第三版作者卓越的貢獻，讓我們感覺到我們正在延續 Lea 和 Leibowitz 的精神傳承。

Spencer G. Niles

於賓州州立大學

第一篇

當前的生涯關注

第一章
當前社會成人生涯關注的議題

賓州州立大學｜Spencer G. Niles
Edwin L. Herr
西北大學醫學院｜Paul J. Hartung

生涯關注會隨著工作性質改變而演變。嚴酷的證據顯示：工作的性質正出現巨大的改變。為了喚醒我們注意這些改變，作者使用了戲劇性的警語，如：「生涯概念已死」（the career has died）和「工作概念已然終結」（work has ended）（Bridges, 1994; Rifkin, 1995）。雖然這種說法並不能完全按字面意思採信，但卻必須嚴肅地加以看待。事實上，「生涯概念已死」，是作者要提醒我們的一件必要的事實：那就是了解整個工作性質正在發生改變，並且要能有效地因應當前社會中成人所面臨的生涯關注議題。

許多指標顯示工作方式正在改變，相關統計包括：全球性的高失業率、企業縮減規模，以及未帶來工作機會的經濟復甦。這些報導每天都出現在各新聞媒體中，科技進步改變了事業經營方式，小企業可透過資訊高速公路（網）在全球競爭，而電腦則執行從前分派給員工的工作，因此創造出幾乎不用員工的工廠。而潛藏在這些變化的底層，提供一個明確的訊息，那就是：員工與雇主之間的**社會約定**（social contract）正重新被定義（Rifkin, 1995; Savickas, 1993）。新的挑戰和新的生涯任務正從工作性質的實質改變中浮現出來。

在很久以前，有關科技能創造一個休閒社會的預言，卻被今日的真實情況所戳破，因為當時的員工很辛苦地在各種不同的生活角色之間取得平衡；但是科技的進步並未帶來更多休閒的時間，反而更容易超時工作（且經常是必需的）。如今美國人每年的度假天數，低於任何其他工業化國家的員工（Reich, 2001）。遺憾的是，科技能改變工作，但卻無法改變每一天仍是24小時的事實，而且更多的時數都被工作活動給占據了。

其他有關正在改變的工作性質，根據媒體報導，有越來越多的(1)公司提供兒童日間照顧和育嬰假；(2)雙薪家庭；以及(3)在家工作的SOHO族。所以工作與生活的關注是密不可分的。這些報導凸顯了工作與家庭角色越來越相互糾結在一起，也強烈暗示：今日員工正面臨著**生涯關注**（career concerns）的挑戰。

一、生涯關注隨著時間演變

Savickas（1993）提醒我們，這樣的變動並不意外，因為每一個新世紀的變遷，這些情況就會發生。尤其是，Savickas（1993）描述了整個美國歷史上**工作倫理**（work ethics）的多變性，以及演變中的生涯關注。每一項工作倫理對員工而言，都代表著特定的**生涯發展任務**（career development tasks）。例如：在19世紀居於主宰地位的**職業倫理**（vocational ethic），重視的是獨立做事、自給自足、節儉樸實、自律和謙遜的態度（Maccoby & Terzi, 1981; Savickas, 1993）。這個時代的大多數員工都從事體力勞動的工作，務農、當管家或培養一種手藝，這些都是當時主要的選擇。20世紀的現代，則是「**生涯倫理**」（career ethic）大行其道（Savickas）。這種倫理強調為企業工作，並在企業體制中逐步晉升，員工從鄉村地區遷移到都市地區，並將注意力轉移到在企業架構中找到一席之地，員工被要求要融入、忠於企業的階層。這種倫理造成工作場所的特質發生轉變，員工對組織的忠實、承諾及獻身等特質尤其被重視；取代了早期的自給自足、獨立及謙遜的態度。為了回報這些特質的展現，雇主也會對員工表達忠誠。這種有關忠誠的「回報想法」（assumption of reciprocity），通常強烈到足以讓員工克制對生涯不滿的情緒。工作的安穩才是最彌足珍貴的，特別是對經濟大蕭條後的員工而言。

顯然，21世紀工作的「遊戲規則」正在改變。大規模的裁員已使許多員工了解，對企業雇主盲目的忠誠是不明智的。長期的員工正被「臨時員工」（on demand worker）所取代（Rifkin, 1995）。這些短期的員工因為某案子而被雇用，當案子完成時，他們的雇用也隨之結束。成人們被迫體認到：無論自己多麼有能力，或多麼努力工作，即使今天有工作，明天也可能失業的事實。企業規模的縮減造成組織架構的扁平化，及更少的生涯升遷管道。所以，20 世紀的員工，面對持續展現自己各項特質及企圖實現工作倫理目標的衝突，感到困惑與百思不解。

當成人們試著撫平職場上的風波時，他們也理解到增加工作安穩度的老辦法（例如：具備能力和更努力工作）；但是，這些通常對於新的情境起不了什麼作用。由於企業規模縮減而失業的員工，較不願意為自己的生涯而犧牲一切，因為企業是如此無情地犧牲他們。被「犧牲」的人往往覺得自己遭到背叛，對於競爭深感焦慮，且對未來沒有安全感（Savickas, 1993）。

由於這些轉變，我們也就不意外聽到許多接受生涯諮商的成人個案表示：對於生涯中**自我效能感**（self-efficacy）低落、模稜兩可的生涯路徑（career paths）所引發的焦慮、工作缺乏安全感，及如何獲得訓練以更新技能感到困惑，更對相關生活角色要求的衝突感到挫折（Anderson & Niles, 1995）。Super、Savickas 和 Super（1996）也注意到，許多接受生涯諮商的成人指出：有關**生活結構**（life structure）議題的關注，非僅指單獨工作上的關注。

> 生活結構是由構成生活的社會要素所組成，這些要素以核心及周邊角色的模式安排。這種安排（即生活結構）形成了一個人生活的基本配置：一種組織用來傳達個人在社會中參與的設計，其中職業的選擇，通常包括二至三個核心角色，掌控了中心的位置，而其他角色則屬周邊或不存在的角色（Super et al., 1996, p. 128）。

Super 等人（1996）指出：生活結構上的關注正反映出，工作是發生在一個全人生活脈絡（holistic life context）中的事實。在職場上忠誠就能得到回報的想法已壽終正寢，員工必須（也是給了他們機會）更能回應有關工作與生活滿意度的問題。因此，上班族群可尋求更有效因應多元生活角色承諾（multiple life role commitment）的良方，並且經常與自己的生涯諮商輔導員討論非工作方面相關的關注（例如：人際關係問題、自我衝突的情緒管理問題等）（Anderson & Niles, 1995）。明顯地，目前正在浮現的工作倫理，使得現在許多員工，比起早期的員工，更能整體性地看待自己的生活。這種轉變展現了一個事實：那就是生涯抉擇竟是如此個人的事（Niles & Pate, 1989）。因為生涯關注也屬個人的事，所以，今日的員工也從整個生涯脈絡中自己所扮演的角色，來評量自己的生涯抉擇（career decisions）。

現在的員工所因應的生涯發展任務，不同於早期的員工。例如，Maccoby 和 Terzi（1981）預言：當今社會成人會把重點放在個人的成就及專業的成長，而非只是專注於工作上的成功與否。Maccoby 和 Terzi 將這種正在浮現中的工作新取向，形容為「**自我實現倫理**」（self-fulfillment ethic）。堅持「自我實現倫理」的人找的工作，不會耗盡他們的時間和精力，以至於沒有機會參與家庭、社區、休閒及其他生活角色。許多成人比較傾向「為生活而工作」（working to live），而非「為工作而生活」（living to work）。此外，員工必須為營造自己的生活負起主要責任，尤其是當這些創造性的活動與工作有關時。

二、「舊」倫理持續存在，「新」倫理浮現

雖然許多員工似乎都揚棄生涯倫理，並轉向 Maccoby 和 Terzi（1981）所描述的自我實現倫理，但是工作仍在大多數美國人的生活經驗中，扮演一個中心的角色。從每個人如何介紹自己給他人認識的方式，即可窺知。經驗告訴我們，當人們第一次見面時，最常問的問題就是：「您從事的是什麼？」人們回答此問題時，很少會談到自己的社區服務計畫、育兒活動或休閒嗜好。對這個看起來無損於人的問題回答，通常是著重在一個人以做什麼來謀生為主，這樣的互動強化了一種主張，那就是：在變動的工業社會中，職業是社會地位的主要決定因素（Super, 1976）。無論好壞，我

們的工作選擇會決定別人用何種眼光來看我們。對許多人而言，工作比起任何其他單一的特質更能清楚說明一個人。

許多人持續沉浸在各種源自美國成立時的歷史脈絡中，並以此價值觀來看待工作（基本上，這表示了職業倫理持續存在於現在社會裡）。例如：以個人主義觀點工作的人，強調對於生涯發展的掌控（例如：自給自足、紀律、堅持、以目標為導向），並不強調**環境脈絡**（contextual）變項（例如：機會結構、經濟情況、家人、社會經濟地位、種族主義、性別主義）在塑造一個人生涯中所扮演的角色。因此，若某人的「事業有成」，許多人會將他的「成功」（success）歸因於許多正面的特質；相對的想法，「不成功」（unsuccessful）的人是比較低人一等的，這些與職業倫理有關的特性，否定影響一個人生涯發展模式的環境脈絡因素，使得工作在人的身分認同發展上所扮演的主宰地位，變得是有問題的。因為每個人都會在工作與自我價值之間，產生無可逃脫的連結。工作在身分認同發展上的中心地位，顯然也削弱了非工作生活角色對於自我價值及自我效能的貢獻。隨著現代員工經歷了失業時期，他們直接面對的是：將工作與自我價值間直接連結的問題本質。

顯然，這些工作性質的改變並非好事，對於工作及員工而言，都有重大的意涵。例如：當工作情況變得不順遂時，其他的生活領域也遭殃，許多失業的員工必須在財源不足的情況下，承擔經濟及家庭的責任。失業率的增加與酒精藥物的濫用，須轉介到心理健康中心；身體的病痛（例如：冠狀動脈心臟疾病）、虐待兒童及虐待配偶（Herr, 1989）的增加都有重大的關聯。因此，失業對個人、家庭及社會都造成了**漣漪效應**（ripple effect）及代價的付出。所以脫離生涯倫理，而轉向以滋養生活結構為主的新興倫理，顯示現在的社會必須更刻意地尋找有效的策略，來管理多元生活角色活動的變動需求。

由Maccoby和Terzi（1981）所描述的「自我實現倫理」顯示：以社會學的眼光來看待工作，工作對一個人而言將會變得更加重要，且更為脈絡化；自我實現倫理的另一個意涵在於：人們將在多元的生活角色中，尋找生活的滿足感和自我表現。當員工將重點放在「為生活而工作」，而不是

「為工作而生活」時，問題就來了——人們是為了什麼而活才工作？也就是說，有哪些其他生活角色的承諾，影響了人們希望透過工作活動來達成這個目標。所以，協助一個人釐清在其生活結構的生活角色中，希望表達的價值，也成為生涯諮商的重要考量。這些問題對於協助成人釐清、說明及實行自己的生活角色和自我概念時，是深具意義的（Super et al., 1996）。

工作性質的轉變無可否認，而生涯發展是一個變化的歷程。變化過程是在經濟、社會、科技及歷史性不斷改變的背景下發生的。生涯是在一種動態、互動、脈絡化及交錯關聯的過程中發展的。例如：今日員工須具備基本的電腦科技能力，從事終身學習，且能與不同文化背景的同事互動。顯然，這些需求與數十年前的員工所體驗到的大不相同。因此，靜態的生涯發展解釋並不適用，且靜態的**生涯介入**（career interventions），就長期而言是不足的。正如工作上的發展性轉變，使人們必須重新思考工作，所以生涯實務工作者（career practitioners），如何幫助當事人因應現今社會的生涯關注，發揮最大的效用。

生涯實務工作者在思考當前環境脈絡的介入時，必須先了解科技及文化因素如何影響人們向前邁進的生涯需求。Savickas（1993）預言，21 世紀的生涯諮商輔導員將從支持20世紀的生涯概念，轉變為培養當事人的自我肯定。為達此目的，生涯諮商輔導員必須很有創意地回應，以協助當事人有效管理他們的生涯。此外，生涯實務工作者也必須了解，當今社會正在形塑的工作性質及相關的新興趨勢。

三、職場異質性與新興的生涯關注

「典型的」美國員工不再是與全職的主婦或母親結了婚的受雇父親，如今是夫妻雙方都在工作的家庭，或是單親家長工作的家庭。媒體上常見：越來越多雙薪家庭及單親家庭經驗的故事，從前雙親都工作是很異常的現象，今日已是常態。「單親家庭」一詞說明了當今許多家庭狀況。有工作的雙親和單親都很辛苦地在工作與家庭責任之間取得平衡，於是來自各種族群及經濟背景的兒童都感到自己缺乏父母的關照及指導（Reich, 2001）。

身為父母的成人要成功因應多元生活角色的要求所產生的壓力，已經到達難以招架的程度。

更糟的是，大多數的研究結果顯示，雖然男女都在工作，但卻不共同承擔家事的責任（Niles & Goodnough, 1996）。在大多數情況下，女性擔負了家事和養育子女的主要角色，即使當她們在外工作時也如此。工作雙親所體驗到的壓力，通常能明顯地從夫妻之間的緊張關係看出，如子女覺得與父母疏離，以及父母彷彿感到自己生活支離破碎。雖然如此，工作的單親家庭在面臨工作經營及家庭責任的任務時，情況也沒有比較好，因為比起雙薪家庭，他們的經濟來源更少。

曾經是以白人為主的職場，如今越來越異質化。在21世紀，有色人種的數目大幅成長，而白人人口將大幅降低（Lee & Richardson, 1991），新移民進入美國將持續維持龐大的數目（Spencer, 1989）。1980 至 1990 年間，白人人口增加了約 5%，但非裔美人人口增加了約 10%，西班牙裔增加了幾乎 55%，亞裔美人幾乎增加了 110%，而美國原住民則增加了大約38%。所以預計未來二十年內，西班牙裔將超越非裔美人，成為美國最大的少數族群（Herr & Cramer, 1996, p. 273）。

雖然勞動力正日漸異質化，Niles和Harris-Bowlsbey（in press）指出，有充分證據顯示，女性、有色人種、殘障人士、男女同性戀者在生涯發展上面臨巨大的障礙。例如：1980 年代，市區的年輕非裔美人當中，50%以上都非自願性地失業、打零工，或收入低於貧窮線以下（Lichter, 1988）。自 1978 年以來，非裔美人的失業率就一直高於 11%，且在 20 世紀末的後幾十年間都是白人失業率的 2.5 倍（Swinton, 1992）。Swinton 也指出，只有 36.9%的非裔美人擔任主管、行政人員、銷售人員和經理，白人則有61.8%。

西裔美人也多從事低收入、技能較低的工作。例如，「一半以上的西班牙裔女性若非擔任事務性的工作，就是操作員（裁縫師、組裝員、機器操作員等）」（Herr & Cramer, 1996, p. 277）。Herr和Cramer也指出：「在美國，相較於其他少數群體，美國原住民受到更深的歧視，或處於更為不利的地位（p. 281）。」美國原住民的貧窮率（23.7%）是一般美國人的兩倍（U.S. Bureau of Census, 1992）。1980 年的美國人口普查報告顯示：只有 56%的 25 歲以上美國原住民完成了四年或以上的中學教育（一般美國人則為 66.5%）。住在保護區的美國原住民的失業率為 45%，其中 14%的人，年收入低於 2,500 美元（Johnson, Swartz, & Martin, 1995）。

雖然有不少法律保護他們的權利，例如：公共法 93-112，1973 年《復健法案》；公共法 94-142，1975 年《殘障兒童教育法》；公共法 95-602，1978 年《重建、周全服務及殘障發展修正法》；公共法 101-476，1990 年《殘障教育修正法》；公共法 101-336，1990 年《身心障礙者法案》，殘障的美國人日子也沒過得更好。「在 1,300 萬被認為工作失能的美國人當中，33.6%投入勞動力，且 15.6%失業；因此，有將近一半的殘障者工作是不屬於勞動的結構。」（Isaacson & Brown, 1997, p. 313）

男同性戀者、女同性戀者及雙性戀者在職場上也受到歧視的對待。Goleman（1990）指出：對這個群體的負面偏見，通常比起對其他群體的偏見更為激烈。Herr 和 Cramer（1996, p. 292）指出：男同性戀者、女同性戀者及雙性戀者，基本上是被排除在特定職業之外，就連升遷管道也受阻，僅因為他們的性取向（sexual orientation）。

這些數據顯示，許多女性、有色人種、殘障人士，以及男同性戀者、女同性戀者及雙性戀者時常會經驗到：在受雇及升遷方面遭受歧視及財源不足，加上缺乏典範及良師。因此，傳統的生涯介入可能不適合用來協助這些多元群體，進行個人的生涯發展。所以，當今社會的生涯發展介入必須被賦予新的概念，更充分滿足日漸多元化的社會，及異質化職場（heterogeneous workplace）成員的生涯發展需求。

無論人口變項如何，所有員工如果想要成功，就必須有效地因應工作的趨勢。因此，生涯實務工作者必須了解，且能向他人傳達，新興工作趨勢將影響他們的生涯發展。

四、帶動興起中工作趨勢的十個因素

在美國，工作性質、工作語言及工作內容的迅速改變，進行速度之快、層面之廣，都遠超過我們能夠了解的程度。帶動新興起的工作趨勢，其根本因素是深遠且多元的，至少包括下列各項：

1. **先進科技在各種工作職場和幾乎所有職業中引起的普遍效應。**我們都同意先進科技的改變程度，及持續修正工作內容和工作程序。因為電腦科技、電訊及網際網路的應用，使工作能在世界各地進行，不受空間、時間或政治疆域的限制。更實際的是：多元型態的先進科技已改變了許多職業領域的工作性質；維護及操作「高科技」工廠所需的員工人數減少了；造成對「知識型員工」（knowledge workers）需求的增加，這些人不只知道如何做一項特定的工作，也知道為何要這麼做；工作所需要的教育程度提升了，工作場所資訊更為豐富，完全倚賴資訊來控制機器操作（機器人、車床、飛機等），並進行品管及有關存貨管理、運輸產品之配送追蹤，以及了解消費者對這些產品或服務的喜好。

「先進科技」一詞的意義包含了許多資源。此一領域的中心為電腦、軟體系統，以及日漸增加的精密度。電腦在住家及工作場所、運輸系統和金融服務機構、國際貿易、娛樂，及生活的其他層面無處不在，有賴於其處理、分析及傳輸資訊的迅速性與準確性。但在這些層面，電腦只是工具、輔助器而已，促使其他的科技藉之而興旺。例如：網際網路將世界各地點的電腦、電訊、圖像及知識庫連結起來，任何人只要有電腦能上網，就能從任何環境或地理位置取得完備的資訊。但電腦資訊分析及模式化、計算特性和傳輸分析能力，也用於了解及治療具基因缺陷的疾病，特別是醫學藥物；開發多燃料車輛；開發及組合智慧型材料，使用感應器來監控橋樑建築物、飛機、汽車、太空站，及推進系統等所用材料的壓力及疲乏現象；在生物科技方面，改造食品，使之更為盛產且無病蟲害，打造一個生長所需的環境；在神經科學；在車輛衛星全球定位及追蹤方面；在各國之間的電子化貨幣交易方面；以及其他科學及科技應用的支援系統上。大體而言，目前新興起的全球經濟，若無電腦、精密軟體、電訊及相關程序可供使用，是無法達成的。

2. **工作的社會心理改變。**主要是因為先進科技在工作場所帶來的效應（如：管理的風格改變、鼓勵員工更完整參與決策、問題解決、彈性工作

時間相關的議題，及工作時間的安排），工作的社會心理正在改變，主管與員工之間、同事之間、員工與消費者之間的互動關係，更富流暢性。隨著科技的使用，在某些工作方面，彼此互動的需求減少，且更多的工作是由團隊來完成。雇主在工作場所的更多層面上，有機會利用資訊作出早期只有主管能作的決定。對某些員工而言，電腦提供他們工作上更大的自主權；然而，對其他員工而言，由於需要不斷將資料輸入電腦並追蹤資料，和消費者的訂單互動，使他們被冠上一種「生產線」（assembly line）的心態，也是觀察員工生產力的新方法。有些特殊工作場所的文化，將先進科技帶進工作場所，不僅減少個人的隱私和自主權，也改變員工與主管之間資訊的流通，到底是促進或降低員工的感受及自我的認知能力，完全視他們與電腦或其他型態的先進科技互動而定。

3. **國際經濟競爭的參與。**正如成長中的全球經濟，以及北美自由貿易協定、歐盟、東南亞國協等區域性競爭結構所反映。具有雙語能力，且了解與之貿易往來的各國經濟及政治體系的員工，將日益受到重視。更多的員工可能會利用自己生涯中的部分時間，在國外工作，或是與從事進出口、金融、工業或商業交易國家的人進行聯絡。

4. **隨著企業及其他工作組織永久員工數目的減少。**越來越多的員工是打零工、暫時受雇及外包，或是轉包，屬於其他工作組織的特定部門。在這樣的脈絡下，許多全職或新進員工兼了好幾個職缺，以賺取足夠的收入，在某些情況下，是不可能有所屬永久機構的身分，或充分的福利（例如：健保等）。

5. **新的生涯概念正在出現。**新的生涯語言正出現，顯示出：職場正在迅速改變，縮減永久勞動力的性質及員額，且越來越多員工都必須為自己的生涯管理負責。在早期單一公司雇用長期員工的時期，員工的生涯發展主要是由公司或主管負責，由於公司認為有必要這麼做，員工會再重新接受訓練，並且被重新派任公司內新的工作，且雇主與雇員之間經常會有不成文的「社會約定」：強調員工對公司的忠誠，雇主也以留任員工來回報員工的忠誠。但是以往的這種社會約定越來越不受重視，現在員工必須能維持高水準的職業技術及能力，經常學習以維持市場的需要性，並且能夠

將自己的能力「推銷」給雇主。這種情境下，個別員工對於持續受雇的不確定感，許多員工傾向更努力工作，能用於生活其他層面（包括婚姻及子女）的時間相對也就越來越少。整體上，美國人幾乎比起世界上所有其他人都更拚命工作（Reich, 2001）。有關工作改變一個有趣的結果是：隨著工作場所及職業架構經歷重大改變時，許多員工一方面有就業的不確定感，同時面臨嚴重的技能短缺。例如：在缺少技能的情況下，許多受雇的員工都受到明顯的壓力，為了彌補這樣的短缺，就是「埋頭苦幹」並增加工作的時數。因此，多重的不確定模式及過度的投入，正反映在整個職業結構上。此外，各種分析強烈的呼籲人們：要從事**多變的生涯**（Protean Careers）（Hall & Associates, 1996），一種能適應這些改變的生涯是：一個人隨時準備好因應這些變化且具彈性，能預期出現新的趨勢，並將自己的技能及態度加以轉型，以應付這些變化。

6. **隨著先進科技在整個職業結構的使用增加，以及特定產業轉移至他國，許多職業所需的平均教育條件也提高。**在某些產業中，先進科技免除了對某些無技能和半技能工作的需求，像蒐集和分析資料，以提供進行決策的中階管理工作也被消除，因為今日的資訊由所有的工作崗位所共享，其功能是：利用電腦監控製造、烤漆、生產線作業、維持原料之庫存及發配、金融交易、品管等特定任務。因此，人與機器互動的共生方式成長，改變了人在製造產業中所做的事。例如：在汽車工業中，製造車輛的工作逐漸由機器人來取代，而機器人則由電腦控制，電腦則由人操作程序設定及故障排除。這樣的場景正以不同方式在整個職業結構中不斷重演。包括很多「高科技」工廠，即使這些工廠的生產力持續提升，但參與製造及其他產業的需要人數少了，接著人類也預期未來在任何的脈絡下，不僅必須學會操作先進的科技設備，更要比之前大多數以手工而非科技進行的工業或商業的運作，知道得更多，且需要擔負起更多責任。所以目前的工作型態，很少是為了無法閱讀、書寫和作基本算術的人存在的。因此，教育程度較低的人可能越來越容易失業，且工作機會越來越不確定。

7. **工作越來越要求教育條件**，基於科技及科學對產品開發及行銷的重要性，為了在新程序中找到新的競爭優勢，今日許多工作場所主要是由不同種類的「知識型員工」所組成的「學習型組織」（learning organizations）。過去「知識就是力量」（knowledge is power）將重點放在以今日就業市場的事實，這句名言可加以修改為「科技及科學知識就是力量」（knowledge of science and technology is power）。

8. **越來越高比例的員工，不會在相同公司的某個工作領域中停留很長一段時間。**由於工作組織及工作性質的變動性，人們在工作生涯期間，可能從事七份或更多的工作，且經常在終身學習的脈絡中從事再訓練，以管理自己的生涯發展。員工在不久的將來都將成為「世界性的員工」（world workers），在各國之間移動，以追求適合的工作。目前全球勞動力過剩，持續造成普遍性的遷移他國，就如美國這種失業率低且工作機會高的國家。在此情況下，人們會在任何地方爭取工作機會，與國內的員工競爭，有時候在某些國家需要填補技能的短缺。但這種跨國移動，可能會對許多員工造成「漂泊失根的文化衝擊」。如此各國都需要改變教育方式和支援系統，以因應越來越多的外來員工移民及往來於國際間的暫時居民。

9. **另一個趨勢與勞動力的人口結構改變有關。**越來越多國家的女性，在結婚生育兒女後加入有給薪的勞動力。這些女性當中，很多是單親，更多屬於雙薪家庭，且大多數育有子女。這種情況改變了生育兒女的模式，以及工作場所的性質。例如：員工期望自己的雇主能提供子女日間照顧、彈性工時，使父母更能兼顧孩童的需求及工作責任，且提供更多機會，或對某些類型的員工，甚至可以在家中進行遠距通訊的工作。

10. **最後一個趨勢是：離開生涯發展的「成熟性」（maturity），朝向生涯的「適應性」（adaptability）。**Savickas（1997）指出，適應性指的是，「在沒有遭遇很大困難的情況下能夠作改變，以適合新的或已改變情境的性質（p. 254）。」由於工作世界的變化速度太快，員工體驗到不同的需求，轉而從適應性的觀點來思考生涯發展，似乎是合理的。適應性代表了人與環境在生涯發展過程中的相互影響，若要有效地因應當今的生涯局勢，員工必須發展出自己生涯的適應性。

五、理解興起中（及伸展中）員工所處脈絡

正如以上十個因素指出，工作場所的改變以及員工所體驗到的不同類型壓力，都反映在家庭內及住家中。雙親都工作的家庭，父母通常是疲累的狀態下，擔負起育兒或其他婚姻角色，工作上的壓力被帶入家中。某些職業中，雙親必須在龐大的壓力下加班，能用在平衡工作與非工作角色間的時間很有限且不確定。當父母中任何一位或兩位，為了要維持自己幹練又嶄新的能力，以便成功地在職場上競爭。他們發現自己承受極大的壓力，且大部分時間用在進修和學習新技能。雙生涯或雙薪家庭辛苦工作，把自己推向高度的壓力中，也間接改變美國育兒的性質。正如企業將早期自己所做的工作，外包給具有保全、食品服務、保管工作、廣告、行銷、會計、運輸，或許多其他專業項目的公司一樣，許多家庭在照管家庭及孩童方面也這麼做。他們將日間照顧及生日派對外包；他們「在外用餐」或「訂購外送食物」；他們在線上訂購日用品，而非到店裡選購；他們利用清潔服務、割草及清除冰雪的服務，以便在工作與非工作的角色之間取得平衡。「虛擬育兒」（virtual parenting）一詞是用來形容必須加班或時常出差的父母，他們使用電子郵件、傳真、錄音帶、家庭視訊電話以及語音信箱，以便和子女保持聯繫（Schellenbarger, 1999）。

以上這類家庭的壓力及責任，指的是：社會上富裕的家庭，而非經濟情況不佳或單親者。從事兩份工作或更多工作來維持財務能力的單親，可能也必須利用日間照顧，但他們可能會借助親人或朋友，而非昂貴的學齡前或日間照顧服務。在美國的貧窮者，由於無需技能的工作被外包或其他機制取代，任職於公司組織的機會又不確定，經常被「遣散」或「解雇」，會將自己大部分的時間用於尋找工作或從事數個兼職工作。這些人中，許多人無時無刻都處於「經濟上負債」的邊緣，並試圖以多種方法維生，同時必須擔負起孩童及自己家中的所有工作。對他們而言，雖然「生活結構議題」一直被財務壓力糾纏著，卻也對未來的日子產生了某種希望感。這種富裕者與低經濟財富者之間的差距，持續地分裂著這個國家及人民。經

濟上貧窮的人並非僅是沒有錢而已，他們的文化、他們的世界觀、他們的期望，以及他們在現實上真正扮演和可以扮演的角色，都與其他的群體差距甚遠。一份令人驚訝的統計，確定了人們所扮演的角色有多麼的不同。Reich 曾寫到：「光是比爾蓋茲（微軟創辦人及執行長）的淨值就相當於50%美國最低收入家庭的淨值總和。」因此，伸展中的生涯脈絡、生涯發展理論及生涯實務工作者必須能因應興起中的環境脈絡因素，而這些因素又帶動了個人內在及外在因素的生涯發展，所以，日漸擴大的社會經濟差異是不容被忽視的。所有理論必須提供給所有來自社會各經濟階層的人，並有效地應用在生涯服務上。

六、生涯發展延伸到人類發展

以多元化議題為焦點的社會及政治行動，如：世界性的人口結構變動、震盪的經濟情勢、日漸精密的科技及資訊系統，以及工作性質的不斷改變等因素影響，學者們正努力重新評量他們過去及現在對於生涯概念的了解。將未來的生涯以一種結構（construct）來檢視，發現文化議題在協助人們生涯發展上，是最引人關注的（Leong & Hartung, 2000）。

漸受重視的社會議題也顯露出，不再只強調協助人們發展生涯與生活中相關的工作角色與非工作領域方面的角色（Herr & Niles, 1998; Richardson, 1993, 1994, 1996），而是將以個人、社經地位、教育及特權的影響談論生涯發展，轉移至考量一個人在透過工作及非工作角色上的發展，因為這個觀點更直接關聯到人的多元社會地位與文化背景。正如Richardson（1993）所評論：這種觀點的轉移強調工作是「一種人類的中心活動，並非僅與職業結構相連或純粹位於其中……（並且）對他而言工作具有多重意義（不限於生涯的意義），是群體之間一種人類基本功能」（p. 427）。這樣的認知下，工作（work）代表著一種文化上普遍的人類生活角色；而生涯（career）代表的則是一種職業生活中更具有文化特定性（culture-specific）的型態。

透過工作與非工作角色的結合來解釋人類的發展，及調整對於生涯選擇與生涯發展的認識，這些對於生涯諮商實務及社群而言，都將帶來美好的遠景（Cook, 1994; Richardson, 1993; Savickas, 2000; Super & Sverko, 1995）。某些生涯理論正與此議題交會，例如：隨著各社會機構的人扮演不同的社會角色，Hotchkiss 和 Borow（1996）也詳細說明了有關工作及生涯發展的社會學觀點，更承認社會機構的成員扮演著各種社會角色。同樣的，Gottfredson（1996）的限制及妥協理論顧及了社會身分、性別角色取向，以及社會評價等議題。工作調整理論（Dawis, 1996）將生涯發展解釋為：「人在一生中與不同類型環境（家庭、學校、遊戲、工作）的互動能力及過程必要的展現。」（p. 94）或許最明顯的例子是 Super 的生命彩虹（life span）、生活空間理論（Super et al., 1996），強調構成人類生活空間的多重角色。顯然本書後續各章節中所提出的理論，將從全方位觀點來探討生涯發展，此觀點是從人類的發展架構來思考生涯發展。

朝向人類的發展移動，而漸遠離定義較為狹窄的生涯發展概念，更反映在近期的生涯諮商取向。例如，Peavy（1992）和 Cochran（1997）提出生涯建構者取向，強調當事人在建構生涯時，敘說自己的生命故事（narrative life story），這些生涯介入取向倚賴組合卡（card sorts）、自傳，以及強調個人生命發展技巧，而非使用可將一個人的興趣、能力及價值觀標示於曲線上的標準化測驗。後者使用標準化測驗的取向係以比較的方式強調生涯發展；而前者是個人認知構成一生獨特的生命史，其中包括了多元的生活角色發展。Amundson（1998）將重點積極地放在讓當事人在更大的生命脈絡中，從一個人（as humans）的發展歷程，進行生涯問題的整理。這些優秀範例都是比較寬廣地以生涯發展觀點為基礎的介入策略模式，其中最重要的是：將個人的主觀經驗納入生涯諮商的歷程。

其中跨文化心理學也採取生活角色是個人主觀文化（定義為個人環境中人為的一部分）的觀點（Triandis, 1994）。因為文化傳達了所有有關社會行為的角色期望，個人行為在社會角色上，與文化所提供的一系列行為角色的選擇有所不同。例如：父親、配偶及員工的角色，對一個第五代的歐裔美人而言，其意義可能有別於，這些角色對一個第一代的日裔美人的意義。此外，工作性質的不斷改變、社會的日漸多元、全球經濟市場，以及職業和其他方面的阻礙，也影響了人們扮演不同角色的可行性。因此，生涯實務工作者在協助成人因應當前社會的生涯關注時，必須認知兩件事實：首先，這些生活角色的差異對他們而言是重要且必行的；其次，個人及文化結構因素，例如：性別期待、社會階級、歧視、個人選擇，以及家庭期待，都會影響一個人對於工作的承諾及參與的程度（Fitzgerald & Betz, 1994; Fouad & Arbona, 1994; Niles & Goodnough, 1996）。這二個事實影響了當事人的自我概念、目標展現，及生涯諮商輔導員的關注。也顯示出，生涯介入必須以當事人所處的脈絡為導向。過去「一招通吃」（one size fits all）或「亂槍打鳥」（shotgun）的導向，對當事人所「疏忽」的關注，將多過所處理的關注。

七、針對社會行動的生涯諮商

針對當下的生涯脈絡，必須重新思考生涯介入，Herr和Niles（1998）指出：將**社會行動策略**（social action strategy）納入生涯介入歷程，使生涯實務工作者更有效因應當今社會許多成人所面對的生涯關注。Lee同意Herr及 Niles 的看法表示：生涯諮商輔導員必須擔任「權益被剝奪」當事人生涯發展的倡導者，並主動挑戰傳統職場中，長期存在且阻礙當事人生涯發展的公平正義（Lee, 1989, p. 219）。

社會行動的生涯諮商需要提供多面向的生涯介入，並且將自己的角色擴大到超越傳統的個人生涯諮商實務。例如：倡導者在傳統的個人生涯諮商歷程中是必要的，除了為當事人注入希望，並賦能他們管理自己的生涯，針對社會行動的生涯諮商，需要生涯諮商輔導員將輔助者的角色以及社區諮商的角色，整合到生涯諮商歷程中。

社會行動的生涯諮商，是從了解他們的當事人如何與所占有的環境互動，以影響當事人對工作及職業機會的定義及解釋，從需要多元文化能力（例如：知識、技能及態度）的生涯諮商輔導員開始。Blustein和Noumair（1996）指出了解環境脈絡因素（例如：歷史、家庭、經濟、文化），如何與當事人的**個人內在自我經驗**（intrapersonal experience）互動，及塑造其終生自我身分認同的重要，是對當事人生活結構需求感知敏銳的生涯諮商輔導員（Bowman,1993; Leong, 1996; Super et al., 1996）必須具備的了解能力，也是以當事人生涯發展為目標的社會行動策略基礎。

從事社會行動的生涯實務工作者對於生涯關注議題的處理，採系統化介入。這種情形發生在生涯諮商輔導員利用社區資源，提供當事人資訊及機會的取得管道〔例如：就業辦公室、「一次辦成職業介紹所」（on-stop career shops）、支持團體〕。了解社區可用的生涯資源，可輔助適當的職業介紹，並提升當事人得到服務的可能性。因此，從事社會活動的生涯諮商輔導員也扮演了輔助者的角色，並提供資訊、職業介紹，及鼓勵當事人（Enright, Conyers, & Szymanski, 1996）。要有效地扮演這個角色，需要維持有效的資源檔案，包括來自各種背景（例如：非裔美人、亞裔美人、殘障者、同性戀男性及女性）的潛在良師名單，提供不同機能限制的殘障人士相關設施的資訊、願意提供見習及實習機會的雇主名單，以及願意參與資訊式面談經驗的名單（Enright et al., p. 111）。

對可取得的社區資源具有完整的了解，可幫諮商輔導員找出尚欠缺的服務，讓諮商輔導員再次負起有力的倡導者角色，並力求修正自己在社區的服務缺失（Lee, 1989）。

如當事人的生涯關注是因為外在因素，像是企業大規模裁員所導致時，倡導者更顯重要。此時關心社會行動的諮商輔導員不只應處理個別當事人的關注，更應處理整體社區的生涯關注（Cahill & Martland, 1996）。藉由整合個人生涯諮商技巧與社區諮商技巧而成。整合式生涯諮商（integrating career counseling）及社區諮商策略（community counseling strategy），在經濟重整可能威脅鄉村社區的生存尤其重要。Cahill 及 Martland 指出，社區生涯諮商是以個人生涯諮商為基礎，並提供支援給辛苦維持自己社區並創造生涯發展機會的人。因此，除了個別諮商技巧，也需要協助團體問題的解決能力、建立共識技巧，並協助當事人對社會及經濟發展過程的了解，以在現今社會中提升他們的生涯能力。

基本上，為當事人注入希望，使他們能管理自己生涯，所以生涯諮商輔導員必須具有多元文化的能力，是資訊提供及機會介紹的協助者，在執行就業及社區傳統阻礙職場平等時，為當事人倡言，並整合個別生涯諮商技巧與社區諮商技巧，協助人們努力維持自己在社區及創造更多生涯發展機會。

由於生涯關注是發生在生活脈絡中，當今生涯諮商輔導員也使用家庭介入策略，協助家人一起努力對抗與工作相關的關注，並且作出敏銳回應家庭脈絡相關的生涯決策。這樣的技能結合將傳統取向擴及到生涯諮商，使生涯諮商輔導員可以有效地輔助當事人進行生涯發展的社會行動。

八、總結

顯然，生涯介入技巧與策略必須更新，以有效回應正在興起中的成人生涯關注。這方面，生涯實務工作者被要求提供所有員工面對自己的生涯情況，不但要更加適應且應更有彈性。本書所提出的理論及說明，主要針對當事人所提出的多種生涯關注，協助生涯實務工作者增加相關的知識，且這些生涯介入用於協助成人當事人，以解決當前社會的生涯關注。

參考文獻

Amundson, N. E. (1998). *Active engagement: Enhancing the career counselling process*. Richmond, BC: Ergon Communications.

Anderson, W., & Niles, S. (1995). Career and personal concerns expressed by career counseling clients. *The Career Development Quarterly*, 43, 240-245.

Blustein, D. L., & Noumair, D. A. (1996). Self and identity in career development: Implications for theory and practice. *Journal of Counseling and Development*, 74, 433-441.

Bowman, S. L. (1993). Career intervention strategies for ethnic minorities. *The Career Development Quarterly*, 42, 14-25.

Bridges, W. (1994). *Job shift*. Reading, MA: Addison-Wesley.

Cahill, M., & Martland, S. (1996). Community career counseling for rural transition. *Canadian Journal of Counselling*, 30, 155-164.

Cochran, L. (1997). *Career counseling: A narrative approach*. London: Sage.

Cook, E. P. (1994). Role salience and multiple roles: A gender perspective. *The Career Development Quarterly*, 43, 85-95.

Dawis, R.V. (1996). The theory of work adjustment and person-environment correspondence counseling. In D. Brown & L. Brooks (Eds.) *Career choice and development: Applying contemporary theories to practice* (3rd ed., pp. 75-120). San Francisco: Jossey-Bass.

Enright, M. S., Conyers, L. M., & Szymanski, E. M. (1996). Career and career-related educational concerns of college students with disabilities. *Journal of Counseling and Development*, 75, 103-114.

Fitzgerald, L. F., & Betz, N. E. (1994). Career development in cultural context: The role of gender, race, class, and sexual orientation. In M.L. Savickas & R.W. Lent (Eds.), *Convergence in career development theories: Implications for science and practice* (pp. 103-117). Palo Alto, CA: Consulting Psychologists Press.

Fouad, N. A., & Arbona, C. (1994). Careers in a cultural context. *The Career Development Quarterly*, 43, 96-104.

Goleman, D. (1990). Homophobia: Scientists find clues to its roots. *The New York Times*, pp. C1, C11.

Gottfredson, L. S. (1996). Gottfredson's theory of circumscription and compromise. In D. Brown & L. Brooks (Eds.) *Career choice and development: Applying contemporary theories to practice* (3rd ed., pp. 179-232). San Francisco: Jossey-Bass.

Hall, D. T., & Associates (Eds.). (1996). *The career is dead—long live the career: A relational approach to careers*. San Francisco: Jossey-Bass.

Herr, E. L. (1989). Career development and mental health. *Journal of Career Development*, 16, 5-18.

Herr, E. L., & Cramer, S. H. (1996). *Career guidance and counseling through the lifespan: Systemic approaches*. New York: HarperCollins.

Herr, E. L., & Niles, S. G. (1998). Career: A source of hope and empowerment in a time of despair. In C. Lee & G. Walz (Eds.), *Social action: A mandate for counselors* (pp. 117-136). Greensboro, NC: ERIC/CASS.

Hotchkiss, L., & Borow, H. (1996). Sociological perspective on work and career development. In D. Brown & L. Brooks (Eds.) *Career choice and development: Applying contemporary theories to practice* (3rd ed., pp. 281-334). San Francisco: Jossey-Bass.

Isaacson, L. E., & Brown, D. (1997). *Career information, career counseling, and career development* (6th ed.). Boston, MA: Allyn & Bacon.

Johnson, M. J., Swartz, J. L., & Martin, W. E., Jr. (1995). Applications of psychological theories for career development with Native Americans. In F.T.L. Leong (Ed.), *Career development and vocational behavior of racial and ethnic minorities* (pp. 103-136). Mahwah, NJ: Erlbaum.

Lee, C. C. (1989). Needed: A career development advocate. *The Career Development Quarterly*, 37, 218-220.

Lee, C. C., & Richardson, B. L. (Eds.). (1991). *Multicultural issues in counseling: New approaches to diversity*. Alexandria, VA: American Counseling Association.

Leong, F. (1996). Toward an integrative model for cross-cultural counseling and psychotherapy. *Applied and Preventative Psychology*, 5, 189-209.

Leong, F. T. L., & Hartung, P. J. (2000). Adapting to the changing multicultural context of career. In A. Collin & R. Young (Eds.) *The future of career* (pp. 212-227). Cambridge, England: Cambridge University Press.

Levey, J., & Levey, M. (1998). *Living in balance: A dynamic approach for creating harmony and wholeness in a chaotic world*. New York: MJF Books.

Lichter, D. (1988). Race, employment hardship and inequality in American non-metropolitan south. *American Sociological Review*, 54, 436-446.

Maccoby, M., & Terzi, K. (1981). What happened to work ethic? In J. O'Toole, J. Scheiber, & L. Wood (Eds.), *Working, changes, and choices* (pp. 162-171). New York: Human Services Press.

Niles, S. G., & Goodnough, G. (1996). Life-role salience and values: A review of recent research. *The Career Development Quarterly*, 45, 65-86.

Niles, S. G., & Harris-Bowlsbey, J. (in press). *Career development interventions in the 21st century*. Englewood Cliffs, NJ: Prentice-Hall.

Niles, S. G., & Pate, R. H. Jr. (1989). Competency and training issues related to the integration of career counseling and mental health counseling. *Journal of Career Development*, 16, 63-71.

Peavy, R. (1992). A constructivist model of training for career counselors. *Journal of Career Development*, 18, 215-228.

Reich, R. (2001). *The future of success*. New York: Knopf.

Richardson, M. (1993). Work in people's lives: A location for counseling psychologists. *Journal of Counseling Psychology*, 40, 425-433.

Richardson, M. S. (1994). Pros and cons of a new location: Reply to Savickas (1994) and Tinsley (1994). *Journal of Counseling Psychology*, 41, 112-114.

Richardson, M. S. (1996). From career counseling to counseling/psychotherapy and work, jobs, and career. In M. L. Savickas, & W. B. Walsh (Eds.) *Handbook of career counseling theory and practice* (pp. 347-360). Palo Alto, CA: Davies-Black.

Rifkin, J. (1995). *The End of Work*. New York: Putnam.

Savickas, M. (1993). Career in the post-modern era. *Journal of Cognitive Psychotherapy: An International Quarterly*, 7, 205-215.

Savickas, M. (1997). Career adaptability: An integrative construct for life-span, life-space theory. *The Career Development Quarterly*, 45, 247-259.

Savickas, M. L. (2000). Renovating the psychology of careers for the 21st century. In A. Collin & R. Young (Eds.) *The future of career* (pp. 53-68). Cambridge, England: Cambridge University Press.

Schellenbarger, S. (1999). *Work & family*. New York: A Ballantine Book.

Spencer, G. (1989). *Projections of the population of the United States by age, sex, and race: 1998-2008.* Current Population Reports. Population estimates and projections. Series P-25, No. 1018. Washington, DC: Government Printing Office.

Super, D. E. (1976). *Career education and the meaning of work*. Monographs on career education. Washington, DC: The Office of Career Education, U.S. Office of Education.

Super, D. E., Savickas, M. L., & Super, C. M. (1996). The life-span, life-space approach to careers. In D. Brown & L. Brooks (Eds.), *Career choice and development: Applying contemporary theories to practice* (3rd ed., pp. 121-178). San Francisco: Jossey-Bass.

Super, D. E., & Sverko, B. (Eds.). (1995). *Life roles, values, and careers: International findings of the work importance study.* San Francisco: Jossey-Bass.

Swinton, D. H. (1992). The economic status of African Americans: Limited ownership and persistent in quality. In B. J. Tidwell (Ed.), *The state of black America* (pp. 61-117). New York: National Urban League.

Triandis, H. C. (1994). *Culture and social behavior*. New York: McGraw-Hill.

U.S. Bureau of Census, (1992). *Population projections of the United States, by age, sex, race, and Hispanic origin: 1992-2005.* Current Population Reports. Series P-25, No. 10920. Washington, DC: Government Printing Office.

第二篇

理論與概念

第二章

成人生涯發展終身發展觀點：近來的演進

賓州州立大學｜Fred W. Vondracek
Erik J. Profeli

正如Donald Super提醒人們，生涯是「一個人在一生當中，準備工作、工作及退休期間所擔任及追求的一序列的職位、工作及職業」（Super, 1992, p. 422）。受到 Charlotte Bühler 的生命歷程（life-course）觀點影響，Super敏銳地察覺到兒童與青少年在職業發展之間的分界，及另一方面：青年、中年及更年長的成人之間的生涯發展分界，都是主觀獨斷且有人為造作之嫌。本書前一版（Super, 1992）的本章節中，他斷言：準備工作、工作及退休，都是個人生涯中不可或缺且相互連接的環節。Super感嘆當事人及專業諮商輔導人員和心理學家們，往往將重點放在個人身上，彷彿此人是在真空中運作，而忽視了人們在生涯中實際所處的複雜環境。同時，對於Vondracek、Lerner和Schulenberg（1986）所提出的終身發展脈絡模式的複雜度感到絕望，並且思考在未來的演進中，提供更多處理更為複雜、更不確定且更快速改變的複雜性發展脈絡模式。

事實上有更精確的方法，能夠因應生涯發展研究中有關人所處龐大複雜的情境模式，不會在過程中忽略個人的存在（例如Blustein, Philips, Jobin-Davis, Finkelberg et al., 1997; Heinz, Kelle, Witzel, & Zinn, 1998; Reitzle & Vondracek, 2000）。但是這些複雜模式的進一步發展及特別應用於生涯發展的領域，仍有待更多的努力（Vondracek & Kawasaki, 1995）。此外，習以為常的做事方法，在情況改變上，似乎比有根據的改變慢得許多。所以在生涯諮商領域行之已久的評估工具及類型學雖然證明有其用處，但對於職業心理學融入心理學理論的主流及研究與實務上的進展，可能都是阻礙。顯然，今日的挑戰在於將新穎且複雜的模式以簡明的方式說明其基本的因素，並免去不必要的術語，及不適當的技術細節。更進一步關注複雜的理論模式及研究發現，能否適用於生涯諮商領域及專業人員的每日實務中，其目的在探討以下所提出的挑戰及關注。

一、終身生涯觀點的發展脈絡

Super 堅持將「終身生涯」（life-career）整體看待，且不把「準備進入」職場與「進入後」的工作及青少年的職業發展，從成人生涯發展中切分開來，這代表傳統的職業心理學在終身生涯觀點中得到了推崇與強化。他對脈絡化發展的顧慮也完全反映於生涯發展的發展脈絡取向（developmental-contextual approach），要協助人們發展所處的每個脈絡是不可能的，因此提供了一些決定特定脈絡相關的方法（例如 Bronfenbrenner, 1979; Gibson, 1982）。有關生涯發展的脈絡式觀點，其詳細內容由 Vondracek 等人提出，此處不再贅述。由此架構延伸而出，尤其是與成人生涯發展有關的部分（Vondracek & Kawasaki, 1995）發表於《職業心理學手冊》（*Handbook of Vocational Psychology*）。它倚賴發展理論的進展，如生活系統架構（Ford, 1987）、發展系統理論（Ford & Lerner, 1992）及動機系統理論（Ford, 1992）。同時，自 1986 年 Vondracek 等人有關生涯發展著作出版以來，生涯發展理論已有重大進展。如果我們未介紹終身生涯發展理論當前發展的一些重要特點，於生涯發展脈絡及終身生涯取向的最新版本，就算疏忽。所以，我們特別介紹一種過去十年間，在 Paul Baltes 及其同事（例如 Baltes, 1997; Baltes & Baltes, 1990; Baltes, Lindenberger, & Staudinger, 1998）所延伸出來的終身發展模式（life-span development model）。

二、選擇、最佳化及代償模式（SOC）

SOC 這個模式係用來支持及提升對成功發表的理解。雖然主要重點在於成功的度過老化（Baltes & Baltes, 1990），但它相當具普遍性，可廣泛應用及符合特定領域的補救（Baltes et al., 1998）。SOC（selective optimization compensation）模式應用的絕佳對象是終身生涯發展領域，原因在於構成成功發展的因素比起道德或社會發展較無爭議。這個模式的基本論點在於選擇、最佳化及代償，代表了終身發展歷程的目標聚焦於增大收益及減少損失（Baltes et al., 1998）。此外，選擇、最佳化及代償策略最可能促成發展的成功，也就是收益增大與損失減少。

例如，某人的腿斷了，他有幾個代償性的選擇：可選擇使用手杖、丁型拐杖或輪椅。雖然這三種都是可行的選擇，多數人及醫師都會選擇丁型拐杖。為什麼？這三個選擇中的每一個都可提供移動性給無法動的人，若選擇的標準只是移動性，則三者中的任何一種都可充分代償傷害。如果此人的唯一考量是駕馭裝置（涉及最佳化的特定選擇標準），則手杖可能是最好的選擇（若他有絕佳的平衡感），此時這個人可能會將丁型枴杖及輪椅視為不必要。一旦我們加上更為明確的選擇標準，則每個人的選擇會更為一致，標準可包括機動性、穩定性及未受傷腿的運動。輪椅允許機動，但是卻限制未受傷腿的運動；手杖有機動性，但穩定性低於丁型枴杖，因此，手杖的選項可能風險太高。此時丁型枴杖往往是最受喜好的，因為它們迫使使用者鍛鍊未受傷的腿，並且提供了移動時的穩定性。

這個例子的關鍵在於選擇標準是一種框架，在此框架的脈絡中，人們發展出增益／損失的比例，以決定自己的行動計畫。此理論指出，人們會傾向思考將議題與最佳化及代償做連結，所以此理論提示：最佳化的解決就是選擇一個最適合其當前的需要、即應用資源來克服障礙的解決辦法。

雖然選擇、最佳化及代償的行為可以被視為精心策劃的行為策略，Baltes等人（1998）指出，這些行為的實行可能從較為被動到主動都有，包含內在或外在的動機。對這些行為完全覺察且在意的人可能會加以執行，或者這些行為由處於「全自動飛行員」（automatic pilot），或行為功能上自主的人不經意地執行。更進一步說，選擇、最佳化及代償（SOC）的行為可能從刻意變成自動自發，或從被動變成主動等。雖然這些SOC行為的多變面向會使模式的解釋更為複雜，但也擴充了可能的重點，以及可用於改變一個人 SOC 行為的介入範圍，此觀察將於本章後面部分討論。

由於發展可能代表著涉及多種原因的複雜歷程（即多種原因造成某種發展特點的產生）和多功能的（即某個事件或行為可能以不同方式完成不同的目標），某個事件是否就是選擇、最佳化或代償的例子，並非一直都是很明確的。此外，何者構成選擇、最佳化及代償的定義，會隨著人們的年齡及能力，以及人們改變自己所處的情境而改變。我們再次觀察到，人的發展是一個相當複雜的歷程，絕不可過度簡化，使得抗拒的力量變得太過簡單，所以「一招通吃」的模式則是必要的。在此模式中，維持恆常不變的意涵是：選擇、最佳化及代償通常可一起達成「成功的發展」（successful development）（Baltes et al., 1998, p. 1057）。

三、終身生涯發展的選擇、最佳化與代償

SOC模式特別適合用於思考橫跨生命的終身生涯發展及工作表現。當要發展一個成功的生涯，且在幾十年間都能維持高度的工作績效時，經常會發現：這些人即使在資源短缺與不利的情況下，仍奮力去達成這個任務。這些資源的短缺與不利可能與年齡有關，例如：體力的喪失、記憶力的衰退，或是長期的健康狀況不佳。它們也可能與經濟狀況有關，例如：經濟蕭條或通貨膨脹，或是其他的局勢，包括意外或天災。所有這些情況下，SOC架構將可以預測：當人們成功地運用選擇、最佳化及代償策略時，最可能長期擁有成功生涯，且維持高度工作表現。此刻，針對選擇、最佳化及代償行為加以定義，並提出一些例子，對大多數成人在生涯發展上所扮演的角色有很大的幫助。

選擇（selection）

此乃 SOC 模式的第一個要件，代表著建構的核心及目標的選擇歷程（Wiese, Freund, & Baltes, 2000）。在此模式中，選擇指的是行為領域的辨識，以及對此領域的發展所採取的行為方向。顯然，選擇在生涯發展上扮演了核心的角色。當一個人考慮職業領域中廣泛的可能性，以及與這些可能性相關的結果時，就做出了選擇（抉擇），而這選擇同時也消除了其他

的選擇。例如：某人選擇醫學方面的職業做為自己追求的目標，這意味著其他可能的目標（例如：當一名芭蕾舞者）就「落選」。而且，這意味著行為朝向取得必要的訓練和技能，以實現這項職業目標的選擇。

Carstensen、Hanson 和 Freund（1995）指出，隨著人們年齡漸長，彼此的差異就越大，且這種差異就是兩種選擇型態的結果。他們指出：**結構性選擇**（structural selection）可能會透過社會的實踐產生，而這些實踐也限制了各種機會因素，包括：性別、種族、階級及年齡。顯然，這些因素對生命歷程（life-course）的心理學家而言，一直都是主要的顧慮，同時他們也聚焦在社會結構的發展軌跡及轉型上（例如 Elder, 1997）。第二種選擇稱為**行為選擇**（behavioral selection），根據 Carstensen 等人（1995）的說法，是指從眾多的生命路徑（life path）中積極選擇一項或更多。

在成人生涯發展方面，根據種族、社會階級和性別所做出的結構性選擇，已有相當多文獻可參考（Fouad & Bingham, 1995; Schneider, 1994）。在結構性選擇方面，個人的職業選擇，被認為受到與個人特質無關的力量所限制或導引。例如：儘管非裔美人學生受到的期望與白人學生相同，甚至超過，但終究還是面臨失業或擔任薪水較少的職位，這局部反映了雇用的決策，仍然在某種程度上是以種族為依據的（Kohn & Schooler, 1983）。與社會階級連結（social class-linked）的職業社會化（occupational socialization），也可能限制了職業的選擇（Kohn & Schooler, 1983），且女性持續較狹窄的職業選擇範圍，可能是因為她們一直以來受到兼顧職業及家庭的社會期待的衝擊（Gutek, Searle, & Klepa, 1991）。

然而，行為選擇也在職業選擇中扮演重要角色。這種職業選擇的過程納入 Lerner 和 Busch-Rossnagel（1981）所謂的個人自我發展的形成，以及 Elder（1997）所謂的做選擇及行動的人為作用力。個人特質（包括能力、動機及個性），往往帶動了行為上的選擇。SOC 模式當中，有兩種行為：**挑選式選擇**（elective selection）及**評估損失式選擇**（loss-based selection），它們之間存在著有趣的區別（Freund, Li, & Baltes, 1999）。例如：挑選式選擇在生涯或職業領域中，指的是在數個理想的選項中做選擇或建立一套目標的層級，以發展出職業選擇的優先順序。評估損失式選擇可能發生在一個人完成某個目標的能力打折扣時，例子包括像是：沒有錢去追求所需的某項職業的教育或訓練；或車禍受傷，不得不放棄先前想要成為表演藝人的選擇。

最佳化（optimization）

在SOC模式內，最佳化在成長及就業中，指應用「目標的適當手段」（goal appropriate means）達成目標或偏好（例如：技能）（Marsiske, Lang, Baltes, & Baltes, 1995, p. 58）。顯然，這個技能（或知識）的發展過程可用於生涯發展領域。生涯發展的最佳化將重點放在辨識及尋找增進個人生涯發展及工作表現的環境。例如：遷往一個具較好工作前景的地點，或跳槽至另一家能提供較佳升遷機會的公司。換言之，如果某人有志於劇場演出，生涯發展的最佳化可能是要遷往紐約；如果有電腦方面的天賦，則是遷往矽谷。生涯發展最佳化的其他例子包括：投注精力和時間以取得職業的技能，或效法在某個職業上成功的人，當面對困難的目標（例如：創業）時，能展現出長期的堅持，及能夠延後滿足（delay gratification）（Wiese et al., 2000）。

在今日充滿挑戰且迅速變遷的職業環境中，知識及智能發展領域的最佳化，是生涯升遷的先決條件。事實上，避免科技能力落伍以及追求職業的進步，需要人人盡力促成匯集「認知、動機與適合目標的手段」。這些達成適合目標的手段，當然不限於知識技能與能力的培養。而這些能力也包括機器方面的技能，例如：操作車床或駕駛飛機所需的技能。此外，培養建立職業人脈網絡及接觸潛在的良師、同事，所需社交能力，也是重要的最佳化活動，尤其在工作領域中，有其特殊的意義（Marsiske et al., 1995）。總而言之，從事最佳化行為的人，將比未有效從事此等活動的人，更有可能達到自己生涯發展的工作目標。

代償（compensation）

SOC模式中的代償，係因內在或外在的損失或限制而產生。這是一個複雜的概念，且理論家及研究者尚未對其定義完全達成共識（Dixon &

Bäckman, 1995）。因此，一開始採取全方位且涵蓋性的代償定義：「代償涉及當一個人在技能與環境需求之間，存在著認知或客觀上的差距，而引起平衡作用（counterbalanced）（無論自動或刻意）；此人想藉由投注更多的時間或心力（仰賴正常的技能）、利用潛在（但平常無作為）的技能，或培養新的技能，使行為的本質發生改變，這改變可能是朝適應性達成、維持或超過一般熟練的能力水準，或朝適應不良的行為後果。」（Bäckman & Dixon, 1992, p. 272）

雖然寫下這樣的定義是為了能適用於廣泛的領域，顯然，代償策略及行為在生涯發展上相當重要。值得注意的是 Dixon 和 Bäckman（1992）指出：某人的能力或技能與情境的需求之間有差距存在，代償才能是一種適當且必要的行為策略，因為沒有這樣的差距或不足，就沒有代償的理由。事實上，Elder（1997）指出：預期與現實之間的差異，可能造成個人及家庭必須找出掌控情勢的新方法。從 SOC 架構的觀點來考量，當先前有效的內在及外在資源不足以因應新的局勢時，就必須採用代償策略做為因應的手段。

代償在成人生涯發展中，維持理想的工作表現上是一項重要的策略。如此可在快速且有時是重大改變的情況下，促成個人與環境需求的差異。這樣的情況發生在德國的鐵幕瓦解及統一（Vondracek, 1999; Vondracek, Reitzle, & Silbereisen, 1999）。前東德的快速社會改變，導致多年共產社會（凡事都有國家照顧）經驗的期望，與新的資本主義社會之間的巨大差異，這些人藉由發展新的創業技能代償，不僅能夠生存下來，還能在新的情況下興盛發展。

其他需要代償做為成人生涯發展適應策略的情況，包括：失業、離婚，或失去體力、耐力、感官的靈敏，以及其他與老化過程有關的不足。成功的員工視其可取得的內在及外在資源，以不同的方式代償這樣的不足。例如：他們可能尋求擴大社交接觸面，以因應失業及離婚，並且可能將工作分成更小的項目，花更多時間去做，以因應減損其執行這些工作所需的體力不足（與年齡相關）。他們也可能尋求培養新的技能（即更有效率的做事方法），以代償速度上的衰退。最後，可尋求其他人的協助，或是透過機器或電子裝置的使用來進行代償。

四、成人生涯發展的選擇、最佳化與代償

Baltes 等人（1998）認為，選擇、最佳化和代償之定義，係與它們的功能及所處的脈絡位置有關。意味著：某件事物是否代表著選擇、最佳化或代償取決於環境的局勢，考量個人的發展情況及所處的脈絡情勢。然而，某些真實生活經驗的例子，將有助於顯示SOC行為的無所不在，且將根據特定的脈絡給予定義。透過某些傳記式的範例最能展現，如 Marsiske 等人（1995, p. 68）於表 2-1 中所呈現。從表中可明顯看出，與工作表現有關的行為，在個人的 SOC 行為中，占了相當主體的地位，這一點是可以預期的，因為與工作表現有關的目標，可能在大多數人的目標選擇上占有核心重要性的地位。

範例也清楚顯示，所有這三項策略：選擇、最佳化及代償，對獲得成功都是非常重要的。然而，問題在於，這對於一般人和「超級明星」而言，是否都是一樣。最近有實證的證據顯示：選擇、最佳化及代償在若干領域上，都代表著成功生活管理的基本策略。例如，Wiese 等人（2000）指出，較廣泛使用SOC策略的人通常比較成功，尤其是在工作領域及夥伴的合作關係上更為成功。同樣的，Abraham 和 Hansson（1995）表示，使用 SOC 策略的成人，比較可能在工作領域上達到成功目標及維持工作勝任的感覺。

如果選擇、最佳化及代償策略的使用，可跨越廣泛的領域中，提升發展成功經驗的機會，很清楚地，他們可以做任何事情來改善使用這些策略的能力，且對他們都是有利的。事實上，可能會有一般領域及特定領域的 SOC 策略，雖然在某一領域使用 SOC 策略的人，也可能將這些策略用於其他領域（Wise et al., 2000）。幾項與使用 SOC 策略有關的議題，是生涯諮商輔導員（career counselors）及生涯諮詢員（career consultants）特別感興趣的：

1. 成功追求到自己職業生涯的成人，最常使用的 SOC 相關行為是什麼？

表 2-1　以代償進行選擇性最佳化：傳記範例

來源	選擇	最佳化	代償
演奏會鋼琴家 魯賓斯坦 （Baltes & Baltes, 1990）	生命的晚期只演奏少量的曲目	隨著年齡增長增加練習時數	在快速的動作前以緩慢演奏強化對比
運動員 麥可喬丹 （Greene, 1993）	年輕時將重點放在籃球上，排除溜冰及游泳	每日進行投球練習以及身體訓練	倚賴特製的鞋子處理長期的腳部傷害
科學家 居里夫人 （Curie, 1937）	生活中排除政治及文化活動	每日有固定的時間埋首於實驗室裡	遇到超過自己專業領域外的問題時，請教同事

資料來源：Marsiske 等人（1995：68）。

2. 這些與 SOC 有關的特定行為，是否對男性較有效，或對女性較有效？
3. 這些與SOC有關的特定行為是否對特定的年齡層、具特定教育背景的人，或對屬於特定社會經濟群體的人特別有效？
4. 與 SOC 有關的行為，對某些職業群體的人是否較為適用且較有幫助，甚至超過其他群體？
5. 生涯專業人員能教導人們有效地使用與 SOC 有關的行為嗎？

雖然這些問題大部分都有待審慎研究，才能肯定的回答，但此時檢視 SOC 模式如何應用於生涯諮商輔導及生涯諮詢實務，才是有助益的。

五、應用生涯介入終身模式的選擇、最佳化及代償

配合代償的選擇、最佳化之終身模式已被提議為一種普世的發展模式（Baltes & Baltes, 1990; Marsiske et al., 1995）。它的普遍性質被證實是開放的，且在特定領域方面的精益求精（這裡是指成人生涯發展領域）不僅是

適當的，而且也是必要的（Baltes et al., 1998）。在此模式中，將發展視為一種選擇性適應歷程的**先前條件**（antecedent conditions）。其中選擇的壓力源自自我內外在資源的限制與改變，因為一個人渴望進步或單純地想改變人生的方向，但對每個發展領域而言，特定領域的選擇壓力可加以識別，而活化先前條件造成**適應性歷程**（adaptive processes），此歷程包括選擇、最佳化與代償，這些程序若能有效使用，可減少損失且增大收益的**結果**（outcomes）。

當一般性SOC模式運用於成人生涯發展時，先前條件主要是指**選擇的壓力**，換言之，寧可選擇一組必要且渴望的目標或目的。而選擇的壓力起因於人們尋求最佳化時，內在及外在資源都是有限的。在成人生涯發展當中，特別有關聯的是內在資源，例如：智能、動機、個性、性情、知識、技能、健康及體力等，以及外在資源，例如：金錢、機會、家人支持、有助益的經濟及政治情勢等等。其他的選擇壓力，源自於與年齡相關的改變，包括：內在資源的流失（例如：體力、視力、手的穩健度和柔軟度的衰退），以及外在資源的流失（例如：機會、家人支持和其他的支持網絡）。成人生涯發展的**適應性歷程**，是指特定領域的選擇、最佳化及代償策略和行為，此時若能有效地使用，產生的**結果**包括：成功達到職業的目標、維持最高水準的表現，以及能成功因應潛在衝擊到職業表現及生涯成功的障礙和損失。

生涯諮商輔導員常需要協助當事人，面臨複雜問題時平衡衝突的需求，例如：需要兼顧工作與家庭的人。證據顯示，應用代償的相關行為最具適應性，且在處理工作／家庭衝突時可有效地使用。然而，在工作領域上，最佳化行為及策略在通往成功發展上，顯然更具關聯性且有效（Wiese et al., 2000）。在和青少年諮商有關他們最初的生涯選擇時，與選擇有關的行為及策略更為重要。這顯示出：視當時情況而定，但使用一種或另一與SOC相關的行為，必須優先重視且要謹記，這三種策略的綜合應用將可能產生最佳的結果。

六、選擇、最佳化及代償的生涯介入說明

之前的傳記範例（見表2-1）裡，某些與生涯有關的選擇、最佳化和代償範例行為與策略被提出來。表 2-2 補充了這些範例，說明了最可能是生涯介入重點的SOC相關行為，以及其他行為，通常是在生涯諮商歷程中會遇到的非SOC行為。之後，我們提出三個虛構的當事人摘要及分析，這些當事人代表著多種人口結構變項中不同類型的當事人，以顯示出此模式的適用範圍。

表 2-2　與 SOC 相關行為有關的可能生涯介入重點（及其他行為）

	目標行為	其他行為
選擇	專注於特定的生涯目標。 選擇與自己學識能力相符的職業。 在無預期情況下失業後找尋及選擇所能得到最好的工作。	將注意力分散在許多目標上。 選擇遠高於或低於自己學識能力的職業。 拒絕考慮自己專門領域外的工作。
最佳化	持續追求與目標相關的途徑，例如：獲得相關的訓練、技能、教育。 工作加班，以取得重要的經驗。 參加激勵性的工作坊，以增進及維持顛峰的表現及對工作的熱情。	當成功不如預期輕易到來時就放棄。 堅持不讓工作占去個人時間。 接受表現退步是不可避免的老化跡象。
代償	當新的不足、衝突或障礙阻止其獲得習以為常或想要的結果／表現時，不斷尋找替代的行為。 與夥伴或配偶在家事的區分上達成妥協。 投注時間及努力學習新的科技技能，以避免被淘汰／丟掉飯碗。	接受工作表現變差、收入減少、降職是因為新的不足、衝突或障礙所造成。 堅持傳統，家務事的分工是以性別做為區分。 相信優異的表現，仍會被肯定及得到回報，即使這種表現是採用「昨日」的技能。

資料來源：取自 Baltes & Dickson（2000）及 Wiese 等人（2000）。

李先生的案例：李先生，25歲，是某陶瓷工廠的一名上釉工人。他已婚，育有兩名學齡前的孩童，他的家人和妻子的家人已在鎮上住了好幾代，他自高中畢業以來就在同一家工廠上班。他原本準備晉升督導的職位，但在他晉升之前，工廠卻被賣掉，且後來關閉了。工廠位於小鎮上，且離任何相關的同業大約都有兩小時的車程，鎮上的就業選擇很少。李先生所面臨的，不是重新接受訓練，以及可能的薪水減少，不然就是要遷往新的社區。李先生正尋求生涯方面的指導，以此作為求職的途徑。他希望工作最好能在自己的家鄉，可讓他繼續供養一家五口，與他先前的薪水接近。

李先生代表的是大多數受過很少教育或沒受過中學以上教育，但卻想在職業生涯上成功的年輕成人。遺憾的是，李先生雖然有能力和熱情，卻丟了飯碗。這樣的失業可能很難解決，尤其是從家人和社區的角度來考量。用SOC的說法來看，李先生經歷了有害的結構性選擇（關廠），促使他試探損失性選擇策略（loss-based selection strategy）（重新訓練或遷移）。將SOC架構應用於李先生目前的問題，可提供一個釐清複雜問題的結構與起點。

選擇

李先生晉升至督導職位，並取得前上司的肯定和嘉許，顯示他有能力選擇並達到可達成的目標，產生有利的結果。依此看來，李先生擁有有效的 SOC 職業策略可用於輔助轉換至另一個工作或職務。李先生針對職業（上釉工人及可能當上督導）領域及人際間（丈夫及父親）領域已做出堅定的承諾，這可能暗示著可塑性的減少；但以他的年齡和職業情況而言，他可能具有經歷職業再探索（re-exploration）和重新訓練（re-training）所需的彈性。李先生可能在重新探索階段從某種生涯指導及教育上獲益，但從他明顯的目標選擇能力來看，這樣的指導應在有需要時才提供，且諮商輔導員應培養一種健康的自我導引（self-direction），做為賦能李先生就業選擇的能力。

最佳化

在選擇了新的職業後，李先生必須增強及精進目前的職業技能。李先生過去的表現顯示，他相當願意且能夠培養及運用新的職業技能；因此，他似乎像是經由學徒經驗（apprenticeship experience）進入一個有結構學校的良好人選。

代償

有鑑於李先生的社區相對較缺少薪水好的工作，以及他對自己家人的經濟責任，李先生可能在重新訓練的階段從事暫時性的工作。這種代償的行動可能會延長訓練的時間，但也可能是李先生要達成自己長期人際間和職業目標的唯一方法。

美國製造業及重工業的外移，迫使許多像李先生這樣的男女大幅改變自己的生涯方向，或遷往相關產業持續提供技能性或半技能性行業的工作。李先生可能選擇遷往他處，這樣的選擇可能需要另一套不同的選擇性最佳化，加上代償目標及行為，但諮商輔導員可輕易以SOC的方式架構如此的路徑。

在重新訓練或遷移的選項方面，李先生顯然主要是在處理職業的議題，並運用與 SOC 模式的選擇階段有關的就業行為策略（employing behavioral strategies），但回憶起這樣的行為片段（behavioral episode）因一個損失（loss）而突然中止，因此，年紀較輕的李先生也正在進行後設代償模式（compensation meta-model），加上選擇最佳化呈現出一種整合發展的敏感模式。一項行為可被解釋為具有選擇性、最佳化或代償性的本質，視個人的情境及此人的發展情況而定。請想像如果李先生是60歲，他和生涯諮商輔導員所處的情境會有多麼不同。李先生可能會基於代償性的取向（compensatory orientation）而尋找兼職的工作或是限制瑣碎的花費；但選擇的策略可能以尋找他社區內現有且適當的工作為中心。遷移可被認定是一種代償的策略，以減輕沒有工作機會的情況下更進一步的財物損失。雖然重新訓練是有其可能性，但李先生似乎不可能在他工作生涯低迷的時刻做此選擇。李先生年齡的不同，顯示職業發展狀況如何為一個人所處情勢呈現出截然不同的風貌，以及如何能導引出不同的策略。換言之，SOC是一套發展性模式（developmental model），可適用於人的一生；因此，它可做為一樣工具，以發展敏銳的方式，適當且有效地勾勒出當事人所處的情勢，以及後續的行動計畫。

大衛的案例：35歲的大衛是某家國際汽車零件製造商及代理商的業務區經理。他的公司位於某都會型的大城市裡。擔任此職的大衛須經常在國內及國外出差。大衛已經結婚十年，有一個7歲的女兒。自從晉升為區經理後，大衛更需要出差，目前他擔心出差會影響他的婚姻，且他錯過了女兒生命當中重要的時刻。大衛正在考慮換工作，以減少離家的時間，但他擔心，這樣的改變會需要搬家或減薪。大衛正在尋求生涯諮商，試圖找到一個可以用到他的技能和能力，但較不需要出差的工作，而且地點最好能夠位於他目前住家的通勤距離內。

大衛顯然是渴求取得目前的職位，且可能有效地從事SOC的策略及行為，他現在發現「要小心你所希望的……東西」這句話很中肯。簡言之，他面臨了職業需求與人際目標之間的常見衝突。再回到SOC的語彙和終身理論，大衛的資源有限，使他無法達成生活目標。這些目標需要類似的資源（在本案例中，花在從事工作及家庭活動的時間就是資源）。當他抵達諮商輔導員的辦公室時，他已實行了SOC系統，選定生涯諮商及探索做為解決當前危機的目標。這樣的策略暗示著，大衛覺得自己無法重新建構目前的工作需求或調任相同組織內的其他職位。雖然這樣的結論可能言之過早，且對此職位的重新評量可能是諮商的目標，我們會以他的雇主沒有給他其他的選擇為假設來運作。

選擇

大衛具有可輕易轉移至多種職業場合的謀生技能，因此，選擇的議題可能圍繞著大衛的遷移及收入方面的顧慮。大衛可能必須擔心薪水的改變或遷移，也可能不必擔心。如果有可能發生其中任何一種情況，大衛與他的妻子，以及大衛與生涯諮商輔導員之間有關這些議題的溝通，可被歸類為目標選擇歷程的一部分。

最佳化

當選擇在相同的城市為不同的雇主做類似的工作後，最佳化策略可能包括改善他的自我推銷策略。為了達此目標，大衛可從事多種最佳化的行為，包括製作或修訂自己的履歷、與相關行業的朋友及同事往來以找到線索，以及／或是演練可能的工作面談。最佳化的一個基本特點涉及了找出、精練及有效使用自己的優點，並將缺點減至最低。因此，大衛及諮商輔導員將需要決定哪些謀職策略要更進一步發展及運用，哪些則不予理會。

代償

在保有需要性高的工作又同時尋找其他工作時，可能會導致更多的時間壓力，因此大衛可能需要從事時間管理的代償策略。相關的代償行為可能包括：謝絕工作以外的活動，或投注較少的時間在家庭的義務上。不管是哪一種情況，這樣的代償策略可能比較能讓大衛及他的家人接受，如果他小心地去尋找工作，且有效地從事上述的最佳化行為，則這兩種作法可能都只是短期的，但提供了未來這兩方面有更多時間的保證。

大衛在接受諮商時，已從事大量的選擇。雖然他仍必須做出一些目標選擇，他的重點策略顯然是以最佳化領域為基礎。因此，生涯諮商可能以協助大衛更進一步定義他的目標為重心，但主要的工作會集中在最佳化的策略，例如：改善他的履歷及面試技巧，並開發自己使用電腦的能力，和取得徵募者的資源，以創造工作的前景。總而言之，大衛是一個成功的業務員，與銷售有關的行為可予以最佳化，大衛都需要設計及運用推銷自己的策略，而非推銷汽車零件，無論就比喻或真實的情況而言，皆是如此。

湯姆的案例：湯姆是一名55歲的家具木工師傅，住在一座中型的城鎮裡。該城鎮是州裡較鄉下地區的數個衛星社區的樞紐。大約三個月前，湯姆因車禍受到重傷，他失去了右手，且左手及左臂的使用也受到限制。醫療及復健團隊都有強烈的共識——湯姆無法再做以往的工作。湯姆目前和妹妹一家人同住，因為他未婚且此時需要個人的照顧。湯姆想找木工方面的工作，但礙於現實的身體情況，他也不確定自己的選擇。湯姆願意進行職業治療及某些重新訓練，但他對於留在木工領域仍相當堅持。他先前的雇主已表達了繼續雇用他的興趣，但湯姆卻對自己能扮演什麼角色感到不確定。湯姆希望生涯諮商能提供他一個在身體受限情況下，更進一步定義自己適合的生涯選項（career options）。

湯姆遭逢影響他生活許多不同層面的嚴重損失。雖然湯姆可能並未積極地接受復健及諮商服務，他的持續參與顯示出他願意重回工作崗位的渴望，以及他取得代償策略，並運用就業相關行為的能力及動機。由於他對於想做的工作類型立場堅定，以及當前雇主所表達的興趣，生涯諮商目標可能是協助湯姆探索工作的選項，並幫助他與雇主進行可能的協商。

選擇

湯姆必須相當努力工作，並設定各種子目標，以完成回到木工行業的重要目標。因此，在生涯諮商輔導員及復健團隊的援助下，他需要：(1)找出並整理與職業及物理治療有關的必要活動；(2)找出不受身體限制影響的技能和能力；(3)蒐集與當前雇主的需求有關的訊息；(4)找出及選擇教育的機會；最後，(5)將現有及新培養的能力用於滿足雇主的需求。自然這些目標會有先後的順序，湯姆將需要在最後決定復健及諮商歷程的速度及效果。

最佳化

湯姆是一名木匠師傅，且就定義而言，湯姆已顯示出有能力將職業技能最佳化。諮商的一個重要目標是：找出並發展湯姆較不精練的其他潛能。例如：湯姆的雇主如果需要某人擔任督導或指導者的角色，則湯姆可參加相關的課程作業改善自己的能力，更進一步精練自己的能力，以擔任經理或指導者。由於他之前在家具店裡的職位，他可能已從事過類似的行為，做為先前工作的周邊技能，但如果這些技能成為新職務的核心層面，則他現在可能必須增進這些技能。這點必須加以強調，因為在大多數情況下，最佳化牽涉到增進現有的技能，代償通常牽涉到替代或相關技能的應用及培養，以維持或增進生活的某個層面。由於湯姆已經具有某些指導的技能，他可以把重點放在這些技能「最佳化」。

代償

透過諮商、教育及輔助性的科技，限制湯姆的失能所造成的衝擊，將是諮商的主要目標。例如：生涯諮商輔導員可能促使湯姆尋求及接受額外或專門木工領域的自動化 CAD 或輔助科技使用的訓練。回到學校並學習使用輔助性的裝置，湯姆必須運用先前被忽視或不常使用的內外在資源，來達成因為受傷所致而創造或重新定義的職業目標。

面臨他最後十到十五年的職業生涯，湯姆正在處理代償系統。雖然他的可塑性超過自己所了解的，但他目前並不願意重新進行替代性職業的再訓練。而身為諮商輔導員，支持這個立場並理性努力付出，直至湯姆再為自己的雇主做事為止，也許是比較明智的作法。依照復健團隊的報告，湯姆不太可能再回復往日曾經擁有的技能水準。然而，就他的專業和對木工的了解而言，他或許能夠成功擔任督導或指導者角色，使他能持續在自己目前的工作領域中工作。根據我們所擁有的資訊，任何有關湯姆未來工作性質的確實結論可能言之過早，但這裡要指出的是，SOC 模式可將一個現有的問題放在有凝聚力及發展上敏銳的架構，有助於諮商輔導員產生一系列的行動步驟及策略，而這些步驟及策略會導致多種可預期的結果。

七、結論

以代償進行選擇性最佳化的模式，被認為特別適用於追求及達成生涯相關目標。此模式顧及了以目標系統或目標階層的建構為中心的選擇——無疑是終身生涯發展的中心議題或任務。它也將重點放在說明人們如何使用與目標相關的手段，例如：達成與所追求的目標相關，且是重要的行為，即是最佳化及代償的策略。生涯諮商特別設計以增進個人在追求生涯發展目標時，有效使用選擇、代償及最佳化行為，被以一種新穎取向（novel approach）呈現，特別是在成人的生涯發展領域。

隨著新的取向問世，人們常問有什麼證據可保證新的取向被採行，此外，有關任何能提升或創新的獨特性取向問題被提出來，應當也在預料中。第一個問題無疑是能以實證研究討論的問題，有些初步的研究結果令人鼓舞。例如：有一項研究已顯示，具有SOC相關行為的人在對與工作有關的福祉（well-being）上得分，比起沒有SOC相關行為的人明顯要高出許多。導致研究者聲明：「研究發現，支持與SOC相關的策略，是規劃及管理成人生涯中職業及夥伴關係挑戰的假設。」（Wiese et al., 2000, p. 295）其他研究者指出，SOC 的架構可做為一種產業／組織心理學家工作的組織架構，因為它們處理了多種的組織（職業）行為（B. Baltes & Dickson, 2000）。此外，與SOC有關的介入並不需要完全將重點放在幫助人們有效使用SOC策略。選擇、最佳化及代償也可當作改變個人工作環境的協調策略，尤其是當人們年齡漸長，且必須因應各種不同的損失及不足時（Charness & Bosman, 1995）

SOC架構的獨特之處，主要源自於它相當順利地整合至終身發展心理學廣泛的領域裡（例如Baltes et al., 1998）。目前浮現的理論觀點，有別於其他的生涯發展及生涯諮商模式，因為它提供了一種具有凝聚性且在發展上敏銳的指導或模範，以勾勒出一個人過去和現在的狀況。SOC 架構假設：個人利用有限的資源去達成廣泛的目標，且SOC的行為及策略，有助於在完成這些目標的歷程中，將獲益增至最大並將損失減至最小。此模式促使生涯諮商輔導員考量自己特定的執業或研究領域以外的東西，並指出領域與其相關目標之間的相互關聯，尤其在檢視或引導資源分配於一個重點領域時，非常重要。在某種意義上，SOC模式將資源視為液體，而個人則是持續扮演重新引導液體從一個目標流到另一個目標的促動者。若將此比喻延伸，當各目標同時競爭相同的資源，或當災害發生且資源枯竭時，問題就會發生。此外，與終身取向有關的模式及基本研究，賦予研究人員及諮商輔導員試圖找出當事人現有行為及策略時，預期潛在結果的力量。回顧表 2-2 中目標行為及相對的其他行為，我們會發現，不同的代償行為及策略如何能增加在職業領域中，維持或甚至是成長的機會，以及其他的策略或行為如何會使這些機會更為減少。改述Baltes等人（1998, p. 1045）的話，生涯發展可被視為一種「得與失的動態結構」，原則上，生涯諮商會將重點放在運用SOC策略，並透過個人終身的職業生涯，將職業或工作相關的獲益增至最大，且將損失減至最小。

生涯諮商輔導員在發展策略協助人們廣泛選擇自己的目標上，並非新手，所以盡力發揮最大資源（最佳化），及克服失敗（代償）。然而，毫無疑問地，他們會將輔導介入放在一個更廣泛、更綜合性的發展架構（如：成功發展的SOC變化理論）中獲得助益。它不只提供有關資源在面對相互競爭的目標時（例如：工作 vs. 家庭；Wiese et al., 2000）該如何分配的指導，也提供了明確的發展架構，強調發展是從出生至老年的延續性。後者的觀察往往在成人的生涯諮商中迷失了。然而，了解成人時期的發展必須是任何以成人為主的生涯介入不可或缺的整體特點。SOC架構的呈現，用意在於成為邁向成人生涯諮商輔導與成人廣泛發展領域重新整合的第一步。

參考文獻

Abraham, J. D., & Hansson, R. O. (1995). Successful aging at work: An applied study of selection, organization, optimization, and compensation through impression management. *Journals of Gerontology Series B-Psychological Sciences & Social Sciences,* 50B(2), 94-103.

Bäckman, L., & Dixon, R. A. (1992). Psychological compensation: A theoretical framework. *Psychological Bulletin,* 112, 259-283.

Baltes, B. B., & Dickson, M. W. (2000, Aug. 4-8). *Using life-span models in Industrial/organizational psychology: The theory of selective optimization with compensation.* Paper presented at the 108th Annual Convention of the American Psychological Association, Washington DC.

Baltes, P. B. (1997). On the incomplete architecture of human ontogeny: Selection, optimization, and compensation as foundation of developmental theory. *American Psychologist,* 52(4), 366-380.

Baltes, P. B., & Baltes, M. M. (1990). Psychological perspectives on successful aging: The model of selective optimization with compensation. In P. B. Baltes & M. M. Baltes (Eds.), *Successful aging: Perspectives from the behavioral sciences.* (pp. 1-34). Cambridge, MA: Cambridge University Press.

Baltes, P. B., Lindenberger, U., & Staudinger, U. M. (1998). Life-span theory in developmental psychology. In W. Damon (Series Ed.) & R.M. Lerner (Vol. Ed.), *Handbook of child psychology: Vol. 1. Theoretical Models of Human Development* (5th ed., pp. 1029-1143). New York: Wiley.

Blustein, D. L., Phillips, S. D., Jobin-Davis, K., Finkelberg, S. L., & et al. (1997). A theory-building investigation of the school-to-work transition. *Counseling Psychologist,* 25(3), 364-402.

Bronfenbrenner, U. (1979). *The ecology of human development.* Cambridge, MA: Harvard University Press.

Carstensen, L. L., Hanson, K. A., & Freund, A. M. (1995). Selection and compensation in adulthood. In R.A. Dixon & L. Bäckman (Eds.), *Compensating for psychological deficits and declines: Managing losses and promoting gains.* (pp. 107-126). Mahwah, NJ: Erlbaum.

Charness, N., & Bosman, E. A. (1995). Compensation through environmental modification. In R. A. Dixon & L. Bäckman (Eds.), *Compensating for psychological deficits and declines: Managing losses and promoting gains* (pp. 147-168). Mahwah, NJ: Erlbaum.

Dixon, R. A., & Bäckman, L. (1995). Concepts of compensation: Integrated, differentiated, and Janus-faced. In R. A. Dixon & L. Bäckman (Eds.), *Compensating for psychological deficits and declines: Managing losses and promoting gains.* (pp. 3-19). Mahwah, NJ: Erlbaum.

Elder, G. H., Jr. (1997). The life course and human development. In R.M. Lerner (Ed.), *Theoretical Models of Human Development,* (Vol. 1). New York: Wiley.

Ford, D. H. (1987). *Humans as self-constructing living systems: A developmental perspective on behavior and personality*. Hillsdale, NJ: Erlbaum.

Ford, D. H., & Lerner, R. M. (1992). *Developmental systems theory: An integrative approach.* Newbury Park, CA: Sage.

Ford, M. E. (1992). *Motivating humans: Goals, emotions, and personal agency beliefs.* Newbury Park, CA: Sage.

Fouad, N. A., & Bingham, R. P. (1995). Career counseling with racial and ethnic minorities. In W.B. Walsh & S.H. Osipow (Eds.), *Handbook of vocational psychology: Theory, research, and practice. Contemporary topics in vocational psychology*. (2nd ed., pp. 331-365). Mahwah, NJ: Erlbaum.

Freund, A. M., Li, K. Z. H., & Baltes, P. B. (1999). The role of selection, optimization, and compensation. In J. Brandtstaedter & R. M. Lerner (Eds.), *Action & self-development: Theory and research through the life span* (pp. 401-434, 540). Thousand Oaks, CA: Sage.

Gibson, E. J. (1982). The concept of affordances in development: The renascence of functionalism. In W.A. Collins (Ed.), *The concept of development. The Minnesota symposia on child psychology* (Vol. 15, pp. 55-81). Hillsdale, NJ: Erlbaum.

Gutek, B. A., Searle, S., & Klepa, L. (1991). Rational versus gender role explanations for work and family conflict. *Journal of Applied Psychology,* 76(4), 560-568.

Heinz, W. R., Kelle, U., Witzel, A., & Zinn, J. (1998). Vocational training and career development in Germany: Results from a longitudinal study. *International Journal of Behavioral Development,* 22(1), 77-101.

Kohn, M. L., & Schooler, C. (1983). *Work and Personality: An inquiry into the impact of social stratification.* Norwood, NJ: Ablex.

Lerner, R. M., & Busch-Rossnagel, N. (Eds.). (1981). *Individuals as producers of their development: A life-span perspective.* New York: Academic Press.

Marsiske, M., Lang, F. B., Baltes, P. B., & Baltes, M. M. (1995). Selective optimization with compensation: Life-span perspectives on successful human development. In R.A. Dixon & L. Bäckman (Eds.), *Compensating for psychological deficits and declines: Managing losses and promoting gains.* (pp. 35-79). Mahwah, NJ: Erlbaum.

Reitzle, M., & Vondracek, F. W. (2000). Methodological avenues for the study of career pathways. *Journal of Vocational Behavior,* 57, 445-467.

Schneider, B. (1994). Thinking about an education: A new developmental and contextual perspective. *Research in Sociology of Education and Socialization,* 10, 239-259.

Super, D. E. (1992). Toward a comprehensive theory of career development. In D. H. Montross & C. J. Shinkman (Eds.), *Career development: Theory and practice.* (pp. 35-64). Springfield, IL: Charles C Thomas, Publisher.

Vondracek, F. W. (1999). Meeting challenges in the new Germany and in England: New directions for theory and data collection. In R. K. Silbereisen & J. Bynner (Eds.), *Meeting challenges in the new Germany and in England* (pp. 291-302). London: Macmillan.

Vondracek, F. W., & Kawasaki, T. (1995). Toward a comprehensive framework for adult career development theory and intervention. In W. B. Walsh & S. H. Osipow (Eds.), *Handbook of vocational psychology: Theory, research, and practice. Contemporary topics in vocational psychology.* (2nd ed., pp. 111-141). Mahwah, NJ: Erlbaum.

Vondracek, F. W., Lerner, R. M., & Schulenberg, J. E. (1986). *Career development: A life-span developmental approach.* Hillsdale: Erlbaum.

Vondracek, F. W., Reitzle, M., & Silbereisen, R. (1999). The influence of changing contexts and historical time on the timing of initial vocational choices. In R. K. Silbereisen & A.V. Eye (Eds.), *Growing up in times of social change.* (pp. 151-169). New York: DeGruyter.

Wiese, B. S., Freund, A. M., & Baltes, P. B. (2000). Selection, optimization, and compensation: An action-related approach to work and partnership. *Journal of Vocational Behavior,* 57, 273-300.

第三章

生涯諮商學習理論

史丹佛大學｜John D. Krumboltz
Sheila Henderson

每當輔導新的當事人，生涯諮商輔導員就面臨了使用什麼理論會是諮商輔導工作最有效的架構。一套好的理論就像一張地圖，它提供了整個領域的綜覽及最重要的特點。就像簡化的地圖（省略游泳池、建築物和花圃）一樣，給生涯諮商輔導員的理論也可能簡化生涯發展的歷程（省略掉戀愛、飲食習慣和一夜好眠的描述）。Krumboltz（1994）指出，好的理論應是準確、負責、周全、整合且可調整的。當今的生涯諮商界中，這可不是一件小事。

人們唯一能夠信賴不變的事情，就是改變。最近一場有關「新生涯」（new career）的座談會預言，21 世紀的工作將會是變動且流動的（Arnold & Jackson, 1997）。Krumboltz（1998a）歸納座談會意見時指出一些有趣的方式，未來工作世界將有所不同。如果這些預言是準確的，則傳統的職涯階梯（career ladder），將會因產業、職場轉型以及個人興趣的改變所造成的頻繁職業變動而被取代。隨著工作及家庭責任更為混雜，非傳統的職業將會更常見。大型企業員工的優勢地位和鐵飯碗已經不再。許多人將會從事自由業（self-employed）或任職於中小企業。生涯自我依賴（self-reliance）的態度已開始取代了傳統勞資之間的忠誠（Waterman, Waterman, & Collard, 1994）。面對不斷改變的職場需求，對終身學習的承諾以及職業的適應力（occupation resiliency），將是不可或缺的因應策略。生涯諮商輔導員的挑戰也更勝以往。生涯諮商輔導員必須能夠教導進入職場及改變職業的彈性及適應技巧，唯有如此才適合這個多變的市場。

當前的生涯發展理論必須強調的兩個關鍵問題：

1. 我們如何解釋人們是如何找到他們的方式，為進入多樣性生涯而努力的（occupational endeavors）？
2. 生涯諮商輔導員如何協助當事人達到更滿意的生活？

本章所討論的是學習理論的核心主題：(1)每個人從嬰兒時期開始，都暴露在多種不同的學習經驗，形塑了自己的**生涯路徑**（career path）；以及(2)生涯諮商輔導員能以當事人過往的學習經驗為基礎進行發揮，與當事人一起創造未來新的學習經驗。目前的理論依據是整合之前所做的三項研究：**生涯選擇的社會學習理論**（Krumboltz, 1979）、**生涯諮商的學習理論**（Krumboltz, 1996），以及**計畫中的偶然**，建構出非預期的生涯機會（Mitchell, Levin, & Krumboltz, 1999）。

特質因素理論（trait-and-factor theory）已主宰了生涯諮商將近一個世紀。此模式首先由 Frank Parsons（1909）所述：教導生涯諮商輔導員將個人與現有的職業做適配（match），生涯諮商以三步驟模式進行：

1. 認識個人的特質。
2. 認識職業的需求。
3. 進行「真實的推理」（true reasoning），將個人與職業進行適配。

這種簡單機械式的諮商輔導歷程，讓生涯諮商輔導所得到的社會敬重低於其他的心理學門，更往往被鄙視為比起其他類型的諮商輔導工作較不具挑戰性，且更為無趣。

雖然生涯諮商輔導已隨著時間而改變，但舊模式仍然盛行於此領域中，並影響著當事人的期待。許多當事人想知道有哪一種職業是可以讓他們從事一輩子。而絞盡腦汁想滿足當事人這種不切實際需求的諮商輔導員會幫當事人做測驗，提供職業資訊，並找出最完全適合當事人的職業名稱。如果當事人無法或不願意說出職業的目標，則諮商輔導員的工作就不成功。必須有人為此負責，大多數情況下，當事人都會被貼上「**猶豫不做決定**」（undecided）或「**長期尚未決定**」（chronically indecisive）的標籤。

1970 年代，工作的滿意度被界定為對自己工作經驗的正面評估態度（Nichols, 1990），許多研究企圖找出外在工作因素（例如：酬勞、福利、工作環境等）與滿意度相關的所有測量方式（Locke, 1976）。隨著這種觀點的重要性減退，一般的文獻開始以神話及哲學觀點指出工作更深層的意義（例如 Clark, 2000; Frankl, 1984; Moore, 1992; Potter, 1995）。對工作滿意的觀念已被生涯及生活中的幸福感，這種更廣泛的意義所取代（Henderson, 2000a），其中，一個人的內在因素（例如：價值觀、經驗、目標及渴望）主導了有意義的職業尋找方向。傳統上將重點放在協助當事人做出「生涯決定」的方法，現在已太過狹隘。一種更為全人的（holistic）生涯諮商觀點是：將求職放在更廣泛的脈絡中追求滿意的生活。生涯諮商輔導員發現：協助當事人創造一個令自己滿意的生活，遠遠超過「決定」一個適當的職業。它涉及對一個人的人際關係、嗜好、審美觀及精神、靈性價值觀，與追求自我實現的生涯交織融合的理解。

以往一直都是機械化的興趣、能力、工作技能與相關職場的評估歷程，已經變成支持當事人改善自己生涯路徑的流動歷程，取代並影響當事人做選擇和決定。生涯諮商輔導員須教導當事人觀察、認知及善用機會。問題不再是「往後這一輩子你想做什麼？」而是，「嘗試下一個工作，將會是更有趣且更滿意的？」這種對生涯的新觀念是把生涯當作一趟冒險的旅程（Henderson, 2000b）。生涯的決策技巧不再只是把重點放在：找出終身的職業，生涯決策變得更常發生且複雜，生涯諮商輔導員教導的是終身而非一次的有效決策。

一、說明職業的多元性

基於謀生方式無限多，但人們又怎麼會從事他們現在所做的工作呢？Krumboltz（1979）的生涯選擇之社會學習理論（Social Learning Theory of Career Decision Making）說明了無數的學習經驗結合起來，如何形塑一條生涯路徑，提供了成人生涯發展的一致性模式（coherent model）。此項理論提供了一個架構：說明人們為何追求特定的生涯活動？為何會改變生涯，以及為何會比較喜歡某些生涯經驗，而超越其他的生涯經驗呢？

多元的學習經驗說明了多元的職業選擇

職業選擇是每個人一生中一連串**學習經驗**的結果。因此，這個理論的重點，是指從嬰兒到成人時期的學習經驗所扮演的角色，即**工具性**（instrumental）及**連結性**（associative）的學習經驗有系統地塑造了我們的態度、標準、偏好及行為，這個歷程發生在個人獨特的內在傾向及心理脈絡（psychological context），以及現有的外在經濟、社會及文化條件。

當我們討論到自己與生俱來的，對比我們透過生活所體驗到的經驗時，最重要的是：應避免以決定論的角度來考量思想、感覺及行為。舉例來說，Sapolsky（1997）表示：「行為生物學家長久以來一再堅持，我們無法解釋天性（nature）與教養（nurture）的意義，只能說明它們之間的互動（interaction）。」（p. 42）這樣的觀點直接適用於生涯發展。個人內在、家庭、社會教育及文化脈絡裡的天性傾向與學習經驗之間的互動，對於生涯機會，以及個人善用此機會的能力，都會有著深遠的影響。尤其在成人時期，人們每一分鐘都在做：有關他們將經驗到，以及他們如何解讀這些經驗的選擇。每封電子郵件、每次的電話交談、每次與朋友的談話、每次因工作與人的結識，以及每次承擔的風險，都將影響學習及未來的機會。如Csikszentmihalyi（1990）如此駕輕就熟地解釋：「如何創造自己，取決於我們如何投注精力」（p. 33），且「每個人必須利用任何所能取得的工具，打造一個有意義、快樂的生活。」（p. 16）

學習來自觀察及結果

讓我們更詳細地觀察學習經驗，**工具性學習**（instrumental learning）產生自行為的直接結果。例如：一個上網球課的兒童，如果能因為球打得好而受到關注及鼓勵，對網球就會產生比起沒有受到這種強化的兒童，更為正面的**自我觀察類化**（self-observation generalization），所以兒童的學習來自於自己的表現結果。

連結性的學習經驗（associative learning experiences）來自觀察他人，

看電視上的網球賽、聽網球選手講解自己的技巧，以及閱讀著名網球選手的事蹟，都顯示如何對網球賽產生興趣或沒有興趣。所以，工具性和連結性的經驗將會影響一個人**世界觀的形成**，根據這些學習經驗的脈絡，一個人可能會發展出一種職業網球的世界觀，可以是一種提供鼓勵、令人興奮和有機會吸引人的職業，或是一種可能會有壓迫、失望和挫敗的坎坷職業。

「工具性」及「連結性」的學習經驗，對於兒童發展**任務取向**（task approach）的技巧有很大的影響。因為正面的學習經驗對於營造及維持令人滿意的生涯，是深具關鍵性的，尤其在工作習慣、心態（包括情緒反應）、感知和思想的歷程，以及對問題導向的熟悉。然而，學習經驗並非都是正面的，有時候，當事人在一連串的職業挫敗、受到他人打擊和謀求新職不成後，接受輔導時，會感到困惑、四面楚歌，且對未來的生涯潛力感到懷疑。當諮商輔導員與當事人一起以這種方式理解過去的經驗時，必須更敏銳地覺察到社會、文化、經濟、地理及政治情勢，是如何創造及摧毀不同人的生涯機會。

例如：送兒童去上舞蹈課，其先決條件是要有舞蹈教師、可以學習舞蹈的地點、想讓子女學習舞蹈的父母、可以接送兒童的交通工具和路線、警衛及消防安全等避免兒童受傷害，以及能夠在基本求生存所需之外，能夠有時間及金錢投入學舞的經濟架構。不同種類的學習經驗可存在或不存在於兒童所長大的社會機構實現。而圖書館、教堂、自來水事業處、工廠、學校、政府、工會、社區組織、網球場和板球場，都是促成每個人多種學習經驗的機構及設施。

Ward和Bingham（1993）強調，擁有多元文化能力的生涯諮商輔導員要密切注意種族、族群和性別歧視，是如何造成個人在生涯進展上的困難。諮商輔導員能秉持不批判和同理的態度，就不會把失去的機會、對興趣的困惑、封閉的信念、相互矛盾的價值觀、有問題的工作習慣、技能的落差，以及受限的人格類型，視為長期的生涯限制，而是做為規劃新學習經驗的基礎。

二、生涯諮商目標

既然我們了解，當事人來自個人豐富的文化學習史，而我們對此歷史卻一無所知，讓我們考慮：一個生涯諮商輔導員可採取什麼行動，來幫助陷入迷惘的當事人。這種極具挑戰性的生涯諮商工作，是從當事人勇於探索自己未來的那一刻開始。「生涯諮商目標是促進技能學習、興趣、信念、工作習慣，及用以協助當事人在多變的工作環境中營造一個令人滿意的生活的個人特質。」（Krumboltz, 1996, p. 61）這樣的目標有別於：將重點放在單一生涯決定的傳統目標。如今，生涯諮商輔導員對於努力達成更滿意生活的當事人而言，是教練、教育家、倡導人及指導者。這樣具有挑戰性的角色仍須結合富彈性又系統化的取向。

輔導當事人時，生涯諮商輔導員對於生涯關注的意義，最好能採取更寬廣的觀點。尋找有意義的工作，是在追尋有意義且令人滿意的人生脈絡中發生的；對於生涯的努力，則發生在更廣泛的生活型態中，因此，生涯諮商輔導員要騰出空間，更廣泛來討論生活挑戰中所整合的生涯議題。個人及職業的諮商整合，在精緻藝術化的生涯諮商工作中至為重要（Krumboltz, 1993; Richardson, 1993）。許多的個人、工作／生活平衡、終身、文化及調適議題，在生涯需求及興趣上，扮演深具影響的塑造力量（Blustein & Spengler, 1995; Helms, 1994; Krumboltz, 1993; Seligman, 1994; Super, 1980）。有幾個關鍵的影響力值得注意：

1. **控制感（locus of control）及個人自我效能感**會影響一個人開始從事生涯探索的努力與熱誠（Bandura, 1997）。當事人對於尋找自己的工作負責到什麼程度？或者，他們希望工作會自己送上門嗎？當事人是否相信自己的能力？或者他們已經喪失了能在自己工作領域做出有意義貢獻的覺察了嗎？

2. **人際取向（interpersonal approach）及溝通能力**，會對當事人過去、現在及未來的生涯造成深遠的影響（Covey, 1990）。與人相見、相處及共事的人際關係技巧將影響當事人的求職取向，及當事人取得及維持工

作的能力。尤其書寫及說話技巧不僅取決於電話、郵件和電子郵件聯絡的成敗，更是工作致勝的關鍵。當事人在這方面的精練程度將會因人而異。例如：移民者特別弱勢，因為他們有語言上的困難，且對於所處的新文化中人際溝通的不成文規定、對傳統及習俗的不熟悉（Lee & Westwood, 1996），有可能尋求生涯諮商的支援，以獲得文化方面的知識，並協助溝通的成功（McCarthy & Mejía, 2000）。

3. **取得工作／生活平衡的價值觀**，將取決當事人在生涯上投注多少時間，以及他們感興趣的職業選擇有哪些。越來越多的個人及夫妻都在尋找能夠產生有創意的就業選擇方式，以因應家庭及關係上的優先考量（Jackson & Wilde, 2000; Perrone, 2000）。

4. **跨越生命歷程的發展階段**是塑造生涯興趣的關鍵。一名大學畢業生正處於早期發展有效技能及工作倫理的階段，所需要的諮商取向，將不同於即將退休且正在尋求退休，做出有意義貢獻的專業人士（Harris, 2000; Seligman, 1994; Super, 1980）。生涯諮商無須在退休開始時停止。Oman 和 Thoresen（2000）已證明：給年長者無給的工作，是有助於快樂及長壽的重要職業管道（occupational outlet）。

5. **文化**將對當事人的職業目標、興趣和努力，以及當事人追求職業探索的方式造成重要影響（Helms, 1994; Sue & Sue, 1999）。生涯探索的範圍，如何從個人的努力、當前所做或延伸至家庭的關係及承諾來進行？種族及族群的議題如何提供或限制當事人追求自己感興趣的生涯能力？Ward 和 Bingham（1993）鼓勵諮商輔導員要對因為歧視而感到壓力的婦女及有色人種特別敏銳。移民也可能因為財務壓力、適應問題，以及缺乏優勢文化習俗的經驗，特別容易受到職業壓力的傷害（Lee & Westwood, 1996; McCarthy & Mejía, 2000）。

三、生涯諮商實務的指引

在快速改變的勞動力中，努力嘗試因應當前生涯諮商的複雜度，同時納入廣泛的生活關注，不可能有一成不變按部就班的行動順序。以下十個指引，生涯諮商輔導員在與當事人合作時明智使用，以幫助他們創造更滿意的生活：

1. 建立準確的當事人概念化；
2. 針對諮商歷程設定行動目標；
3. 找出過往的重要生涯事件及樂趣；
4. 教導開放心胸的好處；
5. 一般化和重新架構未規劃的事件（unplanned events）做為機會；
6. 利用評量工具激發新的學習並衡量進展；
7. 將迷戀的事物轉化為學習的機會；
8. 鼓勵當事人創造有利的未規劃事件；
9. 克服行動障礙；
10. 利用終身教育進行預防。

建立準確的當事人概念化

有效的諮商工作始於準確的當事人概念化。當事人概念化過程的第一個步驟是初次的面談。生涯諮商輔導員將於面談中了解當事人的教育史及工作史，當事人談到自己的故事時，有效能的生涯諮商輔導員將專注在形塑當事人自我觀察及世界觀形成的關鍵學習事件上。此時，了解當事人獨特的家庭史和社會史、個人生涯潛力（career potential）的信念，及更廣泛的文化如何建構他們的生涯抱負（career aspirations）是很重要的。他們目前所處的生活脈絡，攸關了解家庭生活、嗜好、個人興趣及生涯希望（career hopes）是如何相互交織的。蒐集當事人故事做有架構的指導，了解健康習慣和顧慮，以及情緒上的困難是否對諮商工作造成影響，例如：適應不良的健康習慣（酒精及物質濫用）或嚴重的心理狀況（憂鬱症、焦慮或人格異常）需要同步介入。有效能的生涯諮商輔導員手上會有一份社區資源的轉介清單。

初期的諮商關鍵是與當事人建立良好關係。生涯諮商輔導員必須在自己的工作中發展出多元文化能力。Sue、Arredondo 和 McDavis（1992）指出，多元文化能力具有下列特性：⑴諮商輔導員覺察可能影響當事人諮商工作的假設、價值觀、刻板印象及偏見；⑵對當事人生活經驗、歷史背景及文化傳承覺察並感到興趣；⑶使用策略、技巧及介入，應適切地符合當事人的文化及需求。多元文化生涯諮商檢核表（Multicultural Career Counseling Checklist）（Ward & Bingham, 1993）特別有助於諮商歷程中導引諮商輔導員找出當事人的期待。

當事人在諮商初期向諮商輔導員敞開的意願因人而異，所以，對於自我揭露（self-disclosure）感到自在，是一種跨文化差異的特質（Ishiyama, 1989; Sue & Sue, 1999）。有些前來接受諮商的當事人只想進行職業測驗（career testing），且可能厭惡回答那些簡單評量之外的提問；其他當事人可能會提防測驗過程，且對此不感興趣，他們偏好追求更為行動導向的方法（action-oriented approach）。覺察口語和非口語的線索，將有助於諮商輔導員評估當事人在諮商過程中的自在程度（Fouad, 1994）。如果生涯諮商輔導員有能力反映當事人自我揭露的步調、拘謹度、眼神接觸、人際間的距離，及整個諮商過程的節奏，當事人比較可能會有正向的回應（Fouad, 1994; Martin, 1983; Sue & Sue, 1999）。這些情境下，一旦良好的治療結盟（therapeutic alliance）關係形成，當事人更多的自我坦露，一點都不意外。

針對諮商歷程設定行動目標

當職場正快速變遷時，要在工作世界中找到自己適當的定位，將是一項艱鉅的任務。有些當事人前來諮商時，會感到四面楚歌、恐懼和無望。對生涯的恐懼（Zeteophobia）是一種常見的情緒反應，對於尋找未來方向的害怕、焦慮和恐懼（Krumboltz, 1993）。有些恐懼是基於錯誤的信念，認為自己現在必須做出一項永遠決定自己命運的決定；有些恐懼是基於他們錯誤的假設，認為必須調查 12,000 種職業的優缺點，這是多麼龐大且令人難以招架的工作。諮商輔導員必須在減少當事人對探索未來的恐懼上扮演積極的角色，反擊錯誤的信念及假設，並事先安排當事人的生涯諮商歷程。

諮商輔導員須為諮商歷程負責，但當事人則為自己的目標負責。當事人將帶著生涯目標（例如：找到新的工作）、人際關係目標（例如：與老闆相處得更好）、情緒目標（例如：管理自己因為沒有被晉升而來的憤怒情緒）、雙生涯目標（例如：找到能與照顧小孩相容的工作），或退休目標（例如：找到有價值的退休活動）等前來尋求諮商。

諮商輔導員針對當事人目標設立的過程中，表達同理、支持、鼓勵、熱忱及開放上，扮演重要的角色。有些當事人在最初會以最小的目標做為開始（例如：拍去舊履歷上的灰塵，帶到下一次的諮商）；而有些當事人前來諮商時早已躍躍欲試，帶著追求理想抱負的目標（例如：在下一次諮商前安排三次能獲得資訊的面談）。如當事人的步調與諮商輔導員的步調截然不同時，應投注更多心力與當事人維持一致的步調。

找出過往的重要生涯事件及樂趣

有些當事人前來諮商時感到憂鬱、沮喪，更質疑沒有任何工作能讓他們感到滿意。如當事人不清楚哪些職業活動會使他們感興趣，協助他們回憶過去曾經讓他們覺得非常投入的一項活動時光是有幫助的。**敘事治療**（narrative therapy）已證明是有效的導引練習，可協助當事人發現過去一些重要的時刻（Henderson & Oliver, 2000; Savickas, 1995）。有時候，回憶過去某些較有意義的時刻，能激起職業探索的一些希望和熱忱。這種技巧是簡單、有趣，且可用於個人或團體的，更具結構的作業練習本也是有效的（見 Nichols, 1991）。例如，一名諮商輔導員可能會說：「請告訴我在你的工作或嗜好中有哪一段時間，是你回想起來真的很快樂，或覺得自己非常投入的一項活動……一段特別快樂的時光。」

當事人可能會敘說在學校的某個時刻或某次旅途的經驗，或為某個特別吸引人的嗜好的付出。聽完故事後，諮商輔導員會問：「現在，再把故事說一遍給我聽……但這次要強調，是你做了什麼讓這個事情發生，且可能讓這個事情再度發生。」

敘事重述練習（narrative restorying exercise）可產生過去較為正向的感受和觀點，並在諮商歷程中注入希望。這個希望通常是創造未來幸福的行動歷程導向的開始。

教導開放心胸的好處

猶豫不決在我們文化中往往受到輕視。的確，無法做出良好且及時的決定，可能導致事業、財務及社會環境的情境中喪失機會。然而，在傳統諮商中，猶豫不決卻是諮商輔導員在輔導不成功時，為當事人貼上的標籤。如果整個生涯諮商的目的在於做出一項生涯的決定，若當事人無法或不願意陳述某個職業目標時，就意味著諮商失敗了。在猶豫不決（indecision）的程度上，已經累積了很多相關的詞彙（Gordon, 1998）。

另一方面，如果諮商目標在於：協助人們為自己創造令人滿意的生活，則當事人表明職業目標的速度是無關緊要的。事實上，如果這意味著終身的選擇，人們絕對不應快速做出生涯決定。諮商輔導員應將重點放在鼓勵當事人會在下次嘗試有趣的活動，而非努力去達成這種永久的終身承諾（是種白費力氣）。體驗是關鍵，因為當事人無法知道他們是否真正喜歡某事，直到他們加以嘗試。探索可提示他們是否要在相同方向前進或改變方向，做出永久的生涯決定絕無必要。因此，猶豫不決並非失敗的徵兆——它可以是成功的徵兆！然而，「猶豫不決」一詞因為仍然具有負面的意義，就讓我們稱它為「開放心胸」吧！

生涯諮商輔導員將猶豫不決的狀態一般化，並在倡導心胸開放的好處上扮演重要角色（Krumboltz, 1992）。諮商輔導員能在猶豫不決中見到智慧，他們可教導當事人對於新的和非預期的機會，保持開放和創造的心。Blustein（1997）指出，諮商輔導員在包容當事人有關生涯探索的曖昧與模糊上，扮演著一定的角色。

1900 年代初期，生涯抉擇從單一面向開始，Frank Parsons（1909）倡言：生涯決定為生涯諮商過程的重心。但近一個世紀後，強調關鍵的生涯決定已經落伍，且大多數情況下是不適當的。職場的改變太快，新機會隨著出現，工作來得快，去得也快。由於選擇繁多，加上未來不可預期，人們前來進行生涯諮商時，處於未決定的狀態是可以理解的。相反的是，在生涯領域中快速做決定很容易就排除掉許多有價值的經驗（Baumgardner, 1982）。Blustein（1997）根據這樣的情況，倡導一種「對這個世界開放且彈性的取向」，鼓勵成長與帶來機會。

一般化和重新架構未規劃的事件做為機會

諮商面談時，當事人會提及自己生命中的重要事件，但卻會說：「那只是個意外」、「我只是幸運而已」，或是「我正好有那個機會」，以淡化個人在其中所扮演的角色。

每個人的生涯都深深受到許多事先無法預測的事件所影響（Krumboltz, 1998b）。Mitchell 等人（1999）斷言：「未規劃的事件不只是無法避免，卻也是令人嚮往的。」（p. 118）生涯諮商的領導者已開始在某種程度上認知，在生涯探索過程中，偶然的機會一直存在著（Bandura, 1982; Betsworth & Hansen, 1996; Cabral & Salomone, 1990; Hart, Rayner & Christensen, 1971; Miller, 1983, 1995; Scott & Hatalla, 1990）。例如：Betsworth 和 Hansen（1996）發現，他們研究的受試者中，有三分之二的人（237 位）談到自己生涯中的偶發事件。直到最近，研究人員都不確定如何將無意中的新奇發現（serendipity）納入整個生涯諮商歷程，因此，需要一個能將偶發事件（happenstance）納入生涯諮商的模式（Cabral & Salomone, 1990; Miller, 1983; Scott & Hatalla, 1990）

自從採用帕森斯模式（Parsonian model）以來，「規劃」被強調是生涯諮商過程中很重要的，但一個較新的觀點是：諮商輔導員必須教導當事人規劃無意中發現的新奇事件（serendipitous events）。幸運是可以製造出來的，因此，Mitchell等人（1999）倡導：意圖矛盾修飾法（intentional oxymoron），即計畫中的偶然（planned happenstance），計畫中的偶然模式目標在於提供方法，協助諮商輔導員教導當事人製造、認知意外事件的機會，並納入他們的生涯發展過程中；當事人需要學習製造及善用生涯當中的重要機會。諮商輔導員有機會將這個新的理念變成生涯諮商的主流。Mitchell 等人（1999）提出下列問題，以喚起諮商輔導員鼓勵當事人去討論過往的偶發事件（happenstance events）：

1. 未規劃的事件如何影響你的生涯？

2. 你如何促成每個事件影響著你？

3. 你對於未來的未規劃事件，感覺如何？

此時目標在幫助當事人能從自己的生命故事看見，未規劃事件是正常的，他們已從中獲得益處，他們有能力促成未規劃事件發生在他們身上，且他們採取了某些行動善用未規劃事件。慾望的類化（desired generalization）是：「如果我之前做過，我就能再做到。」

利用評量工具激發新的學習並衡量進展

能力及成就測驗歸納了過去所學到的技能和知識；興趣量表歸納了過去喜好及不喜好的事物；性格評量可一覽目前所培養的人際關係風格；信念量表則指出過去與生涯進展相關的生涯假設。

這份過往學習的歸納可能是一個很有價值的生涯探索起點，它提供了一個標竿，供未來進展加以比對。然而，重要的目標在協助當事人為自己的未來營造令自己滿意的生活。評量工具不只標示出先前的學習，可用於激發新的學習（Krumboltz & Jackson, 1993）例如：《史東興趣量表》（*Strong Interest Inventory*）可找出當事人尚未發展但想要發展的興趣。興趣並非終身不變的，它們會隨當事人新的經驗而改變。例如：今日有千百萬人對電腦有興趣，但在電腦發明前，這種興趣顯然是不可能的，電腦無所不在因而激發了興趣，所以新的興趣是可加以學習的。

一套綜合性的評量，可說是發現當事人未來想學習什麼的良好探索工具。檢視評量分數，加上熱忱投入，對當事人具有肯定和激勵的效果。設定行動目標以重燃舊的興趣並探索新的興趣，所以一份工作技能的概覽可制訂令人興奮的新學習方向。有關個性的資料可讓諮商輔導員對於當事人想要發展的人際關係技巧展開討論，可以下列的問題進行：

1. 你最想培養的下一個技能是什麼？

2. 你對什麼感到好奇，想在未來探索？

3. 你想在未來培養自己個性中的哪個面向？

4. 這些生涯信念中，有哪些干擾著你的生涯探索？有哪些是你想要改

變的？

一個有效的練習是請當事人在分數回報之前猜測評估分數。非預期的分數可以是豐富對話的來源，並激發了解更多的慾望。

評估工具的管理，不只是要了解評分解釋與報告的技術層面，也須了解評估在不同文化中的關聯性。根據有限族群及種族的常模樣本（normative samples）所發展出來的生涯評量工具，對其他群體的推論是受限的（Fouad, 1994; Sue, Arredondo, & McDavis, 1992）。評估能力、職業技能及一般知識的評量，特別容易對有色人種或移民造成歧視，他們或許對主流文化的許多層面接觸並不多。語言上的困難會使評量結果的準確性更令人質疑。Fouad（1994）秉持生涯諮商多元文化能力的精神，建議諮商輔導員：

1. 對任何當事人使用某些評量工具之前，先評估工具的相關性。
2. 謹慎地解釋，使其不會造成文化上永久的刻板印象。
3. 記住，將家庭或族群的生涯決定列為較高優先的當事人，自我探索評估可能不適用。

將迷戀的事物轉化為學習的機會

當事人會隨著諮商進展，直接或間接透露不同的想法、令他著迷的活動及嗜好，生涯諮商輔導員可善用當事人最初的迷戀展開生涯探索的過程。例如：一名對極限飛盤（Ultimate Frisbee）運動著迷的當事人，或許能夠找到機會教城市的孩子這項運動；或是，對於種植熱帶植物有著濃厚興趣的當事人，或可加入專門為保育亞馬遜雨林而成立的組織。當事人藉由參與這類活動，有可能認識與他們興趣相同的人，有些人可能真的會擔任相關的職務來謀生。無論他們本身是否找到這個領域裡的工作，但是此刻他們學習到新的技能及接觸到新的人是最重要的，因為未來的機會可能就來自於此，同時他們也投身於可增添自己生活樂趣的新活動。

研究人員指出，個人對自己環境加以探索和體驗取向（exploratory and experimental approach），是一項人類的基本動機（Cassidy, 1999; Piaget,

1954; White, 1959）。人類因為天性使然，會尋求來自環境的接觸與刺激。環境的新奇與多樣，對大多數人而言，本來就是令人愉悅的。然而，對任何環境的探索往往涉及非預期的情況及必須解決的問題。當非預期的事件發生時，必須教導當事人將這些情況視為機會。有時候，即使是令人失望的事也都是被隱藏起來的機會。趕不上預先計畫的那班電車，雖然在一開始是令人失望的，或許在等待下一班車時，會出現一個有趣且有價值的機會。正如一名網路文章發表人指出：「一位悲觀主義者在機會中看到的是困難；一位樂觀主義者在困難中看到的是機會。」

對於書面、電子及網路工作資源探索有相當認識，且精於教導求職技巧（例如：履歷表及書信撰寫、資訊取得及工作面談）的諮商輔導員，將能更有效地幫助當事人展開探索的歷程。其他的諮商技巧（例如：角色扮演），或許可有效協助當事人進行更為個人層面的改變。社會心理學方面的研究顯示：更令人信服的事實，就是與個人先前行為不一致的**即興式角色扮演**（improvisational role-playing），是一個有效的改變機制（McGuire, 1985, cited in Zimbardo & Leippe, 1991）。

鼓勵當事人創造有利的未規劃事件

根據 Mitchell 等人（1999）提出，在偶然間找到有利的機會，取決於兩個原則：⑴從機會的產生到經歷未規劃事件的探索，提升個人潛在的生活品質；⑵時間性和技巧性的行動，賦能人們自主地去抓住未規劃事件中出現的機會。生涯諮商輔導員的工作是引發及教導當事人去從事探索的行為，及了解在機會中的行動。學者已視好奇、備戰、接受能力和生涯入門技巧，是生涯中主要創造無意中新奇發現（serendipity）的組合（Austin, 1978; Bandura, 1982; Salomone & Slaney, 1981）。但什麼是在理解無意中發現的新奇事件中絕對重要的？根據 Salomone 和 Slaney（1981），是指個人有意願去掌握時間性及有效性的行動。Mitchell 等人（1999）提出五個協助當事人在生活中善用機會的技巧：

1. **好奇心**：探尋新的學習機會。

2. 堅持：付出努力，即使遭遇挫敗。
3. 彈性：改變替代方法及目標的思考模式。
4. 樂觀：將新的機會視為可能，即可達成的。
5. 冒險：面對不確定的結果，採取行動。

克服行動障礙

許多經典故事，像是「綠野仙蹤」教導我們，任何有意義的旅程都會有許多障礙需要克服。生涯旅程就是一種充滿障礙的努力。雖然有些人面對的障礙比其他人多，但沒有人在一生中完全一帆風順，每個人都會經歷生涯的失望及機會的減少。諮商輔導員在這個範圍內最能幫助當事人，有些當事人因為不斷的失望而感到沮喪，可能開始以自我挫敗的信念抑制有助益的行動。

1.「要在這個領域找到工作，是不可能的。」
2.「我不具備這個職位所需的經驗。」
3.「她不會想和我談一談的。」
4.「我的面試表現得不好。」

這些都是自我挫敗類化（self-defeating generalizations）的例子和世界觀。認知重建的過程教導當事人從另一個觀點看問題。諮商輔導員可提供當事人的正面觀察，以挑戰當事人的自我挫敗信念（Nevo, 1987）。如當事人逃避安排獲得資訊的面談時，因為害怕「她不會想和我談一談的」，諮商輔導員可以這樣回答，例如：「我覺得我很想跟你談一談，我不難想像，她也會想和你談一談的。」這種正面的肯定，有助於駁斥當事人有關自己對世界觀的錯誤認定。

有些困擾的信念只是誤解，或基於不正確的事實。例如當事人認為自己感興趣的領域不再有機會時，有時只要做一點研究，會發現競爭的領域裡，事實上是有工作機會的，每個領域在某種程度上都是有競爭的，只因為某個領域是出了名的競爭而不去嘗試你要做的事，就是自我挫敗的信念。

《生涯信念量表》（*Career Beliefs Inventory*）（Krumboltz, 1991）可用於評量造成阻礙的信念，也是展開檢視這些信念相關對話的工具。例如：等級 15（生涯路徑的彈性）探索當事人對於進入某個職位所需的步驟及順序信念。在這個項目上得到低分的人往往相信：某個職位的追求必須根據既定的步驟順序來追求；而得分較高的人往往顯示一個信念：必須具備得到特定職位的多元路徑。證據顯示，現代的生涯採取許多創新的軌跡（Bateson, 1989; Henderson, 2000b）。例如：研究所可在大學讀完之後立刻攻讀，或者很久以後才去讀，視個人的生涯興趣及當時的資源而定。

重新架構——意味著需要從另一個觀點看待障礙，同時也是一個有效的諮商技巧。障礙可被視為難以克服的路障或可以掌控的挑戰。認知結構係當事人看待自己以及工作世界的方式，會影響他們的生涯探索行為、決策過程，以及生涯規劃（Neimeyer, Nevill, Probert, & Fukuyama, 1985; Sampson, Peterson, Lenz, & Reardon, 1992）。Mitchell 和 Krumboltz（1987）將認知重建的介入與決策技巧的教導做比較，他們的研究中包括未接受諮商的控制組。結論是：有認知重建介入組證明能夠降低焦慮及提升大學生的生涯探索能力。

利用終身教育進行預防

對終身教育的追求，乃當今世界所必要。人們不應停止接受教育，教育也不必就是要去學校。教育每天都在多個場合中發生，學習可以在正式的組織裡，也可以在非正式的交談中進行。博物館、圖書館、電視、報紙、宗教機構、社區組織、企業及產業，都能補強學校和大學的功能。當事人報名自己有興趣的課程，就有可能遇上有助於新生涯方向的人（Bandura, 1982）。生涯諮商輔導員可在此歷程中扮演積極的角色。生涯諮商輔導員藉由探詢當事人對於課程教材的反應及與同學相處的經驗，可鼓勵當事人密切注意潛在的工作機會。

職業社團（job club）是由成員在尋找工作時，彼此相互支持的工作社團，已有驚人的成功（Azrin & Besalel, 1980）；有關生涯議題的自助書籍一直都很受歡迎，且幫助了成千上萬人（例如 Bolles, 2000）；虛擬工作經驗（Virtual Job Experiences）電腦互動程式的出現，提供符合年輕人擔任不同職位表現的真實經驗（Krumboltz, 1997）；網際網路充塞著提供有關生涯建議及資訊的網站（例如 http://stats.bls.gov/k12/html/edu_over.htm）。所以，生涯諮商並不一定是一個諮商輔導員輔導一個當事人，人們可以多種方式做自我教育，且生涯諮商輔導員可藉由接觸成群的人、研討會，或透過網際網路加增他們努力的效果。

四、結論

當世界改變，理論模式也隨著改變。現在對於生涯諮商輔導員定義的巨大典範移轉，目標已從做出生涯決定改變為創造令人滿意的生活，方法也從將人與職業搭配轉變為鼓勵持續的學習及嘗試。我們是否要拋棄舊有的方式呢？當然不是，我們要重新建構生涯評估測試的方式，並以新的方式在文化的敏感度上激發新的學習。當做出生涯決定時，諮商就結束了嗎？不是的，現在對生涯諮商輔導員需求更高於以往，要為當事人的個人生涯旅程提供終身教育、情感及動機激勵上的支持。

任何生涯發展理論的試金石就是：此理論是否有效導引實際的生涯諮商工作。過去，生涯諮商的衡量結果將重點放在是否做出生涯決定。在新的學習模式中，更適合的衡量結果還包括當事人是否學習新的技能、嘗試新的興趣、挑戰造成障礙的信念，並擴大社交及生涯的人脈接觸。最後，我們關心的是：當事人是否為了朝向創造個人滿意的生活而有所進展。此模式的結果是當事人學習成為生涯冒險家（career adventurers）、尋找機會、探索不同計畫方案，並且嘗試所有事情——目標都是為了提升自己生活的幸福感。對幸福感的追求不只是像獨立宣言那樣的陳腔濫調，這正是生涯諮商的終極目標。

參考文獻

Arnold, J., & Jackson, C. (1997). The new career: issues and challenges. *British Journal of Guidance and Counselling*, 25, 427-433.

Austin, J. H. (1978). *Chance, chase, and creativity: The lucky art of novelty*. New York: Columbia University Press.

Azrin, N. H., & Besalel, V. A. (1980). *Job club counselor's manual*. Baltimore: University Park Press.

Bandura, A. (1982). The psychology of chance encounters and life paths. *American Psychologist*, 37, 747-755.

Bandura, A. (1997). *Selfl-efficacy: The Exercise of Control*. New York: W. H. Freeman & Company.

Bateson, M. C. (1989). *Composing a Life*. New York: Penguin Books.

Baumgardner, S. R. (1982). Coping with disillusionment, abstract images, and uncertainty in career decision making. *Personnel and Guidance Journal*, 61, 213-217.

Betsworth, D. G., & Hansen, J. I. C. (1996). The categorization of serendipitous career development events. *Journal of Career Assessment*, 4, 91-98.

Blustein, D. L. (1997). A context-rich perspective of career exploration across the life role. *The Career Development Quarterly*, 45, 260-274.

Blustein, D. L., & Spengler, P. M. (1995). Personal adjustment: Career counseling and psychotherapy. In W. B. Walsh & S. H. Osipow (Eds.), *Handbook of vocational psychology: Theory, research, and practice* (2nd ed., pp. 295-329). Mahwah, NJ: Erlbaum.

Bolles, R. N. (2000). *What color is your parachute?* Berkeley, CA: Ten Speed Press.

Cassidy, J. (1999). The nature of a child's ties. In J. Cassidy and P.R. Shaver (Eds.), *Handbook of attachment theory, research and clinical applications (pp. 3-20). New York: Guilford Press.*

Cabral, A. C., & Salomone, P. R. (1990). Chance and careers: normative versus contextual development. *The Career Development Quarterly*, 39, 5-17.

Clark, John. (2000). *The money or your life: Reuniting work and joy!* London: Random House UK.

Covey, S. (1990). *The 7 habits of highly effective people: Restoring character ethic*. (1st Fireside Ed.) New York: Simon & Schuster.

Csikszentmihalyi, M. (1990). *Flow: The psychology of optimal experience*. New York, NY: HarperCollins.

Frankl, V. E. (1984). *Man's search for meaning*. New York: Washington Square Press.

Fouad, N. A. (1994). Career assessment with Latinos/Hispanics. *Journal of Career Assessment*, 2, 226-239.

Gordon, V. N. (1998). Career decidedness types: A literature review. *The Career Development Quarterly*, 46, 386-403.

Harris, A. H. S. (1999-2000). Using adult development theory to facilitate career happiness. *Career Planning and Adult Development Journal*, 15(4), 27-36.

Hart, D. H., Rayner, K., & Christensen, E. R. (1971). Planning, preparation, and chance in occupational entry. *Journal of Vocational Behavior*, 1, 279-285.

Helms, J. E. (1994). Racial identity and career development. *Journal of Career Assessment*, 2, 199-209.

Henderson, S. J. (1999-2000a). Career happiness: More fundamental than job satisfaction. *Career Planning and Adult Development Journal*, 15(4), 5-10.

Henderson, S. J. (2000b). "Follow your bliss": A process for career happiness. *Journal of Counseling and Development*, 78(3), 305-315.

Henderson, S. J., & Oliver, L. (1999-2000). Enjoyment and happenstance—Central themes in career happiness. *Career Planning and Adult Development Journal*, 15(4), 105-118.

Ishiyama, F. I. (1989). Understanding individuals in transition: A self-validation model. *Canadian Journal of School Psychology*, 4, 41-56.

Jackson, A. P., & Wilde, S. V. (1999-2000). Constructing family-friendly work: Three real dreams. *Career Planning and Adult Development Journal*, 15(4), 37-48.

Krumboltz, J. D. (1979). A social learning theory of career decision making. In A. M. Mitchell, G. B. Jones, & J. D. Krumboltz (Eds.), *Social Learning and Career Decision Making* (pp. 19-49). Cranston, RI: Carroll Press.

Krumboltz, J. D. (1991). *Manual for the career beliefs inventory*. Palo Alto, CA: Consulting Psychologist Press.

Krumboltz, J. D. (1992). The wisdom of indecision. *Journal of Vocational Behavior*, 41, 239-244.

Krumboltz, J. D. (1993). Integrating career and personal counseling. *The Career Development Quarterly*, 42, 143-148.

Krumboltz, J. D. (1994). Improving career development theory from a social learning perspective. In M. L. Savickas & R. W. Lent (Eds.), *Convergence in career development theories: Implications for science and practice* (pp. 9-31). Palo Alto, CA: Davies-Black.

Krumboltz, J. D. (1996). A learning theory of career counseling. In Mark L. Savickas & W. Bruce Walsh (Eds.), *Handbook of career counseling theory and practice* (pp. 55-80). Palo Alto, CA: Davies-Black.

Krumboltz, J. D. (1997, August 19). *Virtual job experience*. Symposium presented at the Annual Meeting of the American Psychological Association, Chicago, IL.

Krumboltz, J. D. (1998a). Counsellor actions needed for the new career perspective. *British Journal of Guidance and Counseling*, 26(4), 559-564.

Krumboltz, J. D. (1998b). Serendipity is not serendipitous. *Journal of Counseling Psychology*, 45, 390-392.

Krumboltz, J. D., & Jackson, M. A. (1993). Career assessment as a learning tool. *Journal of Career Assessment*, 1, 393-409.

Lee, G., & Westwood, M. J. (1996). Cross-cultural adjustment issues faced by immigrant professionals. *Journal of Employment Counseling*, 33, 29-42.

Locke, E. A. (1976). The nature and cause of job satisfaction. In M. D. Dunette (Ed.), *Handbook of industrial organizational psychology* (pp. 1297-1350). Chicago, IL: Rand McNally.

Martin, D. G. (1983). *Counseling and therapy skills*. Prospect Heights, IL: Waveland Press.

McCarthy, C., & Mejía, O. L. (1999-2000). Promoting immigrants' career happiness through developing coping resources. *Career Planning and Adult Development Journal*, 15(4), 11-26.

McGuire, W. (1985). Attitudes and attitude change. In G. Lindzey & E. Aronson (Eds.). *Handbook of social psychology: Volume II* (3rd ed., pp. 233-346). New York: Random House.

Miller, M. J. (1983). The role of happenstance in career choice. *The Vocational Guidance Quarterly*, 32, 16-20.

Miller, M. J. (1995). A case for uncertainty in career counseling. *Counseling and Values*, 39, 162-168.

Mitchell, K. E., Levin, A. S., & Krumboltz, J. D. (1999). Planned happenstance: Constructing unexpected career opportunities. *Journal of Counseling and Development*, 77, 115-124.

Mitchell, L. K., & Krumboltz, J. D. (1987). The effects of cognitive restructuring and decision-making training on career indecision. *Journal of Counseling and Development*, 66, 171-174.

Moore, T. (1992). *Care of the soul*. New York, NY: Harper Perrenial.

Morrison, J. (1995). *The first interview: Revised for DSM IV*. New York: Guilford Press.

Neimeyer, G. J., Nevill, D. D., Probert, B., & Fukuyama, M. (1985). Cognitive structure in vocational development. *Journal of Vocational Behavior*, 27, 191-201.

Nevo, O. (1987). Irrational expectations in career counseling and their confronting arguments. *The Career Development Quarterly*, 35, 239-250.

Nichols, C. W., Jr. (1990). An Analysis of the sources of dissatisfaction at work, (Doctoral dissertation, Stanford University, 1990). *Dissertation Abstracts International*, 51-11B, p. 5623.

Nichols, C. W., Jr. (1991). *Assessment of core goals: A sampler set, manual and workbook*. Redwood City, CA: Mind Garden.

Oman, D., & Thoresen, C. E. (1999-2000). Role of volunteering in health and happiness. *Career Planning and Adult Development Journal*, 15(4), 59-70.

Parsons, F. (1909). *Choosing a vocation*. Boston, MA: Houghton Mifflin.

Perrone, K. M. (1999-2000). Balancing life roles to achieve career happiness and life satisfaction. *Career Planning and Adult Development Journal*, 15(4), 49-58.

Piaget, J. (1954). *The construction of reality in the child*. New York, NY: Basic Books.

Potter, B. (1995). *Finding a path with a heart: How to go from burnout to bliss*. Berkeley, CA: Ronin.

Richardson, M. S. (1993). Work in people's lives: A location for counseling psychologists. *Journal of Counseling Psychology*, 40, 425-433.

Salomone, P. R., & Slaney, R. B. (1981). The influence of chance and contingency factors on the vocational choice process of nonprofessional workers. *Journal of Vocational Behavior*, 19, 25-35.

Sapolsky, R. (1997, October). A gene for nothing. *Discover* (pp. 40-46).

Sampson, J. P, Jr., Peterson, G. W., Lenz, J. G., & Reardon, R. C. (1992). A cognitive approach to career services: Translating concepts into practice. *The Career Development Quarterly*, 41, 67-74.

Savickas, M. L. (1995). Constructivist counseling for career indecision. *The Career Development Quarterly*, 43, 363-373.

Scott, J., & Hatalla, J. (1990). The influence of chance and contingency factors on career patterns of college-educated women. *The Career Development Quarterly*, 39, 18-30.

Seligman, L. (1994). *Developmental career counseling and assessment*. (2nd ed.). Thousand Oaks, CA: Sage.

Sue, D. W., Arredondo, P., & McDavis, R. J. (1992). Multicultural counseling competencies and standards: A call to the profession. *Journal of Multicultural Counseling and Development*, 20, 64-88.

Sue, D. W., & Sue, D. (1999). *Counseling the culturally different: Theory and practice*. (3rd ed.). New York: Wiley.

Super, D. E. (1980). A life-span, life-space approach to career development. *Journal of Vocational Behavior*, 16, 282-298.

Ward, C. M., & Bingham, R. P. (1993). Career assessment of ethnic minority women. *Journal of Career Assessment*, 1, 246-257.

Waterman, R. H., Waterman, J. A., & Collard, B. A. (1994, July-August), Toward a career-resilient workplace. *Harvard Business Review* (pp. 87-95).

White, R. W. (1959). Motivation reconsidered: The concept of competence, *Psychological Review*, 66(5), 297-333.

Zimbardo, P. G., & Leippe, M. R. (1991). *The psychology of attitude change and social influence*. New York: McGraw-Hill.

第四章

整合生活規劃（ILP）：成人生涯諮商全人理論

明尼蘇達大學｜L. Sunny Hansen

本章是生涯諮商輔導員輔導成人的一種新生活規劃思考方式，不只用在生涯諮商方面，也用在訓練、工作坊和系統輔導。它說明了**整合生活規劃**（Integrative Life Planning, ILP）的概念架構，並提供多元性成人群體目前及可能應用的範例，討論 ILP 與成人的相關和適用性。

說明 ILP 的理論方面，本章超越實證取向的傳統理論特性。ILP 是全方位的（comprehensive）而非粗糙簡化的，它不易測量，重點在於族群、種族、性別、社會經濟地位，及其他多元性議題；它是跨領域的，不只由個人發展心理學組成，也由社會學、經濟學、成人發展、多元文化主義、女性主義以及建構主義所組成。整合生活規劃不僅把重點放在職業抉擇，也放在發展及連結個人生命中的不同環節。

我們刻意選擇「整合生活規劃」一詞，而非生涯規劃。**整合**意指更新，結合身、心、靈等不同部分，使之完整。**生活規劃**包括了工作，也包括生活的多元性及它們的相互關係。儘管在不確定時代是否能規劃頗具爭議，**規劃**一詞仍予保留，因為它代表人的部分自主性的感知（sense of agency）或控制力。

諮商輔導員習慣於使用**隱喻**（metaphors）及**視覺心像**（visualizing im-

本章部分內容取材自 L. Sunny Hansen（San Francisco: Jossey Bass, 1997）所著之《整體生活規劃：生涯發展及改變生活模式的重要任務》（*Integrative Life Planning: Critical Tasks for Career Development and Changing Life Patterns*）。

ages），而被子（及縫被者）是整體生活規劃的主要隱喻。「縫被子」在許多文化中，是一項重要的傳統，通常是女性在從事，但有越來越多男性從事。被子是由小布片拼湊起來，構成一個整體產生的產品，通常是一種能夠提供溫暖的藝術作品，象徵著諮商界被期待的關懷及滋養。第二種隱喻是象徵大地，一個引發完整及連結想法的心像。

ILP 被解釋為，處理成人在不同生命階段生涯發展擴張模式的新世界觀，而非個別諮商模式。雖然過去三十年間，已經有很多相關的文獻，但我們對成人發展所知仍然有限；其中一個普遍的共同點是，成人會隨著年齡增長而有不同改變；另一個共同點是，成人在中年時期，需要許多生涯改變的輔導。新的概念及研究已出現在成人的次群體身上，例如：壯年、中年和年長的成人。在這個階段，研究人員已探討特定群體的獨特需求，包括女性、多元族群的群體、殘障人士，以及男女同性戀者，本章將探討不同背景的群體。

過去四分之一世紀裡，生涯諮商輔導員及心理學家將焦點放在人們生活的背景，尤其是在回應女權運動及多元文化主義方面。生涯諮商輔導員及心理學家在傳統生涯發展及抉擇的內在心理或人際間關係影響，加入脈絡觀（contextualism），脈絡觀是 ILP 最主要的部分。

一、整合生活規劃（ILP）概況

整合生活規劃是新典範的一部分，用來協助老、中、青的成年人，以不同方式反應及處理他們的生涯抉擇及決定。它是一種對舊問題的嶄新思考方式，整合了一直未包含於生涯規劃中的數個生活層面——促進連結性及完整的思考，有別於分隔和片段思考。簡言之，這種模式：

- 將社會的整體狀況（societal context）與個人、家庭、教育及工作連上關係。
- 是終身的過程，找出主要的需求、角色及目標，並將它們與自我、工作、家庭及社區整合。

- 是互動且關係導向的，目的在協助個人達到更滿足、有意義、整體性，以及群體感。
- 是一種手段，有助於塑造個人生活方向、賦予他人能力、管理改變，並有助於較大的社會及共同的利益。

理論基礎

由於全球性社會巨變，諮商輔導員及其他生涯專家須重新檢視自己的專業，在新世紀裡準備好有效的運作方法。整體生活規劃提供整體的觀點，檢視人們生活所處的情境，並協助他們處理出現在生活中的生涯及生活規劃議題。

ILP 是一種跨領域的觀念，重點放在系統及連結性，生活規劃過程可協助諮商輔導員及當事人發展出一個「大藍圖」（big picture）的觀點，看見「生活中的工作」，跨國界的工作及生活角色。它提倡發展世界觀和生活規劃，不只提供個人滿足，且有利於社會或社區。

價值假設

和任何理論、創新、計畫或課程一樣，某些價值假設支撐了整合生活規劃，包括：

1. 人口、工作場所、家庭及社區的社會性改變，使專業諮商輔導員必須擴展 21 世紀生涯發展及生涯輔導的概念。
2. 知識性質改變，有利於為生涯發展理論、研究及實務注入新的認知方法。
3. 生涯諮商輔導員須協助學生、當事人及員工發展出**整體思考**的技巧——看見自我生活、地方及整體社區之間的連結性。
4. 廣義的自我認識（不只是興趣、能力、價值觀）及社會認識（不只是職業及教育方面的資料）對生涯觀的擴大是重要的，包括多重角色、身分及多元文化中的重要生活任務。
5. 生涯諮商須將重點放在生涯諮商輔導員做為改變的動力，幫助當事人，藉由他們所做的抉擇及決定成為正向社會改變的原動力及倡導者，達成更全人化的生活。

二、ILP 的重要生活任務

ILP 理論圍繞著成人在新世紀所面對的六個重要主題或生活任務而發展。在數個領域的研究中，這些任務因在生涯發展文獻中重複出現而被探究出，也在人們的生活經驗報告中反映出來。這些任務是以美國文化為主，但在不同的文化中也能調整適用。六個生活任務簡單說明如下：

1. 在變化中的全球脈絡找到需要有所作為的工作。
2. 將生活編織成一個更有意義的整體。
3. 將家庭與工作連結（協調角色及關係）。
4. 重視多元主義及包容性。
5. 管理個人的轉型及組織的改變。
6. 探索靈性及人生目的。

(一)在變化中的全球脈絡找到需要有所作為的工作

第一項任務強調，為了使社會變得更好仍待完成的工作。它有別於典型的求職方式，其中人們蒐集有關自己的資訊（通常透過測驗及量表），觀察環境，然後找出最能滿足自己的職業。ILP 則反映在新世紀中需要加以處理，且特別重要的普世社會問題類型，如：需要同時在全球及地方上工作，作者列出以下十種挑戰：

- 保護環境
- 有結構地使用科技
- 了解工作及家庭的改變
- 接受性別角色的改變
- 了解且支持多元性

- 減少暴力
- 提升經濟機會（減少貧窮）
- 提倡人權
- 發現及使用新的認知方法
- 探索靈性、生命意義及目的

許多具有社會正義、社會平等及社會改變的主題，是目前大多數職業理論所沒有的。有些作者區分「好的工作」與「壞的工作」，需要有所作為的好工作就是能使地球永續發展且增進人類福祉，應當消除的壞工作則包括犯罪、毒品、性奴役、暴力及色情等（Fox, 1994）。生涯諮商輔導員（和成人當事人、學生或雇員）應找出自己人性層面的挑戰及最重要的事，在處理這些優先需求時，思考如何能「從全球思考，在地方行動」。顯然個人的社會經濟地位、價值觀、障礙及機會，都會影響這些挑戰的抉擇。

(二)將生活編織成一個更有意義的整體

整體（wholeness）有很多種，包括連結生涯與個人的生活、連結靈性與工作找到平衡，並透過敘說自己的故事，努力達到完整。**整體**的重要層面，認為工作角色及家庭角色無法滿足所有需求，以及期望在生活中找到更多平衡的渴望。被裁員或縮減員額的員工能化危機為轉機，並注意到他們生活中所欠缺的部分，也就是除了職業或生涯層面外，社交、智能、身體、靈性及情緒上的層面。

從系統觀點來看，生命中的某個層面所發生的狀況會影響其他層面，並在生涯與個人間有所連結。Herr（1989）強烈地主張個人問題與生涯發展之間的關聯。《生涯發展季刊》（*The Career Development Quarterly*）特刊裡，提出一個問題：「生涯諮商與個人的關係有多密切？」幾位在生涯心理學領域知名的領袖，包括Super、Betz、Krumboltz及其他人均回答「非常密切」，證明了個人心理健康與生涯及工作主題之間的重要相關（Subich, 1993）。

「生涯就是故事」（Career as Story）提供成人一個找到「整體」的管

道，學生及當事人可按照他們所了解的說出他們的故事，然後按照自己希望的方式給予重新建構（以及規劃而更趨近完整）（Jepsen, 1995; Cochran, 1997; Savickas, 1997）。在筆者正式的生涯發展課程中，以及遠距教學課程中，30 歲以上及成人學生都必須完成了自己「生涯故事」的撰寫，藉由閱讀這些故事，他們能找到印象深刻的學習及領悟（insight），若學生將故事納入自己的生涯及生活規劃，甚至能找到生命更大的滿足。

來自墨西哥的移民瑪麗亞．佛岱茲（化名），成功地將自己的故事轉換到現實生活中。她在修讀有關整合生活規劃的遠距教學課程時，分享自己生命中部分「樂章」：她反思自己的生活角色、檢視了自己的價值觀、釐清自我的任務、發展出自我作用力、界定了自己的靈性，做了幾次自願性和非自願性的轉型、不使用福利金；只利用社區資源、找到有意義的工作，並為生活的下一步設立優先順序，包括：在家庭及人際關係上下更多工夫，持續透過遠距教育學習。瑪麗亞確實規劃全人的生活，並感恩有機會學習如何規劃整體生活。

對許多人而言，整體可能是難以捉摸的目標，尤其是對於在食、衣、住等基本需求都難以為繼的人而言更是如此，但努力達到整體，不應只是經濟及教育條件好的專利。

㈢將家庭與工作連結（協調角色及關係）

隨著美國人口逐漸反映出多樣家庭類型，尤其是單親、雙薪和雙生涯家庭（dual-career family），家庭與工作的相關議題已受到相當的重視。越來越多女性大量進入勞動市場，男性也在家中扮演更多角色。研究人員已開始研究工作如何影響家庭，以及家庭如何影響工作。一位知名的社會學家在多年前問了這個重要的問題：「為什麼家庭總是要配合工作？為什麼工作不能有時也配合家庭？」（Kanter, 1977）改變家庭模式會產生職業上的兩難，例如：家庭對理想生活型態的需求（多少錢才夠用？）、單親的生計、可信任且負擔得起的兒童照顧需求、父母的假期、有彈性的工作時間、方便的交通工具、工作與婚姻的滿足、做決定的衝突，及壓力與因應策略。70 年代和 80 年代的工作及家庭文獻，大都把重點放在角色衝突及壓力，根據假設，個人的時間及體力是固定的，而擔任多重角色無可避免地會經歷到自我幸福感（well-being）的衝突。一種新取向是工作與家庭的整合，使人們有機會透過參與多重角色增進自己的幸福感。在新世紀，我們有必要評估工作經驗對家庭生活的影響，以及家庭經驗對工作的影響（Greenhaus & Parasuraman, 1999）。

社會化刻板印象對性別角色期望，也造成工作與家庭間的問題，關於文化這個議題，會隨所處地方不同而有改變。刻板印象對男女都造成障礙，認為男性和女性像什麼樣子，以及應該是什麼樣子的刻板印象仍很普遍。例如：在許多西方婚禮中盛行的模式是：父親將「他的」女兒送走、新娘放棄自己本家的姓，這強化了將女性視為財產、附屬於男人的傳統態度。女性在美國雖然取得許多大學學士學位，而體制架構及政策上，卻如「玻璃天花板」無形的頂障或「水泥牆」等，限制了生涯機會及升遷，更限制生涯的選擇。男性也受限於社會刻板印象和期望，阻礙他們更廣泛參與刻板印象上由女性擔任的職業或活動，例如：護士、兒童教養、家事，以及情感表達的自由。成人的諮商輔導員須覺察到每個人生活規劃的助力及阻力，在各文化中，性別對於生涯的衝擊是持續的議題，可能因為男性和女性的地位，及政治與文化的狀況而有不同。

另一個工作與家庭脈絡的考量是Super（1980）的終身模式，考量人在一生中所扮演的角色及所處場合（學生、家管、員工、公民及休閒者）（Super & Sverko, 1995）。透過自給自足（self-sufficiency）及關係連結（connectedness）的方式，觀察男性和女性在不同社會工作及家庭角色的相關。許多年前，Bakan（1966）使用「自主性」（agency）及「共同性」（communion）來定義他所謂的男女現實安排方式。他將**自主性**與男性連結在一起（使用理性、有邏輯、客觀、會分析、有競爭性、有功能等字眼形容）；**共同性**（communal）與女性連結（使用主觀、能養育、能合作、直覺強、善表達及有整體性等字眼形容）。他指出男性和女性的發展任務，就是將**自主性**及**共同性**整合到自己的生活中。ILP已納入此一概念，但「自給自足」的用詞通常屬於男性，而「關係連結」通常屬於女性；其實這兩種特性雙方都需要。

ILP 提出一個憧憬：若男女在家中及職場上皆為合夥人（partners），將賦能（empowered）他們有滿足自給自足及關係連結的特質。當每個夥伴：⑴以正直及尊重對待另一方；⑵在協調角色及目標上展現彈性；以及⑶使另一方能抉擇及執行與自己本身相符的才能及潛力，並且彼此在家庭和社會關係上有共同的目標（Hansen, 1997），會產生合夥關係。今日，對處於不同生命階段的成人，協調家庭及職場改變中的角色及關係，是艱鉅的挑戰。

㈣重視多元主義及包容性

ILP 非常強調的一項重要任務，即是學習處理差異——了解如何對待可能與自己在某些方面有差異的「對方」（the Other）。這項任務之所以重要，是因為在新的世紀裡，人際關係技巧及跨文化的敏感性將是工作上及工作以外的重要因素。職場上的有效關係可能需要一套新的諮商技巧，例如：⑴了解重視多元意義及意涵；⑵更了解個人本身的文化，及對其他文化的偏見及態度；⑶協助當事人發展世界觀，使其能在多文化環境中運作；以及⑷利用此項知識協助不同當事人、學生及工作者去除偏見，並有機會做出促進其自我實現及改善社會的抉擇。

多元主義（pluralism）強調差異的重要性，肯定大部分團體的經驗及真相，並建立一個重視多元的脈絡。覺察生涯專業人員與當事人互動的各種差異，例如：種族、族群、宗教、殘障、性傾向、年齡、性別、社會經濟階層及籍貫，了解每個人帶到職場或家庭關係的多種特性，是絕對必要的。當然，除了接受差異外，仍須肯定相似性（similarity）及共通性（commonality），這對青少年及兒童也是重要的，但成年人仍須努力加強，以使社會在達成民主的目標上，向前更邁進。

㈤管理個人的轉型及組織的改變

生活的完整性涉及管理個人轉型及組織改變的能力。改變發生在人生所有階段，尤其是成年早期、中期及較晚期的生涯轉型諮商（隨著老年和衰老的諮商），可能是未來生涯諮商專業最需要的技巧之一。其中一項重要需求是當事人了解轉型的過程，如 Schlossberg（1994）指出：了解過程中的 4S——情況（Situation）、個人（Self）、支援（Supports）及策略（Strategies），是較佳轉型調適的關鍵程序（Goodman & Pappas, 2000）。

另一個轉變的重要程序是做決策，過去大部分決策模式均為邏輯的線性模式，導致對某種抉擇的預測及確定性，但新的決策思考可幫助成人更能意識到風險的複雜性，並承擔風險。「**積極的不確定性**」（positive uncertainty）（Gelatt, 1989）及「**計畫中的偶然**」（planned happenstance）（Mitchell, Levin, & Krumboltz, 1999），是兩種以矛盾及不確定性為重點的決策新模式。積極的不確定性結合了理性與直覺，目的在個人準備面對未來可能的改變、不穩定及複雜性。它鼓勵人們學習與矛盾共處，肯定不確定性的正面特性，並且不要因懼怕而改變自己的心意。筆者班上的一般生及成人大學生對此理念都有所共鳴。在一場高階心理學研討會中接觸到 ILP 的一名年輕女性說得好：

> 因自己的目標不明確，希望目標變得更清楚，這並非壞事。當我經驗到「積極的不確定」，讓我覺得驚訝的是，原本我認為不能堅持一項計畫的瑕疵——實際上是一種有彈性的優點；有時我極為理性，花太長時間決定要做什麼而困擾。如今我了解到，我沒什麼不對，不確定計畫是否能實現，也完全沒關係。

Herr（1997）考量全球脈絡及跨文化工作結構性質的改變，認為具個人彈性是 21 世紀必須具有的能力。另一種矛盾的模式——計畫中的偶然，則是更晚才發展出來。它提供了利用好奇心以善用非預期中及非預期事件的系統方式。當事人善用令人意外的生活事件，方法是學習積極正面回應這些事件，使非預期或計畫以外的事件能更有機會加以利用。

轉型的第三個重要層面是，協助成人變成行為改變的促動者（change agent），無論是在個人、家庭生活上皆有助於**自主感**（sense of agency），但組織的改變常藉由一些改變歷程的系統模式來協助。生涯專業人員可評估當事人目前的直覺，並由當事人決定自己希望未來是怎樣的（to be），進而協助當事人進行系統的改變，當事人須被教導實行改變的策略。許多關於系統改變及組織發展的文獻可在此過程中提供協助，成人自己變成一個改變的促動者，藉由間接或直接的工作邁向更美好的廣大社會。

㈥探索靈性及人生目的

成人一個特有的趨勢是追求靈性、人生意義及目的。將靈性（spirituality）納入生涯發展及**全人生涯規劃**（holistic career planning）的一環，部分是因為女性運動及多元文化主義的帶動，在過去近十年間，已成為生涯諮商的重心，且是專業諮商及生涯諮商的焦點。

雖然靈性有許多不同的定義，以下各項與 ILP 最有關聯：⑴自我核心的生命意義；⑵個人外顯較高的權力（power）；⑶自我中心來自意義、自我、對生命的理解；以及⑷對於人生相關事物的深入認知、整合及完整性。

將靈性、意義及目的串連，它是一種渴望為社區貢獻，並達到一種整體感，及與他人聯繫的熱情。它可能會（也可能不會）被界定為一種宗教，但會是生涯諮商輔導員的任務，用來協助成人當事人、學生或員工，界定靈性在自己生活中的意義為何。有些年輕成人除了尋找生命意義外，也追求生活更為平衡，拒絕把全部生活都放在工作上。有些人藉由降低自己的成功標準或重新定義成功而遠離物質主義。Meijers（1998）在討論「生涯認同」（career identity）時提到，個人需要回答兩個重要問題：對我而言，工作的意義是什麼？另一是透過工作我想要追求的意義為何？

一位神學家鼓勵重新檢測帶動社會的物質價值，並提出生命的主要價值是「過完整的生活」（living life fully）（Fox, 1994, p. 1）。他觀察指出，工作應更重視靈性，以更大的意義和目的為基礎——並非只是配合工作，而是透過回饋個人的才能去嘉惠社區。他將工作的角色視為「在和諧的生命經驗中整合身、心、靈，使成為一個完整的人」（p. 2）。

雖然靈性在過去理性、邏輯的生涯決策中，是一個經常被忽視的主題，許多生涯諮商輔導員已開始體認，靈性是生命的中心，對女性及少數族群以更全人（holistically）的角度看待生命並強化此觀點。靈性與工作之間越來越緊密的關聯，在美國已成為生涯發展的一個重要議題。如今，有一種新的開放領域，將靈性納入生涯及生活規劃的一環，許多專業書籍都有這樣的表示，包括 Bloch 和 Richmond 所著的《生涯發展中靈性與工作的關聯》（*Connections between Spirit and Work in Career Development,* 1997）以及《為靈魂工作》（*SoulWork,* 1998）。如前所述，「生涯就是故事」也被某些作者認為是與意義及目的有關聯的（例如 Amundson, 1998; Peavy, 1990; Savickas, 1997）。

三、ILP 模式與成人的關係

生涯諮商輔導員與人力資源發展（HRD）專家的責任在於協助當事人了解這些任務，並且看見這些任務間的關聯性，依自己及社會的需求將這些任務排定優先順序。另一位年輕人，也是大學心理學研討會的四年級生說得很好：

> 整合生活規劃並非只是求職及發現新才能的一種新取向，它是個人如何成功且有意義地整合生活的方法；其中有些任務在不同的時間、不同的人們度過及規劃自己的生活時發生。我認為，這些任務中有三項與我現在的生活特別有關，而這些是我在 ILP 中常常用到的。

釐清任務

雖然這六項任務混合了內在及外在的部分，有些與個人發展較有關係（將我們的生活編織成一個更有意義的整體、包容及差異，及靈性人生目的），有些脈絡性的任務與社會的發展及改變較有關聯（找到需要有所作為的工作、探尋工作與家庭之間的正面關聯性，以及管理個人的轉型及組織的改變）。

這些任務源自作者對諮商和生涯發展的關心（及職前諮商輔導員和就職中諮商輔導員以及其他專業人員所得到的教育），仍然以線性的生涯規劃取向為基礎，並強調個人／環境的適配。雖然特質因素的取向永遠都需要——尤其是在求職的時候，人們對於自己生命旅程的願景所包括的，遠超過與工作市場的適配。然而，在對處於 Maslow 生存需求階段的人進行全人的生活規劃前，必須先滿足基本的生存需求。許多人贊成，當工作、家庭及社會大幅改變，需要對於自己的生活和人生抉擇做更廣泛的思考；ILP 在十多年前展開，以回應外在社會改變及內在個人生活的改變。

生涯諮商輔導員及當事人須了解的另一個層面是知識的變化本質，增加不同方式的知識——邏輯性認知的實證主義及傳統的經驗主義，只提供一種知識學習的方式，而以質性為本的研究知識方法，提供了另一種有效可回答某些種類的臨床及生涯心理學研究問題。Gama（1992）及 Hill 和其同事（1997）等學者的研究已協助諮商心理學將知識範圍擴大，理論定義實務的舊方式，正以新的實務補強刺激理論。

過去及現在對成人的應用

ILP 的關鍵在於對認知生活任務的程度，是成人生命中不同生命階段必須了解的。雖然生涯諮商多強調自我概念及自我實現，但對於 ILP 強調對社會貢獻的需求也越來越被覺察。生涯發展課的學員這麼說：「我很想知道如果生涯諮商輔導員……開始鼓勵他人採取這種世界觀，以準備未來的計畫及目標。知道接受諮商能使社會變得更好，而非只是使自己變得更好，不是很具啟發性嗎？」

1950 年代出現的生涯發展理論，將重點放在生涯準備、生涯成熟度、規劃程度，以及發展任務等概念。對於界定成人發展任務的認知困難，已促使處理成人需求及關注上的大幅變化。Campbell 和 Cellini（1981）根據四項要素發展出「成人問題分類法」（Taxonomy of Adult Problems）：(1)成人決策；(2)實行生涯規劃；(3)組織—機構的表現；(4)組織—機構的調整（工作調整）。重點仍放在職業抉擇是最後結果，但今日所浮現的主題、改變中的社會價值觀，或新工作和工作模式也是生涯及生活規劃過程的部分。

試著將生涯發展視為一門科學，在認知上已被視為藝術，尤其是成人生涯發展。成人生涯諮商大都能以跟得上職業改變、保住飯碗，以及準備下一個階段（例如退休）為主。推行生活角色及生活階段理論家 Super 於 1996 年，將較晚期的生活階段從「衰退」（decline）改名為「脫離」（disengagement），這個在新世紀似乎更為適當的字眼。Amundson（1998）在最近的文獻中，以更為整合的方式看待生涯諮商，包括準備生涯諮商特別需要的八種能力：目的、問題解決、溝通技巧、理論知識、應用知識、組織適應性、人際關係，以及自信。

雖然我們不能忽視經濟在生涯規劃上的重要性，尤其是對於失業者、未充分就業者、精力耗盡、工作錯置、被裁員者，及被重新安置者而言，我們須加上生涯規劃中被排除的層面，並且強調生涯發展與生活的所有層面有關——智能、身體、社交、情緒及靈性——而非只有職業。

事實上，大多數成人渴望一種自主性的覺知，及對自己生活的掌控感，他們並不想要諮商輔導員告訴他們該做什麼，重要的是導引他們朝向自我發展（自我實現）及社會發展（讓世界變成更好的地方）。掌控一個人的命運並非只是自我本位的自我增進，而是利他性的社會改善，強調這兩者是 ILP 的主要特點。

一般成人的發展應用

生涯諮商認知到「一種尺寸並不適合所有人」，因此使用整合生活規劃提供一個大傘，幫助不同生活階段的成人處理特別的議題，並延伸自己社會角色的思考。簡言之，ILP 以下列方式適用於年輕的成人、中年人及較年長的成人。

接觸過整合生活規劃的傳統大學生（例如：上過諮商課的研究生、遠距學習的大學生，以及即將畢業的四年級生），輕易地了解 ILP 並與之連上關係。這個觀念證明，對大四生而言，是可以被了解且有幫助的，因經過四年完全不同且分散的大學課程後，他們樂見有種理論能夠將自己的想法整合起來，帶給他們一種整體感（a sense of wholeness）。本研究所引述的幾段話指出，這樣的認知程度不僅適合大學生，並激發他們對關係連結、整體及靈性的感受。

中年當事人亦與 ILP 有關，尤其當他們處於中年的失落危機，尋找意義和希望，成為最主要的目標。離婚時往往產生經濟的問題，許多經歷離婚的人也需要處理感情問題。對於工作錯置（dislocated）的女性或被裁員的男性而言，更是如此。大量文獻顯示：中年女性及男性不同的性別，需要不同種類的介入方式。目前某些州有淘汰工作錯置的員工（大多數為女性）計畫，並以一致性的勞動力中心（All-in-One Workforce Center）取代，這樣的嘗試已誤導且忽略成人的多元性。雖然經濟對於依靠社會福利的女性而言很重要，許多人除了資訊外，尚需要諮商及靈性上的支持，幫助他們度過危機。

工作多年且已擺脫勞動力的較年長成人，可能最能接受 ILP 的理念。他們或許處於一種重振的狀態，尋求被忽略各生活層面的答案。這是生命中的一個階段，靈性會變得更重要，性別角色改變、工作及家庭呈現不同特色，也因為喪失配偶、夥伴、朋友及其他所愛的人，使得關係連結變得更重要。對於老化的刻板印象使得 ILP 的主題變得相當重要，而接納或排除意義及目的，以及經濟安全等議題都占有中心位置。有關整合生活規劃如何用於不同成人群體的特定範例具有啟發性。

ILP 對於不同成人群體的特殊應用

整合生活規劃雖然是一個演進中的概念，卻已廣泛應用於不同背景的個人。相當多的訓練、工作坊所做的非正式回饋和評價，顯示女性及少數族群認為 ILP 概念極為實用。

正如本章先前指出，整合生活規劃是一種難以用傳統方法評量的綜合概念。雖然並未進行正式研究，已有研究展開實驗性的自我評估工具，協助當事人或工作坊參與者，評估他們在整合性思考及規劃方面的位置。《整合生活規劃量表》（*Integrative Life Planning Inventory*）（Hansen, Hage, & Kachgal, 1999），是一份列有二十個問題的李克特式（Likert）問卷，已被用於一些 ILP 工作坊，以及修習諮商課的研究生。這項工具幫助使用者評估自己在 ILP 任務中所處位置（從傳統到全人）。ILP 概念的適用性主要是來自於 ILP 工作坊的參與者（大多數是諮商輔導員及生涯專業人員），及教導 ILP 的諮商輔導教育工作者，在不同場合及文化中，不同應用的回饋，簡述如下。

美國大學四年級生心理學研討會

自由藝術學院的心理學助理教授使用 ILP 做為四年級生心理學基礎課程，她很興奮地指出學生反應很熱烈，並且分享了班上學生所說的話。在學生許可下，有幾段話在報告中加以引用。例如：一名年輕女性說明了她與未婚夫談到他們要如何過生活、進行自己的工作，以及他們對於家庭的希望與夢想時，家庭與工作的平衡、自給自足和關係連結對他們的意義。另幾名學生將其應用於他們自己的生活，及其他生活任務時亦是如此。

其他具有較高比例少數族群的大學則指出，ILP 已被調整為大學生涯中心的理念架構。一所自由藝術學院正在探討，使用整合性生活規劃的概念架構做為在 John Gardner「大一新鮮人」的不同適應，之後製作「四年級」的創新計畫。在另一個場合中，一名社區大學的講師使用 ILP 做為「工作哲學」這門課的課程基礎。

修讀南非大學課程計畫的監獄女囚

下列係南非一名大學助理教授說明及實行，他由某國際諮商機構接觸到 ILP，讓諮商學生參與輔導，協助監獄女囚在出獄前思考自己的生涯及生活規劃的介入。女囚在一名碩士學生的帶領下，於 1999 年及 2000 年對計畫的反應非常正面。研究者指出，由於大多數囚犯從未接觸過生涯規劃，這對他們自己的未來是一項新的理念，進行第二次介入輔導的學生表示：

> 我已從應用 ILP 的架構學到許多，並且發現它非常適合南非的環境。我們國家正經歷劇烈的改變，這些改變讓公民們恐懼未來，且已造成犯罪率攀升。ILP 能夠公開社會的改變歷程觀察，我希望能運用 ILP 模式，使每個人的改變成為一種深思熟慮的思考及抉擇過程（e-mail, 2000, August 23）。

這項計畫已擴大實施，且納入男性囚犯的輔導。ILP 計畫的概念，如同其他模式的終身發展，正由南非某大學的原著講師教導著。其他種類的實行須在不同文化中探討其適合性及跨文化的用途，目前ILP已在菲律賓、日本、義大利、瑞典、澳洲及紐西蘭實驗。

針對仰賴社會福利之低收入女性的計畫

另一項ILP介入的方式是由明尼蘇達州雙子城（Minneapolis-St. Paul）地區針對仰賴社會福利低收入女性計畫的一位專案主管進行，她表示女性參與者對此相當滿意，並且分享了幾份由參與者所繪特別的生命線，即「生命週期圈」（一種常見的美洲原住民符號）。基本上，她們能夠表達自己對於靈性的需求，及透過生命週期對於生命意義及目的的解讀。

對教師及諮商輔導員教導 ILP

在筆者所教導的現職教師及諮商輔導員的工作坊中，為期兩週的夏日研習營裡，擬定自己的 ILP 計畫及納入中學或中學後課程；這些計畫於下一個學年當中，透過不同的介入及創新實行，教師及諮商輔導員的回饋都相當正面。

在諮商輔導員教育課程中教導 ILP

經過十年以上在生涯發展及諮商課程中教導成人學生 ILP 計畫後，筆者發現學生對於生涯的廣義概念有著高度興趣。諮商輔導員教導生涯發展課程的學生以 ILP 主題及任務為中心，架構起自己的生涯故事，許多女性及少數族群學生對於整體的概念特別有共鳴。學生有一些很好的問題，例如：

- 你會不會整合太過頭了，界限在哪裡？
- 傳達給年輕人你如何將生活中所有部分整合至整體的重要性？
- 與較年長者諮商，你如何將生活中所有部分納入諮商中？
- 你如何與生活中並無接觸靈性層面的當事人談靈性？

- 你如何幫助學生更能察覺自己面對呆板社會的性別角色、文化規範？
- 整合生活規劃適用於跨文化嗎？
- 面對反對使用更全人取向的生涯及生活發展，有何主張？

這些問題的簡答請參見Hansen所著《生涯發展季刊》，千禧年特別版（2001年春）。

遠距的獨立學習及專題工作坊

近年來，作者整合生涯規劃的遠距學習課程，這項課程吸引了來自世界各地的人報名（先前提到的瑪麗亞就是其中之一）。有些人上這個課程，因為他們的國際學校將被縮減，為了在新學校獲得證書，他們需要選修更多的學分或課程；有些人來自已經被關閉的軍事基地，因此被迫轉型；有些人上此課程是為了自己的啟蒙及發展；還有目前已是或未來將成為諮商輔導員的人，上此課程是為了更新在生涯發展的知識及技能。報名者表示，此課程可幫助他們更了解自己和社會的改變，並發展或修正暫時的生活計畫。為了觸及遠距教學學生的另一項考量，透過網際網路提供全人的生活規劃，其形式不只是個人適配模式或環境的評估。ILP 課程目前正在修正中，且於2001年秋天由明尼蘇達大學持續教育提供，是為整合生活規劃。

自ILP存在以來，已有當地、全國及國際工作坊在歷年的大會中提出，ILP 已成為幾個國家的大會焦點，包括菲律賓、日本、瑞典、加拿大和美國。

對人力資源發展的可能應用

由於 ILP 是全方位的，有可能用於政府、企業及教育界的人力資源發展（HRD）；在企業界，家庭工作平衡及福利計畫越來越受到關注，可透過整合的生活規劃來處理。ILP可協助HRD人員處理兒童照顧、工作及家庭任務分享、婚姻滿意度、工作滿意度、金錢、壓力及因應策略，社會支持、權力、靈性、決策等問題；對於 HRD 的特定應用陳述可參考另一本著作（見Hanson in Kummerow, 2000）。ILP可做為建立團隊的輔助工具，包括組織成員間的人際關係技巧發展；ILP 可用於被縮減或遣散員工的新職介紹或生涯教練計畫中，可教導員工使用Scholossberg的轉型模式（transition model），以及處理改變中和不確定性的一些策略。

人力資源發展人員及生涯諮商輔導員常將生涯諮商與「自我關係理論」（self-in-relation theory）連結，如 Hall 和其同事（1996）所做的，有系統地教導員工一套新的技巧，包括：⑴終身學習、團隊合作、適應性、重視多元性、溝通及決策；以及⑵自我反思（self-reflection）的「關係能力」、積極傾聽、同理心、自我揭露及合作，以在動態多元職場中更了解自己和他人。這些只是 ILP 應用於多元成人群體及情境的幾個範例而已。

實行策略之圖解

ILP 模式已納入若干策略，可將 ILP 實施至諮商輔導員教育、工作坊或實務取向中。下表為策略圖解，其中許多策略見ILP的原著作說明（Hansen, 1997）。由於版面有限，無法於此更進一步一一說明。

策略圖解	
重要的生活事件	共同的規劃
風險承擔及決策	生活規劃影響
故事敘說——生涯就是故事	生涯彩虹
生活角色辨識	夥伴關係
想像及隱喻	重新思考工作
被子的片段結合	時間感

綜合及結論

「生命週期圈」（見圖 4-1）是ILP的核心活動，顯示整合生活規劃的所有片段如何融合在一起。它是當地文化的一個重要符號，提供反思自己的完整性、關係性，以及整合的思考機會。

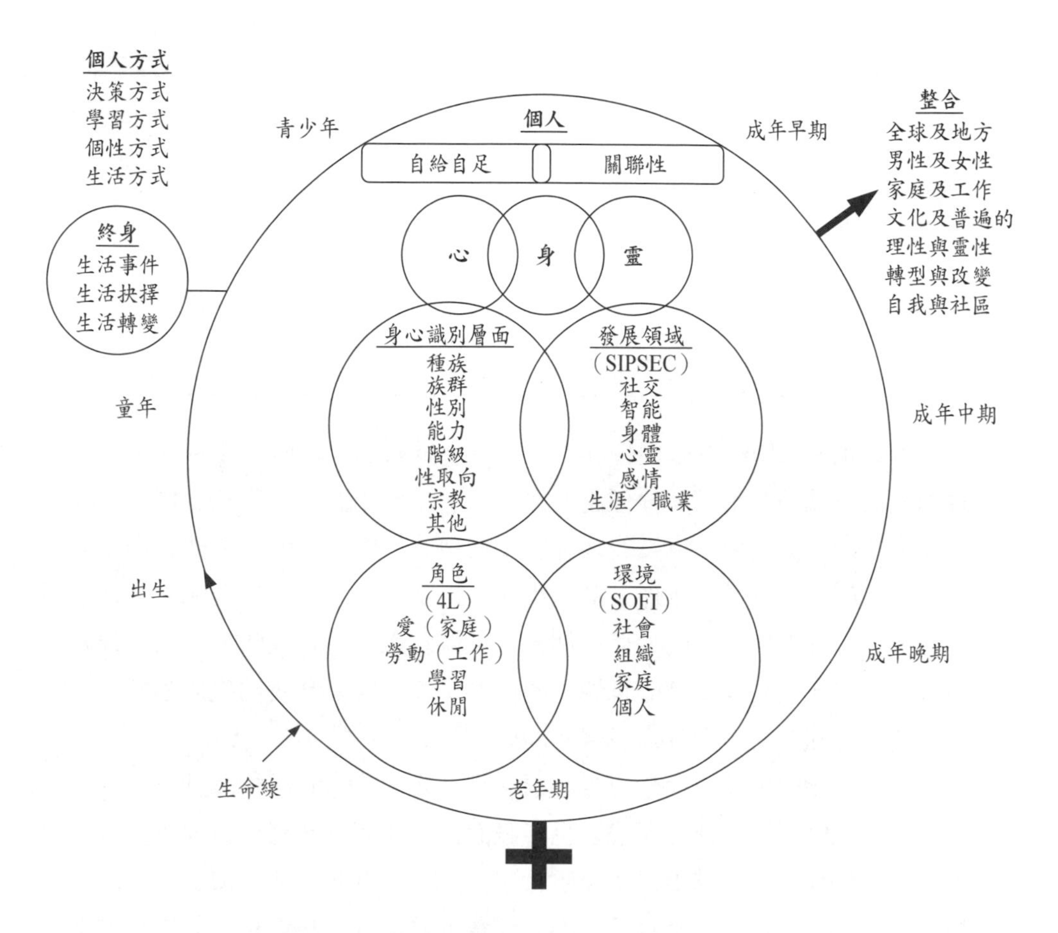

圖 4-1　生命週期圈——整合生活規劃的綜合

資料來源：Sunny Hansen © 1994

一些 ILP 的使用者發現此模式令人難以抗拒，因為它太周全且包容性廣；因此，找出特定群體或場合的相關任務是很重要的。我們應該記住，ILP 主要在補強傳統的媒合、找尋工作，或工作調整取向，利用整合生活規劃（ILP）將導致世界觀的移轉。

整合生活規劃意味著從……		
地方性的思考	轉型至	全球性的分享
為工作計畫	轉型至	規劃生活角色及彼此的相關
只專注於自給自足	轉型至	專注於自給自足和男性女性的關係連結
期待穩定	轉型至	期待家庭管理及工作的改變與轉型
單一文化主義	轉型至	多元文化及包容性
片段	轉型至	整體及社區

本文指出，ILP 的關鍵任務是互動的，針對個人的發展（靈性、全人規劃及人際關係），而其他任務針對脈絡（在全球脈絡中找到工作、家庭協調及工作中的角色，以及管理改變及轉型），但所有任務都彼此相關。例如：了解家庭互動、工作及其他生活角色及處理差異，是全球性社會中生活、學習及工作的中心；協助個人、夥伴及家庭探討生活中不同部分如何融合在一起，是成人諮商輔導員的目標；正如在影響我們生活選擇及做決定的改變脈絡中，產生自我覺察同樣重要。

每個文化的生涯諮商輔導員必須決定 ILP 中的何者是相關且可以適用的，視自己的脈絡、優先順序及世界觀而定。任何諮商輔導員或生涯專業人員都無法期待一次就能吸收及實行整套 ILP；每個人都必須抉擇當下對特定場合或族群重要且有意義的生活任務，並進行這些任務。對於**全人生活規劃取向**（holistic life planning approaches）的人類發展，如何與聚焦在經濟發展及資訊的**科技取向**（technological approaches）相互抗衡？經濟發展可能取決於個人及脈絡的改變，以及個人及社會的多元需求是如何被敘說的。

完成被子的隱喻

再回到被子的隱喻，「棉被」將 ILP 的片段結合起來做出自己的選擇與決定，所以，諮商輔導員及生涯專業人員使用 ILP 協助當事人整合思考及生活規劃，覺察並找到意義。諮商輔導員可協助學生、當事人及員工設計生活角色及目標，並觀察這些片段如何有意義地融合起來；他們可協助當事人了解生活規劃並非為自我滿足而規劃，同時也是為改善社會而規劃。最後，可協助年輕、中年及年長的成人處理自己的需求，不只是融入工作，或處理危機，亦包括學習透過整體和社區的眼光來看自己及社會群體。

參考文獻

Amundson, N. E. (1998). *Active engagement – Enhancing the career counseling process*. Richmond, BC: Ergon Communications.

Bakan, D. (1966). *The duality of human existence: An essay on psychology and religion*. Skokie, IL: Rand McNally.

Bloch, D. P., & Richmond, L. J. (Eds). (1997). *Connections between spirit and work in career development*. Palo Alto, CA: Davies-Black.

Bloch, D. P., & Richmond, L. J. (1998). *SoulWork – Finding the work you love, loving the work you have*. Palo Alto, CA: Davies-Black.

Campbell, R. E., & Cellini, J. V. (1981). A diagnostic category of adult career problems. *Journal of Vocational Behavior*, 19, 175-190.

Cochran, L. (1997). *Career counseling: A narrative approach*. Thousand Oaks, CA: Sage.

Fox, M. (1994). *The reinvention of work: A new vision of livelihood for our time*. San Francisco: Harper.

Gama, E. P. (1992). Toward science-practice integration: Qualitative research in counseling psychology. *Counseling and Human Development*, 25(2), 1-12.

Gelatt, H. B. (1989). Positive uncertainty: A new decision-making framework for counseling. *Journal of Counseling Psychology*, 36(2), 252-256.

Goodman, J., & Pappas, J. G. (2000, Spring). Applying the Schlossberg 4S transition model to retired university faculty: Does it fit? *Adultspan Journal*, 2(1), 15-28.

Greenhaus, J. H., & Parasuraman, S. (1999). Research on work, family, and gender: Current status and future directions. In G. N. Powell (Ed). *Handbook of gender in organizations* (pp. 391-412). Newbury Park, CA: Sage.

Hall, D. T., & Associates. (1996). *Career is dead—Long live career: A relational approach to careers*. San Francisco: Jossey-Bass.

Hansen, L. S. (1997). *Integrative life planning – Critical tasks for career development and changing life patterns*. San Francisco: Jossey-Bass.

Hansen, L. S. (2000). Integrative life planning: A new world view for career professionals. In J. Kummerow, (Ed.), *New directions in career planning and the workplace* (2nd ed., pp.123-159). Palo Alto, CA: Davies-Black.

Hansen, L. S. (2001, March). Integrating career and life development in the new millennium. *The Career Development Quarterly*, 49(3).

Hansen, L. S., Hage, S., & Kachgal, M. (1999). *Integrative Life Planning Inventory*. Integrative Life Planning, Counseling and Student Personnel Psychology, University of Minnesota, Minneapolis.

Herr, E. L. (1989). Career development and mental health. *Journal of Career Development*, 16, 5-18.

Herr, E. L. (1997). Perspectives on career guidance and counseling in the 21st century. *Educational and Vocational Guidance Bulletin*, 60, 1-15.

Hill, C. E., Thompson, B. J., & Williams, E. N. (1997, October). A guide to conducting consensual qualitative research. *The Counseling Psychologist*, 25 (4), 571-572.

Jepsen, D. (1995, June). *Career as story: A narrative approach to career counseling*. Paper presented at National Career Development Association Conference, San Francisco, CA.

Kanter, R. M. (1977). *Work and family in the United States: A critical review and agenda for research and policy*. New York: Russell Sage Foundation.

Meijers, F. (1998). The development of a career identity. *International Journal for the Advancement of Counselling*, 20, 191-207.

Mitchell, K., Levin, A. S., & Krumboltz, J. D. (1999). Planned happenstance: Constructing unexpected career opportunities. *Journal of Counseling and Development*, 77, 115-124.

Peavy, R. V. (1990). *SocioDynamic counseling – A constructivist perspective*. Vancouver, BC: Trafford.

Savickas, M. L. (1997). The spirit in career counseling: Fostering self-completion through work. In D. Bloch & L. Richmond (Eds.), *Connections between spirit and work in career development*. (pp. 3-25), Palo Alto, CA: Black-Davies.

Schlossberg, N. K. (1994). *Overwhelmed: Coping with life's ups and downs*. New Lexington Press. (Original work published 1989).

Subich, L. M. (1993). How personal is career counseling? *The Career Development Quarterly*, 42(2), 129-131.

Super, D. E. (1980). A life-span, life-space approach to career development. *Journal of Vocational Behavior*, 16(3), 282-298.

Super, D. E., & Sverko, B. (Eds.). (1995). *Life roles, values and careers*. San Francisco: Jossey-Bass.

第五章

社會認知生涯理論及成人生涯發展

馬里蘭大學｜Robert W. Lent
芝加哥 Loyola 大學｜Steven D. Brown

社會認知生涯理論（social cognitive career theory, SCCT）提供一個統一的架構，來了解人們發展職業興趣、做出（重新做出）職業抉擇，以達到不同程度的生涯成功及穩定的過程（Lent, Brown, & Hackett, 1994）。此取向的基礎在於Albert Bandura（1986）的一般**社會認知理論**（social cognitive theory），強調個人、行為，及環境間複雜的交互作用。SCCT採用Bandura的理論，不只凸顯人們可以指引自己的職業行為〔即**人的自主性**（human agency）〕，也認知到在生涯發展中，有助於強化、弱化，或在某些情況下，甚至會凌駕個人自主性之上的許多人與環境的影響（例如：社會結構的障礙、支持、文化及失能狀態）。

本章首先概覽基本理論，及此理論對成人生涯發展的意涵，然後簡短地說明 SCCT 的研究基礎，說明此理論如何用於諮商，尤其針對生涯抉擇及改變的議題。最後，討論此理論在不同成人群體之間的應用，例如：有色人種、女性、殘障人士，以及男女同性戀員工。讀者若想對 SCCT 研究有基礎及概念上的了解，或是明白與早先提到的生涯理論間的關係，可參考其他資源（例如 Lent et al., 1994, 2000; Lent & Hackett, 1994）。

本章的某些部分取材自 Lent 和 Brown（1996）及 Brown 和 Lent（1996）。重印之資料使用係經由國家生涯發展協會許可。有關本章的回應可寄給馬里蘭大學諮詢暨人事服務系的 Robert W. Lent，地址：Department of Counseling and Personnel Services, University of Maryland, College Park, MD 20742；電子郵件可透過網際網路寄至 RL95@umail.umd.edu。

一、SCCT 之基本要素

SCCT 考量了由先前的生涯理論所發展出不同程度間交互作用的概念（例如：興趣、能力及目標），也假定認知及經驗歷程可以補強或延伸生涯理論的重要層面（例如：人們藉由 Holland 在 1985 年所提出的理論，發展出主要職業興趣方法）。SCCT 同時納入人們各種不同的脈絡及行為變數，透過這些變數提出一些影響生涯發展結果的機制及途徑。

此理論凸顯了三個複雜關係的變項：自我效能信念、結果預期，及個人目標，個人可透過這些變項調整自己的生涯行為。**自我效能信念**（self-efficacy beliefs）指的是：「人們對於自己組織及執行特定表現的達成類型，一連串行動的判斷能力。」（Bandura, 1986, p. 391）這些信念代表Bandura（1986, 1997）的架構中，個人自主性（personal agency）是最核心及廣泛的機制。在社會認知觀點裡，自我效能並非單一靜態、被動或全球的特質，而是動態的自我信念，與特定的表現領域及活動有關，如不同的學術及工作任務。例如：一個人可能對於執行藝術任務的能力具有高度的自我效能信念，但對於創業性或機械性的任務則感到比較無法勝任。

自我效能信念被認為是透過四個主要的資訊來源而獲得及修正：

1. 個人的成就表現。
2. 替代性的學習。
3. 社會說服。
4. 生理及情感狀態及反應。

雖然這些相關資訊有其特定效果，但自我效能則取決於他們在特定學習脈絡中是如何組成的，以及他們在認知上是如何被處理的，個人成就被認為對自我效能具有最大的影響力。成功經驗往往能提升（失敗的經驗往往會降低）某個表現領域中的自我效能，所以結合並運用這四種來源為根據，並努力增強與生涯相關的自我效能（例如 Betz, 1992）。

結果預期（outcome expectations）指的是對於執行特定行為所產生之

效果或影響的信念。Bandura 主張：人的行為受到自己對於個人能力的感知（自我效能），以及對於不同行動的可能結果（結果預期）信念所影響。然而，他將自我效能視為一種對行為更具有影響力的決定因素，有許多的例子是人們對於某個行動方向具有正面的結果預期（例如：在美國，一般認為從事醫療方面的職業會產生高收入），但如果懷疑自己具備必要的能力時，則會避免採取這些行動。與結果預期有關的潛在生涯途徑，源自於各種直接及替代性的學習經驗，例如：對期待結果的認知，常是一個人在過去相關付出中所得到的，或是一個人透過二手資訊所取得相關工作情況及不同領域的報酬。

個人目標（personal goals）在生涯選擇及決策理論中，通常明確地扮演一個核心角色，被定義為：一個人從事某項活動或產生特定結果的意圖（Bandura, 1986）。目標是**自我賦能**（self-empowerment）的重要工具。藉由個人目標的制定，可協助人們組織、導引及持續自己的努力，即使經過很長時間，也不需要外在的增強。社會認知理論假定：人們自己設定的目標，是受到自我效能及結果期望的影響。例如：對自己的藝術能力及藝術追求結果有著強烈的正面信念，可能會滋養相對應的個人目標，如努力追求藝術方面的培訓或當成一個生涯目標。

二、SCCT 之職業興趣、選擇及表現模式

社會認知架構將職業相關的興趣、選擇及表現過程，組織成三種相互連結的模式（Lent et al., 1994）。我們將總覽這些模式，重點放在社會認知變項（例如：自我效能、目標），及人的其他層面（例如：性別、種族／族群）、環境脈絡，和學習經驗間的交互作用。

職業興趣

環境常讓兒童及青少年直接或間接接觸到各種活動，例如：手工藝、運動、音樂，及具有職業相關的機械工作。除了接觸這些活動外，他們也選擇性地被父母、同儕、教師及其他重要的人（甚至包括他們自己）所增

強，去追求所有可能的活動，並在這些活動上有很好的表現。透過持續的參與及回饋，兒童及青少年精進自己的技能，發展出個人的表現標準，構成對特定工作的效能感，並獲得對表現結果的期待。

興趣模式（見圖 5-1）認為：與特定活動有關的自我效能及結果預期，對於職業興趣（即一個人對不同職業及生涯相關工作的特定喜好、不喜好以及不關心的模式）的構成具有重大的影響。尤其是 SCCT 主張：當人們認為自己能夠勝任，且預期行動能產生有價值的結果時，就會對一項活動產生持久的興趣（Bandura, 1986; Lent et al., 1994）。相反地，人們對於自己能否勝任感到懷疑且預期可能得到負面結果的活動，可能沒有興趣或甚至會嫌惡。

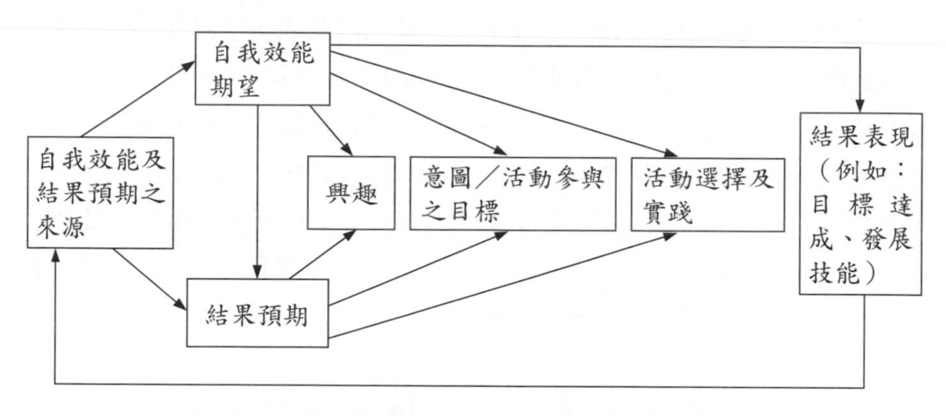

圖 5-1　隨時間發展之基本職業興趣模式

資料來源：此模式凸顯了兒童及青少年期間的認知及行為影響。1993 年版權為 R.W. Lent、S. D. Brown 及 G. Hackett 所有。經許可引用。

新浮現的興趣、自我效能及正面的結果預期，被假設為能夠增強進一步接觸活動的目標。也就是說，人對於一項他們覺得有能力勝任且期待有正面結果的活動產生喜好時，他們就可能制定目標，以維持或增加對活動的參與程度。而這些目標則會提升後續活動實踐的可能性。實踐的作為造成特定模式的達成（例如：成功、失敗），而這些模式的達成在持續的回饋迴路（feedback loop）中，可提供修正自我效能感及結果預期。

我們相信，此過程在一生中不斷重複，雖然在兒童及青少年期間也許是最高峰狀態，一直到青少年晚期或成年初期興趣發展才傾向穩定。雖然廣泛的職業興趣在成年時期相當穩定（Hansen, 1984），SCCT 對於興趣（職業及非職業的）隨著時間改變及流轉的展望（prospect）是抱持樂觀的。基本興趣的改變，取決於最初所喜歡的活動是否受到限制，以及是否接觸到（或使自己接觸到）有趣的學習經驗，這些因素能擴展他們的自我效能及正面的結果預期，且進入新的活動範圍。

例如：父職提供了機會，讓許多男人學到若干社會追求的興趣，例如：協助與教導。同樣的，改變工作的分配任務（例如：負起管理的職責）、科技的進步（例如：在工作場所個人電腦的普及），以及組織及經濟上的改變（例如：企業規模縮減），這脈絡提供了成人培養全新或已荒廢一段時間的興趣機會。這些事件是否提升新的興趣發展路徑，取決於：⑴認為自己能勝任新的活動；⑵認為活動將導致有價值的結果。遺憾的是，許多成人可能因為環境及有限的經驗來建立自我效能感；或因為他們在處理效能感的經驗（例如：將成功歸因於任務容易或運氣等外在因素），使他們只接觸到狹隘的職業興趣。之後我們將說明兩項策略，諮商輔導員可用來協助當事人找出自己的生涯路徑，尤其是太早決定或具偏見的自我效能領悟或結果預期上。

能力傾向及價值觀

SCCT 認為，能力傾向／能力及價值觀對興趣的形成很重要，它們的影響主要是透過自我效能及結果預期傳導。也就是說，客觀能力影響了自我效能信念，而信念則直接影響興趣（Lent et al., 1994）。當工作價值觀被納入 SCCT 的結果預期內。這樣的預期被認為是：人們對特定工作及強化因素（例如：地位、金錢）偏好的結合，這就是工作價值如何被定義，通常是結合個人信念，以及延伸到這些特定職業中，強化因素出現的程度。

他人及環境的變項

社會認知變項在塑造職業興趣、選擇及表現上，並非單獨運作。事實上，這些變項受到人的其他特質及其所處環境脈絡（例如：性別、種族／

族群、遺傳天賦，以及社會經濟狀況）的影響。讓我們再次以種族及性別進行特別考量。雖然這兩者被認為是人的身體層面，SCCT 特別關切這些因素在心理及社會的效應。它們與生涯發展的主要相關性，被認為是從社會／文化環境所引發的反應類型，及普遍存在於生涯發展的機會結構中。因此，種族及性別被視為是透過社會所賦予而建構的，超越了純粹生物學屬性。研究學者將性（sex，一種生物學的變項）與性別（gender，一種涉及性的心理複雜交錯的社會文化建構）之間加以區別（Unger, 1979），其實種族（race）與族群（ethnicity）之間也可做類似的區分（見 Casas, 1984）。

將性別及族群定位為個人經驗到的社會化結構，會考量到社會結構的情境，而這個學習經驗來自個人在進行不同活動而得到的特有反應（例如：支持、沮喪），以及他們預期的未來結果所導致。考量性別及族群是如何影響理解及獲得個人效能脈絡，這是很重要的。Hackett 和 Betz（1981）討論了性別角色的社會化，對於男孩及女孩取得發展優勢效能感所需的資訊來源時，意識到男性型（例如：科學）及女性型（例如：藝術）活動中的偏差影響。由於這種社會化的結果，男孩及女孩比較可能在文化上被界定為適合某種性別的任務，並發展出應有的能力及自我效能感。

總之，性別及族群對於職業興趣、選擇及表現的影響，主要是透過自我效能及結果預期的運作，更精確地說，是透過造成這些信念的不同學習經驗。性別及文化因素也與機會結構中被制定和被追求的生涯目標有關。以下將凸顯 SCCT 生涯選擇行為模式脈絡的關聯性。

職業選擇

在 Holland（1985）的理論，SCCT 假定：在支持性環境的條件下，人的職業興趣往往導向特定領域，其中他們可能進行自己較喜歡的活動，並與他們相像的人互動。例如：有社交興趣的人可能會朝向社交導向的職業，使他們與居於協助或教導職位的人一起工作。然而，人的職業抉擇並非都反映自己的興趣（Williamson, 1939），且環境也並非都支持他們的（Betz, 1989; Holland, 1985）。許多情況下，選擇可能受到限制，例如：受到經濟需求、家庭支配、歧視或教育限制考量。如此的職業選擇可能比較不是個人興趣的展現，而比較傾向是受其他因素的影響。因此，SCCT 凸顯了影響選擇歷程的其他變項，無論是獨立於興趣或與興趣結合的功能。

正如興趣模式所顯示，自我效能及結果信念（outcome beliefs）被認為共同提升了與職業有關的興趣。興趣醞釀出相對應的生涯選擇**目標**（例如：特定職業路徑的追求意向），而這些目標則會激勵去實行個人目標的**行動**（例如：報名參加某項特別的訓練課程）。行動之後會有特定的成功及失敗表現模式。例如：一個受訓者在決定報名某個電腦訓練課程後，可能難以精通所需的技能，這樣的經驗可促使受訓者修正自己的自我效能信念，導致目標的改變（例如：選擇新的訓練計畫或職業選項）。

除了興趣外，選擇的行為可能直接受到自我效能及結果預期所影響（見圖 5-2）。也就是說，人們可能會調整及實行某些他們自認為可以勝任，且認為會導致理想結果的生涯目標，例如：充足的薪水及工作條件，這些額外的路徑有助於說明某些情況下，人們必須妥協其主要興趣的職業選擇（Bandura, personal communication, March 1, 1993）。所以，生涯選擇可能被某些考量引導著，譬如有什麼工作能做、是否有能力去執行（自我效能），以及該期望結果（例如：薪資）是否值得投入。

脈絡影響選擇行為

我們相信，對選擇歷程的說明，須考量人們在生涯發展中能行使個人自主性的方法。因此，SCCT 凸顯在做出選擇中，個人目標的重要性。同樣地，是如何做出令人滿意的選擇？這必須考量個人嗜好及自主性是否受到支持。為了要概念化環境是如何影響選擇歷程，我們引用了「**脈絡提供**」（contextual affordance）的模式（Vondracek et al., 1986）或「**機會結構**」（opportunity structure）（Astin, 1984）的概念，強調環境在個人生涯發展上所提供的資源（或困難）。我們的模式根據脈絡提供／機會結構與生涯選擇點的相對接近程度，分成兩個類型：⑴較遠端的背景脈絡因素，有助於個人興趣及自我認知的塑造；以及⑵近端的影響因素積極促成行為的抉擇。

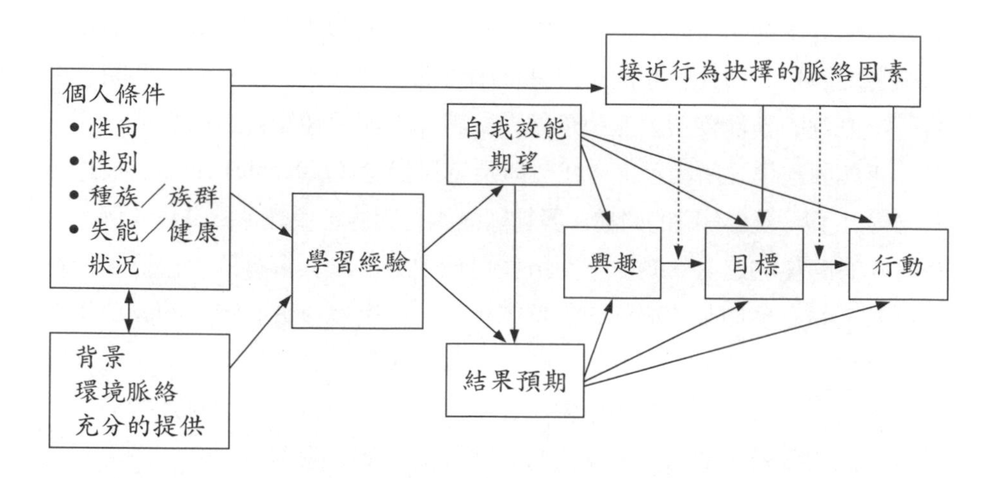

圖 5-2　人、脈絡及經驗因素之模式——影響生涯相關的行為抉擇

資料來源：1993 年版權為 R.W. Lent、S. D. Brown 及 G. Hackett 所有。經許可引用。虛線顯示脈絡的影響可調和興趣與目標之間的關係，以及目標與行動之間的關係。

我們已討論過較遠端的脈絡變項，在自我效能塑造及結果預期上所扮演的角色，在此要凸顯脈絡因素在建構及實行生涯目標抉擇歷程的衝擊。SCCT 認為：機會結構的特性，影響了人們將興趣轉換為生涯目標，以及將目標轉換為行動能力。尤其是，我們假設人們在經歷有利的環境條件（例如：有大量支持，障礙很少）時；或相對於不支持或敵對的條件時，他們的職業興趣將更趨向目標成長（更可能往目標行動）。SCCT 也認知到，某些條件在形成抉擇或實行的直接影響效力（例如：雇傭間的歧視文化，實務上由較年長者做個人職業的抉擇）。

SCCT 的抉擇模式顯示出，協助成人當事人處理生涯抉擇障礙（如種族主義或性別主義），支持及引導他們的重要性。近來證據顯示：青少年（McWhirter, Torres, & Rasheed, 1998）及成人（Richie et al., 1997）在生涯計畫中是否得到支持，對於生涯抱負及成功與否具強大的影響力，在某些情況下更有助於障礙的補償。建構社會支持介入及主動因應障礙，特別有助於這些族群，例如：女性有色人種（Hackett & Byars, 1996）或社會經濟地位較低的人（Chartrand & Rose, 1996），他們可能在學校、訓練場所或工作環境中遭受到被壓迫的狀況。

職業表現

SCCT 關心職業表現的兩個主要層面：人們在工作任務上所取得的成就程度（例如：成功或能力的衡量），以及在特定工作活動或生涯路徑（例如：對問題解決的堅持、工作穩定性）上，遇到障礙所持續的程度。表現被認為受到能力、自我效能、結果預期及表現目標（見圖 5-3）所影響（後者指的是個人想在某個工作領域中達到的成就程度，例如：達到一定程度的銷售業績）。由成就、傾向或過去經驗指標所評估的能力，被認為會透過自我效能及結果預期直接及間接地影響表現。而自我效能及結果預期則影響自己所設立的表現目標程度。較高的自我效能及正面的結果信念會促進較高的目標，有助於整個組織機動性及維持努力的表現。

與Bandura（1986）理論一致的SCCT假定：表現成就及後續行為之間的一種回饋迴路。精熟的經驗有助於提升在動態循環中的各項發展能力、自我效能及結果預期。如前指出：人們在一個機會結構（例如：經濟狀況、教育管道、社交支援）、性別角色社會化，以及社區和家庭規範等因素影響下，在社會文化脈絡中發展自己的能力、自我效能、結果預期及目標。

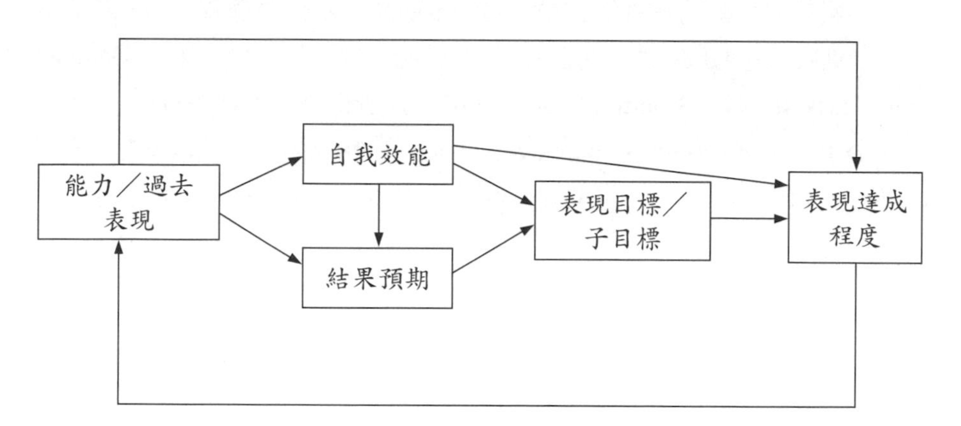

圖 5-3　任務表現之模式——凸顯了能力、自我效能、結果預期，及表現目標的角色

資料來源：1993 年版權為 R.W. Lent、S. D. Brown 及 G. Hackett 所有。經許可引用。

我們應強調：自我效能可為能力提供重要的輔助（但不能取代）。複雜的表現需要充分的能力以及自我效能，協助人們組織及安排自己的能力。合理審慎樂觀的自我效能，經由評估能力提升了有效的表現行為。然而，當人們不具備某個行動方向上成功的充分能力，或大大低估自己的能力時，問題可能產生。低估相關紀錄的（documented）能力會減損成就行為；若人們懷疑自己的能力，比較容易放棄、設立較低的目標並遭受表現削弱的焦慮，同時避開自己能夠應付的挑戰。另一方面，自我效能的嚴重高估，則可能大膽嘗試自己準備不足的任務，增加挫折及失敗的可能性。

SCCT對於表現行為的分析，具有若干生涯及學業介入的意涵。例如：後續章節所要討論增進效能的程序，有助於當事人職業表現（或選擇）的問題，如：當事人在某個表現領域中，具有充分的技能，但自我效能信念薄弱。更多努力（例如：在相關表現問題的技能不足），及自我效能薄弱的情況下，建構補救式的技能是必要的。

三、研究應用的選擇

與 SCCT 假設有關，或直接起源於 SCCT 的假設研究，近年來已快速增加。對於此文獻的綜合性評論超過本章範圍，我們將摘要一些主要的發現，特別將注意力放在成人生涯發展的應用上，若干質化的（例如Bandura, 1997; Hackett, 1995; Swanson & Gore, 2000）及量化的（例如Lent et al., 1994; Sadri & Robertson, 1993; Stajkovic & Luthans, 1998）評論可加以參照，以進行社會認知理論與生涯發展歷程及結果的相關研究，並做深入的分析。

許多證據顯示：社會認知變項有助於了解生涯發展的準備、轉型（例如：從學校到職場、工作的轉變），及進入職場後（工作的調適）的面向。例如：與青少年晚期及成人早期有關的**後設分析**（meta-analyses），研究顯示：⑴自我效能及結果預期都是職業興趣及選擇的良好預測指標；⑵興趣是相關生涯選擇的強力指標；且⑶自我效能及結果預期可能會直接或藉由與興趣結合而衝擊了生涯選擇（參照圖 5-2）（Lent et al., 1994）。各項發現也支持自我效能的經驗性假設。這四個來源變項（先前的個人表現、替代學習、社會說服、生理及情感狀況和反應）中，個人的經驗表現與自我效能之間有最強的關係，也是結果預期的良好指標。這個發現對於提升自我效能及結果預期的介入設計，是有助益的。

自我效能與未來結果表現之間的關係，哪些是促進最佳工作表現的因素？是希望了解的學者特別關心的。中介分析顯示，自我效能就學術（Multon, Brown, & Lent, 1991）及職業（Stajkovic & Luthans, 1998）場合而言，都是表現的預測指標，且某些因素影響了自我效能的預測性功能。例如：在自我效能與表現關係上，較年長學生 vs. 較年輕的學生，低成就的學生 vs. 適度成就的學生（Multon et al., 1991），顯示自我效能的介入主要在於提升表現，所以可能對晚期的青少年及年輕成人，以及有明顯成就困難的人，特別有用。

截至目前，我們已在社會認知研究的總體及後設分析上，發現個人層面被檢視的各種主題及在群體的特色是有助益的。因此，我們引用社會認知生涯研究的幾個例子，主要包括與成人員工的生涯自我效能表現有關的問題（此文獻之更完整分析，見 Bandura, 1997）。

社會認知理論，就社會而言是一種具意義的應用，是研究這些尋找第一份工作或失業且必須做出新工作選項的人。若干研究已檢視自我效能在尋找工作歷程中的角色。Saks 和 Ashforth（1999）發現，與尋找工作行為有關的自我效能，如：更積極的求職作為及成功的受雇結果，從學校轉型到職場的大學生有關聯。其他的研究發現：自我效能是預測失業之後能否成功地再度就業的指標（Kanfer & Hulin, 1985）。Vinokur 和他的同事為失業的成人發展出預防性的介入輔導。他們發現：這項計畫在提升再度就業方面是有效的（Caplan,Vinokur, Price, & van Ryn, 1989），一部分提升求職的自我效能運作，而自我效能也增進動機及求職行為（van Ryn & Vinokur, 1992）。

另一大批研究，則將重點放在提升在不同工作環境及工作角色中適應及成功的因素。此研究範例，包括將自我效能與組織社會化結果連結，發現具有強烈自我效能的新人在剛進組織時，比起自我效能低的人更能應付情境的需求，及執行自己的工作。提供精熟的訓練、同事楷模示範，以及自我效能的反應回饋，都可有效提升自我效能。換句話說，自我效能可用來預測往後的職業成功及滿足（Saks, 1994, 1995; Saks & Ashforth, 1997）。然而，自我效能的好處並不限於新進員工，在現職員工中，自我效能的某些層面已證明可預測生涯調適、福祉結果，如：工作壓力因應（Chwalisz, Altmaier, & Russell, 1992）、工作參與感（Frayne & Latham, 1987）、報名訓練活動（Hill, Smith, & Mann, 1987）、工作滿意度（Jex & Bliese, 1999）、工作產能（Taylor, Locke, Lee, & Gist, 1984），以及管理上的決策（Wood & Bandura, 1989）。這些研究中某些（及其他）也確定了能力、目標及其他社會認知變項的假設角色，當他們的運作與自我效能一致時，可以提升在學校／工作的調適及成功的結果。

總而言之，研究文獻佐證了有關自我效能及結果預期在職業興趣、選擇、表現，及其他生涯發展結果如何運作的理論假設（從 SCCT 及較大的社會認知理論）。然而，在生涯選擇歷程中，環境脈絡的支持與障礙（Lent, Brown, & Hackett, 2000），以及 SCCT 介入學校及工作不同層面運作的影響等這類相關主題，亟需更多的研究。雖然需要更多的研究，我們相信，現有的文獻值得投注心力，將SCCT轉化成對成人的生涯介入。下一部分，將探討諮商輔導在生涯選擇及改變的介入。

四、使用 SCCT 在生涯選擇／改變中的諮商輔導

SCCT 對於預防性、發展性及補救性的生涯發展介入，包含許多有效的意涵。在此，將說明理論的基本假設是如何用於成人當事人所經驗到的一般問題，即對於生涯選項（或重新選擇）很難去做選擇及改變。首先強調 SCCT 三個基本準則對於實務的重要意義，然後，我們說明可能的諮商輔導策略（含案例），以協助當事人：⑴盡可能在未污染及認知扭曲下產生廣泛的職業可能；⑵找出及克服障礙，並執行較偏好的職業選擇；以及⑶修正不正確的自我效能信念，使最佳選擇能夠發展及實行。

興趣及選擇模式的基本假設，處理職業選擇困難具有重要意涵的三個基本準則。首先，SCCT 建議，職業興趣主要從自我效能的信念及結果預

期——可能符合或不符合客觀的能力發展或強化因素指標，有些（或許很多）當事人接受諮商輔導時，已因為錯誤的自我效能信念或結果預期，而排除了可能有報酬的職業可能性。第二，由於 SCCT 假定障礙會減弱興趣與職業選擇之間的關係，所以當事人不可能在知道實行這些選擇會有無法克服的障礙下，將興趣轉為職業選擇。第三，由於自我效能及結果預期是發展自表現的成就，檢視先前的表現成就，經由這些經驗有助於認知上的修正，所以，錯誤的自我效能概念及結果預期可協助當事人獲得新的成功經驗。

以範例說明這些自我效能、結果預期，及選擇障礙歷程的心理和經濟意涵是有用的。有些在數學上具有天分的女性，對於數學及科學的相關工作興趣不高，因為她們的社會化經驗導致她們不正確的低自我效能信念（例如Campbell & Hackett, 1986; Eccles, 1987; Hackett, Betz, O'Halloran, & Romac, 1990），或不利的結果預期（例如Eccles, 1987）。如案例中所顯示，即使是數學好的女性，如果不正確地低估自己的能力，可能對於需要中等數學程度的職業也不感興趣。再者，即使能正確衡量自己在數學方面的效能，且對於用到數學的職業有正面認知，如果他們認為這些生涯的進路、成功或進展都面臨重大的障礙時，他們也不會選擇追求這些生涯。

根據第一項準則，有些人可能因為不正確的自我效能或結果預期，而過早排除可能有報酬的職業追求。在此情況下，我們倡導協助當事人找出先前排除的可能性，並發展出職業能力及潛在結果的正確認知。根據第二項準則，即使在特定生涯路徑上發展得很好且有不同於一般人興趣的人，也不可能追求他們認為（正確或不正確）進入該職位或在該職位的進展具有重大障礙的生涯路徑。所以生涯選擇諮商輔導可協助當事人：⑴找出執行選擇的障礙；⑵評量所找到障礙的現實性及可克服性；以及⑶發展輔助其職業規劃，或協助他們克服已知障礙的支持性網絡。根據第三項準則，協助找出先前排除的職業路徑及克服選擇障礙，包括協助當事人取得新經驗，並重新處理舊經驗，使錯誤的效能及認知結果能被消除。雖然這些準則在生涯的文獻中並非沒有先例可循，但 SCCT 所提供的理論脈絡顯示出新的或重新設計的諮商可能性。現在將幾種源自理論的策略加以說明，以協助生涯當事人將自己的職業選項增加到最多，並學會處理生涯選擇預期中的障礙。

找出先前排除的職業選項

就像大多數的生涯選擇諮商取向一樣，社會認知觀點協助當事人針對與其工作性格相對應到各種職業中做選擇。我們相信，當事人能找出及考量可能因為錯誤的自我效能或結果預期而排除的生涯路徑，進而協助他們建構最多的職業選擇，是很有助益的。因此，我們建議諮商輔導員與當事人共同探討較不感興趣的職業，並更完整地分析這些興趣所根據的經驗及信念，而非只是從已表明或經由測量的興趣中找出職業的可能性。可與當事人更完整探討任何似乎是以不正確的低自我效能信念或錯誤職業資訊為基礎的選項，根據這些探討再加入當事人考量的其他選項。

因此，輔助興趣探索的基本歷程是相當直接的，包括評估自我效能與已表現技能之間，及結果預期與職業訊息之間的不一致，重大差異成為更進一步探索的目標。截至目前，這些直接的程序已因評估多種職業或工作活動的自我效能及結果預期的測量方式不足而受限。然而，這樣的限制已開始隨著《自信量表》（*Self-Confidence Inventory*）（Betz, Borgen, & Harmon, 1996）等創新的測量方法問世而去除，且這些測量方法與既有建立的職業分類系統相關。

更多測量方法的進步，有助於 SCCT 生涯選擇的諮商輔導，我們已開始將某些不需要正式測量技巧，但在使用軼事（anecdote）上運作良好的策略納入實務中。第一項策略是比較從標準化的性向測量、職業需求及職業興趣所取得的分數之間的得分差異。第二項策略則是關於使用修正後的職業組合卡。

分析差異

生涯諮商輔導中普遍認為，測量當事人的**工作性格**（work personality），不同測量方法所得分數之間的差異，提供了討論及釐清的重要資訊（Dawis & Lofquist, 1984; Holland, 1985）。更進一步假設，能力傾向／技能與興趣得分之間的差異，顯示出不正確自我效能信念的運作；而需求／價值與興趣測量之間，在工作方面的差異則顯示出錯誤結果預期的存在。例如：在職業有關的能力傾向上得高分，但在需要這些能力的職業興趣測驗上得低分的當事人，可能低估了他們的自我效能，因此就預先排除可能具有報酬的職業選擇。同樣的，對於能增強自己工作相關需求及價值的當事人，卻呈現較低的職業興趣，這可能以錯誤的結果預期做為自己興趣判斷的依據，且因此過早窄化自己的職業選擇。

找出先前被排除的職業選擇方法，開始是使用標準化的職業興趣、需求及能力傾向的測量。之後，使用職業的分類架構，將需求與能力傾向所產生的職業，與興趣所產生的職業做比較，發現是來自需求及能力傾向的指標，而非來自興趣評估的職業，被認為代表了可能潛藏著預先被排除的可能性，且需要更進一步被討論。請想想這個例子：一名35歲的婦女因為相當不滿意擔任出版社圖片編輯的工作，而前來接受諮商輔導。她已取得藝術史碩士學位，她自述：這份工作不具挑戰性，她無法充分發揮所長。若從社會認知觀點而言，她的測驗結果相當引人注目，她的能力傾向及職業需求，與中學以上的社會學科領域（例如：社會學、社會科學、心理學及諮商）教學相當符合。然而，興趣測量的反應大多是漠不關心，因此，在興趣方面呈現非常平淡且沒有顯著特長的情況。

討論這些差異時，她表示：之前曾考慮過這些職業的可能性，但並未認真考量，因為她並不認為自己具備這些職業中成功所需的寫作及量化方面的技能。諮商輔導員指出，她的能力傾向資料顯示：她確實具有這些職業所需要的基本語言及量化能力傾向，她的一般學習能力符合大學教學所需的能力。更進一步探索她過去在學校的表現後發現：她因為過高的表現標準，而低估了在學校所發展出來的良好寫作技巧，諮商輔導員協助她重新思考這些令她望之卻步的標準，並藉由修讀統計學課程，取得有關量化技能的資料。她最後選擇在一所大學主修都市社會學的博士課程，而且在學業上表現優異，她在攻讀博士的第一年需要進行幾次後續的諮商輔導，處理自己驚人的表現標準，並維持自己生涯選擇的預期效能。

修改後的職業組合卡

找出先前排除職業可能性的第二項策略，以修改後的職業組合卡為依據。與一般標準的卡片分類相似（Slaney & Mackinnon-Slaney, 1990），我們請當事人將職業分成三大類：⑴可能選擇；⑵不會選擇；⑶考慮中（in question）。然而，此程序完全將重點放在最初被分類為「不會選擇」及「考慮中」的職業。鼓勵當事人將這些職業分類為：能反映出自我效能信念（即「如果具備相關的技能，有可能選擇」）、結果預期（即「如果我認為它提供我所重視的事，則我可能選擇」）、確實興趣缺缺（即「無論如何都不會選擇」）等種類。或其他自我效能及結果預期的次分類職業，針對技能及認知結果加以探索，也針對這些目的進行測驗或資訊蒐集。

使用這項找出先前排除職業的可能性之策略，可用來描繪另一名當事人。這名 24 歲的女性對於在電影業擔任自由製作助理一職表示不滿意，因為缺乏穩定性且沒有升遷機會。她指出自己的工作缺乏「社會重要性」，當事人完成了修改後的組合卡程序，初步將各種教學選項分為「可能選擇」的類別，雖然她將幾種涉及督導和領導責任（例如：校長、訓導主任）的選項分類為「不會選擇」的一類。在後續分類中，她所有的職業分類反映出低自我效能信念的次種類（即「如果具備相關的技能，有可能選擇」），因為之後的討論顯示，她並不認為自己具備這些職業所需要的領導及影響力技能。

為了蒐集有關影響力及領導技能的額外資料，請她填寫《Campbell 興趣及技能量表》（*Campbell Interest and Skill Survey,* CISS）（Campbell, 1989）中的技能欄位，並將相同的量表拿給她的三個朋友填寫，「就像她自己完成的一樣」。有關 CISS 的七個主要取向初步的平均分數，針對當事人的回答及她朋友的回答加以計算，她的分數與朋友平均分數的比較圖表拿給她看。其中顯示：她和其他人對於影響力的評分，有著重大的差異，鼓勵她與朋友討論這樣的發現，這些討論促使當事人重新評估對於領導及影響技巧的效能信念，以及在教育方面擔任領導職位的興趣。後來她決定追求教育領導學系的碩士學位，以及一張教師證書，而她也很滿意自己的選擇。

對認知障礙的分析

我們的理論立場認為：對於達成選擇（choice attainment）的障礙察覺會減弱由興趣到目標選擇，以及目標到行動之間的關係。由於障礙可能會減損某些當事人將自己的主要職業興趣轉化為選擇（並實行他們的選擇）的能力，諮商輔導員協助當事人找出、分析及準備因應可能的職業選擇障礙，是很重要的。我們發現，採用 Janis 和 Mann（1977）的決策平衡單（decisional balance sheet）幫助當事人為自己及重要他人，對所偏好的選擇找出可能的結果。之後將重點放在預期的負面結果及執行選擇的障礙。協助當事人：(1)考量遭遇障礙的可能性；並且(2)發展出預防或處理障礙的策略。

為了說明，再以35歲的當事人為例。她利用決策平衡單發現學術生涯上的重大障礙。尤其是，她在考量生涯所產生的負面結果時表示：她與一位從事自由業男人有著長久的親密關係，由於該地區只有一種相關的碩士課程，她害怕自己可能必須搬到他處，而破壞兩者的關係，也可能對於她繼續選修社會學構成障礙。諮商輔導員鼓勵她與其他重要他人討論這項議題，以蒐集更多相關障礙的實際資料，並發展出處理策略。當事人與她的伴侶共同結論是：這障礙確實是兩人都關切的問題，他們共同決定，她將申請全國的碩士課程，但以當地的課程做為第一選擇；如果她無法在當地入學，她的伴侶同意與她一起搬家。雖然她最終進入當地的大學就讀，先前的討論幫助她預測及準備好因應，也實踐了自己所偏好的生涯選擇中最重要的潛藏障礙。

自我效能信念的修正

有時試著修正當事人自我效能信念是重要的，其目標有助於生涯選擇諮商。例如：可將當事人想要的生涯選項的成功機會發揮到最大。正如先前所建議，諮商輔導針對增進或矯正當事人的表現技能，是有幫助的。SCCT及一般的社會認知理論（Bandura, 1986）都指出：所認知的表現成就是改變自我效能信念最重要的資訊來源。因此，協助當事人在能力傾向充分但自我效能卻低的領域，建構新的表現經驗（例如：課程作業），是有價值的。

當我們嘗試以案例顯示時，可供諮商輔導員有創意地挑戰錯誤的自我效能認知。例如：可請當事人搜尋（例如：某人的GRE得分如何與先前排除領域的研究生GRE分數相對應）或蒐集（例如：朋友對於個人在標準化量表上的能力評分）不利於自我效能認知的資料。也可使用額外的測驗來挑戰不切實際的低自我認知。總而言之，提供新的表現經驗、重新分析過往經驗，或蒐集及提出有效相對態度的資料，均可用於協助當事人反擊錯誤的自我效能認知。

此外，當事人處理與效能有關的經驗時，才對自我效能信念產生衝擊。被當事人認知是成功的經驗（無論是新的或是基於檢視過去的表現）都能提升當事人的效能感。就像第一個當事人，抱持著過高的表現標準，但由扭曲的眼光來看，表現卻又在標準之下，所以，人們似乎不太會以客觀優異的標準來歸因自己的成就。因此，諮商輔導員可能需要協助這類當事人建構發展性的適當表現標準，並學習強化發展歷程的表現，而非著重最終的表現。許多當事人也需要將成功的表現成就歸因於內在的穩定（即能力），而非內在的不穩定（努力）或外在（運氣或任務簡單）的原因。

為了說明這些方法，第一例中的當事人（35歲的女性）開始進行量化的作業，她往往將自己的成功歸因於她在作業中所投注的心力。她的諮商輔導員向她提出了歸因的挑戰，邀請她在幾次場合中考量她在量化上的技巧高於自己所想像的可能性（能力的歸因）。之後的幾次諮商都用於維持及更進一步發展自我效能信念，有關她所選擇領域的成功與培養調適的表現標準，以及設定切合實際的表現目標。

五、SCCT及當事人的多元性

SCCT 的目的在協助了解廣大學生及員工的生涯發展，包括：種族／族群、文化、性別、社會經濟地位、年齡及失能狀況等多元的人。因此，理論的研究及實務運用，目前反思並聚焦在這個多元文化及個別差異上。

在本段落，我們將綜覽已應用的部分。

Hackett和Betz（1981）在最初研究中，將社會認知理論延伸至生涯領域，說明自我效能如何解釋女性生涯發展的某些面向。例如：許多女性在職業天分的利用上不足，傾向傳統的女性領域，並且避免男性主宰的選擇。Hackett及Betz認為：這樣的職業刻板印象起因於性別角色的社會化經驗，其中，男孩和女孩會受到社會化的媒介（例如：父母、教師及同儕）的鼓勵，以追求文化上定義為適合某性別的活動，並且不從事被視為適合異性的活動。透過差異取得四種效能感的來源（例如：暴露於傳統上性別固定的角色模式、缺乏接觸非傳統的角色模式），女性往往隨著時間發展反映出這些社會化偏見的自我效能信念。

後續研究傾向支持 Hackett 及 Betz 的理論分析。例如：在傳統上由女性擔任的職業表現出的自我效能，多於由男性主宰擔任的職業，而男性則在傳統中無論是男性或女性擔任的領域上，都表現同樣高的自我效能（Betz & Hackett, 1981）。這些在自我效能上的差異，相對於研究男性及女性參與者在語言及量化能力之間並無差異。這樣的發現顯示：女性的生涯追求被自我設限的低自我效能所限制。也就是說，環境所施加的障礙可能以偏頗的自我效能信念型態加以內化，這些信念也許之後在生涯選擇過程中會取代實際能力的考量。

相關研究顯示，自我效能信念可調整科學／技術領域的興趣差異（例如 Lapan, Boggs, & Morrill, 1989）。此外，男性和女性取樣顯示自我效能差異與性別類型的任務及領域（例如：數學）相關，雖然這類自我效能差異，在具有相等效能感經驗的男性和女性樣本中較不明顯。但某些證據顯示，有關自我效能的職業性別刻板印象在較年輕者中較不明顯（見Bandura, 1997; Hackett & Lent, 1992）。

此處所討論的研究凸顯了幾項社會及認知機制。透過這些機制，潛在的生涯路徑可能對女性造成妨礙。較好的是，這樣的研究指出了幾個矯正或預防社會對於女性生涯發展所限制的發展路徑。然而，如 Bandura（1997）所觀察：除了自我效能信念在提升職業追求的性別差異外，「文化限制、不平等的獎勵制度，以及被刪減的機會結構，在形塑女性的生涯發展上也具影響力」（p. 436）。這些警告是用來提醒更大的系統性議題，且不只是女性自我成長的過程，更在重視及培養女性對生涯的選擇能力。

與先前 Hackett 和 Betz（1981）有關影響一般女性生涯發展的社會認知因素討論相同，Hackett 和 Byars（1996）對於有色人種，尤其是非裔美人女性的生涯發展提出了一套理論分析。Hackett 及 Byars 指出：由四種效能感所促成的文化學習經驗（例如：社會鼓勵追求某些選擇；暴露於種族主義；角色模式）。這些都可能以不同方式影響著非裔美人女性的生涯自我效能感、結果預期、目標及後續的生涯進展。作者提供了多種洞察、理論性的建議，包括：發展性的介入、社會的倡言和集體的行動，以提升非裔美人女性的生涯成長。

SCCT 應用於多元當事人方面，也應注意。Chartrand 和 Rose（1996）將此理論加以調整成針對成人女性監獄囚犯的介入方案。Szymanski 和 Hershenson（1998）討論 SCCT 如何用於殘障人士身上，他們指出：自我效能及結果預期，在職業重建脈絡中是特別有用的概念。同樣的，Fabian（2000）考量了 SCCT 應如何用於具有精神疾病的成人生涯介入。Morrow、Gore 和 Campbell（1996）考量了 SCCT 在了解男女同性戀者生涯發展上的可能性，指出社會環境的影響如何協助形塑自我效能及結果預期，以及將興趣轉換為選擇的歷程。SCCT 也已延伸至跨文化或跨國籍的應用上（例如 de Bruin, 1999; Kantas, 1997; Nota & Soresi, 2000 ;Van Vianen, 1999）。

我們相信，本節所提及的應用已傳達了 SCCT 在研究及輔助多元當事人生涯發展的潛在應用。這樣的應用看來令人振奮，但需要有更多的研究，來釐清不同社會認知變項（例如：環境脈絡的支持及障礙、處理生涯及家庭角色多重需求的自我效能），是如何與文化、族群、社會經濟地位、性取向及失能／健康狀況交會互動並影響著，而形塑出成人特定群體的生涯發展軌跡。

六、結論

我們已簡單介紹社會認知生涯理論，這是一種演進中的架構，有助於先前 Bandura（1986）的一般理論延伸至生涯發展所做的努力，且更進一步。此架構可促成個人自主性行使的社會認知變項，並納入其他人和環境因素（例如：性別、族群）對於生涯發展結果的影響。建構理論的用意在於協助說明個人在職業興趣、選擇及表現上的多元性。我們相信，它對於發展性、預防性及矯正性的生涯介入，也具有正面的意義。因此，我們說明了 SCCT 如何針對生涯選擇或改變的諮商輔導，也概覽了理論研究基礎，以及在不同成人生涯群體當事人的應用。

參考文獻

Astin, H. S. (1984). The meaning of work in women's lives: A sociopsychological model of career choice and work behavior. *The Counseling Psychologist*, 12, 117-126.

Bandura, A. (1986). *Social foundations of thought and action: A social cognitive theory*. Englewood Cliffs, NJ: Prentice-Hall.

Bandura, A. (1997). *Self-efficacy: The exercise of control*. New York: Freeman.

Betz, N. E. (1989). Implications of the null environment hypothesis for women's career development and for counseling psychology. *The Counseling Psychologist*, 17, 136-144.

Betz, N. E. (1992). Counseling uses of career self-efficacy theory. *The Career Development Quarterly*, 41, 22-26.

Betz, N. E., Borgen, F. H., & Harmon, L. W. (1996). *Skills Confidence Inventory: Applications and technical guide*. Palo Alto, CA: Consulting Psychologists Press.

Betz, N. E., & Hackett, G. (1981). The relationship of career-related self-efficacy expectations to perceived career options in college women and men. *Journal of Counseling Psychology*, 28, 399-410.

Brown, S. D., & Lent, R. W. (1996). A social cognitive framework for career choice counseling. *The Career Development Quarterly*, 44, 354-366.

Campbell, D. (1989). *Manual for the Campbell Interest and Skill Survey*. Minneapolis, MN: National Computer Systems.

Campbell, N. K., & Hackett, G. (1986). The effects of mathematics task performance on math self-efficacy and task interest. *Journal of Vocational Behavior*, 28, 149-162.

Caplan, R. D., Vinokur, A. D., Price, R. H., & van Ryn, M. (1989). Job seeking, reemployment, and mental health: A randomized field experiment in coping with job loss. *Journal of Applied Psychology*, 74, 759-769.

Casas, J. M. (1984). Policy, training, and research in counseling psychology: The racial/ethnic minority perspective. In S. D. Brown & R. W. Lent (Eds.). *Handbook of counseling psychology* (pp. 785-831). New York: Wiley.

Chartrand, J. M., & Rose, M. L. (1996). Career interventions for at-risk populations: Incorporating social cognitive influences. *The Career Development Quarterly*, 44, 341-353.

Chwalisz, K. D., Altmaier, E. M., & Russell, D. W. (1992). Causal attributions, self-efficacy cognitions, and coping with stress. *Journal of Social and Clinical Psychology*, 11, 377-400.

Dawis, R. V., & Lofquist, L. H. (1984). *A psychological theory of work adjustment*. Minneapolis, MN: University of Minnesota Press.

de Bruin, G. P. (1999). Social cognitive career theory as an explanatory model for career counselling in South Africa. In G. B. Stead & M. B. Watson (Eds.), *Career psychology in the South African context*. Pretoria, South Africa: J. L. van Schaik.

Eccles, J. S. (1987). Gender roles and women's achievement. *Psychology of Women Quarterly*, 9, 15-19.

Fabian, E. S. (2000). Social cognitive theory of careers and individuals with serious mental health disorders: Implications for psychiatric rehabilitation programs. *Psychiatric Rehabilitation Journal*, 23, 262-269.

Frayne, C. A., & Latham, G. P. (1987). Application of social learning theory to employee self-management of attendance. *Journal of Applied Psychology*, 72, 387-392.

Hackett, G. (1995). Self-efficacy in career choice and development. In A. Bandura (Ed.), *Self-efficacy in changing societies*. Cambridge, UK: Cambridge University Press.

Hackett, G., & Betz, N. E. (1981). A self-efficacy approach to the career development of women. *Journal of Vocational Behavior*, 18, 326-336.

Hackett, G., Betz, N. E., O'Halloran, M. S., & Romac, D. S. (1990). Effects of verbal and mathematics task performance on task and career self-efficacy and interest. *Journal of Counseling Psychology*, 37, 169-177.

Hackett, G., & Byars, N. E. (1996). Social cognitive theory and the career development of African American women. *The Career Development Quarterly*, 44, 322-340.

Hackett, G., & Lent, R. W. (1992). Theoretical advances and current inquiry in career psychology. In S. D. Brown & R. W. Lent (Eds.), *Handbook of counseling psychology* (2nd ed., pp. 419-451). New York: Wiley.

Hansen, J. C. (1984). The measurement of vocational interests: Issues and future directions. In S. D. Brown & R. W. Lent (Eds.), *Handbook of counseling psychology* (pp. 99-136). New York: Wiley.

Hill, T., Smith, N. D., & Mann, M. F. (1987). Role of efficacy expectations in predicting the decision to use advanced technologies: The case of computers. *Journal of Applied Psychology*, 72, 307-313.

Holland, J. L. (1985). *Making vocational choices: A theory of vocational personalities and work environments* (2nd ed.). Englewood Cliffs, NJ: Prentice-Hall.

Janis, I. L., & Mann, L. (1977). *Decision making*. New York: Free Press.

Jex, S. M., & Bliese, P. D. (1999). Efficacy beliefs as a moderator of the impact of work-related stressors: A multilevel study. *Journal of Applied Psychology*, 84, 349-361.

Kanfer, R., & Hulin, C. L. (1985). Individual differences in successful job searches following lay-off. *Journal of Vocational Behavior*, 38, 835-847.

Kantas, A. (1997). Self-efficacy perceptions and outcome expectations in the prediction of occupational preferences. *Perceptual and Motor Skills*, 84, 259-266.

Lapan, R. T., Boggs, K. R., & Morrill, W. H. (1989). Self-efficacy as a mediator of Investigative and Realistic General Occupational Themes on the Strong-Campbell Interest Inventory. *Journal of Counseling Psychology*, 36, 176-182.

Lent, R. W., & Brown, S. D. (1996). Social cognitive approach to career development: An overview. *The Career Development Quarterly*, 44, 310-321.

Lent, R. W., Brown, S. D., & Hackett, G. (1994). Toward a unifying social cognitive theory of career and academic interest, choice, and performance [Monograph]. *Journal of Vocational Behavior*, 45, 79-122.

Lent, R. W., Brown, S. D., & Hackett, G. (2000). Contextual supports and barriers to career choice: A social cognitive analysis. *Journal of Counseling Psychology*, 47, 36-49.

Lent, R. W., & Hackett, G. (1994). Sociocognitive mechanisms of personal agency in career development: Pantheoretical prospects. In M. L. Savickas & R. W. Lent (Eds.), *Convergence in theories of career development: Implications for science and practice* (pp. 77-95). Palo Alto, CA: Consulting Psychologists Press.

McWhirter, E. H., Torres, D., & Rasheed, S. (1998). Assessing barriers to women's career adjustment. *Journal of Career Assessment*, 6, 449-479.

Morrow, S. L., Gore, P. A., & Campbell, B. W. (1996). The application of a sociocognitive framework to the career development of lesbian women and gay men. *Journal of Vocational Behavior*, 48, 136-148.

Multon, K. D., Brown, S. D., & Lent, R. W. (1991). *Journal of Counseling Psychology*, 38, 33-38.

Nota, L., & Soresi, S. (2000). *Autoefficacia nelle scelte: La visione sociocognitiva dell'orientamento*. Firenze, Italy: Institute for Training, Education, and Research.

Richie, B. S., Fassinger, R. E., Linn, S. G., Johnson, J., Prosser, J., & Robinson, S. (1997). Persistence, connection, and passion: A qualitative study of the career development of highly achieving African American-Black and White women. *Journal of Counseling Psychology*, 44, 133-148.

Sadri, G., & Robertson, I. T. (1993). Self-efficacy and work-related behaviour: A review and meta-analysis. *Applied Psychology: An International Review*, 42, 139-152.

Saks, A. M. (1994). Moderating effects of self-efficacy for the relationship between training method and anxiety and stress reactions of newcomers. *Journal of Organizational Behavior*, 15, 639-654.

Saks, A. M. (1995). Longitudinal field investigation of the moderating and mediating effects of self-efficacy on the relationship between training and newcomer adjustment. *Journal of Applied Psychology*, 80, 211-225.

Saks, A. M., & Ashforth, B. E. (1997). Organizational socialization: Making sense of the past and present as a prologue for the future. *Journal of Vocational Behavior*, 51, 234-279.

Saks, A. M., & Ashforth, B. E. (1999). Effects of individual differences and job search behaviors on the employment status of recent university graduates. *Journal of Vocational Behavior*, 54, 335-349.

Slaney, R. B., & Mackinnon-Slaney, F. (1990). The use of vocational card sorts in career counseling. In C. E. Watkins, Jr. & V. L. Campbell (Eds.), *Testing in counseling practice* (pp. 317-371). Hillsdale, NJ: Erlbaum.

Stajkovic, A. D., & Luthans, F. (1998). Self-efficacy and work-related performance: A meta-analysis. *Psychological Bulletin*, 124, 240-261.

Swanson, J. L., & Gore, P.A. (2000). Advances in vocational psychology theory and research. In S. D. Brown & R. W. Lent (Eds.), *Handbook of counseling psychology* (3rd ed., pp. 233-269). New York: Wiley.

Szymanski, E. M., & Hershenson, D. B. (1998). Career development of people with disabilities: An ecological model. In R. M. Parker & E. M. Szymanski (Eds.),

Rehabilitation counseling: Basics and beyond (3rd ed., pp. 327-378). Austin, TX: Pro-Ed.

Taylor, M. S., Locke, E. A., Lee, C., & Gist, M. E. (1984). Type A behavior and faculty research productivity: What are the mechanisms? *Organizational Behavior and Human Performance*, 34, 402-418.

Unger, R. K. (1979). Toward a redefinition of sex and gender. *American Psychologist*, 34, 1085-1094.

van Ryn, M., & Vinokur, A. D. (1992). How did it work? An examination of the mechanisms through which an intervention for the unemployed promoted job-search behavior. *American Journal of Community Psychology*, 20, 577-597.

Van Vianen, A. E. M. (1999). Managerial self-efficacy, outcome expectations, and work-role salience as determinants of ambition for a managerial position. *Journal of Applied Social Psychology*, 29, 639-665.

Vondracek, F. W., Lerner, R. M., & Schulenberg, J. E. (1986). *Career development: A life-span developmental approach*. Hillsdale, NJ: Erlbaum.

Williamson, E. G. (1939). *How to counsel students*. New York: McGraw-Hill.

Wood, R. E., & Bandura, A. (1989). Social cognitive theory of organizational management. *Academy of Management Review*, 14, 361-384.

第六章

認知訊息處理取向在成人生涯諮商的應用

佛羅里達州立大學｜Gary W. Peterson
Jill A. Lumsden
James P. Sampson Jr.
Robert C. Reardon
Janet G. Lenz

有句古老諺語說：「給人一條魚，只能吃一天；但教他們釣魚，他們能吃一輩子。」這句至理名言掌握了將**認知訊息處理**（cognitive information processing, CIP）**取向**應用在成人生涯諮商的終極目標，也就是使人們成為熟練的（skillful）生涯問題解決者及決策者。我們相信透過 CIP 取向處理生涯問題的同時，不只學習如何解決當下的問題，亦能利用此經驗處理未來的生涯問題。雖然這種理論參考架構已於先前的著作中說明（Peterson, Sampson, Reardon, 1991; Peterson, Sampson, Reardon, & Lenz, 1996; Reardon, Lenz, Sampson, & Peterson, 2000; Sampson, Peterson, Lenz, & Reardon, 1992; Sampson, Peterson, Reardon, & Lenz, 2000），至於它如何用於成人生涯諮商的討論卻尚未進行。就本章目的而言，我們所謂的成人是已過了青少年期且具有充分自主權（sufficient autonomy），不再需要父母提供基本生活需求的人。一般成人處於有承諾關係（committed relationships）中，且承擔家庭責任及擁有財產的所有權。

簡要地回顧 CIP 理論的使用者，做為本章的開始；然後討論 CIP 理論如何協助生涯諮商輔導員了解成人當事人的問題、學習需求、選擇生涯評估及提供學習經驗，以輔助當事人解決生涯問題及決策技巧的發展；最後以艾芙琳的案例說明，CIP 理論如何協助成人做出令人滿意的生涯抉擇。

一、認知訊息處理理論的背景

認知訊息處理（CIP）理論的歷史起源可追溯至 20 世紀初，當時 Parsons（1909）指出，影響生涯決定有三個要素：

1. 充分的自我了解；
2. 職業知識；
3. 引導出兩者之間關係的能力。

他認為，人們如果具備這三種能力，不只個人能做出適當的生涯選擇，社會也會因為人與工作的良好適配，而得到更好的助益使得生產力提升。

Parsons 的三項因素已產生三個明顯不同的途徑：

1. 進行測量人格特質及因素；
2. 職業分類學的發展；
3. 解決生涯問題及決策理論的進展。

舉例來說，現代的興趣量表如：《自我探索量表》（*Self-Directed Search,* SDS）（Holland, 1994）和《史東興趣量表》（*Strong Interest Inventory,* SII）（Consulting Psychologists Press, 1994）；有關人的能力測驗如：《相關工作能力量表》（*Inventory of Work-Related Abilities*）（American College Testing, 1998）；及追溯至 1930 年末期明尼蘇達集團（Minnesota Group）最初發展的（Patterson & Darley, 1936; Williamson, 1939）《價值觀量表》（*Values Scale*）（Super & Nevill, 1986）；職業分類系統如：《職業分類詞典》（*Dictionary of Occupational Titles*）（U.S. Department of Labor, Employment Service, 1977）、《Holland 職業代碼》（*Dictionary of Holland Occupational Codes*）（Gottfredson & Holland, 1996），以及 O*NET（U.S. Department of Labor and the National O*NET Consortium, 1999）等，已使人們能系統化地取得有關工作的知識。生涯問題的解決及決策理論可追溯至 Gelatt（1962）、Katz（1963, 1969）、Miller-Tiedeman 和 Tiedeman（1990），

以及 Janis 和 Mann（1977）所推行的決策模式，這些模式可歸納成五個步驟：

1. 界定問題。
2. 了解問題的起因。
3. 制定可行的解決辦法。
4. 將可行方案排定優先順序，並找出第一優先選擇。
5. 執行解決方案，並評量結果。

上述所有這三種因素都成為 CIP 模式中不可或缺的要素。

二、生涯選擇中的認知訊息處理理論

在 1970 年代初期，出現一序列認知科學領域的探詢，同時提供生涯選擇及決策的新思考方式，這種典範被稱為**認知訊息處理**（CIP），最初成形於 Hunt（1971）、Newell 和 Simon（1972），以及 Lackman、Lackman 和 Butterfield（1979）等人的研究中。這典範提供了解決生涯問題，及做出生涯決策的基本記憶結構（fundamental memory structures）及思考歷程（thought processes）的方式。有了這項知識，我們就能問：「身為生涯諮商輔導員該如何協助成人增進自己的技能，成為問題解決者及決策者」，將生涯選擇及生涯發展理論化，需要一套有關理論本質的理論，這裡我們指的是任何心理學理論的結構及內容（Slife & Williams, 1997）。

心理學理論可能由四個基本屬性構成：(1)定義；(2)假設及建議；(3)運作；(4)實務的意涵（Hall & Lindzey, 1978）。CIP 模式的定義、假設及運作，以實務的意涵做為基礎，並透過本章的個案研究說明如下。

定義

下列定義可想像成一系列的同心圓，從最小的內圈生涯問題開始，到問題範圍，然後到解決生涯問題，再到生涯決策，最後到生涯發展，每種後續的概念都包含前一個概念。

生涯問題：生涯猶豫未決（career indecision）是存在現狀與理想狀態間的差距，這差距產生了認知不協調（cognitive dissonance）（Festinger, 1964），成為啟動問題解決歷程的主要動機來源，這樣的差距造成緊張或不自在，是人們想排除的。

問題範圍：當人們在解決生涯問題時，其工作記憶包含所有的認知及感情要素，被視為生涯問題解決任務的個人取向（individual approach）（Peterson, 1998; Sinott, 1989）。對成人而言，問題範圍包含目前的生涯問題，再加上所有與其相關的議題，例如：婚姻及家庭關係、財務考量、先前的生活經驗，以及成人本身的情緒狀態。

解決生涯問題：一套涉及認知差距的反應、原因分析、可行方案的規劃及釐清，並選出縮小差距方案的複雜思考歷程，當其中一個生涯方案被選出時，生涯問題即解決。

生涯決策：不只包含生涯選擇，也包含對於執行選擇時所必需的行動承諾及執行的歷程。

生涯發展：系列生涯決策的完成，包含整合整個生命全程的生涯路徑。

假設

以下是 CIP 應用於成人群體的主要假設：

- 解決成人生涯發展問題是一種複雜、模糊曖昧的認知活動，和解答一般課堂上的數學、物理、化學題不同，因此刺激是模糊曖昧的，所以解決需要改變的最佳化及選擇的正確性也可能是不確定的。
- 解決生涯問題的能力取決於存取知識的能力，及使用長期記憶（long-term memory, LTM）的認知技巧；成功的生涯抉擇取決於個人對自己和對職業認識的廣度，以及引發兩個知識領域相關的認知運作。
- 生涯發展涉及了知識結構的持續成長及改變；自我認識及職業認識的結構是由稱為**基模**（schemata）在一生中不斷演變的相互連結所構成的知識領域。由於職業的世界及個人都不斷改變，因此發展及整合這些領域的必要性從未停止。

- 生涯諮商的目的在於提升訊息處理技巧的發展。從CIP的觀點來看，生涯諮商提供有利於自我及職業知識的獲得，須將訊息轉化成令人滿意和有意義的生涯決定，和認知問題解決及決策技巧的發展。

運作

兩個基本的學習歷程構成了 CIP 的基礎：⑴自我認識以及職業知識架構的發展，包括生涯問題解決及決策；⑵將一個人的職業問題從認知發展轉移至修正抉擇的歷程。

CIP 結構要素：訊息處理之金字塔

為使人們成為獨立可信賴的生涯問題解決者及決策者，處理訊息的能力必須在一生中持續的發展。這些能力取材自 Robert Sternberg（1980, 1985）的研究，被視為構成訊息處理領域的金字塔，安排成三個階層的領域（見圖 6-1）。知識領域位於底層，中層是決策技巧，執行處理則位於頂層。

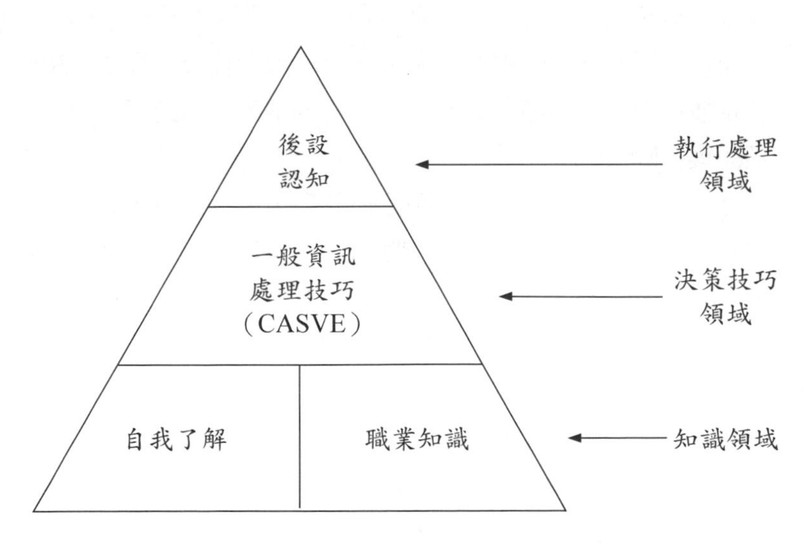

圖 6-1　生涯決策中訊息處理領域的金字塔

知識底層：知識領域，即自我認識及職業知識，位於金字塔的底層。**自我認識**包括以個人生活經驗持續建構為基礎，及對於個人的興趣、能力、技能及價值觀的認識。**職業知識**則包括個人對於工作特有的結構性反應，和各職業的職責及責任，以及獲得職業所需的教育及訓練的了解（Peterson, 1998）。

中層的處理要素：決策技巧領域一般訊息處理技能，這些技能結合了職業知識和對自我的了解，為解決生涯問題而做出決定。這裡使用五步驟的訊息循環轉化歷程（見圖 6-2），以下即以 CASVE（發音為 ca-Sah-veh）循環為生涯諮商歷程的探索架構。

1. 溝通（Communication）：收到訊息且編碼，記錄存在問題。審查自己及環境，當出現差距（不連貫）時即表示有問題，意味著必須著手規劃所有問題範圍要素，包含所有想法、感覺及相關的生活情況。
2. 分析（Analysis）：找出問題的原因，與問題要素之間的關係，置放於概念結構或心理模式裡。
3. 綜合（Synthesis）：規劃可能的原因及行動（綜合之詳細闡述），然後縮小精簡（綜合之精簡化）至一組可執行的方案。
4. 評價（Valuing）：每一項行動方針或方案都根據能成功消除差距的可能性，以及本身、重要他人、文化群體及社會所造成的衝擊加以評量並排定優先順序。透過此種歷程，當第一個選擇出現，生涯問題即獲得解決。
5. 執行（Execution）：制定一套行動計畫，進行選擇，此選擇即成為當事人的目標。一系列的里程碑以方法—目的關係（means-ends relationship）鋪陳出來，可按步就班達成目標。因此，當人們刻意朝目標邁進（例如：報名參加訓練課程，或在某選定的職業領域中工作）時，就是做出了生涯決定。
6. 在執行計畫時，會回到循環的溝通階段，以評量決定是否成功地消除了差距。若是，則此人接著解決因執行解決辦法所產生的後續問題。若否，則以第一次通過 CASVE 循環時新問題的相關訊息、本身的相關訊息，以及職業的相關訊息重新通過 CASVE 循環。

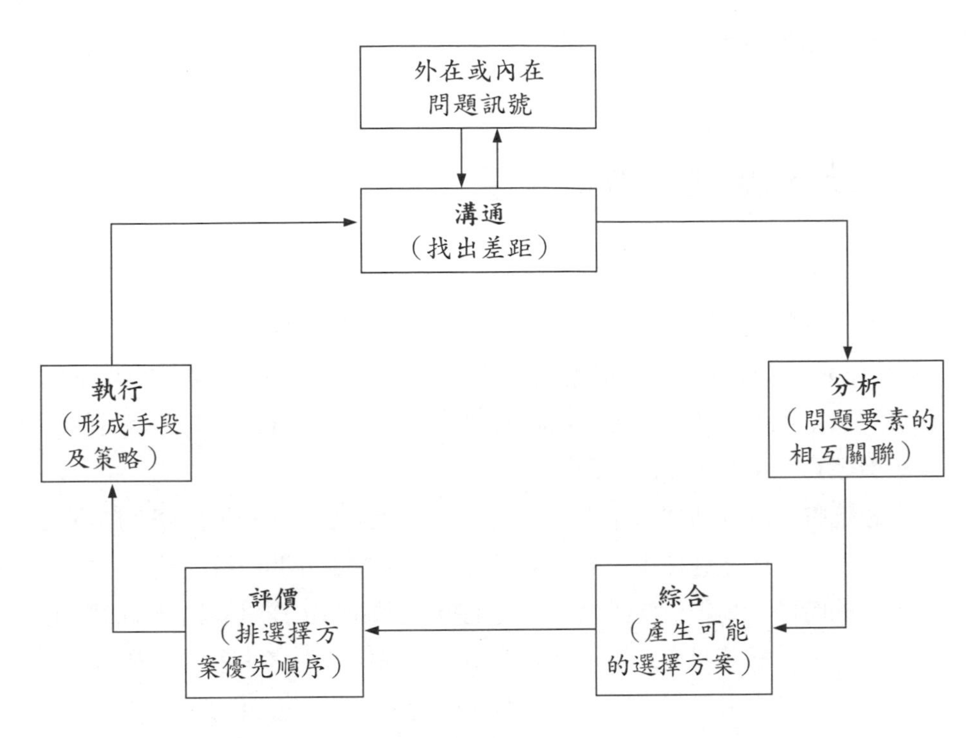

圖 6-2　CASVE 的五個階段（溝通、分析、綜合、評價、執行）
生涯決策中所使用的訊息處理循環

頂端：金字塔的頂端，即執行處理領域，包含了引導及調節較低層次功能的後設認知（metacognition）要素。我們將此領域稱為「對思考進行思考」（thinking about thinking），是一種超然的（detached）觀點把自己看成生涯問題解決者。此領域涉及了後設認知的要素（Flavel, 1979），包括：(1)控制完成目標的認知策略選擇及順序安排；以及(2)監控某問題解決方法的執行，以決定目標是否已經達成。此領域也包括個人對於生涯問題解決本身的活動信念、假設及想法，正面的信念或思考有助於生涯問題的決策過程，而與任何相關領域的任何層面有關的不良生涯思考，將會阻礙或制止生涯問題解決及決策過程（Sampson, Peterson, Lenz, Reardon, & Saunders, 1996a）。

現在將 CIP 理論轉用在成人生涯選擇的經驗，尤其要問：「我們身為生涯諮商輔導員，如何透過生涯諮商協助成人增進其生涯問題解決及決策的技巧？」

三、成人生涯問題的性質

將 CIP 模式應用於成人生涯諮商，首要考量是了解在生活脈絡中與生涯問題有關的重要因素（Cochran, 1994; Peterson, Sampson, Lenz, & Reardon, 1999; Spokane, 1991）。在進行評估或學習時必須考量這些因素，以增進問題解決及決策的技巧。下列三項因素並非影響成人生涯諮商的所有可能因素，但確實是不斷發生的因素。

急迫性：成人與青少年不同，他們要在有限的時間學習生涯問題解決的技巧，並做出生涯決定。對青少年而言，學習生涯問題解決技巧可能花上數年的時間；高中三年級生可能花上數年的時間選擇生涯領域（大學的主修），大二學生可能花上一整個學期的時間探索主修的選擇，上了大三才決定自己的主修。然而，處於工作轉型的成人只有幾天的時間決定及找到工作，否則就會出現財務負債的困境，用 CIP 的話來說，成人當事人必須盡快通過 CASVE 的循環或許會感到有壓力。

複雜性：成人的生涯問題大多來自高度複雜的生活（Sampson et al., 2000）。生涯問題在空間上包括了親密關係的承諾（或想要有此關係的渴望）、對子女及家庭的責任、財產的所有權、保險及財物投資、社區及靈性融入、休閒追求及現有的工作狀態，加上有關的個人問題可能包括與職場關係、經濟條件及文化影響。所有這些層面與成人生活有關的特定生涯議題，直接影響當事人在 CASVE 循環的各階段如何著手，以便在評價階段解決生涯問題，以及在執行階段貫徹執行。

能力：第三，混亂理論（chaos theory）（Gleick, 1988）中有一個名詞，在最初一開始只是小小差異，會隨著時間的演進差異變得越來越大，通常稱為**蝴蝶效應**（butterfly effect）。身為生涯諮商輔導員，將混亂理論應用於生涯諮商時（Peterson & Krumboltz, 1997），觀察生命早期階段的先前學習、家庭背景及個人因素，對於生涯諮商歷程及其結果有不可阻擋的影響。當事人根據所接受的教育及訓練、對承擔風險的態度、自尊或自我效能感、家庭支持及價值觀，以及對工作的想法、假設及信念來看，都有所不同，這些因素都塑造了成人當事人的生涯問題解決及決策能力。

透過對當事人的急迫、複雜及能力狀態進行評估，以了解其生活脈絡時，生涯諮商輔導員可透過 CIP 理論中的評估程序找出當事人的需求。

四、成人學習需求的評估

就 CIP 的觀點而言，重要的評估問題是：「成人需要透過生涯諮商學習什麼，來增進解決生涯問題及決策技巧，進而成為獨立的問題解決者及決策者？」金字塔及 CASVE 循環可做為一種辨識成人學習需求的探索模式。

評估當事人生涯諮商準備就緒

在 CIP 理論中，準備就緒，是指當事人獲得自我認識及職業知識，以及使用訊息解決生涯問題，並做出生涯決定的能力（Sampson et al., 2000）。有些當事人前來做生涯諮商時，處於高度的準備就緒狀態，能明確表達闡述自己的生涯問題，且在問題範圍的壓力因素也較少。其他人則處於低度的準備就緒狀態，有嚴重的焦慮、憂鬱及困惑，且需要相當專業的協助，以幫助他們處理生涯問題及複雜性的相關議題（Saunders, Peterson, Sampson, & Reardon, 2000）。然而，還有一些人可能因為不良的生涯思考，而在考量合理的生涯選擇及機會時，能力受限（Hill & Peterson, 2001）。因此，並非所有的當事人都已準備好，可立即開始生涯問題的解決歷程——他們可能需要生涯諮商輔導員的密集個別協助，以便在他們能開始之前，處理問題中學習的阻礙因素。

準備就緒的評估可透過蒐集當事人面談之後自我報告的訊息整合而達成。《生涯探索量表》（*Career Thoughts Inventory,* CTI）是一種以 CIP 理論為根據，針對成人是否準備就緒的評量方法（Sampson et al., 1996a）。CTI 透過三種主要的量尺——決策困惑（Decision Making Confusion,

DMC）、承諾焦慮（Commitment Anxiety, CA）及外在衝突（External Conflict, EC）來評估不良思考的程度。利用量尺得分及當事人在個別項目的反應，生涯諮商輔導員找出金字塔或 CASVE 循環中，阻礙生涯問題解決及決策的障礙，接著在面談中找出以往及當前生活情況的障礙，諸如壓力及憂鬱等，是如何產生而使人身心耗弱的。

根據準備就緒的評估，生涯服務可將當事人歸類三個等級——自助、短暫協助，以及個案管理（Sampson et al., 2000）。如當事人被認定處於高度準備就緒狀態（例如：低複雜度及高能力），可直接進展至諮商目標，並以學習活動達成這些目標，他們通常會使用自助或短暫協助的生涯服務模式。被評估為處於中度準備就緒狀態的（例如：中度的複雜性、中度的能力），通常需要短暫的協助，有時需要個案管理服務，以釐清生涯及個人的議題，並使用適當的生涯服務。另一方面，處於低度準備就緒狀態的當事人（例如：高度急迫、高度複雜性及中度能力），最可能直接被歸類到個別案例管理的生涯服務，包括一系列的個別諮商，並透過《生涯探索量表手冊》（*Career Thoughts Inventory Workbook*）（Sampson, Peterson, Lenz, Reardon, & Saunders, 1996b）去除障礙。當個人處於強烈情緒狀態的複雜問題中，會阻礙更高層次的認知功能，此時建議當事人尋求精神疾病治療並結合心理諮商。

評估生涯問題解決技巧

評估階段的過程，我們會問：「金字塔的哪些領域需要進一步的發展，才能解決目前的問題？」領域的評估如下：

自我認識：自我認識的評估使用興趣量表，是一種確認的過程，例如：《自我探索量表》（Holland, 1994），使當事人能釐清及重新確認自己的興趣。電腦輔助生涯引導（Computer-assisted career guidance, CACG）系統、組合卡（card sorts）（價值觀、興趣、技能），以及自傳速寫也有幫助。

職業知識：職業知識可透過傳統的職業組合卡（Tyler, 1961; Slaney, Moran, & Wade, 1994），或透過組合卡做為一種認知圖形工作（cognitive mapping task）（Peterson, 1998）。當事人將卡片分成「喜歡」、「不喜歡」和「或許」三大類，透過自述的方式顯示出自己對於職業的認識。在認知圖形的工作中，當事人藉由將卡片分類為成堆的相關職業，然後找出「最像自己」的一類，並描述出工作的圖像。

決策技巧：如當事人在生涯問題解決的過程中遇到了阻礙，產生不良生涯想法，可用《生涯探索量表》（Sampson et al., 1996a）找出CASVE循環中的特定階段。決策困惑（DMC）量尺顯示不良的溝通、分析及綜合，皆來自生涯方案的選擇；承諾焦慮（CA）量尺代表在解決生涯問題中，從對承諾的重視階段到行動完成的轉變；而外在衝突（EC）量尺則評量自己覺得重要的看法和重要他人的看法，再加以評估。

面談過程的同時，生涯諮商輔導員可詢問當事人是否成功解決以往的生涯問題，以及是否做出後續決定；可能出現的主題模式，用於生涯決定過程的技巧等級，過程中可能會重新出現限制或障礙的程度。還有，諮商輔導員可請當事人回想他們解決生涯問題時令他們滿意的片段，然後再回想結果令他們不滿意的片段，以了解當事人生涯問題解決的作法，再探討不同結果的可能因素。這種評估方法被稱為**重要事件方法**（critical incident method）（Flanagan, 1954）。

執行處理：在此領域中失功能的想法，也可能透過CTI的內容量尺逐一評估。與當事人面談的同時，生涯諮商輔導員可以仔細聽取當事人消極的言語、無效的認知策略，對手上任務缺乏專注的例子，諮商輔導員傾聽並判斷當事人的獨立能力，以及當事人是否覺察到自己才是生涯問題的解決者。

評估過程的結論，是當事人已經準備好開始解決生涯問題，並已決定對金字塔中新的知識或技能加以學習，以解決目前的生涯問題。相關領域中，現實狀況與專業需要間的落差，會再次成為另一個諮商目標。所以為達成不同諮商目標的學習活動，構成了**個別化的學習計畫**（individualized learning plan, ILP）（Peterson et al., 1996）。

五、協助成人培養解決生涯問題及決策技巧

我們提出這個問題：「對成人必須有哪些介入及特殊考量，以輔助自我認識、職業知識，及解決生涯問題和決策技巧的培養？」為了回答這個問題，讓我們再次回到金字塔及 CASVE 循環架構中。

培養自我認識：成人不只帶著豐富的工作經驗前來，也有人際關係、休閒的追求，及靈性承諾的經驗。這些經驗都以故事或片段（episodes）的形式儲存起來（Tulving, 1984）。人們經由不斷重新建構自己的生命經驗（Neisser, 1981），培養對自己興趣、能力、技能、價值觀、態度、信念，及人生哲學的認知。在生涯諮商中，討論生涯選項時，成人可直接述說所有可能影響選擇方案的經驗故事，以及以「我知道有人……」為形式的間接經驗。因此，請當事人撰寫五頁自傳是提供幫助自己整理生命經驗，並觀察他們如何回應工作及家庭改變的處理模式。

除此之外，使用興趣量表、價值觀量表的同時，評估能力與技巧通常能釐清自我認識領域。在成人諮商時，因為時間緊迫，當事人可能偏好使用填寫不太耗時的量表，這些量表可讓他們在不同的晤談時間帶回家填寫，或是可以透過網路完成（Sampson, 1999）。

培養職業知識：成人前來諮商時，幾乎都可以成熟地表達工作的情況（Peterson, 1998）。在職業組合卡投射的任務中，他們通常將卡片分類呈現一致的認知結構，我們稱之為基模。成人能展示個別職業中相當多的知識，以及清楚分辨這些工作的差異能力。因此，在生涯諮商中，成人會繼續基模特定化（schema specialization）歷程（Rummelhart & Ortony, 1976），其中因為先前的學習，可更精細區分職業。也進行**基模類化**（schema generalization），在既有的職業知識結構中建構更多的關聯；換言之，在生涯諮商中，具有廣泛生活經驗及工作背景的人，會持續將他們已有的知識架構得更充實、更完美。

當生涯諮商是在全方位生涯中心進行，職業知識的培養可藉由各種媒體輔助。職業簡介的傳單、生涯傳記、參考書，以及特殊主題的書籍，都

是培養職業實際知識的有效工具；使用互動媒體，可使當事人將自己投入當下職業的環境裡直接體驗；利用網際網路，當事人可在家中或生涯中心取得職業訊息。透過**工作見習**（job shadowing）活動或與現職者面談所進行的實境試驗，使當事人更直接體驗每項職業。同樣的，成人諮商必須牢記「簡潔」（brevity）及「方便」（convenience）這兩個特性，尤其在規劃學習經驗以協助成人獲得職業知識時更為重要。

培養解決職業問題及決策技巧：成人在一生中可能已經做過許多非常重要的生涯決定，他們已養成對自己生涯問題解決的方法，有些人以有條理、直接的方式處理生涯問題，其他人則以比較迂迴的方式處理。生涯諮商輔導員，必須了解成人所偏好的作法，將此作法整合至 CASVE 循環架構中。我們發現，CIP 模式有相當的彈性及可調整性，且對大多數成人是有用的探索學習方式。

在掌握生涯問題解決及決策技巧，學習內容或性質涉及了敘述性的知識（亦即：什麼？）以及歷程性的知識（亦即：如何？）。訊息處理領域的金字塔概念，直接以傳單的形式傳達給當事人：「生涯選擇有哪些要素？」（見圖 6-3）溝通、分析、綜合、評價及執行的概念，以及這些概念間的循環關係，都是透過傳單中的視覺表達方式來學習，其中有一個圖像（見圖 6-4），以容易了解的陳述，說明每種階段並描繪CASVE循環。然後，包含在ILP中的活動進行，當事人開始將自己的決策方式融入（Piaget, 1977）CIP 模式。當事人在思考歷程中隱約提及此模式時，諮商輔導員就提供鼓勵及運作上的強化。諮商結束時，諮商輔導員檢視所進行的決策過程，並歸納 CIP 模式如何適用於未來的生涯問題。此過程稱為**學習的類化**（generalization of learning）。

培養執行歷程的後設認知技巧：成人當事人解決生涯問題的能力，大致都急於解決生涯問題。有些人可能很有自信和高度的期望進行這項任務，而有些人可能小心翼翼、缺乏信心，或甚至不以為然；有些人可能想藉由興趣量表及透過諮商歷程進行自我檢視，而其他人可能只想知道有哪些工作可以應徵；有些人會認為，工作世界充滿了致富及自我實現的機會，有些人則認為它是具有威脅性和敵意的。若要進行成功的生涯問題解決及做

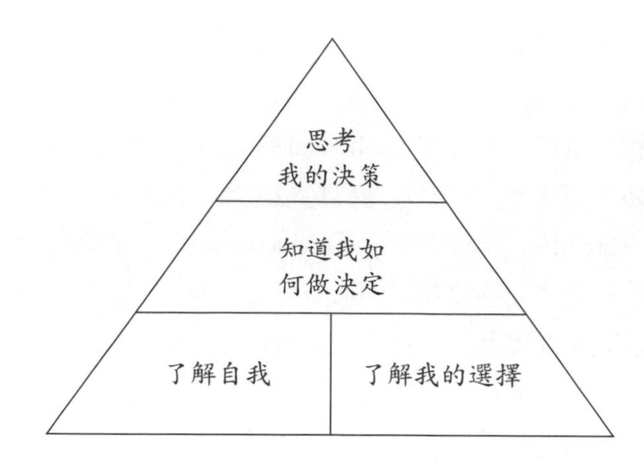

圖 6-3　訊息處理領域的金字塔：個案版生涯選擇有哪些要素

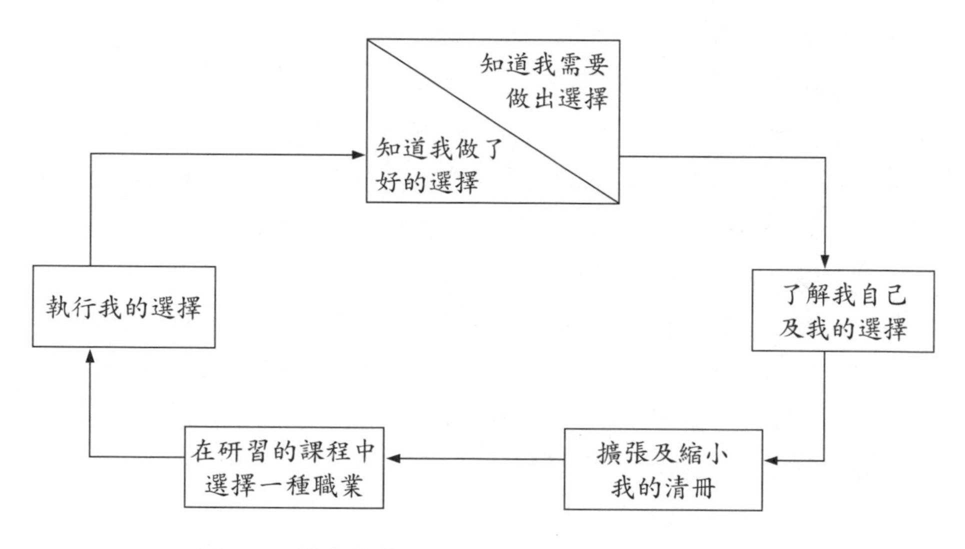

圖 6-4　當事人藉 CASVE 循環引導做出好的決定

決策，生涯諮商輔導員應覺察到這些失功能的想法（Sampson et al., 1996a）和不合理性信念（Krumboltz, 1991）的態度，會使歷程在一開始就註定失敗。因此，使用《生涯探索量表》（CTI）在生涯領域中找出阻礙解決問題的因素，作為過程中的協助及輔導尤其重要。

在評估歷程中有失功能或消極的想法被確認時，當事人學習使用ICAA

（Identify, Challenge, Alter, and Act）規則系統（找出、挑戰、改變、行動），去改變自己失功能或消極的生涯想法。《生涯探索量表手冊》逐步導引當事人，完成**認知重建歷程**（cognitive restructuring process）（Meichebaum, 1977; Beck, 1976）。當事人經由導引，透過每日的回家功課將工作手冊上所學的應用到日常生活；他們經常在面對過去消極念頭刺激時，得以修正新的想法（Sampson et al）。當事人也學習如何透過 CASVE 循環自行監控進展，並關注執行歷程。將 CIP 模式應用於成人諮商時發現，一旦清除主要生涯問題的障礙來源，在生涯諮商輔導員協助下，解決辦法及決策立刻隨之而來。

現在就以艾芙琳（化名）的案例，來說明金字塔及CASVE循環的CIP模式如何用於生涯諮商，以協助她透過培養生涯問題解決及決策技巧，做出令人滿意的生涯決策。在這個生涯服務輸送中有七個步驟（Peterson et al., 1991; 1996）。

艾芙琳的案例

艾芙琳是一名 49 歲離婚的白人婦女。她來到全方位生涯中心尋找更理想的工作，她目前在一個 25 萬人的中型社區裡，有 35 名員工的保險公司擔任會計主管。這個生涯中心的櫃台位於一個寬敞的開放區域，生涯諮商輔導員會招呼當事人，並與當事人進行通常不超過五到十分鐘的面談。在接待櫃台後面，有大張的桌子供當事人閱讀、填寫問卷，或與生涯諮商輔導員交談，也有個別諮商室和一間配有電腦輔助生涯引導（CACG）系統的電腦室。

1. **初步訪談**：艾芙琳在櫃台邊與生涯諮商輔導員打招呼，談到自己目前會計主管的工作，她表示，就像之前她所擔任過的所有職位一樣，她能在很短的時間（不超過兩、三年）就對自己的職務駕輕就熟。目前工作穩定、福利好，薪水也夠用，但卻對這份工作感到厭倦和無聊，這份工作對她不再有意義，不再能滿足她，雖然她無法說出自己到底要找什麼工作，但她認為自己能找到更令她滿意的工作。

2. **初步評估**：由於艾芙琳並非在尋找特定訊息，且處於未決定的狀態，

櫃台的生涯諮商輔導員建議她安排個別諮商，可以更完整地檢視與她生涯問題有關的因素。雖然她的口語表達清楚且一致，但她的聲音卻很平淡沒有情緒，顯示她處於一種壓抑的心情狀態。艾芙琳安排與生涯諮商輔導員見面，在進行諮商之前也填寫一份《生涯探索量表》（CTI）。

3.**界定問題並探詢問題範圍**：艾芙琳正經歷目前的處境（即目前的工作，她覺得無聊、一成不變、沒有滿足感）與想要的境界（即令她比較滿足的工作）間的落差。因此，她處在一種未決定的狀態，希望能達到決定的狀態。這種現有狀態（existing state）與想要狀態（desired state）之間的認知差距，引發了進行生涯問題解決及決策歷程的動機。

艾芙琳在諮商開始表示，她有 27 年工作都是穩定的。她獲得教育碩士學位後，就展開了自己的職業生涯，並且在高中擔任英文教師超過十年。由於對教學的一成不變感到厭倦，她改行在當地擔任不動產仲介數年，做得很成功。後來為了將自己的商業知識與教育興趣結合，她成為教育科技諮詢員。這個工作讓她有機會出差，她開心了一段時間；接著她對這個職位快速的生活步調感到厭倦，想在社區裡過一個比較穩定的生活，她目前沒有子女。

艾芙琳也透露相關問題的其他要素：三年前艾芙琳與她的丈夫離婚，結束了 25 年的婚姻，這對她而言是個感情的創傷經驗。離婚後的第一年，她完全沉浸於目前的工作，沒有任何社交生活；過去一年中，她努力擴展社交生活，她說：自己一直都有要好的朋友，現在力求與他們有更多來往。艾芙琳有一棟房子，能夠繳納每月的帳款，負債有限。因此諮商過程中，問題範圍所顯示的要素，包括了生涯上的尚未決定、有限的社交生活，以及沒有充實的休閒活動。

在諮商的中段歷程，生涯諮商輔導員與艾芙琳檢視了 CTI 的結果。艾芙琳在 CTI 成人常模中的百分等級得分為總分＝42，決策困惑（DMC）＝90，承諾焦慮（CA）＝84，以及外在衝突（EC）＝69。她對下列陳述符合自己的程度評定為「同意」：我怕我忽略了某個職位，有好幾個職務或研究領域適合我，但我無法決定最好的；我能把職業數目縮小到只有幾個，但我好像就是無法從中挑選一個；我對於選擇正確的工作或研究領域感到很擔心；而我對於選到但無法開始去做的工作或研究感到很消沉。

生涯諮商輔導員告訴艾芙琳：「CTI 的結果顯示：雖然成人都持有一些不良想法，但有幾個特定的議題與生涯目標的承諾（例如：承諾焦慮）及消沉的感覺（例如：決策困惑）有關，而這些的確必須處理。」艾芙琳同意諮商輔導員的解釋。

諮商即將結束時，諮商輔導員為艾芙琳描述了個人版的金字塔及CASVE 循環（見圖 6-3 及圖 6-4），說明她的生涯諮商歷程是如何進行的。諮商輔導員建議為達到令人滿意的生涯決定，她和諮商輔導員安排了三次諮商，共同找出金字塔的所有領域，並逐步完成 CASVE 循環。艾芙琳同意這項建議，並安排第二次諮商。在第二次諮商之前，艾芙琳同意進行自我探索量表（Self-Directed Search, SDS），釐清自己的興趣並提供有用的訊息，以形成生涯諮商目標。

4. **規劃諮商目標**：第二次諮商開始，艾芙琳及生涯諮商輔導員再度檢視了 CTI 的各個項目，以及 SDS 結果。在艾芙琳的 SDS 成年女性常模的原始分數及（百分等級）為R＝25（84）、I＝14（50）、A＝32（81）、S＝37（61）、E＝40（91），以及C＝12（14），歸納代碼為ESA。她只列出了兩個職業：花商（ARE）及緊急醫療技術人員（RSI）做為可能的職業方向。

根據艾芙琳的CTI及SDS分數，並檢視她的工作經歷，她和生涯諮商輔導員一起制定了下列目標，使她能增進生涯問題解決及決策技巧：

⑴找出及探索與興趣相符的職業；

⑵將 CASVE 循環用於解決艾芙琳的生涯問題，並做出決定；

⑶當生涯選擇有困難時，則重新框架生涯有關的負面想法；

⑷檢討相關的議題，例如：關係、休閒及情緒。

5. **發展個別化的學習計畫（ILP）**：在這家全方位生涯中心裡，ILP是一張單頁的印刷品，其中最上面的數行是諮商目標，下面欄位則包含學習活動、目的／結果、預估時間、目標數目，以及排定目標的優先順序（Peterson et al., 1996）。ILP是一套可按照具體步驟而達到諮商目標的計畫，最終能改善艾芙琳的生涯問題及決策技巧，它也有利於工作的同盟（alliance），並確認生涯諮商關係。

以下的學習活動係由艾芙琳與諮商輔導員發展出來，並記錄於ILP上。

⑴使用《生涯探索量表手冊》，學習如何將註明於CTI上的生涯負面想法重新框架。（目標3，優先順序1）

⑵使用《發現者檢視量表》（*Occupations Finder*）尋找ESA及SEA的職業，並選出可能感興趣的職業，以更進一步的探索。（目標1，優先順序2）

⑶與諮商輔導員追蹤檢視活動1及2的結果，以探討問題範圍的相關課題。（目標1、3、4，優先順序3）

⑷在活動2中找出高優先順序的職業，相關資料請閱讀《職業展望手冊》（*Occupational Outlook Handbook*, OOH）及生涯中心圖書室的職業檔案夾。（目標1，優先順序4）

⑸找出並聯絡當地公司，以進行面試。（目標1，優先順序5）

⑹探索休閒的工作。（目標4，優先順序6）

⑺透過CASVE循環追蹤進展。（目標2，優先順序持續）

在發展出個別化學習計畫（ILP）後，艾芙琳與生涯諮商輔導員另外安排了兩次的後續會談。ILP一份是給她的，另一份則歸入她的檔案夾。《生涯探索量表手冊》在下一次諮商前就發給她當回家作業，請她重新架構她在CTI上評定為「同意」的項目。

6. **執行** ILP：在ILP發展後的第一次諮商，艾芙琳討論了她使用《生涯探索量表手冊》的進展。在此次諮商中，她開始發現，與焦慮有關的生涯負面想法如何阻止她思考任何可能滿足她的職業。她發現，每天針對回家作業項目使用找出—挑戰—改變—行動（ICAA）的順序，是很有幫助的。她也開始了解在工作、休閒和人際關係間，過一個平衡的生活是很重要的。對自己身為一個單身女性感到更自在後，希望自己能在未來可以再婚。她也認知到，自己在第一次和第二次面談中，都在探索CASVE循環的溝通及分析階段，並在執行歷程領域做出改善。

在檢討Holland《發現者檢視量表》的ESA及SEA職業時，艾芙琳對以下幾份工作進一步的探索：大廳接待員、商會管理人、會議經理，及社區組織指導。接著在《職業展望手冊》及圖書室的資源中，讀到有關各種職業的資料，她對大廳接待員及會議經理特別有興趣，決定拜訪當地的飯店並遊說企業任用。艾芙琳在此進行綜合的詳細說明，將可能的選擇方案擴大，也進行了綜合精簡將選擇方案縮小到可以控制的幾個，她也將興趣與職業搭配，增進對自我的認識及了解。

同樣的，在第三次面談中，她檢視了自己的社交生活及休閒活動，她表示一直對種花及園藝有興趣，但從未撥出時間參與這些活動。她想加入蘭花俱樂部，因為在俱樂部裡，她可能找到工作之外有共同興趣的人。艾芙琳在拜訪過兩個企業及兩家飯店後，決定安排第四次諮商，這項活動可提升她職業知識的能力。

三週後的第四次諮商中，艾芙琳將她目前在保險公司擔任會計主管的工作與會議經理相比較，排除了接待人員的選擇（因她害怕這會使她與朋友在一起的時間和休閒時間更少）。艾芙琳比較了會計主管及會議經理的優、缺點，經過審慎考量後，決定暫時留在目前的工作崗位上，並同時繼續追求休閒興趣，及更活躍的社交。經反思後她了解：要求工作符合自己的興趣與需求，是個非理性的期待；於是她的快樂及幸福感開始提升。此時艾芙琳發現自己處於評價的階段，並且準備進入執行階段，此刻 ILP 中所安排的所有學習活動都已完成。

艾芙琳表示，她想利用六週的時間安排追蹤諮商，來檢視自己留在目前職位上，維持平衡生活的生涯選擇，能有更為自在及滿足的進展。這個步驟將使她回到溝通階段，以檢視現有的未決定狀態，及進行諮商時所想要的狀態之間的差距，是否已終止。

7. 綜合檢討及歸納：在結束諮商（非追蹤諮商）前，艾芙琳及諮商輔導員追蹤了她在整個金字塔及 CASVE 循環中所採取的步驟。艾芙琳在整個歷程中為自己的成就感到高興，且對於可能的職位及自己有所了解。她已在金字塔的各個領域中，鞏固了身為生涯問題解決者及決策者的地位。艾芙琳和諮商輔導員之後討論如何繼續使用 CIP 模式，不只用在生涯問題方面，也用在工作及人際關係問題上，最後，艾芙琳及諮商輔導員真正擁有令人滿意的 CIP 生涯諮商經驗。

六、結論

此生涯問題的解決及決策典範可應用於成人工作方面。CIP 取向的目的，是個人透過生涯問題的系統化思考，開放的機會和提高生活方式的啟發模式。此模式包括：找出可能干擾自我認識及職業知識，或阻礙CASVE循環進展的失功能想法，進而評估生涯問題的準備就緒程度，檢視不良的想法及限制選擇，或導致沒有行動的自我設限及刻板印象等想法。最後，透過此模式的應用，協助成人當事人增進其生涯問題解決及決策能力，並導向滿足的、有意義及多彩多姿的生活。

參考文獻

American College Testing. (1998). *Inventory of Work-Related Abilities: Career planning survey technical manual*. Iowa City, IA: Author.

Beck, A. (1976). *Cognitive therapy and the rational disorders*. New York: International University Press.

Cochran, L. (1994). What is a career problem? *Career Development Quarterly*, 42, 204-215.

Consulting Psychologists Press. (1994). *Strong Interest Inventory*. Palo Alto, CA: Author.

Festinger, L. (1964). Motivations leading to social behavior. In R. C. Teevan & R. C. Burney (Eds.), *Theories of motivation in personality and social psychology* (pp. 138-161). New York: Van Nostrand.

Flanagan, J. D. (1954). The critical incident technique. *Psychological Bulletin*, 51(4), 327-358.

Flavell, J. H. (1979). Metacognition and cognitive monitoring: A new idea of cognitive-developmental inquiry. *American Psychologist*, 34, 906-911.

Gelatt, H. B. (1962). Decision-making: A conceptual frame of reference for counseling. *Journal of Counseling Psychology*, 9(3), 240-245.

Gleick, J. (1988). *Chaos: Making of a new science*. New York: Penguin Books.

Gottfredson, G. D., & Holland, J L. (1996). *Dictionary of Holland occupational codes*. Odessa, FL: Psychological Assessment Resources.

Hall, C. S., & Lindzey, G. (1978). *Theories of personality* (3rd ed.). New York: Wiley.

Hill, S., & Peterson, G. W. (2001, April). *The impact of decision-making confusion on the processing of occupational information*. Paper presented at the annual convention of the American Educational Research Association, Seattle, WA.

Holland, J. L. (1994). *Self-Directed Search*. Odessa, FL: Psychological Assessment Resources.

Hunt, E. B. (1971). What kind of computer is man? *Cognitive Psychology*, 2, 57-98.

Janis, I. L., & Mann, L. (1977). *Decision making: A psychological analysis of conflict, choice, and commitment*. New York: Free Press.

Katz, M. R. (1963). *Decisions and values: A rationale for secondary school guidance*. New York: College Entrance Examination.

Katz, M. R. (1969, Summer). Can computers make guidance decisions for students? *College Board Review*, 72, 13-17.

Krumboltz, J. D. (1991). *Manual for the Career Beliefs Inventory*. Palo Alto, CA: Consulting Psychologists Press.

Lackman, R., Lackman, J. L., & Butterfield, E. C. (1979). *Cognitive psychology and information processing*. Hillsdale, NJ: Erlbaum.

Meichebaum, D. (1977). *Cognitive-behavior modification*. New York: Plenum.

Miller-Tiedeman, A., & Tiedeman, D. (1990). Career decision making: An individualistic perspective. In D. Brown & L. Brooks (Eds.), Career choice and development (2nd ed., pp. 308-337). San Francisco, CA: Jossey-Bass.

Neimeyer, G. J. (1988). Cognitive integration and differentiation in vocational behavior. *The Counseling Psychologist*, 16, 440-475.

Neisser, U. (1981). John Dean's memory: A case study. *Cognition*, 9, 1-22.

Newell, A., & Simon, H. (1972). *Human problem solving*. Englewood Cliffs, NJ: Prentice-Hall.

Parsons, F. (1909). *Choosing a vocation*. Boston: Houghton Mifflin.

Patterson, D. G., & Darley, J. G. (1936). *Men, women, and jobs*. Minneapolis: Minnesota Press.

Peterson, G. W. (1998). Using a vocational card sort as an assessment of occupational knowledge. *Journal of Career Assessment*, 6, 49-76.

Peterson, G. W., & Krumboltz, J. D. (1997, March). *Career development and career counseling in an uncertain world of work*. Paper presented at the annual convention of the American Educational Research Association, Chicago, IL.

Peterson, G. W., Sampson, J. P. Jr., Lenz, J. G., & Reardon, R. C. (1999, May). *Three contexts of career problem solving and decision making: A cognitive information processing perspective*. Fourth Biennial Vocational Society Conference. Milwaukee, WI.

Peterson, G. W., Sampson, J. P., Jr., & Reardon, R. C. (1991). *Career development and services: A cognitive approach*. Pacific Grove, CA: Brooks/Cole.

Peterson, G. W., Sampson, J. P., Jr., Reardon, R. C., & Lenz, J. G. (1996). Becoming career problem solvers and decision makers: A cognitive information processing approach. In D. Brown & L. Brooks (Eds.), *Career choice and development* (3rd ed., pp. 423-475). San Francisco, CA: Jossey-Bass.

Piaget, J. (1977). The development of thought: Equilibrium of cognitive structures. New York: Viking Press.

Reardon, R. C., Lenz, J. G., Sampson, J. P., Jr., & Peterson, G. W. (2000). *Career development and planning: A comprehensive approach*. Belmont, CA: Wadsworth/Thompson Learning.

Rummelhart, D. E., & Ortony, A. (1976). Representation of knowledge in memory. In R. C. Anderson, R. J. Spiro, & W. E. Montague (Eds.), *Schooling and the acquisition of knowledge* (pp. 99-135). Hillsdale, NJ: Erlbaum.

Sampson, J. P., Jr. (1999). Integrating Internet-based guidance with services provided in career centers. *The Career Development Quarterly*, 47, 243-254.

Sampson, J. P., Jr., Peterson, G. W., Lenz, J. G., & Reardon, R. C. (1992). A cognitive approach to career services: Translating concepts into practice. *The Career Development Quarterly*, 41, 67-74.

Sampson, J. P., Jr., Peterson, G. W., Lenz, J. G., Reardon, R. C., & Saunders, D. E. (1996a). *The Career Thoughts Inventory (CTI)*. Odessa, FL: Psychological Assessment Resources.

Sampson, J. P., Jr., Peterson, G. W., Lenz, J. G., Reardon, R. C., & Saunders, D. E. (1996b). *Improving your career thoughts: A workbook for the Career Thoughts Inventory*. Odessa, FL: Psychological Assessment Resources.

Sampson, J. P., Jr., Peterson, G. W., Reardon, R. C., & Lenz, J. G. (2000). Using readiness assessment to improve career services: A cognitive information processing approach. *The Career Development Quarterly*, 49, 146-174.

Saunders, D. E., Peterson, G. W., Sampson, J. P., Jr., & Reardon, R. C. (2000). Relation of depression and dysfunctional career thinking to career indecision. *Vocational Behavior,* 56, 288-298.

Sinnott, J. D. (1989). A model for the solution of ill-structured problems: Implications for everyday and abstract problem solving. In J. D. Sinnott (Ed.), *Everyday problem solving* (pp. 72-99). New York: Praeger.

Slaney, R. B., Moran, W. J., & Wade, J. C. (1994). Vocational card sorts. In J.T. Kapes, M. M. Mastie, & E. A. Whitfield (Eds.), *A counselor's guide to career assessment instruments* (pp. 347-360). Alexandria, VA: National Career Development Association.

Slife, B. D., & Williams, R. N. (1997). Toward a theoretical psychology. *American Psychologist*, 52, 177-129.

Spokane, A. (1991). *Career intervention*. Englewood Cliffs, NJ: Prentice-Hall.

Sternberg, R. J. (1980). Sketch of a componential subtheory of human intelligence. *Behavioral and Brain Sciences*, 3, 573-584.

Sternberg, R. J. (1985). Instrumental and componential approaches to the nature of training on intelligence. In S. Chapman, J. Segal, & R. Glaser (Eds.), *Thinking and learning skills: Research and open questions*. Hillsdale, NJ: Erlbaum.

Super, D. E., & Nevill, D. (1986). *Values Scale*. Palo Alto, CA: Consulting Psychologists Press.

Tulving, E. (1984). Precison elements of episodic memory. *Behavioral and Brain Sciences*, 7, 223-268.

Tyler, L. E. (1961). Research explorations in the realm of choice. *Journal of Counseling Psychology*, 8, 195-201.

U.S. Department of Labor, Employment Service. (1977). *Dictionary of Occupational Titles* (4th ed.). Washington DC: U.S. Printing Office.

U.S. Department of Labor and The National O*NET Consortium. (1999, July). *Abilities Questionnaire*. O*NET Data Collection Program. Author.

Williamson, E. G. (1939). *How to counsel students*. New York: McGraw-Hill.

成人生涯發展|概念、議題及實務
Adult Career Development: Concepts, Issues and Practices

第三篇

策略、方法及資源

第七章

評估成人生涯潛能：能力、興趣及人格

科羅拉多州 Boulder，Crites 生涯諮商員｜John O. Crites
肯特州立大學｜Brian J. Taber

Crites（1978, p. 4）在他的**生涯成熟模式**中，將決策區分為**生涯選擇內容**及**生涯選擇歷程**。

> 在模式中（圖 7-1，見下頁），前者包含了**生涯選擇的一致性**（consistency of career choices）及**生涯選擇的現實性**（realism of career choices），個人做生涯選擇時，將這些向度做操作型定義是必需的。有人提出「當你完成學業或訓練時，打算從事什麼職業」（Crites, 1969, p. 139）的問題，若此人已做出一項選擇或一個職稱，例如：機工、文書工作或舞者的回答，這是生涯選擇的內容。相較之下，生涯選擇歷程指的是決定生涯選擇內容所涉及的變項，這些變項包括生涯成熟模式中的**生涯選擇能力**（career choice competencies）及**生涯選擇態度**（career choices attitudes）。

在第三版全國職業指導協會（National Vocational Guidance Association）紀念冊《生涯設計》（*Designing Careers*）（Gysbers, 1984）中的一章「評估生涯發展工具」（Crites, 1984）檢視了當前生涯選擇歷程的方法，例如：Crites（1978）的《生涯成熟量表》（*Career Maturity Inventory*）及生涯類型研究（Thompson, Lindeman, Super, Jordaan, & Myers, 1981, 1982）的《生涯發展量表》（*Career Development Inventory*）。近來評量有關生涯選擇歷程的《成人生涯關注量表》（*Adult Career Concerns Inventory*）

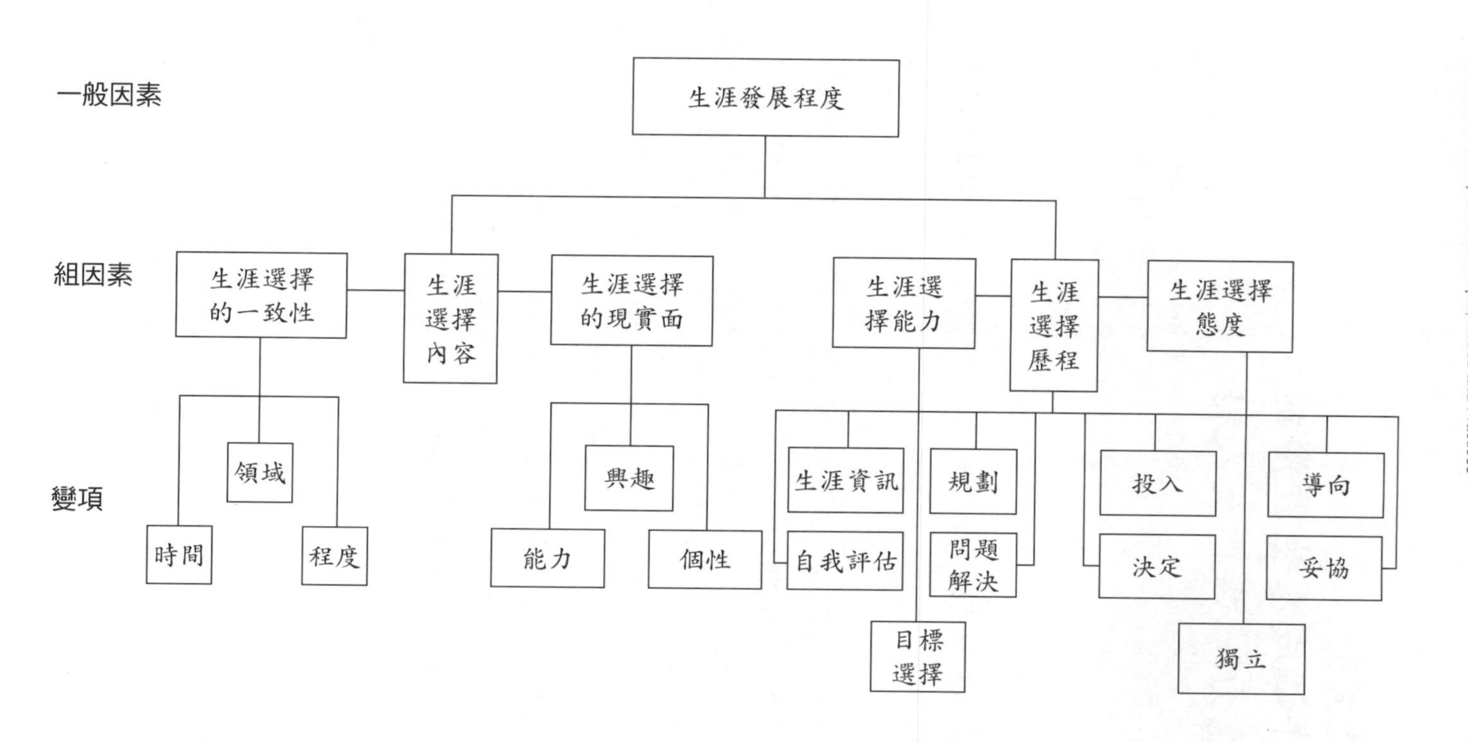

圖 7-1　青少年及成人生涯成熟模式

（Super, Thompson, & Lindeman, 1988），已由 Savickas（1992, 2000）所完成。本章討論並說明可用的測驗及量表，以評估成人在生涯選擇內容的潛能（包括智力和非智力的）。

隨著成人生涯發展逐漸受到重視，本書專為此主題所寫，越來越多生涯諮商輔導員及生涯發展專家，尤其在企業及社區組織裡，都得協助成人評估自己生涯潛能——能力、興趣及個性特質的任務。但這些專業人士，有許多人不是不明瞭已有的成人生涯標準測量方法，就是自製一些無法得知或確定其信度及效度的調查和問卷。所以檢視適合成人生涯諮商、團體諮商的測驗及量表，是有其必要的；為了找出這些評估工具，我們在第四版的 TESTS（Maddox, 1997）中，搜尋所有適用於成人測量的每樣工具，在第十三版的《心理測量年鑑》（*Mental Measurements Yearbook,* MMY）（Impara & Plake, 1998）計算參考資料所引用的數目。回顧這些被引用最多的研究工具，假設這些工具能充分記錄心理測量的特性，用於生涯諮商及生涯發展計畫將是有效的。

除了這些既有的測驗及量表，還有其他較少被研究但常被提及且看好的工具，都可讓使用者針對特殊情況做有效的評估（見 Sweetland & Keyser, 1983）。就生涯諮商的實用性而言，某些評量限制已在本回顧中做了成人評估工具的選擇（Crites, 1981），經驗顯示這些工具優於其他的工具。因此，這項關鍵性的評論分析，是綜合評估成人生涯潛能（生涯選擇內容）工具的科學發現，和他們的諮商經驗報告。能力測驗，包括：測量一般智力、成就及性向（多因素），這些在稍後會最先呈現，之後討論職業興趣量表，最後一部分則介紹有關人格量表。

一、能力測驗

評量成人的生涯潛能需要一些能力測驗，包括一般智力、成就及性向。其中以測驗做為衡量能力的方式，應不受時間限制，因為年齡超過 25 至 30 歲的成人在匆忙的情況下表現較差（Super & Crites, 1962）。此外，所有測驗，尤其是智力及性向測驗，應證明有職業的效度——也就是能夠預測職業等級或職業性向類型（occupational aptitude patterns, OAPs）。另有兩種不同分類是：⑴口語及非口語；⑵團體及個別的測驗可供使用。因此，僅有少數能力測驗可供推薦做為評估成人潛能之用。

智力測驗

一般智力（intelligence）評估，或所謂的「g」，在生涯諮商中並未受到太多的重視，即使「g」被發現是與學業成就、工作表現、收入及職業等級相符的（Lubinski, 2000; Lindemann & Matarazzo, 1990）。沒有任何一種智力測驗能評估成人智力的所有特性，如果有足夠的測驗時間及合格的施測者，則《魏氏成人智力量表第三版》（*Wechsler Adult Intelligence Scales III,* WAIS III）（Wechsler, 1997）是相當值得推薦，尤其是它的年齡常模範圍很廣，可將成人的分數與其他同儕比較（Matarazzo, 1972）。它的職業效度雖低（Super & Crites, 1962），但卻相當能估計一個成人可能的職業成就等級，而這也與 Roe 的職業分級系統（Roe, 1956），以及 Holland 詞典（Gottfredson & Holland, 1996）中的 DOT 一般能力評等相呼應。另一個特別為工商業所設計的可能的「g」測驗，是《Wonderlic 人員測驗》（*Wonderlic Personnel Test*）（Wonderlic, 1989）。這是一種集體進行的筆試工具，可採用時間限制（12 分鐘）或無時間限制的方式進行。《Wonderlic 人員測驗》也可透過心理公司（The Psychological Corporation）的電腦測驗實施，它被大量使用在遴選職員。《Wesman 人員分級測驗》（*Wesman Personnel Classification Test*）（Wesman, 1965），是一種包含語言及數字部分，計時（28 分鐘）的紙筆智力測驗。《Kaufman 簡易智力測驗》（*Kaufman Brief Intelligence Test,* KBIT）（Kaufman & Kaufman, 1990）衡量智能的語言及非語言領域，並依照年齡提供百分等級。最後，Beta-III（Kellog & Morton, 1999）是一種簡易、非語言的智力評估方法，是不錯的選擇。

成就測驗

雖然成就測驗常讓人聯想到學校的評量測驗，但隨著工商組織以及民間企業集團健全發展，這些年來為失業者設立生涯發展工作坊，將成就測驗用於成人的情況也增加。往往需要評估教育程度，尤其是後者，了解在尋找工作之前，是否須接受補救基本教育（remedial basic education）。有三種廣為使用的成人成就測量方法：《成人基本學習測驗》（*Adult Basic Learning Examination,* ABLE）（Karlsen & Gardner, 1986）、《成人基本教育測驗》（*Tests of Adult Basic Education,* TABE）表 7 及 8（CTB/McGraw Hill, 1996），以及《廣泛範圍成就測驗 3》（*Wide Range Achievement Test 3,* WRAT 3）（Wilkinson, 1993）。其中，ABLE（第二版）心理測量的屬性最受肯定。評估字彙能力、閱讀理解、拼字、計算及問題解決技巧，分成三種等級：第一至第四級、第五至第八級，以及第九至第十二級。另一種簡短的篩選測驗，名為 SelectABLE（sic），用於決定使用哪個等級的測驗是適當的，第一級和第二級需約兩小時，第三級約需 3 小時 25 分。所有等級的結果都用百分等級和標準九呈現。TABE 的目的在測量與基本成人教育課程有關的成就技巧，包括了閱讀、數學及語言／拼音的測驗，分成五個不同的等級：L（Literacy，識字）、E（Easy，容易）、M（Medium，中等）、D（Difficult，困難）及 A（Advanced，高級）。和 ABLE 一樣的是，它也有一種簡短的安置測驗（Locator Test），找出適合被測驗者的程度，而 TABE 表 7 和表 8 及其前身均已被廣泛使用。因其心理測量屬性、標準化程序及標準參照資料遭到批評，因而有人呼籲，使用此種測量方法時，應當更小心謹慎（Beck, 1998; Osterlind, 1994）。最近增加到 TABE 系列裡的是《TABE 工作相關基礎技巧》（*TABE Work-Related Foundation Skills,* TABE WF）（CTB/McGraw Hill, 1996），以及《TABE 工作相關問題解決》（*TABE Work-Related Problem Solving,* TABE PS）（CTB/McGraw Hill, 1996）。TABE WF 有四個分測驗：閱讀、數學計算、應用數學及語言。TABE PS 測驗是使用閱讀及數學技巧用來測量找出問題、問正確問題、決策能力、評估結果及展現學習的技巧，雖然這些方法可能有用，但遺憾的是，受到和 TABE 一系列同樣的批評。WRAT 3 的分測驗包括了閱讀、拼字及計算，和 TABE 表 7 和表 8 不一樣的是，常模是以年齡而非等級做為參照標準，這顯然更適合成人（可參照 WAIS III）。WRAT 測驗系列已使用超過六十年，經過七次修正；WRAT 3 的修正已試圖改正此測試方法先前版本的某些缺點；然而，有關心理評量的問題仍存在，且 WRAT 3 的結果應與其他資料合併使用（Ward, 1995）。

性向測驗

目前紀錄最為完善且最廣泛使用的成人性向測驗，是 USES 的《通用性向測驗》（*USES General Aptitude Test Battery,* GATB）（United States Employment Services, 1982），它們不只針對成人開發（Super & Crites, 1962），也具有豐富的「職業性向類型」（OAP）資料庫，是採用了 Hunter（1983）使用邏輯的新技巧，將其擴增至 12,000 種職業。目前有 66 種職業性向類型，涵蓋了職場中大多數不同種類的職業（Droege & Padgett, 1979）。然而，GATB 的主要缺點在於，它受到當地就業服務機構的嚴密控管，只能由這些機構或經由認證的施測者實施；幸而，它有一種同樣有效的替代方案，雖然不像 GATB 一樣包括作業測驗。《就業性向量表》（*Employee Aptitude Survey,* EAS）（Grimsley, Ruch, Warren, & Ford, 1980）是一系列包含十種簡短但可靠的測驗，包括語言的推理、數字能力、空間的觀察，及視覺速度和準確性，基本上以職業常模為主，但常模範圍不及 GATB。Crites（1984）將 EAS 與 GATB 相提並論（後者的作業測量方式除外），因此 OAP 資料庫可用於這兩種測驗結合。在有需要輔助 Purdue Pegboard（Purdue Research Foundation, 1968）及《Bennett 機械理解測驗》（*Bennett Mechanical Comprehension Test*）（Bennett, 1968），讓生涯專業人員可擁有 GATB 以外的選擇。《評估個人生涯之區分性向測驗》（*Differential Aptitude Test for Personnel and Career Assessment,* DAT for PCA）（Bennett, Seashore, & Wesman, 1989）由八種測驗構成，涵蓋了多種上述的測驗。整個測驗需要大約兩小時完成，但若只對某些能力有興趣，也可只進行某些測驗，以便有效率地運用時間。DAT 也可配合《生涯興趣量表》（CII）的第二級（The Psychological Corporation, 1991），在 15 個職業群及 20 個學校科目中評估當事人的興趣。使用興趣及性向測驗可提供這兩種概念一致性的資料，這種資料可協助人們做出適當且符合實際的教育及職業決定。

自我評價能力及自我效能

成就及性向測驗往往耗時且花費較高，由於這些限制，能力的自我評價（self-estimates）在生涯諮商中正以有利的姿態出現。能力的自我評價是一個人對於自我概念（self-concept）的重要層面。雖然諮商輔導員對於這種取向仍有質疑，但研究證明，自我評價是一種可被接受的職業相關能力評估方式（例如 Mabe & West, 1982; Harrington & Schafer, 1996）。當事人被要求與其他同年齡的人比較，以評估能力，American College Testing（ACT）發展出《工作相關能力量表》（*Inventory of Work Relevant Abilities,* IWRA）（ACT, 1999），利用資料／想法—事物／人的向度（Prediger, 1976）強調 RIASEC 六角型模式（Holland, 1997），用以評量 15 種工作能力的自我評價。能力並非傳統評估而是透過客觀的測驗評量，例如：在 IWRA 中與人會面、協助他人及創意能力。

雖然兩項測驗及自我評價的能力，容易被扭曲為測量「真實能力」（true ability）的方法，常態的自我評價分數能提供人們區分職業分類的命中率。自我評價在綜合使用的情況，能力測量也提供額外資訊，增強能力評估的效度（Prediger, 1999）。自我評價能力的使用，需要諮商輔導員檢視當事人的經驗、成績、專長及自我概念的結果。

過去二十年間，生涯諮商已發展出自我效能理論（Bandura, 1977, 1986, 1997）。《技能自信量表》（*Skills Confidence Inventory,* SCI）（Betz, Borgen, & Harmon, 1996），是 60 個項目的測驗，與《史東興趣量表》（*Strong Interest Inventory,* SII）（Harmon, Hansen, Borgen, & Hammer, 1994）共用，提供 RIASEC 類型中技能自信的側面圖。有別於 IWRA 請回答者評量自己與他人各項的相關能力，而 SCI 是請回答者就自己對於工作及活動的信心，從 1（完全沒信心）到 5（完全有信心）加以評量。SCI 及 SII 的結果，可根據技巧及興趣分級為低度、中度和高度，提供給當事人回饋。例如：傳統職業中低興趣及低技能，可能使這些傳統職業被排除在更進一步探索的範疇之外，而對於高技能及高興趣的企業性職業，將會是優先探尋的目標。同時，若當事人高興趣但低技能，將引發個案想要做什麼？能做什麼？以加強該領域技能的討論。同樣的，《Campbell興趣及技能量表》（*Campbell Interest and Skill Survey,* CISS）（Campbell, 1992）在不同的興趣及技能基礎上搭配建議的行動方針，例如：追求（高興趣、高技能）、發展（高興趣、低技能）、探索（低興趣、高技能）及避免（低興趣、低技能）。

二、職業興趣

下面的討論重點放在職業興趣，包括表明的（expressed）及內隱的（inventoried），同時也探討工作需求及評量工作滿意度；若要周全地評估成人的生涯潛能，評估工作環境的滿意需求和職業興趣是有用的。

表明的興趣

多年來，人們常問有關個人興趣的問題，例如：「當你完成學業或訓練後，打算從事什麼職業？」（Crites, 1969）來預測他們最後會選擇的職業（例如 Berdie, 1950; Darley & Hagenah, 1955; Super & Crites, 1962），這被認為是不可靠且無效的。然而，自 1960 年代末期以來，當 Holland 和 Lutz（1968）將表明的興趣與《職業偏好量表》（*Vocational Preference Inventory,* VPI）做一比較時，認為表明的興趣之預測效力大幅增加。若以生涯選擇八個月後的共同對照組比較，Holland 及 Lutz 的研究顯示了表明興趣的「命中率」（hit rate）遠高於 VPI。在間隔三年後，Borgen 和 Seling（1978）使用《史東職業興趣量表》（*Strong Vocational Interest Blank,* SVIB），幾乎複製了這項發現。而 Dolliver（1969, pp. 103-104）在一次表明及內隱興趣的比較性預測效力相關研究中，做出結論如下：

> 表明的興趣之預測效力至少與 SVIB 的預測效力同樣大。沒有任何直接的研究顯示（Dyer, 1939; Enright & Pinneau, 1955; McArthur & Stevens, 1955），SVIB 對於所從事職業的預測效力與表明的興趣一樣準確……也就是說：沒有證據顯示 SVIB 優於表明的興趣。

此外，Apostal（1985）的報告指出，大多數人的表明及內隱興趣之間稍有差異。這些結果及結論的意涵在於，表明的興趣應顯現在任何成人潛能的評估上，且應受到和內隱的興趣相同的重視。使用職業組合卡如Occ-U-Sort（Jones, 1981）或《職業興趣組合卡》（*Occupational Interest Card Sort*）（Knowdell, 1993），說明了表明的職業興趣的有效方法。使用組合卡有一些明顯的優勢，例如：評估時提供了一種現象學的觀點，可檢視當事人如何建構自己興趣。此外，組合卡可避免某些陷阱，例如：不注意文化認同的議題，以及潛在的性別偏見（Hartung, 1999）。

內隱的興趣

一個立即浮現的問題是，既然表明的興趣比較能預測，何必實施興趣量表？這個問題至少有兩個答案：第一，有些人要用興趣量表來確認（或實際測試）自己的表明興趣，當內隱及表明的興趣相同時，其總合的預測效率比起分開的預測效率要大很多。事實上，使用表明及內隱興趣的預測效果可高達 60%至 70%（Barlting & Hood, 1981; Borgen & Seling, 1978），然而在它們有差異時，表明的興趣預測都較為準確（Borgen & Seling, 1978）。第二，大約 20%到 25%的成人在生涯的決策歷程中並無表明的興趣，對於這些成人，興趣量表非常有價值，可刺激他們探索類似的興趣領域。

在專業、半專業及白領管理階層的職業層級，最廣泛使用的工具是《史東興趣量表》（SII; Harmon et al., 1994），但《庫德職業興趣量表》（*Kuder Occupational Interest Survey,* KOIS）（Kuder & Zytowski, 1991）也被推薦使用。SII的解釋有時因喜歡、普通、不喜歡的比率不同，而使得回答變得錯綜複雜，尤其是當後者較高時，因為一般職業主題及基本興趣量表的評分方式為+1 喜歡，-1 不喜歡。因此，強烈不喜歡的回答傾向會在這些量表上產生低分，但在其他職業量表上得高分，如數學家們產生高百分比不喜歡的關鍵（就是所謂科學上的「不確定」）。當一個人在相對性別量表上得較高分（Crites, 1978），則對男女量表的解釋可能構成問題。另一方面，KOIS因為不同的結構而避免了這種困難（職業vs. 職業與職業vs.

一般群體的比較），若不經過冗長的討論，是難以解釋 Lambda 得分的，而這樣的討論卻會干擾測驗的解釋。

在非專業的層級上，現有最好的評量方法是《專業版生涯評估量表》（*Career Assessment Inventory-Vocational Version,* CAI）（Johansson, 1982），是以 SII 做為範本，但職業大都屬於半技能（針對中學畢業之後立即進入勞動力的人，所需訓練甚少，或無需額外訓練）的範圍內。職業的教育範圍向上延伸至CAI（Johansson, 1986）的進階版，尤其是當回答的百分比是極端時，在SII解釋時會發生相同的問題。正如Strong（1943）在多年前指出，以及 Darley 和 Hagenah（1955）所重申，這些層級的職業興趣大體上是無法區分的，對於不同工作環境或工作條件偏好的人而言才是重點。因此，根據室內—室外、清潔—骯髒，以及吵雜—安靜等層面評估工作環境偏好，是比較重要的，這些評估類型可能對沒有技能或沒有工作的成人特別有用。

工作需求

在明尼蘇達大學 Dawis 和 Lofquist（1984）的指導下，有關工作調整方案（Work Adjustment Project）的龐大數量及長期研究，已在「工作調整理論」（theory of work adjustment）中產生數個工具來評量變項。其中很重要的是《明尼蘇達重要性問卷》（*Minnesota Importance Questionnaire,* MIQ）（Weiss, Dawis, & Lofquist, 1975），它衡量了 20 種需求，將一般工作價值分成六類群：成就、舒適、地位、利他、安全及自主；與每項需求對應的是可滿足工作者的「相關工作增強物」。MIQ的基本原理，是獲得更大的滿足和最好的工作，終極是獲得終身職位，用合適的職業增強物類型（occupational reinforcer pattern, ORPs）實現他們的需求。MIQ 的側面圖根據這些類型來解釋高度及低度的需求，MIQ的信度及效度是有限的，但MIQ的發展嚴謹及理論的重要性值得鼓勵，使它被廣泛用於評估成人生涯能力。

工作滿意度

工作滿意度向來與員工的異動及組織的承諾有關（Carsten & Spector, 1987; Schlesinger & Zornitsky, 1991）。如果當事人希望能在某個職業裡成功地做上一段時間，與當事人一起探討工作滿意度是很重要的。工作滿意度有兩個主要的測量方式：Hoppock工作滿意度空白表5（Hoppock Job Satisfaction Blank Form 5, JSB）（Hoppock, 1935），以及修正版工作說明指標（Job Descriptive Index, Revised, JDI）（Balzer, Kihm, Smith, Irwin, Bachiochi, Robie, Sinar, & Parra, 1997）。其中第一種JSB，提供了工作滿意度的整體評估，它是以人們對於工作的「快樂性」（hedonic tone）做為依據（Crites, 1969），以四個7點量表題目問員工喜愛自己的工作到何種程度、是否想要換工作等等，總分即表示工作滿意度與不滿意度。相較之下，JDI 使用詳細說明工作情況的五個不同面向：⑴目前的工作；⑵目前薪資；⑶晉升的機會；⑷目前工作的上司；⑸目前工作的同事。此假設在於，員工可能對於工作環境的不同要素有不同的滿意度，但JDI也可總結局部的分數，以求出總體的工作滿意度分數，此分數與 JSB 有高度相關。修正過的量表也包括了一般工作量表，做為工作滿意度的整體評量（Ironson, Smith, Brannick, Gibson, & Paul, 1989）。將這些測量方法用於諮商，有助於評估當事人對目前工作的滿意度，以及可以做什麼來提升滿意度；此外，若當事人想改變職業，這些工具可說明選擇新職業的重要考量。

三、人格量表

人格量表不同於能力測驗及職業興趣測驗，直接取樣於工作的脈絡情境，且測量方法不同於傳統。目前沒有可用的工作人格量表，而是有好幾種為了其他目的而建構的量表，它們對於成人的工作人格評估效力頂多只是間接的。但有些已應用於成人的生涯諮商及生涯研討會上。有五種人格量表針對生涯目的充分研究，並將此納入討論：⑴《加州心理測驗第三版》（*California Psychological Inventory,* CPI），表 434（Gough, 1995）；⑵

《艾德華個人偏好量表》（*Edwards Personal Preference Schedule,* EPPS）（Edwards, 1959）；(3)《麥布二氏人格測驗》（*Myers Briggs Type Indicator,* MBTI）（Myers & Briggs, 1988）；(4)《NEO 性格量表修訂版》（*Revised NEO Personality Inventory,* NEO PI-R）（Costa & McCrae, 1992）；(5)《16 種人格因素量表第五版》（*Sixteen Personality Factor Inventory,* 16PF）（Cattell, Cattell, & Cattell, 1993）。

加州心理測驗（CPI）

現有可用的成人個性評量表當中，CPI 是被研究最多的。在一次修訂版中（Gough & Bradley, 1996），表 462 中有 28 個與公平就業實作及《身心障礙者法案》相衝突的項目被刪除。CPI 是最早標準化及有效評量人格的「**通俗概念**」（folk concepts）。例如：控制（dominance, Do）及好印象（good impression, Gi）因素分析，顯示這些是正常人格的主要層面（Crites, Bechtoldt, Goodstein, & Heilbrun, 1961）。重點在於人們如何處理人際關係，對於調整成人生涯，行為領域是相當重要的。許多研究（Crites, 1969; 1982）證實：因為人際關係而丟掉飯碗的員工，比任何其他原因失業的員工都多。換言之，職場上與人相處（上司、下屬、同事）對生涯的成功，比工作表現能力更重要，CPI 提供人際領域的客觀衡量直接影響工作的調整，在「第一級：鎮定、優勢、自信及適當的人際關係之衡量」和「第二級：社會化、責任、個人內在價值及性格之衡量」量表上的低分，往往可診斷在職場上人際關係的困難。二個向度的評量分析也與自我描述形容詞的區辨有關，且意味著在手冊上不同的教育及職業群體的標準不同（Gough & Bradley, 1996）。為了補強及延伸 CPI 的解釋，修正版本提出以向量（vectors）因素分析為基礎的概念計畫。

艾德華個人偏好量表（EPPS）

與CPI相較，EPPS是從測量明確的人格理論變項，及Murray（1938）的人格需求理論而建構的。然而EPPS的 15 項需求量表（例如：自主、控制、秩序等），並未被組織成容易解釋的概念計畫。為了提供一個架構，

Crites（1981）將這些需求設計成一個圓形圖，來定義Horney（1945）人際關係的主要觀點：⑴走向人群；⑵反對人群；⑶離開人群。EPPS使用這些概念，對於找出成人員工可能的人際關係問題，具有診斷性的功能。例如：越來越多的證據顯示，員工失業的原因大多是因為他們沒有主見（nonassertive）勝過他們有進取心（aggressive）。在圓形圖（圖 7-2）中，EPPS中的謙遜及順從量表，界定一種可能因為沒有主見且附和人的趨向，而經歷人際關係問題的自我輕視個性。其他的分數配置說明了可能產生工作調整問題的取向。在解釋這些模式時，應記住EPPS是「強迫選擇」（forced choice）的反應形式，只解釋個人的高分和低分，而不做一般常態的解釋報告。若要進行一般常態的評估需求，應考慮使用《人格研究量表》（*Personality Research Form,* PRF）（Jackson, 1984）。PRF 測量與 EPPS 相同的 15 項需求，再加上額外 6 個變項：謙遜性（Abasement）、變異性、認知結構、防衛性（Defendence）、感情性（Sentience）及求援性（Succorance）。

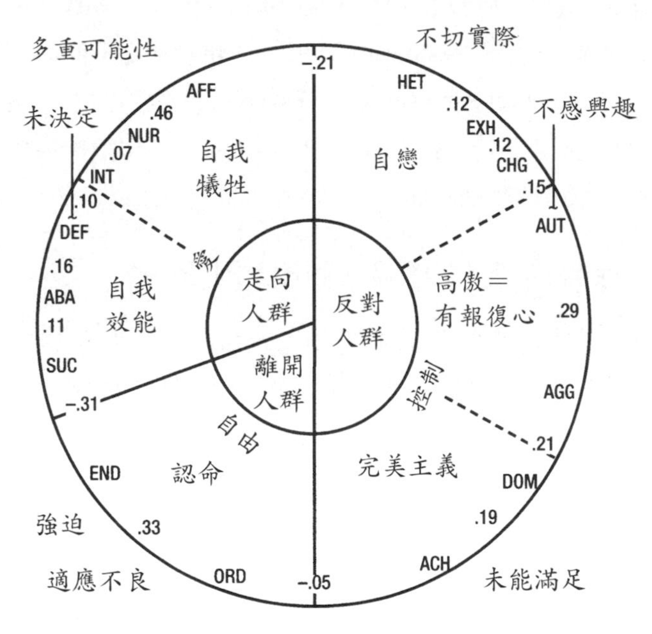

圖 7-2　EPPS 工作相關人際導向評估之圓形圖

資料來源：取材自 J. O. Crites（1981）之 *Career Counseling: Models, Methods, and Materials*（p. 100）。1981 年 McGraw-Hill, Inc 版權，經許可後重印。

麥布二氏人格測驗（MBTI）

過去二十年間，人們一直對MBTI感興趣，且累積相關的研究。MBTI也用於工商業（Hirsch, 1984），MBTI 的操作型定義是以榮格（Jung）人格理論為主要構念。它代表四個變項的兩極化得分：⑴外向—內向；⑵思想—感覺；⑶直覺—感官；⑷判斷—感知。綜合這些基本人格量表的得分，找出個人與世界互動的主要模式。這些顯然與工作環境相關，並且顯示成人工作者如何能以最佳的方式融入相容的工作角色中（Hirsch, 1984）。然而，若要使用 MBTI 進行成人生涯能力的評價，則必須徹底了解要測量的榮格式概念。利用這些概念有助於當事人蒐集資訊及做決定。例如：偏好外向的人可能代表對進行訪談蒐集資訊感到自在；相反的，一個偏好內向的人可能對於在圖書館裡做研究感到較為自在。量表的結果可使人洞悉他們如何取得資訊（感知或直覺），以及他們如何做決定（思考或感覺）（McCaully & Martin, 1995）。此外，初步研究顯示：MBTI 可根據偏好找出生涯的障礙（Healy & Woodward, 1998）。佛羅里達 Gainesville 的心理類型應用中心（Center for Applications of Psychological Type），透過各種講習及研討提供相關的訓練給專業人員，此中心也根據類型提供最受喜愛或最不受喜愛職業類型的相關資訊。

NEO 性格量表修訂版（NEO PI-R）

近年來，有越來越多的證據顯示，人格可依照五個基本向度來了解（Digman, 1990）：神經質（Neuroticism）（例如：焦慮—鎮定）、外向（Extraversion）（例如：愛說話—沉默）、對經驗開放（Openness to Experience）（例如：有好奇心—無好奇心）、同意（Agreeableness）（例如：友善—不友善），以及用心（Conscientiousness）（例如：仔細—粗心）。NEO PI-R 由五個向度 30 種描述性面向所定義（每向度六個面向）來測量，可用於生涯諮商以協助當事人做出適當的生涯選擇（Costa, McCrae, & Kay, 1995）。NEO PI-R 可與興趣量表交叉比對結果。例如：「對經驗開放」得高分的人，擁有多種的職業興趣（Costa, McCrae, & Holland, 1984）並不希奇。由於這樣特別的結果，於是諮商輔導員必須協助這些當事人以業餘的方式找到興趣的出路，並將切合實際的職業選擇縮小到可管理的數目；再者，這些資訊的結果可能代表著尋求職業改變的動機。例如：一個在「神經質」方面得高分的當事人可能並不快樂，即使是目前有工作，要用改變職業解決他們的不滿，其實是沒有希望的。另外，在「神經質」得高分的人，可能難以應付醫護人員或警官等有壓力的職業要求。「用心」的向度也提供了與生涯決策有關的資訊，在此向度得高分者被認為是成就導向且努力工作的人（Barrick & Mount, 1991）。因此，當事人或許必須根據各向度的得分，來考量自己職業抱負水準，及所從事職業的工作要求。

16 種人格因素量表第五版（16 PF）

這裡將 16 PF 納入，因為它廣為人知且有職業群組的常模，並有迴歸方程式可預測工作表現標準，及其他工作相關的行為。與職業有關的資訊可在個人生涯發展側面圖概況中取得，其中包括：問題解決資源、人際互動方式、因應類型、工作環境偏好，以及興趣類型使用與 CISS 相同的基模。此外，16 個主要因素的相關資料及 Holland 的 RIASEC 類型論（Holland, 1997）呈現於技術手冊中，提供職業興趣的評量。另外的職業適配資料可在 Schuerger 和 Watterson（1998）的研究中找到，他們彙編了部分研究資料，針對 68 個職業群組的 16 PF 側面圖。16 PF 的最新版本已大體上克服了其前一版的心理評量限制（Conn & Rieke, 1994）。或許最重要的，新版的 16 PF 一直都能證明與其他相當受到推崇的個性量表（例如：NEO PI-R、PRF、CPI 及 MBTI）的**輻合性及區別性效度**（convergent and discriminate validity）相當一致。第五版的**內部一致性信度**（internal consistency reliability）已大幅增加，但許多量表仍低於 .80。16 PF 利用類似 NEO PI-R 的五種整體因素，這些量表通常顯示出比 16 種主要因素還要高的暫時穩定度。

這 16 個主要因素不只提供與個案生涯決策有關的資料，也找出成功及潛在妨礙職業滿意的資料。Schuerger 和 Watterson（1998）歸納出與職業行為有關的主要因素。例如：在因素E（支配性，Dominance）得高分，顯示可能對工作不滿，尤其是該人處於下屬的職位。看某一量表的得分時，必須參考與其相關的量表得分，才能提供當事人更全方位的面向。例如：因素A（溫暖親切，Warmth）可能與工作表現有正面的關係，當其他的因素G（統治意識，Rule Consciousness）及 Q3（完美主義，Perfectionism）代償了對於衝動的控制，且因素B（推理，Reasoning）及M（概括，Abstractedness）顯示此人能做良好的判斷。相反的，若無此代償機制，因素A的高分可能顯示個人的工作表現，會因為工作場所過度的社會化而受到妨礙。

四、結論

本章提出了檢視可用於成人生涯諮商中，有關能力、興趣及人格的評估工具，這些工具代表客觀的科學觀點和作者的主觀經驗。這些工具都是作者們認為在生涯諮商中最實用的，鼓勵讀者繼續研究有用且符合科學的工具，以供專業實務之用。

使用評估工具協助成人做出教育或職業的選擇，諮商輔導員須知道這些評估工具的優缺點，在選擇評估工具時，應記住測量方法與被服務者之間的關聯性，這對常模參照測驗是相當重要的。這些測驗將當事人與他們所屬的群體做比對，或者在某些情況下，與他們所希望加入的群體比對。無論使用的測量方式為何，諮商輔導員應熟悉與分數有關的理論脈絡，準確且有意義地解釋結果。在此脈絡中，Messick（1995）指出，刻意及非刻意的測驗結果，造成既是負面也是正面的影響。但是所有的測驗都受到管制，是行不通的，所以諮商輔導員須謹慎選擇評量的工具，協助個案達成目標；與個案討論結果，共同建構測驗得分的意義。最後，目標的評估在於協助個案對自我概念有更清楚的覺察與理解，及如何實行於工作世界。

參考文獻

American College Testing. (1999). *Career Planning Survey Technical Manual.* Iowa City, IA: Author.

Apostal, A. (1985). Expressed-inventoried interest agreement and type of Strong-Campbell Interest Inventory Scale. *Journal of Counseling Psychology,* 32, 624-336.

Balzer, W. K., Kihm, J. A., Smith, P. C., Irwin, J. L., Bachiochi, P. D., Robie, C., Sinar, E. F., & Parra, L. F. (1997). *Users' Manual for the Job Descriptive Index (JDI; 1997 Revision) and the Job In General Scales.* Bowling Green, OH: Bowling Green State University.

Bandura, A. (1977). Self-efficacy: Toward a unifying theory of behavior change. *Psychological Review,* 84, 191-215.

Bandura, A. (1986). *Social foundations of thought and action: A social cognitive view.* Englewood Cliffs, NJ: Prentice Hall.

Bandura, A. (1997). *Self-efficacy: The exercise of control.* New York: W. H. Freeman & Co. Publishers.

Barrick, M. R., & Mount, M. K. (1991). The big five personality dimensions and job performance: A meta-analysis. *Personnel Psychology,* 44, 1-26.

Bartling, H. C., & Hood, A. B. (1981). An 11-year follow up of measured interest and vocational choice. *Journal of Counseling Psychology,* 28, 27-35.

Beck, M. D. (1998). Review of the Tests of Adult Basic Education, forms 7 & 8. In J. C. Impara, & B. S. Blake (Eds.), *The thirteenth mental measurements yearbook* (pp. 1080-1083). Lincoln, NE: The University of Nebraska Lincoln.

Bennett, G. K. (1968). *Bennett Mechanical Comprehension Test.* San Antonio, TX: The Psychological Corporation.

Bennett, G. K., Seashore, H. G., & Wesman, A. G. (1989). *Differential Aptitude Tests for Personnel and Career Assessment.* San Antonio, TX: The Psychological Corporation.

Berdie, R. F. (1950). Scores on the SVIB and the Kuder Preference Record in relation to self-ratings. *Journal of Applied Psychology,* 34, 42-49.

Betz, N. E., Borgen, F. H., Harmon, L. W. (1996). *Skills Confidence Inventory.* Palo Alto, CA: Consulting Psychologists Press, Inc.

Borgen, F. H., & Seling, M. J. (1978). Expressed and inventoried interests revisited: perspicacity in the person. *Journal of Counseling Psychology,* 25, 536-543.

Campbell, D. P. (1992). *Campbell Interest and Skills Survey.* Minneapolis: NCS Assessments.

Carsten, J. M., & Spector, P. E. (1987). Unemployment, job satisfaction and employee turnover: a meta-analytic test of the Muchinsky model. *Journal of Applied Psychology,* 72, 199-212.

Cattell, R. B., Cattell, A. K., & Cattell, H. E. (1993). *Sixteen Personality factor Questionnaire, Fifth Edition.* Champaign, IL: Institute for Personality and Ability Testing, Inc.

Conn, S. R., & Rieke, M. L. (Eds.). (1994). *16 PF Fifth Edition Technical Manual.* Champaign, IL: Institute for Personality and Ability Testing, Inc.

Costa, P. T., & McCrae, R. R. (1992). *Revised NEO Personality Inventory*. Odessa, FL: Psychological Assessment Resources, Inc.

Costa, P. T., McCrae, R. R., & Holland, J. L. (1984). Personality and vocational interests in an adult sample. *Journal of Applied Psychology,* 39, 390-400.

Costa, P. T., McCrae, R. R., & Kay, G. G. (1995). Persons, places, and personality: Career assessment using the Revised NEO Personality Inventory. *Journal of Career Assessment,* 3, 123-139.

Crites, J. O. (1969). *Vocational psychology.* New York: McGraw-Hill.

Crites, J. O. (1978). *Theory and research handbook for the Career Maturity Inventory,* (2nd ed.). Monterey, CA: CTB McGraw-Hill.

Crites, J. O. (1981). *Career counseling: Models, methods, and materials.* New York: McGraw-Hill.

Crites, J. O. (1982). Testing for career adjustment and development. *Training and Development Journal,* 36, 20-24.

Crites, J. O. (1984). Instruments for assessing career development. In N. C. Gysbers and Associates, *Designing careers* (pp. 248-274). San Francisco: Jossey-Bass.

Crites, J. O., Bechtoldt, H. P., Goodstein, L. D., & Heilbrun, A. B., Jr. (1961). A factor analysis of the California Psychological Inventory. *Journal of Applied Psychology,* 45, 408-414.

CTB/McGraw-Hill. (1996). *Tests of Adult Basic Education, forms 7 & 8.* Monterey, CA: Author.

CTB/McGraw-Hill. (1996). *Tests of Adult Basic Education, Work Related Foundation Skills.* Monterey, CA: Author.

CTB/McGraw-Hill. (1996). *Tests of Adult Basic Education, Work Related Problem Solving.* Monterey, CA: Author.

Darley, J. G., & Hagenah, T. (1955). *Vocational interest measurement.* Minneapolis: University of Minnesota Press.

Dawis, R. V., & Lofquist, L. H. (1984). *A psychological theory of work adjustment.* Minneapolis: University of Minnesota Press.

Digman, J. M. (1990). Personality structure: Emergence of the five-factor model. *Annual Review of Psychology,* 41, 417-440.

Dolliver, R. H. (1969). Strong Vocational Interest Blank versus expressed vocational interests: A review. *Psychological Bulletin,* 72, 95-107.

Droege, R. C., & Padgett, A. (1979). Development of an interest-oriented occupational classification system. *Vocational Guidance Quarterly,* 27, 302-310.

Dyer, D. T. (1939). The relation between vocational interests of men in college and their subsequent histories for ten years. *Journal of Applied Psychology,* 23, 280-288.

Edwards, A. L. (1959). *Edwards Personal Preference Record.* San Antonio, TX: The Psychological Corporation.

Enright, J. B., & Pinneau, S. R. (1955). Predictive value of subjective choice of occupation and the Strong Vocational Interest Blank over fifteen years. *American Psychologist,* 10, 424-425.

Gottfredson, G. D., & Holland, J. L. (1996). *Dictionary of Holland occupational codes.* Odessa, FL: Psychological Assessment Resources, Inc.

Gough, H. G. (1995). *California Psychological Inventory,* Form 434 (3rd ed.). Palo Alto, CA: Consulting Psychologists Press, Inc.
Gough, H. G., & Bradley, P. M. (1996). *CPI manual* (3rd ed.). Palo Alto, CA: Consulting Psychologists Press, Inc.
Grimsley, G., Ruch, F. L., Warren, N. D., & Ford, J. S. (1980). *Employee Aptitude Survey.* Glendale, CA: Psychological Services, Inc.
Gysbers, N. C., & Associates. (1984). *Designing careers.* San Francisco: Jossey-Bass.
Harmon, L. W., Hansen, J. C., Borgen, F. H., & Hammer, A. L. (1994). *Strong Interest Inventory.* Palo Alto, CA: Consulting Psychologists Press, Inc.
Harrington, T. F., & Schafer, W. D. (1996). A comparison of self-reported abilities and occupational ability patterns across occupations. *Measurement and Evaluation in Counseling and Development,* 28, 180-190.
Hartung, P. J. (1999). Interest assessment using card sorts. In M. L. Savickas & A. R. Spokane (Eds.), *Vocational interests: Their meaning measurement, and counseling use* (pp. 235-252). Palo Alto, CA: Davies-Black.
Healy, C. C., & Woodward, G. A. (1998). The Myers-Briggs Type Indicator and career obstacles. *Measurement and Evaluation in Counseling and Development,* 31, 74-85.
Hirsch, S. (1984). *MBTI training guide.* Palo Alto, CA: Consulting Psychologists Press.
Holland, J. L. (1997). *Making vocational choices: A theory of vocational personalities and work environment.* Odessa, FL: Psychological Assessment Resources, Inc.
Holland, J. L., & Lutz, S. W. (1968). The predictive value of a student's choice of vocation. *Personnel and Guidance Journal,* 46, 428-436.
Hoppock, R. (1935). *Job satisfaction.* New York: Harper & Row.
Horney, K. (1945). *Our inner conflicts.* New York: Norton.
Hunter, J. E. (1983). *Overview of validity generalization for the U.S. employment service.* Washington, DC: Division of Counseling and Test Development, Employment and Training Administration, U.S. Department of Labor.
Impara, J. C., & Plake, B. S. (Eds.). (1998). *The thirteenth mental measurements yearbook.* Lincoln, NE: The University of Nebraska Press.
Ironson, G. H., Smith, P. C., Brannick, M. T., Gibson, W. M., & Paul, K. B. (1989). Construction of a job in general scale: A comparison of global, composite and specific measures. *Journal of Applied Psychology,* 74, 1-8.
Jackson, D. N. (1984). *Personality Research Form manual* (3rd ed.). Port Huron, MI: Research Psychologists Press.
Johansson, C. B. (1982). *Career Assessment Inventory – Vocational Version.* Minneapolis: NCS Assessments.
Johansson, C. B. (1986). *Career Assessment Inventory – Enhanced Version.* Minneapolis: NCS Assessments.
Jones, L. K. (1981). *Occ-U-Sort professional manual.* Monterey, CA: Publisher Test Service of CTB/McGraw-Hill.
Karlsen, B., & Gardner, E. F. (1986). *Adult Basic Learning Examination* (2nd ed.). San Antonio, TX: The Psychological Corporation.
Kaufman, A. S., & Kaufman, N. L. (1990). *Kaufman Brief Intelligence Test.* Circle Pines, MN: American Guidance Service, Inc.
Kellog, C. E., & Morton, N. W. (1999). *Beta III.* San Antonio, TX: The Psychological Corporation.

Knowdell, R. L. (1993). *Manual for Occupational Interests Card Sort Kit*. San Jose, CA: Career Research and Testing.

Kuder, F., & Zytowski, D.G. (1991). *Kuder Occupational Interest Survey Form DD general manual*. Adel, IA: National Career Assessment Associates.

Lindemann, J. E., & Matarazzo, J. D. (1990). Assessment of adult intelligence. In G. Goldstein & M. Hersen (Eds.), *Handbook of psychological assessment* (2nd ed., pp. 79-101). Elmsford, NY: Pergamon.

Lubinski, D. (2000). Scientific and social significance of assessing individual differences: Sinking shafts at a few critical points. *Annual Review of Psychology*, 51, 405-444.

Mabe, P. A., III, & West, S. G. (1982). Validity of self-evaluation of ability: A review and meta-analysis. *Journal of Applied Psychology*, 67, 280-296.

Maddox, T. (1997). *Tests: A comprehensive reference for assessments in psychology, education, and business* (4th ed.). Austin, TX: Pro-Ed.

Matarazzo, J. D. (1972). *Wechsler's measurement and appraisal of adult intelligence* (5th ed.). Baltimore: Williams & Wilkins.

McArthur, C., & Stevens, L. B. (1955). The validation of expressed interests as compared to inventoried interests: A fourteen-year-follow-up. *Journal of Applied Psychology*, 39, 184-189.

McCaully, M. H., & Martin, C. R. (1995). Career assessment and the Myers Briggs Type Indicator. *Journal of Career Assessment*, 3, 219-239.

Messick, S. (1995). Validity of psychological assessment: Validation of inferences from persons' responses as scientific inquiry into score meaning. *American Psychologist*, 50, 741-749.

Murray, H. A. (1938). *Exploration in personality*. New York: Oxford University Press.

Myers, I. B., & Briggs, K. C. (1988). *Myers–Briggs Type Indicator*. Palo Alto, CA: consulting Psychologists Press, Inc.

Osterlind, S. J. (1994). Tests of adult basic education. In J. T. Kapes, M. M. Mastie, & E. A. Whitfield (Eds.), *A counselor's guide to career assessment instruments* (3rd ed., pp. 111-114). Alexandria, VA: National Career Development Association.

Prediger, D. J. (1976). A world-of-work map for career exploration. *Vocational Guidance Quarterly*, 29, 293-306.

Prediger, D. J. (1999). Integrating interests and abilities for career exploration: General considerations. In M. L. Savickas & A. R. Spokane (Eds.), *Vocational interests: Their meaning measurement, and counseling use* (pp. 295-325). Palo Alto, CA: Davies-Black.

Purdue Research Foundation. (1968). *Purdue Pegboard*. Minneapolis: NCS Assessments.

Roe, A. (1956). *Psychology of occupations*. New York: Wiley.

Savickas, M. L. (1992). New directions in career assessment. In D. H. Montross, & C. J. Skinkman (Eds.), *Career development: Theory and practice* (pp. 336-355). Springfield, IL: Charles C. Thomas.

Savickas, M. L. (2000). Assessing career decision making. In E. Watkins, & V. Campbell (Eds.), *Testing and assessment in counseling practice* (2nd ed., pp. 429-477). Hillsdale, NJ: Erlbaum.

Schelsinger, L. A., & Zornitsky, J. (1991). Job satisfaction, service capability and customer satisfaction: an examination of linkages and management implications. *Human Resource Planning,* 14, 141-150.

Schuerger, J. M., & Watterson, D. G. (1998). *Occupational interpretation of the 16 personality factor questionnaire.* Cleveland, OH: Authors.

Strong, E. K., Jr. (1943). *Vocational interests of men and women.* Palo Alto, CA: Stanford University Press.

Super, D. E., & Crites, J. O. (1962) *Appraising vocational fitness* (rev. ed.). New York: Harper & Row.

Super, D. E., Thompson, A. S., & Lindeman, R. H. (1988). *The Adult Career Concerns Inventory.* Palo Alto, CA: Consulting Psychologists Press.

Sweetland, R. C., & Keyser, D. J. (1983). *Tests.* Kansas City, MO: Test Corporation of America.

The Psychological Corporation. (1991). *Counselor's manual for the interpretation of the Career Interest Inventory.* San Antonio, TX: Author.

Thompson, A. S., Lindeman, R. H., Super, D. E., Jordaan, J. P., & Myers, R. A. (1981). *Career Development Inventory: Vol. 1. User's manual.* Palo Alto, CA: Consulting Psychologists Press.

Thompson, A. S., Lindeman, R. H., Super, D. E., Jordaan, J. P., & Myers, R. A. (1982). *Career Development Inventory, supplement to user's manual.* Palo Alto, CA: Consulting Psychologists Press.

United States Employment Services. (1982). *USES General Aptitude Test Battery.* Salt Lake City, UT: Western Assessment Research and Development Center.

Ward, A. W. (1995). Review of the Wide Range Achievement Test 3. In J. J. Kramer, & L. L. Murphy (Eds.), *The twelfth mental measurements yearbook* (pp. 1110-1111). Lincoln, NE: The University of Nebraska Lincoln.

Wechsler, D. (1997). *Wechsler Adult Intelligence Scale – Third Edition.* San Antonio, TX: The Psychological Corporation.

Weiss, D. J., Dawis, R. V., & Lofquist, L. H. (1975). *Minnesota Importance Questionnaire.* Minneapolis: Vocational Psychology Research.

Wesman, A. G. (1965). *Wesman Personnel Classification Test.* San Antonio, TX: The Psychological Corporation.

Wilkinson, G. S. (1993). *Wide Range Achievement Test 3.* San Antonio, TX: The Psychological Corporation.

Wonderlic, E. F. (1989). *Wonderlic Personnel Test.* Northfield, IL: E. F. Wonderlic & Associates.

第八章

積極參與的諮商取向

英屬哥倫比亞大學｜Norman E. Amundson

近年來，筆者致力於以全新的眼光回顧生涯諮商歷程，並因處理當事人問題，對當事人與諮商輔導員之間的關係建立有了新的了解。本文歸納出諮商歷程中**積極參與取向**（active engagement approach）的基本要素，並使用「積極參與」（active engagement）一詞，來掌握這個新觀點。

首先，須正確定義到底什麼是生涯諮商問題。生涯問題與個人問題之間的區別，比起許多諮商輔導員所認可的，更為模糊許多。雖然為了方便分類，分成生涯的及個人的問題，但實際上應更為複雜。當處理憤怒或憂鬱問題的同時，須因應某些職業上的現實問題。同樣的，在不同的生涯選項中做選擇，亦必須在社會的脈絡（父母、配偶、朋友）中做選擇。探討問題會經過不同階段，一開始的個人問題可能會變成生涯上的顧慮，反之亦然。這種個人與生涯諮商的整合已開始引起Herr（1993, 1997）等生涯理論專家的注意。

筆者認為，認知到生涯諮商所處更為廣泛的社會及經濟環境，是很重要的。我們在各個層面迅速變化的時代裡生活及工作，當事人亦正在轉變，且文化上變得更多元。當事人所面對的問題更具挑戰性，不只個人及生涯議題的整合，在面臨這種文化多元性及問題複雜性的情況下，需要一種全新及更為創新的取向。

許多當事人帶著一種筆者所謂的「**想像危機**」（crisis of imagination）前來諮商，因為他們「卡住了」，儘管他們盡了最大努力，仍舊看不到創新的可能性，於是他們前來尋求協助，希望找到脫困的方法。這樣的脈絡下，諮商輔導員提供協助，幫助當事人找到新的視野。在許多方面，諮商輔導員是「重新框架的觸媒」（reframing agents），諮商輔導員傾聽當事人描述（框架，framing）自己的問題，然後利用當事人自己的創意及想像力，幫助當事人想像出一種新的事實（重新框架，reframing）。當然，這種歷程所涉及的，不只是諮商輔導員的創意及想像力，也重燃當事人靈性（spirit）的創意。

注入創意和想像力需要在諮商關係和基本組織結構（basic organization structures）（約定俗成）內的創新來定義諮商歷程。很多諮商層面，多年相傳但卻無批判性的檢視，例如：許多組織仍然不承認諮商是從當事人與組織接觸的那一刻就開始。諮商並非一種能夠單獨在小房間裡進行一段時間的東西。使當事人覺得受歡迎且重要——他們是舉足輕重的（Schlossberg, Lynch, & Chickering, 1989），在成功的諮商中扮演了重要的角色。同時，許多組織持續遵循一種「工廠」生產模式的組織型態：諮商被安排成固定的時間，並遵循每週的時程表，這些型態可能適合某些人，但許多人（不同文化群體）無法持續融入這樣的架構。另一個例子是當事人非常關心的，當諮商輔導員和當事人在一起時，當事人與諮商輔導員的心靈對話只需要兩張椅子，諮商被視為一種語言活動（verbal activity），並容許一些的視覺歷程（visual processes）〔快速翻轉的掛圖（flip charts）〕或肢體的活動（額外的幾張椅子或空間，讓當事人走動思考問題）。重新思考許多已被接受為標準取向的諮商，為創意及創新做準備是很重要的。這並不意味著只是為改變而改變，而是在為脈絡化諮商做準備，扮演更積極參與的角色。

建構在這樣的基礎上，筆者想轉向諮商的各個階段，並檢視「積極參與」的原則如何用於整個諮商歷程。這些歷程從界定問題開始，然後是問題解決，並以問題解決任務做為結束。呈現這些階段時，應該了解的是，諮商歷程非常動態，且不遵循清楚界定的線性歷程（linear process）。

一、界定問題

許多當事人前來諮商時，已準備好談論他們的問題並且直指「事件」（business）核心，尋求解決辦法。筆者發現，一開始請當事人把問題擱置一段時間，並作一點自我介紹，是有幫助的。在這個最初的階段（通常約5至10分鐘），筆者仔細聽取往後適合的訊息，以及會有的「共識」。此項策略有兩個功能：首先可讓當事人知道，筆者的興趣是人性化且具專業的，有助於拉近距離；第二，提供有用的訊息，供往後諮商歷程使用。與當事人建立這種初步的關係是極其重要的，有效諮商的研究顯示，穩固的諮商關係是改變歷程的主要因素（Hackney & Cormier, 1996）。

如當事人是非自主性前來諮商時，這種最初的諮商關係尤其難以建立（Amundson & Borgen, in press）。這種情況時，鼓勵以開放但不評斷的方式對話，聆聽對方的感受，並公開討論此結構中的角色及責任，是相當重要的。建立關係並不確保成功，但在許多情況，當事人會感激有人聽他們說，且有機會與諮商輔導員產生誠實及開放的關係。

因為不得已前來的當事人也會感謝有機會能公開討論自己對於諮商歷程的期望，對所有當事人而言，諮商輔導員—當事人關係的性質須加以協調及釐清（Vahamottonen, 1998）。許多當事人將某種「魔法般」的力量歸功於諮商輔導員（即相信測驗的力量），能在很短的時間內，不需要任何建議問題便獲得解決。為了能幫助當事人理解到諮商歷程的複雜性，筆者發現，採用如圖 8-1 的**生涯輪**（centric wheel）做為框架諮商歷程，是有助益的。

在筆者能夠提出有關生涯方向意見之前，須對生涯輪的所有八個部分都取得背景資料。以此方式框架程序，當事人將體認到在進行生涯決策之前必須取得廣泛的資料。

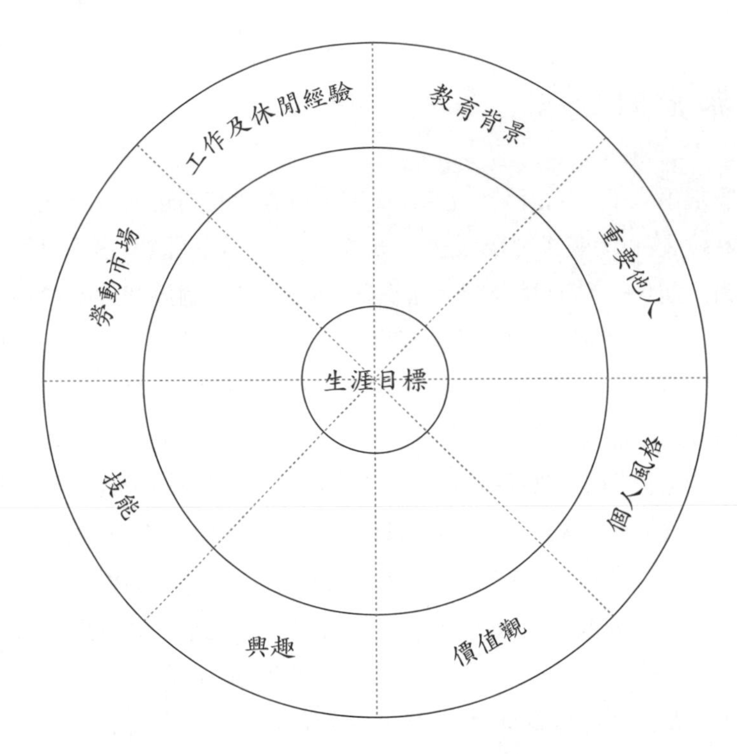

圖 8-1　中心式生涯規劃模式

協調歷程（negotiation process）包括：有關訊息保密的討論、有些將重點放在諮商的長度及次數，以及需要耗費在回家作業與兩次諮商歷程間的努力。當事人與諮商輔導員根據這方向努力設定切合實際與雙方共同決定的諮商目標。Walter和Peller（1992）提供了下列有關發展適切目標的指引：

1. 使用正向語言。
2. 以具體的行動說明目標。
3. 專注於當前的局勢。
4. 要明確且執行細節。
5. 強調屬於當事人可控制範圍內的目標。
6. 用一般的言語來說明目標。

當然，這些目標都可以在協調歷程的任何階段重新調整。

有了這樣堅實的基礎（經過協調的角色及目標），諮商的歷程轉移就會朝向更充分檢視當事人的故事移動。在這個環節上，去找諮商輔導員只是歷程的一個步驟而已，有很多其他事件是需要被了解的。一開始就釐清使每件事情動起來的「誘發因素」是很重要的，這些誘因（triggers）可能是內在也可能是外在的。外在的誘因包括：失業、晉升、畢業、婚姻狀態的改變等等，內在的誘發因素是指到了某個年齡（30、40、50、65），或尚未達成某些先前所設立的目標（Schlossberg & Robinson, 1996）。探討誘因需要**系統化問話**（systematic questioning）及傾聽歷程，使諮商輔導員能在初步檢視事件時，探索想法、感覺及行動，此階段的典型提問包括：

1. **第一印象**：你何時第一次聽到……或你何時第一次了解到自己需要做改變？你當時的感覺如何？
2. **轉變**：從你第一次聽到（想到）這件事，到這件事成真之間，發生了什麼事？
3. **重要他人**：其他人對於所發生的事有何反應（行動、想法、感覺）？

檢視這些誘因之後，問題被「框架」的方式改變了，並採取某些行動，某些適合這個階段的提問包括：

1. **框架**：你如何合理解釋發生在你身上的事？你對於你的情況有什麼想法及感受？
2. **行動**：你如何處理自己的情況？你特別做了什麼？
3. **重要他人**：你所經歷的情況對他人有何影響？其他人在這段期間如何支持（或並未支持）你？

探索其行動步驟時，聽取當事人失望的感覺，並提醒當事人的成功，協助當事人發現透過經驗所學到的，是很重要的，這裡的重點是**自我探索行為**（self-directed behavior）。最明顯的步驟之一（通常被忽視）就是，他們前來諮商這個行動步驟。

當故事開始敘說時，從多個不同的層面傾聽是很重要的。最基本的是一連串的事件導致了問題。此外，當事人試圖對所發生的事件以及伴隨而來的感受找到合理解釋。傾聽常被忽略的層面是，當事人描述自己問題的**隱喻心像**（metaphoric imagery），隱喻是我們從當事人與其他事件連結的角度了解及體驗事件。例如：我們可能會用碰壁、在夾縫中、跑得很快但哪裡也到不了等比喻，來形容挫折。意象（image）能捕捉大量的訊息且藉此改變，我們有了重新理解（重新框架）且解決問題的收穫。以下這段引自Combs和Freedman（1990）的話，說明了隱喻、彈性及創意之間的密切關聯性：

> 「任何單一的隱喻都是世界某一部分的某一種版本，當人們對一種情況只有一種隱喻時，他們的創意是有限的；當他們對一種情況所用的隱喻越多，能處理的選擇及彈性就越多，找出多重的隱喻可擴展創意的領域。」（p. 32）

在此階段，諮商輔導員只要找出隱喻（metaphors），並試著對問題發展出**視覺心像**（visual images）。在下一個階段，接著處理這些意象，就可以變成一種強力的介入工具。

二、解決問題

某些情況，諮商輔導員會發現自己被困在第一個諮商階段裡，他們傾聽故事，仔細思考問題的複雜性，但不知道如何從這個定點出發。當事人來到諮商輔導員這裡解釋問題，最後他們也在尋找解決問題的方法。諮商輔導員應該幫助當事人發展從不同的觀點，評估自己問題的技能，幫助人們改變自己的想法及勇於面對自己的問題，是諮商歷程的核心。

對某些諮商輔導員而言，問題並不在於缺乏解決之道，而是他們太快進入行動計畫（action plan）。多數情況，諮商輔導員以當事人極少意見就建構行動計畫，雖然有些效能，但顯然是不夠的，因為當事人對於所制定的行動計畫參與甚少，這些情況下須減緩整個歷程，且用更多時間在解決的階段。

有很多不同方法可用以進行這第二階段，當然評估是最重要的；人們必須了解自己的能力、興趣、價值觀及個性，了解家人及朋友如何影響自己所做的決定，也必須對於外在的現實有相同的了解，如教育訓練及勞動市場如何運作？以及地方、全國，乃至全球的趨勢為何？這些因素都包含在先前所說明的「生涯輪」（圖 8-1）中。

結構性評估

輔助評估歷程的方法極多，有些比較直接，有些只是導引人們找到正確的訊息，如透過網際網路、透過像《生涯路徑》（*Career Pathways*）（Amundson & Poehnell, 1996）等自助書籍，在更多情況下，是透過心理教育的指導。其他是在引導探索的歷程中使用某種結構策略，如建議以敘說及短期／焦點解決的諮商（brief/solution-focused counseling）（deShazer, 1985; O'Hanlon & Weiner-Davis, 1989; White & Epston, 1990; Friedman, 1993）。以焦點解決為主的策略，重點在找出個人的優點（strengths），強調正向的改變，並提出可能的解決辦法。以下是五個不同策略的範例：

1. **描述兩次諮商之間的改變**——諮商輔導員假設正向的改變發生在兩次諮商之間，並以問問題來詳述這些事件。
2. **其他情況的因應策略**——諮商輔導員問問題幫助當事人了解他們已成功解決的問題，許多先前對於當事人有效的策略，亦可用於目前的問題。
3. **找出例外問句**——許多當事人以過度負向的方式解釋他們的問題，生命中經常會有「曙光乍現」（cracks of sunlight）的例子，諮商輔導員可幫助當事人思考這些更正向的例子。
4. **評分問句**——當事人可能難以體會問題解決就像一趟旅程，他們必須有辦法評量現在所處的位置，若要向前進必須做什麼，以及什麼會造成退步。諮商輔導員可問具有隱喻的評分問句，幫助當事人形成改變的歷程。

5. 奇蹟式的問句——我們大多數人常是以直線的方式處理問題，一開始就切入問題並且馬上找解決辦法，如果程序倒反，情況會如何？協助當事人先從問題已解決談起（不必擔心他們怎麼找到解決辦法——那是一種奇蹟），然後再回頭看問題，以及向前邁進所需要的步驟。筆者使用這項策略發現，幫助當事人實際「經歷問題」（walk the problem）是有幫助的，有時我們在認知層面上做得太多，如果讓當事人實際在房間各處走動，會使他們有機會產生很多不同層面的見解。

另一個有架構的提問策略，是遵循所謂的「自我認同練習模式」（pattern identification exercise）（Amundson, 1995）。我們需做深入的探討，找出某些關鍵模式來駕馭行為。諮商輔導員直接幫助引導這種探索的歷程，當事人都有機會進行每一次的分析及應用，任何經驗都可探索，但常見的取向是從個人的興趣開始。提問的步驟如下：

1. 請當事人思考某項特定活動，這項活動可能來自於若干不同的領域。一旦活動已界定，請當事人思考一段非常快樂的時間，以及一段不是那麼快樂的時間。
2. 請當事人詳述正面及負面的經驗，有問題可於此時提出，以輔助對事件的完整描述。詢問當時的感覺、想法、挑戰、成功及動機，區別正面及負面情緒能量為何？依據這些情境問句，可延伸一些相關的脈絡議題，及隨著時間所培養的興趣，和對未來的展望。說故事時，諮商輔導員將當事人所說的寫在掛圖，或一張當事人可以明顯看到的紙上，這項訊息將做為分析的基礎，因此所記載的每件事是很重要的。（一般而言，筆者並不贊成諮商時做筆記，如果這麼做有問題，可在諮商前先和當事人討論。）無論寫下什麼，應讓當事人及諮商輔導員看得清楚。
3. 在完整的討論後，請當事人思考所產生的訊息其顯示的模式類型為何。每次機會都讓當事人進行連結，並持續提供支持及鼓勵。了解某一項特定訊息如何反映出當事人的某件事情，即目標、價值觀、能力傾向、個人風格、興趣等。在此步驟中，諮商輔導員可提供一些意見，所提出的聲明應為暫時性，且與當事人的說法有正面關聯，這可能是重新框架的絕佳機會，而不忽視當事人所做的貢獻。

4. 在找出確定的主題（theme）後，諮商輔導員即開始處理此議題。以上所述由當事人先說，再由諮商輔導員提出看法。問題在於個人訊息如何與生涯選擇及行動計畫發生連結（Amundson, 1998, 101-102）。

自我認同練習模式的優點在於，當事人積極參與**自我發現**（self discovery）的歷程。他們不只是拋出重要的訊息，也在學習一種有結構的**自我探索**（self-exploration）歷程。這種當事人說明及分析的取向，會限制當事人及諮商輔導員的認知能力，在方法的有效性上會有些影響。

還有更多結構式的評估方法可供討論，有些例子是工作分析、成就檔案、找出**生涯心錨**（career anchors）（價值觀）、組合卡、早期回憶等等。其他訊息，見《積極參與：強化生涯諮商歷程》（*Active Engagement: Enhancing the Career Counselling Process*）（Amundson, 1998）。但最重要是結構的活動順序，當作生涯評估及探索的催化劑（catalyst）。

動態的評估

其他比較動態的（dynamic）評估方法，並沒有相同程度的架構。一個是先前所使用的隱喻，幫助當事人更了解自己的個人情況，隱喻捕捉了大量的訊息，是了解及重新框架當事人問題的優良工具。例如：當事人因在求職方面缺乏進展而感到挫折，挫折的表達具有多種型態。以隱喻而言，當事人可能形容自己是「一頭撞上牆」。採用這個隱喻將圖畫在掛圖上或其他的紙張上，然後與當事人一起探討什麼是把頭撞在牆上，類似以下的詞彙可能會浮現腦海：徒勞無功、痛苦、隔絕、困惑及絕望。諮商輔導員及當事人將焦點擺在這張圖上，尋找改變情勢的不同方式。或許只要離牆後退一步的角度來看，會是有幫助的；或許以鐵鎚或梯子來因應這個情況或提供不同的觀點；都有助於提振另一個人的心情，或許最基本的是需要一頂頭盔，以防護頭部的撞擊。藉著回顧，當事人可以撥出一些時間重新評估情勢：梯子及鐵鎚代表了需要新的工具；來自另一人的支持讓自己了解到本身做得太多了；頭盔可能是情勢立即改善的需求。當事人藉由考量不同的方法，對於自己的情勢有新的了解，並對於該做什麼產生新的想法。

這個動態層次的關鍵原則，是協助當事人透過「外化」（externalization）的歷程，對於自己內在世界有更多的了解。上述的範例，諮商輔導員將焦點放在特定的比喻，然後藉由粗略的描述賦予形狀，使之更為具體（外化）。焦點於是從當事人的內在世界轉移到外顯化的圖像，更可以很快地加以討論及調整。如當事人**重新整合**（re-integrate）新的圖像時，對自己會有更多的理解及新行動的發展。

外化可發生在許多不同的層級，有時只是將一些心中浮現的想法寫在紙上，**腦力激盪**（brainstorming）／**心智圖像**（mind mapping）是如何產生想法並連結，以產生新觀點的例子。在腦力激盪方面，先將想法寫在紙上而不加以評價；心智圖像則試圖超越語言並開始畫下關聯性。筆者曾使用心智圖像做為討論過的主要想法的歸納方法，將所有想法寫在掛圖上，有機會對所討論的事情創造出新的**視覺圖像**（visual map），也可能有機會產生與想法之間新的連結。

當當事人面臨不同的問題時，發現自己被撕裂於不同的選擇之間；一方面想採取某種行動，但有東西在背後拉住他們。這些猶豫不決的時刻可能令人挫折且耗時費力，他們的內心就在問題的兩端來回拉扯（另一種隱喻）。處理這種僵局有許多不同的型態，有時候只是談論所有的問題即已足夠。在視覺層面（visual level）上，使用活動掛圖，將問題的兩端畫出，會有幫助的；在實體層面（physical level）上，可決定使用**戲劇化再促發**（dramatic re-enactment）的程序，用椅子代表自己不同的位置（Greenberg, Rice, & Elliott, 1993）。有了這樣的程序，就可鼓勵當事人「演出」（act out），並在不同的位置發出「聲音」（voice）；當然，這並不只是要讓問題的每一端都被清楚聽到，也重視發生在不同位置之間的對話，諮商輔導員在促發討論上扮演了中樞的角色。一開始不同的位置必須被命名，舉例來說，假設當事人正決定是否遷往新的地理區域尋找工作，或是要留在目前的地方，椅子的名稱可能是「移動」及「保持不動」。當當事人坐在其中一張椅子上時，應該詳細說明自己的位置（感覺及想法），並將自己所說的話指向另一張椅子而非諮商輔導員。為協助此歷程，諮商輔導員可在當事人說話時，在其身旁陪同移動，並鼓勵當事人面對另一張椅子，說明自己的想法及感覺。諮商輔導員須藉由當事人在椅子之間的移動，指導討論所發生的對話，且會遵循一種模式。Greenberg 等人（1993）說明此模式：

1. **前置對話階段**：與當事人討論如何在這兩個椅子的活動進行角色扮演。
2. **相對階段**：這兩個位置往往是以權力的不同強度展開，當進行討論時，會有一張椅子主宰另一張椅子的趨勢。感覺及想法須於此時表達。
3. **接觸階段**：諮商輔導員協助當事人覺察不同的自我批判及命令（諸如「應當」、「一定要」及「必須」），更能相互覺察每一項。
4. **整合階段**：每個立場通常會「軟化」，且更為彼此接受。
5. **後對話階段**：對情況更為理解及產生新觀點，幫助當事人反思這個經驗。

使用階段模式取向了解歷程時，要認知到這些只是一般指導方針而已。實際的歷程更為動態許多，且取決於當事人技能及直覺的結合，即何時讓當事人移到另一張椅子，該問哪些輔助性的問題。

有時會因不同的需求及狀況，修正兩張椅子的技巧。筆者有一次採用了第三張椅子——是協調者的椅子，協助整合的歷程。需要表明的立場可能不只一個，或許需要詳細說明立場，不同的椅子可用來反映不同的立場。如果這麼做不可能，可使用不同的蠟筆（放在當事人的手裡）代表不同的立場。不論使用何種方法，基本要點是讓當事人扮演不同的立場，將立場之間的對話正式化，並協助取得更大的**領悟**（insight）及整合。

這個諮商方法凸顯外化在諮商的重要性，另一個相關的概念是「投射」（projection），將本身的某樣東西放入我們所有的互動中。不管做什麼，都以獨特的方式回應，反映出我們個人的觀點。即使是最簡單的一件事都包含了投射的元素。例如：當我們在餐廳拿起菜單時，以獨特的方式點菜，反映出我們的喜好、背景及個性。有些人從菜單的最後面開始看，有些人則從前面開始看，對某些人而言，價格是決定因素，對另一些人而言，則是嘗試不同口味的渴望，這些風格顯示出投射的歷程。

許多動態的自我評估活動是鼓勵投射，使當事人參與模稜兩可的活動，其中並無明確對或錯的答案。這些活動包括特定的遊戲、照片、寫作（日記及詩）、說故事、畫圖等等。為顯示圖畫如何能當作諮商工具，可考慮下列某些選項：

1. 使用一張白紙，畫出你現在的環境。把對你而言重要的人和地方畫進圖中（請當事人觀看生命中未來二至五年的時間，以做修改）。
2. 獨自與他人一起畫一幅自己的圖像（提及家人及重要他人，讓這幅畫更為明確，你也必須將重點放在工作場所或融入休閒活動）。
3. 畫一條生命線標示你生命階段的人生經驗、高潮低潮，並說明畫中代表高點及低點的情況。

在介紹畫圖作業時，強調活動的自願性質是很重要的。對某些人而言，這幅圖畫有很多負面的聯想，倘若如此，可考慮其他活動較為適當。通常圖畫可刺激故事的敘說，在當事人完成畫圖後，討論圖畫對他們有何意義，在畫圖時有何感覺，以及圖畫會在不同的情況下如何改變形狀是很重要的。在檢視圖畫時有很多要素須考量，包括：圖案的大小、各圖案之間的接近性、可能會被忽略的圖案，以及某些顏色及陰影的使用。解釋圖畫是一個複雜的歷程，且必須融入諮商輔導員與當事人的合作關係（collaborative relationship）。

理解並處理諮商中使用的投射與外化，需要技能與創意。不過還是有一些普遍的指導原則，多數的實際歷程都需被加以「雕琢」以適合每種情況。「生涯雕琢」（careercraft）被視為生涯諮商實作的隱喻，已在Poehnell 和 Amundson（in press）的文章中詳細說明。這個意象捕捉了技巧及創意的元素，也加入了功能及實用性的概念。專業的工匠與積極參與的諮商輔導員間，有著極大的相似性。

請思考 Else Regensteiner（1970）在《編織的藝術》（*The Art of Weaving*）一書當中所說的話：

> 編織有許多個面向：它是一種直接處理的基本材料，創造出混雜著喜樂的質地，感受駕馭工具及學習各步驟的成就，並探索精緻工藝的媒介。它是一種藝術，表達出我們的時代（其光彩與圖畫相同）、雕塑的特點、發明的具體化，以及想像力的型態；它是有功能性的，藉由布料的使用與我們日常生活關係密切……它是個別的，就如編織者所做成的那樣；它是教育家的工具，治療家的技術；它是既浪漫又嚴肅，既古老又現代的。和所有的工藝一樣，理論與基礎必須加以學習，才能吸納各種創意的可能性。但學習中也可伴隨著創新，使技術上完美卻不單調（p. 9）。

許多諮商輔導員並不選用動態的方法，因為對於其中的技術與創意感到無力招架。Regensteiner的鼓勵是，成為一個匠人（craftsperson）需要一些基本的技巧，但這是一趟相當令人興奮的旅程，因為透過學習歷程產生可能性——同理可適用於諮商。雖然這樣的工作一開始是很無聊的，報酬卻很可觀，且諮商輔導員一旦對動態的評估方法抱持開放的心，報酬是可想而知的。

與勞動市場連結

對當事人而言，主要挑戰之一是了解並與現有的勞動市場連結。時代已經改變，勞動市場的變動成了持續存在的事實。Angus Reid 民調集團的執行長 Reid（1996）表示：「以前能夠預測我們的生活，帶給我們秩序及持續感的規則及模式，似乎不再適用了。」（p. 14）當事人及諮商輔導員需要因應這種新的經濟現實。Herr（1997）指出：需要一種終身學習的新職業認同，透過技能及成就而非頭銜（多技能員工）來界定自己。對於兼職、約聘及創業機會抱持開放的態度，學習如何在一個競爭市場中行銷自己，作全球性的思考，最重要的是要有彈性。

或許了解勞動市場的起點，是認知到有許多不同的勞動市場。首先要提到的是所謂的個人勞動市場，我們都有機會接觸我們認識的人。無疑的，「認識對的人」在訊息的蒐集和找到適當的工作機會方面有很大的差別。對許多當事人而言，起點在於認識要接觸的對象。

當然，對很多人而言，他們的興趣超越了目前的接觸群體，而他們的挑戰在於透過訊息的綿密運作擴展個人的關係。大多數目前有工作的當事人都很高興能做簡短的訪談（約20分鐘），說明自己工作的領域及特定的職業角色。訪談的重點在於該當事人如何取得職位（教育、工作經驗等）、他們的職責為何、工作如何隨時間轉變、他們喜歡和不喜歡什麼，以及未來的前景。最後詢問他們會推薦誰來做訪談，做為結束的問題，是有幫助的。訊息性的訪談使人們有機會增進自己對職業的了解，並擴展自己個人勞動市場的機會。

蒐集與解釋勞動市場的訊息有許多不同的方法，除了個人的接觸對象外，圖書室、社區中心、教育諮商中心、就業中心及網路都有豐富的訊息，這些資源有助於刺激職業選擇的相關想法。最大的挑戰在於打破有限的職業框架，大多數人在思考職業時，想到的是標準的工作，例如：護士、醫師、水管工、木工等等，超越這些職銜則需要接觸更多的新訊息。在某些情況下，擴大找工作的想像，納入工作創業或創造活動，也是很重要的。許多情況，工作並非透過傳統方法，鼓勵及支持創業的行動可容許更大的自由度。

說明勞動市場的趨勢，也是一項值得學習的技能。許多當事人只將重點放在目前的機會及趨勢，如果在浮現的機會中採用長期的觀點定位自己，當然要思考接受一些教育訓練才會帶來更令人滿意的結果。

做決策

生涯諮商歷程充滿了當事人及諮商輔導員做出決定的機會，將決策視作旅程的一部分而非特定的時間點，是有幫助的。有些時候，是在方向上做出重大改變，這些時刻同時以持續歷程的一部分呈現。當事人在某種程度上限制自己所擁有的決策歷程，想為自己終身找到一條確定的道路，做出「重大決定」。首先需要決定的是第一個步驟，其他的決定會隨著更多所知的訊息出現，於是處理這種**過早做決定**（pre-mature closure）的需求，也成為諮商歷程的一部分。

近年來，做決定的方式獲得相當的注意，傳統上，決定被視為一種理性的認知活動，當事人能評估不同選擇的相對優點，這需要一個簡單的優缺點清單，或是更複雜需要建構一個決策的矩陣（Amundson & Poehenell, 1996）。在光譜的另一端，決策取向之間的二分法是認知與直覺，直覺取向的決策近年來已受到挑戰。H. B. Gelatt（1989, 1991）指出：現在所需要的是更平衡的取向，有時候被稱為「積極的不確定」（positive uncertainty）；需要使用邏輯的程序做決定，也對於正在做的決定維持一定程度的謹慎及不確定，這種矛盾取向（paradoxial approach）須倚靠「兩者／以及」而非「若非／即是」的思維。界定積極不確定的矛盾原則如下：

1. 專注且對於你想要的保持彈性。
- 知道你要的，但不必確信。
- 將目標以假設看待。
- 以發現目標來平衡達成目標。

2. 對你所知道的保持覺醒及謹慎。
- 認知到知識就是力量及無知是福氣。
- 將記憶視為敵人。
- 以想像來平衡正在使用的訊息。

3. 客觀及樂觀看待你所相信的事情。
- 注意從旁觀者的眼中來看現實。
- 將信念當作預言看待。
- 以懷抱希望的思考來平衡現實考驗。

4. 務實且愉快地看待你所做的事。
- 在學習中計畫並在計畫中學習。
- 將直覺視為真實。
- 面對改變，以改變來回應而形成平衡（Gelatt, 1991, p. 12）。

積極不確定的原則與積極參與的基本概念有密切的關係。

新的學習

有時候在生涯諮商歷程中，需要額外的學習。當事人可能需要學習如何與雇主接觸，並在面試中製造好的印象，做為求職歷程的一部分。這種新的學習需要行為預演訓練（behavioral rehearsal training），其中諮商輔導員扮演「教練」角色。諮商輔導員在此角色中，協助當事人去界定成就的目標，並將複雜的工作分成可管理的學習單位，在整個歷程中以鼓勵及有建設性的回饋方式進行。

Westwood（1994）已發展出一種行為演練的順序，可用於若干不同的領域：

1. 評估：決定需要學習什麼。
2. 說明：使用特定的範例說明需要做什麼。
3. 初步的模式建立：透過角色扮演示範。
4. 意見與問題：討論及釐清所觀察到的事情。
5. 初步練習：當事人以角色扮演他們所觀察到的。
6. 回饋及鼓勵：專注於正面的成就（若有必要則重複）。
7. 目標設立及約定：鼓勵當事人練習自己的技巧，若有需要容許更多的練習時間。
8. 追蹤：追蹤進展並提供更多的鼓勵及練習。

這套全方位（comprehensive）的策略，目的在於提供許多指導、示範、練習、鼓勵及修正的機會。

利用視覺化讓當事人想像自己成功地完成任務，可使演練更為豐富，錄音或錄影並播放，可以輔助學習的歷程。和其他問題解決取向一樣，也可以使用許多策略當作歷程的一部分。

三、問題結束

大多數的諮商是在有限的時間內運作，將會有一個諮商歷程結束且達成共同的協議的時間點出現。預期要解決的問題已經有些收穫，往後某個時間可能會需要更進一步的諮商，但目前已達成可結束諮商的關係。

此結束階段的起點是將諮商時期所學到的事做一總結，這種學習起始於當事人的觀點，然後轉移至諮商輔導員所觀察到的事。筆者在做這些觀察時發現，記錄下某些「**當下行動**」（moments of movement）是有幫助的，這些動向是觀點改變（重新框架）的指標。以下是來自當事人的看法：

「這真的讓我思考了一番，我從來沒有這樣子看事情過。」

「以前別人不接受我的履歷表時，我總覺得很沮喪。現在我被拒絕時，我會從中學習，並發展出新的自我介紹方法。」

這些特別的時刻顯示出改變如何形成。

除了當下行動外，諮商輔導員也可利用優點挑戰找出已經做出的某些改變。優點挑戰是一種溝通技巧，以提出觀察到的優點做為基礎概念挑戰當事人。當事人往往會「**自暴其短**」（sell themselves short），需要被（以特定的行為觀察）提醒其所具備的優點。

當事人也意識到情感處於失落及不確定性的感覺，正面的諮商關係往往提供當事人所需求的支持及鼓勵。這情況下，會出現某些強烈的感覺並不令人驚訝，但在處理這些感覺時，覺察是很重要的。

行動計畫是終結歷程中很重要的部分，當事人須整合自己的學習並將注意力放在具體及可達成的目標。Walter和Peller（1992）提供與框架目標有關的建議，以提高成功的可能性：

1. 在陳述目標時抱持正面態度，強調透過行動計畫能完成什麼。

2. 使用目前正在進行的動作以描述意圖（例如：動詞結尾以 ing 的形

式）。

3.將焦點放在現在，如當事人結束諮商後會發生什麼？

4.要明確並思考所有的細節。

5.特別注意當事人個人可掌控的領域。

6.使用屬於當事人的經驗及了解可掌控範圍內的範例及隱喻。

使用這些建議時，應記住當事人須在行動計畫發展上扮演不可或缺的角色，否則不能只提供意見。此外，在發展一套計畫時，由於高度的不確定性，須為可能的障礙做準備，必須考量不同的選項。

有時需要某種形式的「儀式」，做為適當的結束及諮商歷程的最後註腳。儀式可以簡單，例如：將書面的行動計畫編成一份正式的簽署（及見證）；此外，有時候可分享食物，以承諾諮商關係的終結，視關係的性質而定。

四、案例說明

接著簡單說明如何以積極參與模式，應用於下列當事人的生涯諮商研究。

背景

珊蒂是一名26歲的克羅埃西亞難民，來美國已六個月，之前在讀書準備當醫生。課程修到一半時戰爭爆發了，她逃往羅馬尼亞，來到北美之前她曾住在難民營裡。

珊蒂的母親在她小時候因癌症過世，她的父親也死於戰爭中。她有一個弟弟，她想要帶他來北美，她的弟弟目前和叔叔住在一起。

在學業方面，珊蒂的成績一直很好，她對另類醫療感興趣，且希望能在這個領域有所發展。她兩難於自己的教育抱負（她想在秋天開始修習一項訓練課程）與她對弟弟的照顧義務（找一份工作，當個醫師）。

珊蒂很努力學英語，與一個說英語的人同住，可看出她在這方面的渴望。她與城裡的克羅埃西亞社群聯絡，並把握每次說英語的機會，珊蒂目前報名了社區大學的英語課。

諮商取向

在與珊蒂進行初步討論後，珊蒂很想朝自己的生涯計畫邁進。筆者對於這個高度的熱忱有所回應，開始利用時間詳細了解她個人故事的詳情。故事講述她過往在克羅埃西亞的經驗、目前的生活情況（現實），及對未來的希望。重點以珊蒂這個人為主，而非只是又一個送上門來的當事人，第一次諮商時取得了相當多的背景資料。

一個實務的考量是諮商的時間長度，珊蒂必須從大老遠搭巴士前來，探詢較長諮商時間的可行性似乎是值得的。有了這樣的想法，她第二次預約了「雙倍」的時間。

珊蒂似乎對於生涯輪非常感興趣，且完成了最初帶回家生涯路徑作業簿的大部分（大多數的當事人只做一兩項練習，她整本書都做完了！），儘管所產生的資料很重要，但最令筆者驚訝的是，她難以令人置信的高度動機。在第二次諮商的第一段時間裡，我們探討了她相關的訊息，有趣的是，她的價值觀是來自對生涯選擇的探索。她母親的過世是她生命中的重大事件，她覺得相當無助；當時的手術很不理想，也沒有另類醫療的考量，於是她在年幼時，就有了當醫師的心願。

在第二次的諮商裡，我們更專注於弟弟與她的生涯抱負之間的考量拉鋸，採用了幾種活動做為更進一步探索，最主要的是雙椅技巧（two-chair technique）。一張椅子代表她未來的教育，另一張則代表找一份工作好幫助她弟弟。這項活動一開始讓她覺得有點奇怪，但她後來很投入對話的歷程。雖然最後並未完全整合，但仍有助於釐清兩難，她認同可以修讀一個較短的課程，然後找工作。

在第二次諮商結束時，我們回到「生涯輪」，以她對於勞動市場及繼續教育的可能性尋求更多訊息的需求。她著手探討不同的選擇，並請當地一所大學評估她的教育資格當作回家作業，我們決定下次的諮商時間僅需一個時段（50 分鐘）。

珊蒂第三次前來諮商時百感交集，她找了一些另類醫療的課程，發現學費太高。比較正面的部分是，當地的大學願意讓她用先前在克羅埃西亞的醫學課程抵扣兩年的學分。第三次諮商的討論，以當地這所大學的各種選項為主，其中一項她感興趣的是營養學的課程，這是四年的課程，如果能抵扣前兩年的學分，就只需要再讀兩年。此課程也符合另類醫療的範圍，找出更多有關營養學的資料成為下一個優先，珊蒂打了一些電話詢問，並與其中一名教員約了時間面談。

第四次和最後一次的諮商，重點在於珊蒂與教員會面時所得到的訊息。訊息內容令她非常振奮，因為課程費用能以學生貸款支應、課程內容看起來很有趣，且符合生涯輪中所表達的興趣及技能。她很高興只要再兩年就能完成學士學位，之後就能求職並贊助弟弟，此外她也有攻讀碩士的長期計畫。使用**奇蹟式問話**（miracle question）並請她「經歷問題」，協助當事人短期及長期的規劃歷程，這種想像的活動似乎能提供行動計畫的具體架構。

最後一次諮商中當事人充滿了高度活力，雖仍有些令她擔心的事，她主要擔心自己無法駕馭英語。筆者利用優勢挑戰的取向，將重點放在她目前已達成的事，以及這些優點如何在她追求自己的學業計畫時，發揮效力。這樣的諮商結論，似乎開啟了她的內在靈性部分（spirits），若有需要進一步諮商，諮商的大門永遠為她敞開。

五、結論

此處介紹諮商歷程的積極參與取向，係以若干主要原則為基礎來呈現。首先，我們認知個人及生涯問題之間有重疊。我們也把重點放在想像力、創意及彈性，這種創意能在諮商輔導員及當事人身上見到，且有助於界定諮商歷程的某些要素。最後，諮商輔導員及當事人的積極投入，強調透過不同諮商活動全程參與。

此處所說明的諮商歷程經歷了界定問題、問題解決、問題結案的階段。這些階段代表的是大體上的進展，但並非遵循直線路徑，人們會在這些階段之間來來回回，諮商輔導員須依實際情況需要做回應。

發展諮商歷程中積極取向的技能及態度，需要著重在個人及專業上。諮商輔導員的教育及成長必須與新的諮商方法並進，傾向想像力、創意及彈性的選擇是令人振奮的，但更需要有自己的方法、紀律及勇氣。須將注意力放在營造一種學習的氣氛，是支持反思、探討及創意的；而安全、信任及冒險是這個取向的必要條件，也有其他不同的訓練方法可供使用。**隱喻式個案概念化**（metaphoric case conceptualization），就是當事人的材料如何藉由隱喻式合作架構加以呈現及討論的良好示範（Amundson, 1988）。

參考文獻

Amundson, N. E. (1988). The use of metaphor and drawings in case conceptualization. *Journal of Counseling and Development,* 66, 391-393.

Amundson, N. E. (1995). Pattern identification exercise. *ERIC Digest, EDD-CG-95-69,* Greensboro, NC: ERIC/CASS.

Amundson, N. E. (1998). *Active engagement: Enhancing the career counselling process.* Richmond, B.C.: Ergon Communications.

Amundson, N. E., & Borgen, W. A. (in press). Mandated clients in career or employment counseling. *Journal of Employment Counseling.*

Amundson, N. E., & Poehnell, G. (1996) *Career pathways* (2nd ed.). Richmond, BC: Ergon Communications.

Combs, G., & Freedman, J. (1990). *Symbol, story & ceremony.* New York: Norton.

deShazer, S. (1985). *Keys to solution in brief therapy.* New York: Norton.

Friedman, S. (1993). *The new language of change.* New York: The Guilford Press.

Gelatt, H. B. (1989). Positive uncertainty: A new decision-making framework for counseling. *Journal of Counseling Psychology,* 33, 252-256.

Gelatt, H. B. (1991). *Creative decision making.* Los Altos, CA: Crisp Publications.

Greenberg, L. S., Rice, L. N., & Elliott, R. (1993). *Facilitating emotional change: The moment by moment process.* New York: Guilford.

Hackney, H. L., & Cormier, L. S. (1996). *The professional counselor: A process guide to helping* (3rd ed.). Boston: Allyn and Bacon.

Herr, E. L. (1993). Contexts and influences on the need for personal flexibility for the 21st century (part 1). *Canadian Journal of Counselling,* 27, 148-164.

Herr, E. L. (1997). Perspectives on career guidance and counseling in the 21st century. *Educational and Vocational Guidance Bulletin,* 60, 1-15.

O'Hanlon, W. H., & Weiner-Davis, M. (1989). *In search of solutions: A new direction in psychotherapy.* New York: Norton.

Poehnell, G., & Amundson, N. E. (in press). Careercraft: Engaging with, energizing and empowering career creativity. In M. Peiper, M. Arthur, R. Goffee, & N. Anand (Eds.), *Career creativity: Explorations in the re-making of work.* London: Oxford Press.

Regensteiner, E. (1970). *The Art of Weaving.* New York: Van Nostrand Reinhold.

Reid, A. (1996). Shakedown: *How the new economy is changing our lives.* Toronto: Doubleday.

Schlossberg, N. K., & Robinson, S. P. (1996). *Going to plan B.* New York: Simon & Schuster.

Schlossberg, N. K., Lynch, A. Q., & Chickering, A. W. (1989). *Improving higher education environments for adults.* San Francisco: Jossey-Bass.

Vahamottonen, T. (1998). *Reframing career counselling in terms of counsellor-client negotiations. Doctoral dissertation,* University of Joensuu, Finland.

Walter, J. L., & Peller, J. E. (1992). *Becoming solution-focused in brief therapy.* New York.

Westwood, M. J. (1994). *Developing skills for social-cultural competencies. Unpublished manuscript.* UBC, Vancouver.
White, M., & Epston, D. (1990). *Narrative means to therapeutic ends.* New York: Norton.

第九章
21 世紀生涯規劃與科技

馬里蘭州羅耀拉學院｜JoAnn Harris-Bowlsbey

本書原文書前一版第九章討論與生涯發展有關的想法、生涯規劃的模式，以及兩種不同生涯規劃的電腦輔助系統，協助人們進行生涯選擇及規劃。筆者閱讀本章時，原以為簡單的內容更新即已足夠。但令筆者驚訝的是，在第一版與第二版的這些年間，生涯發展理論、生涯發展假設，以及科技的角色，已出現了重大的變化。於是筆者決定放棄先前的章節，全部重新撰寫。因此，本章將探討與生涯發展有關的生涯發展理論及想法上的改變，然後討論科技在支持成人發展上所扮演的角色。

一、生涯發展理論

本章的先前版本強調 John L. Holland 的生涯選擇理論，以及 Donald E. Super 的生涯發展理論。Holland（1997）的理論可分成四點簡述如下：

1. 人可被描述為六種人格類型的組合。
2. 環境亦可被描述為相同六種人格類型的組合。
3. 個人尋求與人格類型相容的環境。
4. 若人能做這樣的適配，則對工作滿意是可以預期的。

這種經過時間及研究檢驗的理論是**特質因素理論**（trait-and-factor theory）的代表，首先由 Parsons（1909）所提出，自生涯諮商問世以來，就對其具有重大的影響。這個取向在特定的時間點協助找出職業選項（vocational options）上，仍非常有用；但若檢視20世紀末的生涯理論，顯然21世紀的生涯發展及選擇，不只是將人與環境的特性適配。

Super早期理論（1957）指出：生涯發展是在一定的循序生活階段中發生，每一個階段都有其共同及必要的發展任務。Super指出，適當且適時地完成發展任務，是獲得職業成熟的準則。Super也提出**自我概念**是生涯發展的催化劑及驅動力。

Lent 和其同事（Lent, Brown, & Hackett, 1996）、Brown（1995）及Sampson等人（Peterson, Sampson, & Reardon, 1991）的理論強調：人在做出生涯選擇時個人的意圖及動機的重要。Lent等人（1996）強調在生涯選擇及發展上認知因素所扮演的角色，強調自我效能信念、結果、期望及個人目標。

Brown（1995）指出：價值觀是生涯選擇及發展的推動力，與做出滿足基本選擇的價值觀是相符的。Peterson 等人（1991）在認知訊息處理取向中，也強調認知因素在生涯選擇中所扮演的角色。認知的前三個層次包括：特質因素的構成要素（自我認識、生涯資訊及決策），但他們加入第四個層次，包括：自我對話、自我察覺，及認知的監測和控制。

這些理論相較於Holland的理論，比較強調個人是自己生涯的設計者，因此，生涯選擇及發展已超越對遺傳及環境的影響認知，且以簡短的三個英文字母代碼掌握其精髓，並找出適配的環境。同樣的，每一種理論都可能忽略了生涯發展的時間序列層面，並將其他的概念（自我效能、價值觀、資訊處理及意向）放入比較接近生涯選擇及自我概念中。因此，這些理論指出：21世紀的生涯選擇及發展中，除了興趣、能力、發展任務及自我認知外，還有更多重要的因素。

20世紀末的其他理論——尤其是Savickas（2000）及Hansen（1997）——指出，與意義、整體性、家庭，以及對全球社群貢獻有關的事情，都會影響生涯選擇及規劃。Savickas強調協助當事人找出生命主題、價值觀、生命中未竟事務（unfinished business），以此做出生涯抉擇來尋求生命主題的意義，並透過工作來完成生命中未竟事務，這個觀點給了工作更深層的靈性意義。

Hansen 在 21 世紀的生涯選擇及規劃中提出六大關鍵主題。這些主題包括：為全球的利益而工作、將家庭需求納入生涯選擇的考量、將我們的生活編織成一個有意義的整體，及探討心靈和人生的目的，然後做出可達到個人最大滿意度的選擇。這個取向和以自我中心來進行自我評估，有極大的差別。

前版本章描述了一種做出生涯選擇的系統過程，認為左腦的邏輯取向可能提供最好的結果，且替代方案可由資訊找出及啟發，並做高度確定的選擇。20 世紀末至少有三位以上的理論家——Miller-Tiedeman（1999）、Krumboltz、Mitchell 和 Levin（1999），以及 Gelatt（1995）——強調預先規劃、遵循按部就班的邏輯模式，以及找出「最佳」替代方案是不可能的。他們談的是遵循自己生命的直覺，跟隨**生命心流**（life's flow）湧動，或奮力不斷探尋，及發展技能以快速轉型。所有這些立場及簡要的描述，都顯出21 世紀生涯選擇及發展是複雜、多變，且由多元的內外在力量所驅動著。

這些理論立場引導我們做出 21 世紀成人生涯發展的假設，有別於 20 世紀後半期，假設如下：

- 沒有任何固定的指導做法能夠滿足生涯選擇的所有情況，人們的選擇將會被興趣、技能或能力、價值觀、對人生意義的探尋、從事社會工作的心願、將個人需求與家庭結合的心願，以及其他內在及外在的力量所帶動。內在力量將由自我概念協調，並由價值觀導引。
- 一種計畫的決策過程，即使是學術性和應用性，亦不足以協助人們進行生涯選擇及發展。資訊及改變將會相當多且普遍，人們會把焦點放在求生存的短期轉型，而非長期的規劃。
- 由於勞資雙方的社會約定已經打破，勞資雙方將追求自己的最大利益。有鑑於此，人們將為自己的生涯選擇及規劃負起比以往更大的責任，資方將繼續進行其認為更為符合成本效益的工作——包括兼職工作、外包工作，以及雇用臨時員工。
- 人們在一生中所做的生涯改變將遠比在 20 世紀中所做的多出很多，因此，具備一些可轉型的工作技能及一套因應轉變的模式，或許是很重要的技能組合。因為工作技能需要持續更新，所以學習將是終身的。

- 一般而言，生涯是個人一生中一連串的工作職位，若考量家庭和社會需求，生涯強調透過一生中不同生活角色的自我展現。

過去十年，生涯發展理論和假設已改變了，科技的能力及媒介也有所改變；使用科技協助個人的生涯規劃起源於60年代末期，在當時幾位開發者（Super, 1970）最初使用電腦以協助生涯規劃，此時正逢陰極射線管（CRT）的發明，這項發明將電腦時代從批次處理（batch processing）——成疊的卡片穿過電腦主機執行程式——到互動式的電腦環境。一旦互動式計算環境（interactive computing）變得可能，開發者可將當事人或學生、電腦文件及資料庫之間的對話腳本（script）及資料庫加以編輯。其功能即是兩種電腦輔助的生涯規劃系統——所謂的**生涯規劃系統**（career planning systems）及所謂的**生涯資訊系統**（career information systems）的開發成為可能，前者試圖將開發者的生涯規劃理論作業化。

「Super 開發出一種系統，稱為「教育與生涯探索系統」（Education and Career Exploration System, ECES），藉由提供職業的描述，協助學生透過對工作的評估及觀察，發展出更符合實際的自我概念。此系統增強微縮影片檔，包括工作任務的圖片。」由Tiedeman及哈佛的同事所共同開發的「職業決定資訊系統」（Information System for Vocational Decisions, ISVD），試圖教導學生Tiedeman-O'Hara（1963）的決策模式，預期只要將之吸收內化（internalize），他們就能在沒有其他支援下做出決定。「互動式指導資訊系統」（System for Interactive Guidance Information, SIGI）為了做決策，操作Katz（1966）的古典模式，依據價值、選擇的優先順序及可能性，來確認成功進入職場的教育所需。Harris（1970）實行了 Roe（1956）的職業分類系統，協助學生找出各類可供探索的職業，以興趣量表的分數及教育抱負為依據。這些早期的系統有幾個共同點：

1. 每一種系統都為使用者儲存了一項紀錄，使系統能追蹤個人在整個生涯規劃過程中的進展。

2.每一種系統都（明確或暗示地）提出一種做出生涯決定的特定程序。

3.每一種系統都使用評估的結果，將使用者與職業選項做連結。

其中有兩種系統是後面系統的前身：(1) SIGI Plus；及(2) DISCOVER，到今天仍是學校、大學及許多其他場合的主流。

1970 年代，全國資訊協調委員會（National Occupational Information Coordinating Committee）的成立，**生涯資訊系統**被開發出來，這些系統專為各州量身訂做，將重點放在提供高品質的生涯資訊。它們由職業、學校、財務援助及軍事程式的資料庫搜尋策略所構成，和**生涯規劃系統**不同的是，它們不儲存使用者紀錄、教導決策策略，也不使用評估的結果找出職業選項。從 70 年代初期到 1999 年，各州量身打造的商業用生涯資訊系統有了穩定成長。此同一時期內，生涯資訊系統添加了新特點，有新的進展並且有了結果，到了 90 年代的十年間，兩種系統之間的差異變少了。

90 年代初期網際網路的普遍使用，大幅改變了與科技及生涯規劃有關的風貌，電腦資訊系統從單一連接電腦傳輸轉變為透過網際網路傳輸。生涯資訊或規劃的專門網站開始急速誕生，品質的差異極大。諮商輔導員開始擁抱新的科技，學習有關網站的使用，以及如何架設自己的網站。專業協會——包括全國生涯發展協會（National Career Development Association）、全國認證諮商委員會（National Board for Certified Counselors），以及美國諮商協會（American Counseling Association）——撰寫了使用服務媒介的指導方針。數位相機的發明、更快速的數據機及寬頻電話的使用，使得**網路諮商**（cybercounseling）——透過網際網路提供面對面的諮詢——成為可能，且符合成本效益。因有網站輔助，可印刷文本（text）從一種語言翻譯成多種其他語言，使得國際溝通變得可能。

二、對 21 世紀的意涵

理論及假設的變化所產生的意涵，是成人比以往任何時期都更需要生涯發展上的協助（Rifkin, 1995），因為他們一生中所擁有的工作數目將會增加。這樣的增加是因為社會契約的終止，及工作電腦化，所需人數的減少趨勢仍將持續，組織在尋求找到最符合成本效益，以及個人對生涯規劃施展更大的控制決策。除了這些趨勢，個人壽命的持續延長，許多較年長者選擇繼續工作，雖然這些工作與他們年輕時所追求的不同，但這些趨勢產生一種成人教育及訓練的持續需求，他們發現增進目前的技能不能落伍及學習新的技能都是必要的。

在 21 世紀，成人將如何及在何處取得生涯諮商與資訊？有些人會到私人或社區機關，與取得認證的生涯諮商輔導員面對面尋求協助，也有許多人沒有金錢或時間採取此途徑。網際網路將以四種明顯不同的方式扮演日益重要的角色提供服務——管理及評估、針對各種生涯規劃主題提供資訊、扮演互動式網路諮商的管道，以及提供集體溝通的討論空間。讓我們來檢視這四種角色。

事實上，目前已有網際網路管理員提供量表進行評估，而且逐漸有越來越多正式及非正式的網站、收費及免費的網站可供使用。這些網站提供興趣量表、能力、價值觀及個人特質量表，加上完全自助的得分報告。某些情況，網站也提供有關這些工具所建議職業的文字或影像資料。

這些量表或測驗的結果可直接傳送給使用者（A 工具）；傳送給參與解讀的專業諮商輔導員（B 工具）；或傳送給大學的教職員、雇主或認證機構（若為與學業諮詢、工作、入學或人員遴選有關的評估）。

評估網站的特性目前包括下列各項：

- 越來越多知名、有效且可靠的評量工具以收費的方式被放在網際網路上。
- 越來越多不知名、無效且不可靠的評量工具以免費的方式被放在網際網路上。
- 有些知名的評量工具，其價格差異性大——每次服務從 4.95 到 25 美元不等。
- 評量報告儲存於網站上一段時間，使採用工具的人能檢視結果，或重新評量。

- 除非結果已被傳送給認證的諮商輔導員，做為當事人解讀之用，否則進行測驗之前不可能會預先準備，也不會在收到報告後有追蹤。

網際網路做為資訊的提供者，需要在許多主題提供高品質的即時資訊，包括職業說明、教育機會說明、求職指導，以及工作資料庫。雖然網站在初期給人一種刻板印象，但是資訊會經常更新，可迅速取用，可從家中、工作地點或社區圖書館等地免費取得。

目前可提供生涯資訊的眾多網站，其特性包括下列各項：

- 有些網站例如：由聯邦政府的勞工部職訓局及州政府的生涯資訊傳輸系統所開發的網站，具有很好的品質及完整的職業介紹、勞動市場資訊，以及工作機會。
- 有些網站提供大學資料庫的搜尋、學校資料及大學入學的網路申請，讓使用者可直接與學校的首頁連結。
- 網站開始納入短片，使職業及學校資料庫更為活潑。
- 國防部在網路上放置《軍用指南》（*Military Guide*），提供完整的軍事職缺及民間相等職缺的資料。
- 美國教育部提供相當多來自聯邦財務補助的資料，並提供網路上的家庭財務補助申請。
- 《職業分類詞典》（*Dictionary of Occupational Titles*）已被網路上的 O*Net 取代，它介紹 1,122 種職業類組，並提供依技能及其他特性搜尋職業的服務，電子版的《職業展望手冊》（*Occupational Outlook Handbook*）可在網路上取得。
- 這些網站上所提供的資料庫品質差異大，目前尚無專業的評論。
- 這些網站都是各自獨立的，也就是各網站提供了多種有關某部分生涯選擇或規劃過程的資訊，但這些網站是完全不同的並未整合。
- 它們都是免費的。

網際網路提供職業協助上的第三大項主要用途，是做為與生涯諮商輔導員或生涯教練溝通的媒介。這樣的協助有多種層次，在較低的層次上，諮商輔導員可透過非同步的電子郵件（即當事人與諮商輔導員並非同時都在電腦旁邊時，透過電子郵件溝通）回答問題，或將當事人轉介。中層次的協助可透過同步的電子郵件（即當事人與諮商輔導員同時都在電腦旁邊，可進行即時的對話）提供。

廉價數位相機、輔助軟體及寬頻網路的問世，使第三層次的服務——**網路諮商**成為可能。此模式中，當事人及諮商輔導員同時在自己的電腦旁邊，只要取得適當的軟體及硬體，雙方就能即時進行聽得見、看得到對方的面談。在筆者撰寫本章時，這樣的功能還在萌芽階段，但預計將隨著科技功能的改善、倫理道德規範已備妥，以及諮商輔導員已受過這種工作模式的訓練而擴大展開。

網際網路用於支援生涯發展的第四個被看好用途，是透過電子郵件助長通訊。這樣的通訊可能會發生在個別的當事人與他們所考慮就讀學校的校友之間、當事人與可能的雇主間，或支援團體的成員之間。

由於成人越來越需要接受生涯協助或諮商，以及科技的快速進步，這種網路諮商的服務很可能將在21世紀增加並更成熟。這趨勢使得提供成人符合成本效益服務的可能性大為增加，這種服務模式提供兩個明顯不同的優點：

1. 只要能上網，可提供成人每天24小時的服務。
2. 諮商服務在相同媒體中能與其他功能結合，例如：與他人通訊或使用指定的網站。此種服務模式的提供，缺點包括：⑴失去面對面接觸的機會；及⑵需要資源轉介給許多位於不同地理區域，無法使用此網際網路取向的人。

21世紀初的另一個發展趨勢是，一致性整合網站的發展，支援提供生涯規劃的**虛擬生涯中心**（virtual career centers）。虛擬生涯中心就是一個支援生涯規劃，並將多種功能整合在一起的網站，有些功能由此網站開發，有些則透過連結的方式加入。例如：網站可能包括與好幾個不同評量網站（例如：用以評估興趣、技能及工作價值觀）的連結；一旦這些結合的工具找出可能的職業結果，他們的職銜就能與網路上確定的職業資訊來源連結；虛擬生涯中心的第三種內容可能是，與搜尋多種有關的訓練資訊及現有的資料庫連結，找出職缺；第四種是求職技巧的教學；第五種是提供與一個或多個搜尋職缺的網站連結；第六種功能是可由當地所開發的主修課程及有關的資訊連結；第七種功能將使用者直接與各大雇主的網站連結；第八種功能是與多種主題的教學連結；第九種可能是以收費方式與諮商輔導員談有關資訊的意義。整合的網站可處理當事人所需要的各種資訊，包括個別諮商。

三、可預見的衝擊

網路用於成人生涯規劃及發展的情況將繼續增加，特別是結合網路諮商，被認為是當然的事；由於可在方便的時間及地點上網，因此，它對成人的服務較目前專家所提供的效果好，當更多比例的人口能在家中上網，此趨勢將更為顯著。

使用網際網路提供教學、諮商、資訊及網路的連結作業，將刺激此領域的相關研究。例如：找出諮商輔導員及當事人在此工作模式中最大服務效益，及如何篩選和支援這些參與其中的人。

四、結論

20 世紀的最後十年間有多樣發展，大幅影響生涯諮商領域，這些發展包括了有關生涯發展及選擇新理論的發表、職場的重大改變，以及網際網路問世，成為當事人與諮商輔導員之間有效的溝通途徑。前兩種發展情況改變生涯規劃的重要假設。本章已將這些改變加以歸納，且說明網路在支援 21 世紀成人生涯規劃上的四種不同用途。

參考文獻

Brown, D. (1995). A values-based model for facilitating career transitions. *The Career Development Quarterly,* 44, 4-11.

Gelatt, H. B. (1995). Chaos and compassion. *Counseling and Values,* 39, (pp. 109-116).

Hansen, L. S. (1997). *Integrative life planning: Critical tasks for career development and changing life patterns.* San Francisco, CA: Jossey-Bass.

Harris, J. (1970). The computerization of vocational information. In D.E. Super (Ed.), *Computer-assisted counseling* (pp. 46-59). New York: Teachers College Press.

Holland, J. L. (1997). *Making vocational choices: A theory of vocational personalities and work environments* (3rd ed.). Lutz, FL: Psychological Assessment Resources.

Katz, M. (1966). A model of guidance for career decision making. *Vocational Guidance Quarterly,* 15, (pp. 2-10).

Krumboltz, J. D., Mitchell, K. E., & Levin, A. S. (1999). *Planned happenstance: Capitalizing on the unpredictable.* Paper presented at the 8th annual NCDA conference, Portland, OR.

Lent, R. W., Brown, S. D., & Hackett, G. (1996). *Career development from a cognitive perspective.* In D. Brown, L. Brooks, & Assoc. (Eds.), Career choice and development (3rd ed., pp. 373-416). San Francisco, CA:Jossey-Bass.

Miller-Tiedeman, A. (1999). *Learning, practicing, and living the new careering.* Philadelphia: Taylor & Francis.

Parsons, F. (1909). *Choosing a vocation.* Boston: Houghton-Mifflin.

Peterson, G. W., Sampson, J. P, Jr., & Reardon, R. C. (1991). *Career development and services: A cognitive approach.* Pacific Grove, CA: Brooks/Cole.

Rifkin, J. (1995). *The end of work.* New York: Putnam Publishing.

Roe, A. (1956). *The psychology of occupations.* New York: Wiley.

Savickas, M. L. (2000). *Career choice as biographical bricolage.* Paper presented at the 9th annual NCDA conference, Pittsburgh, PA.

Super, D. E. (1957). *The psychology of careers.* New York: Harper & Row.

Super, D. E. (Ed.). (1970). *Computer-assisted counseling.* New York: Teachers College Press.

Tiedeman, D. V., & O'Hara, R. P. (1963). *Career development: Choice and adjustment.* Princeton, NJ: College Entrance Examination Board.

第四篇

多元群體

第十章

女性主義與女性生涯發展：生態學觀點

辛辛那堤大學｜Ellen P. Cook
密蘇里大學｜Mary J. Heppner
馬里蘭大學｜Karen M. O'Brien

在過去十年，女性生涯發展研究已如雨後春筍般增加，說明了女性生涯路徑（career paths）的多元性，及影響這些途徑的因素（Betz, 1994）。遺憾的是，儘管近年來民權及女性主義運動獲得令人興奮的成果，但有一句法國名言說：「事情改變得越多，不變之處也越多」，清楚地說明了女性生涯當今的情況。雖然越來越多女性進入有薪資的勞動力市場，且在生涯上取得了一個世代以前無法想像的成功，但是整體上，種族及性別歧視狀態仍舊相似（Betz, 1994; Fitzgerald, Fassinger, & Betz, 1995）。總體說來，女性相對集中在人數較少、薪資低的職位上，並且仍然以照顧家人為主（Betz, 1994）。此外，女性由於性別及種族之故，在生涯的升遷路上，仍舊遇到阻礙（Cook, Heppner, & O'Brien, in press）。過去十年間，有關女性生涯發展的優秀評論，說明了有利及有礙女性生涯發展的性質過程及結果（例如 Bingham &Ward, 1994; Fassinger & O'Brien, 2000; Fitzgerald et al., 1995; Gysbers, Heppner, & Johnston, 1998; Phillips & Imhoff, 1997）。

任何分析女性生涯的架構，必須考慮到各種不同女性群體的異同。近三十年以來，心理學的女性主義觀點，已為諮商提供一種語言及哲學，來認知女性生活的複雜性，視女性是多種因素影響下的結果，而這些影響並非只是來自她所處的環境而已（Betz & Fitzgerald, 1987）。本章中，我們將簡述女性主義分析的核心元素，做為討論生涯發展模式的前言，再說明塑造有色人種女性及白人女性的生涯模式，以及個人／情境脈絡互動的複雜性。由於先前我們已受惠於女性主義觀點的生涯分析，因此，將不再重複前人在此領域的貢獻。例如：Brooks 和 Forrest（1994）對於女性生涯發展及心理健康的相關研究，提出了具說服力的女性主義評論；以及 Fitzgerald 和 Weitzman（1992）對女性生涯發展的結構性及規範性限制的相關文獻，已做了周全的評論。本章將以女性主義學者的研究為基礎，提出一種普遍的架構，根據女性主義的分析及生態學的理論，將女性生涯發展概念化，並從近年的生涯發展文獻中找出範例說明這個架構，以討論生涯諮商實務的意義。

一、女性主義分析與諮商

女性主義對於生涯發展及職業行為的分析，已為過去四十年來有關性別的結構性思考奠立相當的基礎（Brown & Brooks, 1991; Espín, 1994; Fitzgerald & Weitzman, 1992）。對於主流理論、研究過程，以及生涯諮商實務的女性主義評論，已將領域從個人及最常見的個別中產階級、白人、異性戀男性的狹隘觀點，擴大到更為廣大且更具包含性的焦點。

女性主義哲學的核心是一種信念（belief），此信念認為每位女性都是自主及獨立的，並且有權力生活在不受性別角色分工的阻礙下。由於女性主義是一種「意識型態及訴求社會政治改變的運動，依據的是對男性主導及女性從屬的批判分析」（Offen, 1988, p. 151）。因此，女性主義運動尋求結束女性對男性的從屬，及已被體制化且實行已久的多種從屬的形式。因此，女性主義是一種對男性權威及階層體制（hierarchical system）的直接挑戰。

在此除了社會及政治結構的女性主義分析之外，也是一種新型態女性治療的需求；這種治療不會複製階級性、父權制，也不會以責備女性為重心。此女性主義者理論（feminist theory）的主要信條是：⑴個人的事就是政治的；⑵諮商的關係應為非階級性的；⑶女性的問題應被放在更大的社會政治環境來看待，這些信條取材自許多來源（例如 Brooks & Forrest, 1994）。

個人的就是政治的

女性主義分析的核心信念是：理解個人行為最好的方式，是把個人行為放在它所發生的社會政治環境中來理解。因此，女性對她個人的生涯考慮，會被概念化為更大社會脈絡的一部分，此社會脈絡包含了性別主義意識型態（sexist ideology）、壓迫體制，及文化上所決定的性別分工。因此，如果要改變女性的生活，需要改變背後較大的環境。在諮商中，當事人要清楚一直無法脫離低社會地位、低薪水的原因，究竟是個人的責任，或者其實是外在社會文化的影響（例如：職場上的階層化、雇用上的偏見，及升遷上的性別限制）。鼓勵諮商輔導員要檢驗這些偏見，為個人改變而工作，並倡導社會改變。

非階級性的諮商關係

女性主義取向中，當事人與諮商輔導員之間的關係基礎是「合作」而非階級。女性主義的作法中，當事人及諮商輔導員都被賦予「相等的價值」（equal worth）。相等的價值並不意味著相等的能力，因為生涯諮商輔導員具有遠超過其當事人的訓練及專業，當事人需要他們進行有效的諮商。更進一步說，**女性主義治療**（feminist therapy）強調的是婦女與生俱來的價值，及每位婦女帶到諮商過程的自我覺察（self awareness）（Brooks & Forrest, 1994）。這種平等主義的取向，需要諮商輔導員留心任何會增加當事人被動及依賴的行為，並且避免諮商關係中不必要的階級性。諮商的焦點在於對女性賦能（empowerment），及協助女性當事人使用內在的資源來療癒，並以健康的方式成長。治療關係是明白易懂的，且不宜使用專業的診斷及術語。在生涯諮商中，測驗評估被視為發現的工具而不是規定的措施，且當事人必須積極參與解讀的歷程。

女性議題在較大的社會政治脈絡中的定位

或許女性主義分析最大的貢獻，是將所有問題從個人擴展到較大的社會政治脈絡中。女性主義諮商的核心，是去辨識出性別歧視的社會情境及限制女性的發展。如今女性的問題被認為是對社會壓迫的回應，而不是病態的。因此，生涯諮商輔導員及當事人一起檢視文化如何限制她們的夢想，以及她對自己在世界中所處地位的看法。

當新的世紀開始，這些由女性主義研究者及臨床工作者發展出來的信念，已經對生涯諮商產生深刻的影響（Brown & Brooks, 1991）。然而，女性主義研究者的工作尚未完成，因為過去主要針對的是白人中產階級、受過教育的女性需求，未來還需要更多的研究，來分析有色人種女性及貧困或工人階級女性的經驗。如Espín（1994）指出：「令人遺憾的是，在心理學（例如Brown, 1990; Espín & Gawelek, 1992），以及一般女權運動中（例如Anzaldúa, 1990; hooks, 1984），仍然有很多不夠敏感的、帶著種族主義的、階級主義的女性主義敘述。」（p. 256）Espín 接著表示：「在可能的運動上，白人女性主義者的短視及其造成的後果，經常遭受批評。原因是女性主義的定義比較狹窄，而且運動的目標被認為是對其他女性的限制及排斥。」（Espín, p. 265）

從早期的女權運動，女性有色人種挑戰了運動的性質——被要求犧牲自己社群的需求，支持白人女權運動者往往是帶有種族歧視及菁英主義的需求（Taylor, 1998）。當白人女性尋求與白人男性平等的權利時，有色人種女性卻感覺到一種撕裂感，她們一方面想為自己身為女性的身分奮戰，一方面卻也認同自己的族群在種族壓迫的社會中所做的抗爭。有時候，女性主義運動所關心的，似乎與這群有色人種女性及男性族人所面臨的困難無關。但許多作者（Anzaldúa, 1990; Espín, 1994, hooks, 1984）表示：「白人中產階級女性並不『擁有』（own）女性主義，而女性主義也不是與有色人種女性的經驗無關；更重要的是，在白人主宰的社會中，有色人種女性受到的壓迫具有與種族及性別有關的特性。」（Espín, 1994, p. 265）

事實上，女性主義治療因對有色人種女性有正面影響而受到肯定（Comas-Diaz, 1987; Espín, 1994）。強調賦能及外在環境而不是內在心理，以及對於社會改變的重視，都被認為是女性主義理論對於有色人種女性的整體心理健康的正面貢獻（Comas-Diaz, 1987）。但如 Espín（1994）所主張：

> 諷刺的是，女性主義理論——從某種覺察（awareness）發展出來，它很敏銳地覺察到社會文化因素決定了婦女的心理狀態，但卻如此遲於領悟（insight）到在性別之外，還有其他的社會文化因素。因此，排除了非白人的絕大多數女性經驗，在這過程中，也排除了性別以外對所有女性生活影響的社會文化因素（例如：種族、階級、族群），包括白人女性在內（Espín & Gawelek, 1992; Spelman, 1988）也被排除（Espín, p. 274）。

雖然女性主義分析有可能改善有色人種女性的生涯諮商，同時，將分析從以性別為基礎擴展至納入種族與階級的交錯本質，更了解所有女性的生涯發展需求是絕對必要的。下一個關鍵步驟是詳細說明今日的生涯諮商性質，以發展出理論架構基礎，進而了解種族、性別及階級對於女性生涯發展的影響。

二、今日生涯諮商工作的本質

早期的美國職業架構清楚地顯示出，種族及性別是塑造生活模式的力量。在美國有一種迷思（myth），主張所有人都有選擇的自由，認為職業的成功主要取決於個人的進取心；然而，許多有色人種女性及白人女性卻持續經驗歧視，且過度地擔任低薪資、低地位的職業。整體女性在職業上的多元化，也清楚顯示某些女性並不因為性別或種族歧視而退縮或受到影響。生涯發展專業人員所面臨的挑戰，就是提出一種複雜的生涯發展模式，詳細說明影響不同群體女性的生涯路徑因素。Cook等人（in press）首先指明目前生涯諮商所包含的假設（通常不會反映出許多有色人種及白人女性的生活實況），展開他們對於女性生涯發展的生態模式作詳細說明。這些假設陳述如下：

> 工作在人們的生活中占有重要的地位，人們有責任為自己做

> 出實現其生涯潛能的獨立決定。有關個人特質及偏好的認識，是理想生涯決策的重要因素。生涯諮商通常也指工作角色的諮商，但很少探索成人扮演的其他生活角色（例如：家庭、社區）。這些理性的工作決策已隨著時間的增長、技術的精良及報酬形式改變，展開了有系統的線性生涯進展。最後，生涯諮商這種樂觀的信念將永遠持續下去：只要工作夠努力，就能實現自己的職業夢想。

Cook等人（in press）指出：雖然這種生涯發展的觀點與美國理想中的自給自足（self-sufficiency）及自由的理念相符，但這種觀點或許不能傳達許多有色人種女性及白人女性的生活優先次序及特定的角色承諾。例如：許多女性及有色人種可能將生活的核心意義定義於關係（relational）或集體（collective），而非個人主義的觀點（Helms & Cook, 1999）。許多女性，尤其是低收入的女性，必須在維持家庭及照顧家人的責任下做出生涯決定。由於以文化為基礎的世界觀，或平衡多重角色責任的迫切需要，許多女性無法安排出一種如生涯專家所建議：有秩序、理性的生涯軌道。最後，勞動市場中仍然盛行著種族及性別歧視（Reskin & Padavic, 1999），造成了社會的、體制的、心理的、政治的及經濟的障礙，限制了有色人種女性及白人女性生涯發展的選擇性。

由於這些阻礙，目前的理論必須超越對個人的檢視，延伸至以認知個人及環境這兩種因素對生涯行為所造成的影響（Spokane, 1994）。近來，在談到生涯發展歷程時，已經越來越注意到在社會脈絡中的角色（例如Vondracek, Lerner, & Schulenberg, 1986）。然而，主流模式並未明確地考量種族及性別在塑造生涯模式的重要性，這些是女性主義觀點認為最主要的影響力。為了建立有關目前生涯發展歷程的知識，強調以種族／性別為主的模式，必須包容獨特的個人及共同的集體經驗，除了考慮每一個當下的經驗，可大到全國性的社會文化間複雜交錯的動態影響。因此，我們提出一種生態（學）的模式，以刺激對於有色人種女性及白人女性生涯發展複雜關係的理解。

我們的用意並非要建立一套生涯發展的脈絡歷程（contextual processes）理論，而是要從諮商及相關領域整合女性主義分析及文獻脈絡。此生態模式（ecological model）的構念及歷程，對於了解影響有色人種女性及白人女性生涯發展脈絡的原因，是很有幫助的。

三、生涯發展的生態模式

心理學中並無單一的生態學理論。生態心理學可被認為是一群模式，串連起我們對於人與環境之間互動關係的共同理解，或是一種獨特的後設理論（metatheoretical）模式，包含在一組共通原則下，對於理論及研究的多種取向。生態原則向來受到助人專業者的接受，他們認為環境介入是重要的協助工具，像是社區心理學（例如 Trickett, 1996）、社會工作（例如 Chung & Pardeck, 1997）、學校心理學（例如 Schensul, 1998），以及關心學生發展的專業人員（例如 Delworth & Piel, 1978）。或許因為生涯諮商一直將焦點放在個人的改變上，生態原則的適用性似乎顯得不那麼清楚（明顯的例外，見 Conyne, 1985）。生態學的觀點提供生涯諮商輔導員在多個層面上同時將個人或集體行為概念化的方法，將多元化解釋為主要現象，而不是規則的例外。

生態心理學的概況

生態心理學的精要可歸納於 Kurt Lewin（1936）的名言，即行為（B）是人（P）與環境（E）互動的函數：$B = f(P \times E)$。在生態的觀點，人類的行為被認為是來自人與環境之間動態、持續互動的結果，是一種相乘的組成。行為被認為是「在脈絡中行動」（Landrine, 1995, p. 5），這裡所謂的脈絡（context）是自然命名及個人行為意義化中不可或缺的決定因素。行為也是被多重方式決定，代表個人生命在任何一段時間多種因素的互動組成。

具有影響力的生態模式中，Bronfenbrenner（1977）指出，以微系統（microsystem，某特定環境中的人際互動）為環環相扣以影響行為的次系統（subsystems）中心，而大系統（macrosystem），即某社會中的意識型態要素，則包含著其他次系統。個人主要是某次系統的組成要素，這種互動的觀點提醒生涯諮商輔導員，所有人類都存在與周圍環環世界相扣的關係裡，雖然進行個人生涯諮商時，使用這結構觀點可能會被質疑為太公式化。Bronfenbrenner 最近在 1995 年修正版的生物生態典範，更強調個人為整個回饋互動過程中積極的促動者（active agent），人能影響自己的環境，也在一套複雜的環境過程中被影響著。Bronfenbrenner 對於個人（individual）的強調，與Conyne（1985）在次系統間，將人定位在動態生態互動的核心位置看法是一致的。

個人能產生影響力，也透過他的思考過程被他所處的環境影響著。建構主義者（例如Sexton & Griffin, 1997）主張：個人創造自己的生活，部分是藉由他們如何理解／解釋發生在他們身上的事。同樣的環境決定因子，可能被不同的人理解為有幫助的、令人沮喪的、中性的，或有力量的，也可能對某人有影響力但卻完全不被察覺。Herr（1999）明白地指出：個人對於環境影響力的覺知，以及個人的可能性如下：

> 個人在社會中的行為，是一種在社會脈絡中對改變的持續回應，社會脈絡以正向或負向的方式刺激人們，使他們創造新的意義或重建舊的意義，肯定或否定他們，指點或使他們困惑，鼓勵他們要有目的、有所成就，並且著眼未來，或者會創造一些條件，限制人們的視野和抱負，讓人們每天都處於身心的掙扎中，或生活在一個由性別、階級或其他屬性所界定的非常侷限的疆域裡（p. 2）。

Collin和Young（1992）將意義形容為「生涯的核心」（p. 12），這解釋了個人與其他人，以及個人與社會及普遍的文化連結的過程。這一點對許多人而言都是如此，但並非社會裡的所有人都是這樣。生涯諮商輔導員的工作有一部分就是創造機會，讓人們找尋工作的意義。在某些工作場合或群體中，人們會對某些共享的事件產生共識，但人們的個人生活目標、早期經驗，及獨特的解釋，形成獨特的個人意義創造（Wicker & August, 2000）。個人行為可能在多個抽象層面上反映意義的形成。隨著時間從有意義的特定事件，反映在選擇模式上（例如 Savickas, 1997）。

在生涯發展的生態模式方面，雖然個人、微系統、大系統及意義形成的變項是分開討論的，但實際上卻不易區分。生涯行為並非發生於孤立狀態中，而是發生自個人終身與其環境的動態互動。生涯發展的生態模式之基本互動性質可歸納如下（Cook et al., in press）：

- 生涯行為可被認為由較大生態系統中的次系統之間的相互影響所決定。
- 相互關聯同時發生在多個層面，因此將焦點放在任何一個層級的互動，對任何時間都在不斷改變的生涯行為來看，就定義而言是非常有限的圖像。
- 生涯發展的生態模式認為：人類就本質而言，在社會環境中以互動的方式生活。
- 每個人具有生物性的性別和種族。當個人因為生物性的性別或種族遇到機會或障礙時，這些因素則透過他／她的生命過程塑造個人的生涯。
- 雖然相同性別及種族的人可能遇上類似的情境，因為個別的情況以及次級系統的獨特互動，每條生涯路徑是很獨特的。
- 當事人將自己的生態系統帶進諮商中，主要是傳達他們如何了解及回應環境，例如：他們如何覺察到機會（或未覺察），他們如何將正面或負面的自己與理想的模式相比較、將自己的未來視為美好或死胡同、將其他刻板印象內化為個人重要的一部分，或視為無關，將之摒棄。
- 即使人們獨處時，他們的生涯行為仍受到他人強烈的影響，無論是直接的（例如：以種族或性別的慣例，限定其生涯行為）或內在的（例如：透過先前與他人互動所塑造的生涯自我概念）。
- 人們也透過複雜的方式塑造自己周遭的環境（例如：鼓勵或打壓他人的生涯行為）。

例如：與他人的關係性質決定性地塑造了自我的定義（Blustein, 1994; Jordan, Kaplan, Miller, Stiver, & Surrey, 1991）。個人互動是由環境特點（Bersheid, 1999）及個人本身的其他特質決定。最後，意義的形成是一種認知的過程，受到個人及環境因素的影響。

生態模式中個人變項

個人變項包括：生涯興趣、價值觀、能力及職業的自我概念（Super, Savickas, & Super, 1996），是生涯行為的重要決定因素。這些個人特性的描述可以不必有明確的參考（例如：興趣量表）；個人特性有些由遺傳決定，且形成是相當穩定的。然而，這些特性被視為女性一生中，自己與環境動態互動下的產物。近來被認為影響女性生涯發展的個人特性包括：能力、自主性的特性（agentic characteristics），及性別角色態度（O'Brien & Fassinger, 1993; O'Brien, Friedman, Tipton, & Linn, 2000）。事實上，研究人員已證明：傳統上對於性別角色的態度，可能限制了女性的教育及職業抱負（Fassinger, 1990; Murrell, Frieze, & Frost, 1991）。此外，選擇符合個人專長的生涯能力與選擇生涯的自信心（或生涯決策自我效能）有關（O'Brien, 1996）。

過去十年間研究已顯示出：**自我效能信念**（self-efficacy beliefs）是女性生涯發展的動力（Betz & Hackett, 1983; Hackett & Betz, 1981）。根據理論（Bandura, 1986），一旦自我效能信念形成，對於女性選擇生涯的類型、成功找到職業信心，以及自己在生涯路徑上遇到障礙的處理方式，皆產生重要的影響。有些自我效能信念是女性獨特生命的特有結果，例如：某位女性可能認為自己不會烹飪，因為她有一次嘗試之後，結果像場大災難；其他獨特的自我效能信念是女性共有的，因為社會對於性別有關的技能之看法及適當的生涯追求，例如：女性一直認為她們的數學不行。

種族及性別認同發展，會形塑女性對於在生命特定階段的看法，什麼才是自己滿意且有報酬的生涯（Robinson & Howard-Hamilton, 2000）。與有色人種女性類似的是，同性戀女性可能苦於多重身分的調適（性別及性傾向）、內化的同性戀恐懼，以及種族或族群的認同（例如：西班牙裔的雙性戀女性）。這些議題可能影響職業發展，因為必須花時間將性傾向整合至自己的身分認同中，也可能因為內化了對同性戀的恐懼，或擔心自己的女同性戀認同會影響自己在專業上與他人的關係（Fassinger, 1995, 1996）。

女性的性傾向也會影響何種職業才是與自己生活方式相容的看法（Fassinger, 1996）。例如：許多異性戀女性選擇低估自己能力的生涯，以確保自己能夠管理自己的生涯，並且負起照顧子女及家庭的主要責任，因而限制了自己的生涯路徑（Betz, 1994; O'Brien et al., 2000）。性傾向成為許多同性戀及雙性戀女性生涯發展的重要變數，因為她們經常面對多元層面的歧視（Fassinger, 1996）。在個人層面上，許多女同性戀者可能會因為現實職場對同性戀的恐懼而不去選擇高報酬的工作（例如：小兒科醫師），造成她們選擇低名望、低薪資的傳統女性工作，而這些工作使她們無法發揮自己的教育經歷或能力。實際因為同性戀或雙性戀取向而受到歧視的恐懼，可能不只決定了一個女性的職業選擇，也決定了工作的地點，以及將自己生活的許多層面開放給特定工作環境同事的程度。此外，女同性戀可能需要在做出生涯決定的同時，還要考慮是不是要出櫃（coming out），這無疑讓女性複雜的生涯發展歷程雪上加霜。

另一個影響女性生涯發展的重要個人因素，是在自我覺知（self-perceptions）及生活決定時，經常會以關係為考量。這一點在文獻上已有討論，一般來說，女性傾向於重視**關係導向**（relational orientation）（例如 Jordan et al., 1991），有色人種則傾向於重視**集體導向**（collectivistic orientation）（Helms & Cook, 1999）。研究證實，許多女性將家庭與他人的關係視為生涯決定的優先考量（O'Brien et al., 2000; Richie, Fassinger, Linn, Johnson, Prosser, & Robinson, 1997）。無論是因為個人偏好或現實必要性，各種族及族群的女性對於照顧家庭和子女，以及其他重要他人的關係負起主要的照顧責任，且在個人生涯規劃中，將她們的家庭需求放在重要的地位（Betz, 1994; Cook, 1993; Shelton, 1999; Wentling, 1998）。事實上，最近研究顯示：女性可能在很年輕時，就決定不追求報酬好且有名望的職業，以容許自己未來可能擔負養兒育女及照顧家庭的責任（O'Brien et al., 2000）。

過去十年間有關生涯的文獻，已記錄女性多重角色的好處及壓力（Phillips & Imhoff, 1997）。有關女性生涯發展中管理多重角色的文獻，則有相互矛盾的發現（Dukstein & O'Brien, 1994; Lefcourt & Harmon, 1993; Orput, 1998; Quimby & O'Brein, 2000）。研究指出：管理自己多重角色能力的信心，對於女性生涯發展有重要的影響，而其他研究卻未能記錄這一項關係，顯然需要更多的研究。未來值得探索的概念是多重角色的實際面（Weitzman, 1994），可能與個人自主性（personal agency）有關（McCracken & Weitzman, 1997）。這個研究領域有助於我們了解，女性對於處理多重角色能力的自我認知，將如何影響她們未來的生涯路徑。

生態模式內微系統的影響

女性透過自己多元的生活角色（微系統）與其他人或團體互動，大幅影響了自己本身及生涯可能性的看法，在童年及青少年時期，父母的經驗及支持，塑造了年輕女性的抱負、信心，及承擔風險的意願（Acker & Oakley, 1993; Betz, 1994; O'Brein et al., 2000）。這些影響不必詳述；如課堂上微妙的性別刻板印象（Sadker & Sadker, 1994），或未能對女性提供正面支持（非刻意澆冷水）（American Association of University Women, 1992; Betz, 1989），這些都足以抑制女性的生涯發展。年輕女性對於同儕和大眾媒體對生涯發展的影響非常敏感。

相反的，有些人可促進女性的生涯發展，對母親的依附顯然是年輕女性生涯發展的決定因素（O'Brien et al., 2000）。母親對於女兒的高度期望，特別有助於有色人種的女性（Reid, Haritos, Kelly, & Holland, 1995; Turner, 1997）。良師可能是技能、生涯及特定工作場合有關的發展知識，以及取得人脈及生涯機會的珍貴資源。遺憾的是，女性不容易找到良師，且與男性良師關係是複雜的，尤其對有色人種的女性來說更是困難（Hansman, 1998）。

有色人種女性及白人女性在成年時，常會僅僅因為自己的種族或性別關係，而在生涯取向上受到其他人的期待。這種一致性的迷思忽略了女性員工的個別性，且維持一種微妙地歧視模式，幾乎在每日的互動中都會出現。例如：一位女性可能被認為在處理人事糾紛上，比起技術任務更為擅長，這是對於女性的刻板印象。因此可能不會提供其他女性擴展生涯的機會，因為老闆可能認為：女性員工對於晚上加班或出差不感興趣，因為她們要照顧家庭。

另一方面，如前所指出，女性個人角色的性質及需求，決定性地影響了生涯決策（Betz, 1994）。研究者已著手調查，面對多重角色扮演所造成的現實挑戰，對女性生涯抉擇過程造成的影響（Weitzman, 1994）。

最後，性騷擾在女性生涯發展中是一個普遍存在且有害的影響（Fitzgerald, 1993）。性騷擾源自一種所謂男女適當關係的信賴，且往往被事發的組織或機構所縱容和忽視，雖然性騷擾是透過工作或學校（微系統）關係發生，但是它呈現的正是社會中（大系統）對於性別權力的操弄。有色人種女性可能更容易被性騷擾所影響，因為人們對她們種族的刻板印象以及女性是脆弱的認知（Paludi, DeFour, Roberts, Tedesco, Brathwaite, & Marino, 1995）。性騷擾會對受害者產生創傷性的後果，包括：心理創傷、身體症狀、工作表現受阻，以及教育與生涯機會受限（Culbertson, Rosenfeld, Booth-Kewley, & Magnusson, 1992; Fitzgerald, 1993; Gutek & Koss, 1993; Koss, 1990）。

生態模式中的大系統影響

所有人的生涯發展也發生於特定的社會文化脈絡中：價值觀、習俗、規範，較被接受的人生路徑，都透過特殊文化或性別的脈絡，隱約地告訴女性哪些是適當的生涯選擇，以及哪些是不適當的。這些較大文化就像大系統般運作，有效地將種族／性別歧視的形式制度化為理想的行為模範。用Elder（1995）的話來說，所謂的生命歷程（life course）是「個人從社會系統的制度化路徑走出來的結果」（p. 107）。大系統內的固定模式，是跨社會且是世世代代累積下來的，例如：女性要承擔照顧家庭的主要責任；其他的可能是某世界觀所特有的（例如：西方存在一種個人的、目標導向的個人實現理念），如某個族群或經濟階級所特有的（Helms & Cook, 1999）。大系統的價值觀常會被內化，例如：以為生涯選擇要和性別或族群適配（參照 Gottfredson, 1996）。這些價值觀也影響著女性與家人、同儕、友人，或可能支持或阻礙其生涯發展的工作同事關係，範圍從模糊曖昧的女性角色訊息，到明顯的協助或不給情感上的支持，以及給予影響生涯成功的物質資源。

與種族及性別有關的大系統意識型態，被納編到學習習慣及組織架構運作中。人們在童年早期就將適合其種族及性別的職業態度內化（Gettys & Cann, 1981; Yager & Yager, 1985），因為職業認知態度一旦定型，就難以修改（Gottfredson, 1996）。到了成人時期，種族及性別的大系統意識型態，在雇用（Betz & Fitzgerald, 1987）及薪資（Eccles, 1987）上持續存在著歧視。Wood（1994）的結論是：貶低女性的敵意環境仍然存在，非正式的脈絡結構仍然持續排斥有色人種及白人女性，且有色人種女性及白人女性的良師指導仍然付之闕如。

大系統的影響會隨時間改變，導致數個世代的女性或甚至在女性一生數十年的歲月裡，價值取向會有所差異，能夠認知到這一點是很重要的。Elder（1995）指出，透過研究「地區的變異」及「歷史長河的變異」，來了解改變歷史的力量是如何隨著社區、地理區域，或社會的不同而變化（p. 107）。雖然今日進入勞動力的女性，仍然因為種族及性別遭遇歧視，但她們所擁有的機會很可能不同於當年遭遇民權運動、女性主義運動，及經濟波動的機會。

意義形成歷程及生涯發展

在女性一生中，其個人獨特意義形成（meaning making）的特質，是女性生涯模式變化的主要來源。就廣義層面而言，**意義形成**可指任何與女性經驗有關的認知。例如：從事低薪工作供養家庭、從特定生活事件養成的自我效能信念，或從媒體或同儕所得到對職業的刻板印象。女性個體透過獨特的方式認知自己的環境：將自己與他人做有利和不利的比較；想像未來是已經確定或充滿無限的可能；將其他人對女性或其種族的刻板印象內化為自我描述或與己無關的。女性也可能以獨特的方式回應大系統的改變，就看大系統的改變是如何影響她的日常生活及未來的可能性。以電腦科技為例，女性的認知是非常不同的：有的可能將自己的電腦技能視為克服公司裡種族歧視的方法，而另一些卻認為女性要駕馭電腦科技比男性困難許多，也有些女性可能認為電腦科技將提供在家從事專業工作的機會。

人們不只思考發生在他們身上的事，並試圖從事件中體悟出一番道理。建構主義者指出：人們透過自己對生活事件的解釋，有效地建構屬於他們自己的真實世界。人們根據意義的形成來規劃未來的行為（Young & Vaslach, 1996）。在生涯諮商中，人的故事述說傳達對於自己的了解，以及在工作領域中的可能性。女性對於自我、工作及文化的了解，如何影響與周圍世界的連結，以及她們所擁有的選擇範圍（Law, 1992）。人們透過他們的生涯模式，可強化或抑制他們整體發展的多種表達形式，隨著時間扮演自己的特定生命主軸（Savickas, 1997）。

女性如何根據自己獨特的生命經驗，建構一張屬於她自己的**整合心靈地圖**（integrated mental map），值得生涯諮商輔導員更加重視（Faltermeier, 1992; Grimstad, 1992）。Statham（1992）提醒研究人員，從女性的觀點建構有意義的生涯，在局外人看來可能是令人訝異的。但對於意義形成的覺察不僅肯定女性的選擇，也開啟了實現那些未被考量的可能性大門（Law, 1992）。Savickas（1997）及 Gysbers 等人（1998）提供了生涯諮商輔導員如何鼓勵在生涯諮商中探討意義形成的範例。

四、生涯諮商的意涵

為使生涯諮商輔導員的工作更切合實際狀況，生態模式必須面對兩項挑戰：幫助諮商輔導員為特定當事人找出合適的介入策略，並界定適切的專業實務範圍。

決定諮商介入

在生態模式的生涯諮商中，生涯諮商輔導員認知到當事人的行為受其所處的生態系統中諸多因素影響。尤其女性的生涯發展，從她出生開始，就受到切身環境（微系統）中與重要他人持續互動的強烈影響；也與自己生物性別及種族或族群（大系統）的交錯有關，這是更為廣泛的社會文化動力；以及她在生態系統中，如何去理解自己及理解發生在自己身上的事情（意義的形成），發展路徑也可能因個人所處的不同脈絡而相當不同（Belsky, 1995）。雖然以Bronfenbrenner（1995）的話來說，個人就是「自己環境的積極促動者（agent）」（p. 634），但是每個人也都受到她的選擇與興趣之外的因素影響。

每個行為都是多重決定的展現，這個事實為生涯諮商輔導員提供了挑戰及資源，一個標的行為（target behavior）能被多種方式直接或間接改變。當事人的標的問題性質有助於決定適當的介入策略，而這些策略常發生於當事人生態系統的脈絡中，但當事人生活中某一領域發生改變，可能會影響未特定介入的標的結果。例如：生涯諮商的自我探索可能改變對自己的認知（例如：「我對有創意的事情有興趣，超乎自己的想像」），擴大活動的範圍，從事並刺激當事人有意義的新關係，某些抉擇對於個人往後發展可能具有深遠的影響。例如：往往在多年後才發現，早期教育對於人格特質具有影響（Kohn, 1995）。

在生態觀點的生涯諮商中，生涯諮商輔導員基於諮商關係，必須決定如何充分運用當事人個人及環境資源，並隨著時間強化當事人的生涯發展。諮商輔導員扮演倡導者及「生態系統連結者」的角色，是當事人的夥伴，在工作的世界裡激發出更成功及令人滿意的互動。從效果上來看，透過諮商關係的建立，諮商輔導員及當事人構成一個微系統，透過角色互動來決定諮商的功能與技術，在諮商關係中能做些什麼，以強化當事人與環境之間的互動，是由彼此一起協議出來的。

生涯改變，無論是新的選擇或是在現有的工作內進行調整，都需要動員及增進當事人的個人資源（例如：決策技巧）及環境資源，尤其是與他人的支持性關係（見 Moen & Erickson, 1995，個人適應力的相關討論）。在生態觀點的生涯諮商中，諮商輔導員幫助當事人取得更好的知識及技能，或重新塑造會影響當事人與環境互動的認知歷程，諮商輔導員必須協助當事人決定需要哪些資源，以及如何使用或取得它們。

生態的觀點（ecological perspective）提醒生涯諮商輔導員考慮數個不

同層面改變的可能性。例如：一位女性可能需要學習找工作的技巧，或找出她藉由興趣或志工活動所培養出來的獨特能力及價值觀。其他的當事人可能從角色扮演中獲益，以面對反對其生涯規劃的同儕及家人。女性需要勇敢地迎向性別及族群刻板印象的挑戰，因為刻板印象會限制她的可能性，或因為早期負面的教育經驗，而誤以為自己的數學能力很差。雙文化背景的當事人，可能更需要探討隱約存在自己家庭及美國文化中，對職業婦女所抱持的衝突意象。

這些**以人為主的諮商介入**（person-focused interventions），較符合廣義對個人賦能的女性主義目標。用意在激發某種特定的生涯規劃歷程，而非特定的生涯選擇。女性可決定將生涯發展做為其生命中的第一優先，或選擇與其他價值觀或承諾並存。生涯諮商輔導員的挑戰在於確保當事人是否已經考量到會影響她生命的所有因素，而且她是不是已經準備好在一個有種族或性別阻礙的環境中，迎向眼前的挑戰。而現在文獻在探索微系統、大系統、當事人的意義形成，及常見的生涯自我探索技術上，已有更精熟的策略（例如 Bingham & Ward, 1996; Brown & Brooks, 1991; Helms & Cook, 1999; Gysbers et al., 1998; Subich, 1996）。

界定生涯諮商實務範圍

在生態觀點的生涯諮商，諮商輔導員應考慮如何使環境有助於個人的肯定。舉例來說，過去在生涯諮商中最常見的，當事人決定尋求另一份工作時，常是將工作需求條件與自己的特質做最好的適配，或者是離開有性別或種族歧視的職場。現在生涯諮商輔導員可考慮促進環境本身的改變，以預防或矯正發生生涯的相關問題（Fassinger & O'Brien, 2000）。此外用於提升兩性平權的學校生涯輔導計畫，除了專注於學生的生涯規劃之外，也訓練學校人員在課堂如何創造兩性平權（例如 Sadker & Sadker, 1994）。組織內的人力資源開發專家可提供非正式學習機會及支持良師指導、多元議題管理的再教育及訓練計畫（McDonald & Hite, 1998）。

在生態取向的諮商中，當事人個人的自我認識及決策能力仍然很重要，但並非唯一的改變目標，生涯諮商工作可以有更多元的設計及功能。Conyne

（1985）利用 Morrill、Oetting 和 Hurst（1974）將諮商細分，以具體說明生態諮商的目標範圍、方法及目的。生涯諮商輔導員可以運用直接（例如：團體諮商）或間接（例如：諮詢）的方法來處理人或環境，或同時針對兩者進行補救性、發展性，或以預防為主的諮商介入。這樣的諮商介入可能會使生涯與非生涯諮商之間的區分變得沒有意義。例如：增進女性生涯發展的最好方法，可能是使用伴侶或家族治療來探討會阻礙溝通的限制及角色分工，特別是誰來照顧孩子或者是誰來做家事這樣的議題。

以改變環境為標的的諮商介入，對於女性主義社會行動的呼籲提供了肯定的回應。改變人們更有效地處理他們的環境是不夠的，我們也應該使用我們的專業來矯正社會的不公義。Moen（1995）指出生態心理學是如何「位於基本科學及社會政策錯綜複雜關係中……，生態主義者更關心的是『如何做到』的問題，因為對這問題的回答就是諮商介入的可能性」（p. 4）。生態觀點的諮商提供將社會改變概念化，並將我們的良好意圖轉化為諮商介入的語言。這些諮商介入可能要我們離開學校或機構辦公室的舒適空間，而成為改變的倡導者。例如：今日的女性仍苦苦地在照顧子女的傳統責任與需要一份工作薪水之間掙扎著。有些經濟能力比較好的女性，可以從生涯諮商輔導獲得幫助，諮商輔導幫助她們探索，在市場競爭上，以工作為絕對標準相對於全職母親的理想使命之間的衝突；而生活在貧窮處境的女性選擇甚少，她們必須為了家人的生存而離家謀生，而她們負擔得起的、有品質的日間托兒不是為數很少就是付之闕如。在此情況下，生涯諮商輔導員可以增強這些女性的自我賦能，設計出日間托兒的巧妙解決辦法，例如：在自己的宗教組織或鄰里之間發展出合作式的日間托兒。

最終也是最佳的解決之道，在於改變女性多重角色承諾的環境制約圈套，使她們陷於沒有勝算的境地。組織應將工作與家庭之間的平衡視為人類的議題，而非只是女性的議題，並且思考採取對家庭更友善的措施，將對工作場所帶來利益（Wentling, 1998）。例如：諮商輔導員可與企業一起發展出對家庭更具支持性的福利，或者投入每個人都負擔得起的日間托兒的立法工作。若我們想改變工作場所，最終需要的是更廣泛地改變對於家庭與工作的社會態度（Wentling, 1998）。

生涯諮商輔導員長久以來都了解，當事人內在的心理歷程（intrapsychic processes）只占生涯發展的一部分，個人意圖（intentions）必須在一個不完美的世界脈絡中加以協調。生涯諮商介入一直有超越個人生涯決定的影響力，因為生涯諮商關心的不只是一份撫養家人的薪水，或者是把一個新人帶入職場中。生態的觀點邀請諮商輔導員仔細反思，如何運用專業技巧來改變大環境，使當事人能夠以他們所期望的方式生活及工作。

參考文獻

Acker, S., & Oakley, K.(1993). Gender issues in education for science and technology: Current situation and prospects for change. *Canada Journal of Education,* 18, 255-272.

American Association of University Women. (1992). *How schools shortchange girls.* AAUW Educational Foundation.

Anzaldúa, G. (Ed.). (1990). *Making face, making soul – Haciendo caras: Creative and critical perspectives by feminists of color.* San Francisco: Aunt Lute Foundation.

Bandura, A. (1986). *Social foundations of thought and action: A social cognitive theory.* Englewood Cliffs, NJ: Prentice Hall.

Belsky, J. (1995). Expanding the ecology of human development: An evolutionary perspective. In P. Moen, G. H. Elder, Jr., & K. Luscher (Eds.), *Examining lives in context: Perspectives on the ecology of human development* (pp. 545-561). Washington, DC: American Psychological Association.

Berscheid, E. (1999). The greening of relationship science. *American Psychologist,* 54, 260-266.

Betz, N. E. (1989). Implications of the null environment hypothesis for women's career development and for counseling psychology. *The Counseling Psychologist,* 17, 136-144.

Betz, N. E. (1994). Basic issues and concepts in career counseling for women. In W. B. Walsh & S. H. Osipow (Eds.), *Career counseling for women* (pp.1-42). Hillsdale, NJ: Erlbaum.

Betz, N. E., & Hackett, G. (1983). The relationship of career-related self-efficacy expectations to perceived career options in college women and men. *Journal of Counseling Psychology*, 28, 399-410.

Betz, N. E., & Fitzgerald, L. F. (1987). *The career psychology of women.* Orlando, FL: Academic Press.

Bingham, R. P., & Ward, C. M. (1994). Career counseling with ethnic minority women. In W. B. Walsh & S. H. Osipow (Eds.), *Career counseling for women* (pp.165-195). Hillsdale, NJ: Erlbaum.

Bingham, R. P., & Ward, C. M. (1996). Practical applications of career counseling with ethnic minority women. In M. L. Savickas & W. B. Walsh (Eds.), *Handbook of career counseling theory and practice* (pp. 291-313). Palo Alto, CA: Davies-Black.

Blustein, D. L. (1994). "Who am I?" The question of self and identity in career development. In M. L. Savickas & R. W. Lent (Eds.), *Convergence in career development theories: Implications for science and practice* (pp. 139-154). Palo Alto, CA: CPP Books.

Bronfenbrenner, U. (1977). Toward an experimental ecology of human development. *American Psychologist,* 32(7), 513-531.

Bronfenbrenner, U. (1995). Developmental ecology through space and time: A future perspective. In P. Moen, G. H. Elder, Jr., & K. Luscher (Eds.), *Examining lives in context: Perspectives on the ecology of human development* (pp. 619-647). Washington, DC: American Psychological Association.

Brooks, L., & Forrest, L. (1994). Feminism and career counseling. In W. B. Walsh & S. H. Osipow (Eds.), *Career counseling for women* (pp. 87-134). Hillsdale, NJ: Erlbaum.

Brown, D., & Brooks, L. (1991). *Career counseling techniques.* Boston: Allyn & Bacon.

Brown, L. S. (1990). The meaning of a multicultural perspective for theory building in feminist therapy. In L. S. Brown & M. P. Root (Eds.), *Diversity and complexity in feminist therapy* (pp. 1-21). New York: Harrington Park Press.

Conyne, R. (1985). The counseling ecologist: Helping people and environments. *Counseling and Human Development,* 18(2), 1-12.

Chung, W. S., & Pardeck, J. T. (1997). Treating powerless minorities through an ecosystem approach. *Adolescence,* 32, 625-634.

Collins, A., & Young, R. A. (1992). Constructing career through narrative and context: An interpretive perspective. In R. A. Young & A. Collins (Eds.), *Interpreting career: Hermeneutical studies of lives in context* (pp. 1-13). Westport, CN: Praeger.

Comas-Díaz, L. (1987). Feminist therapy with Hispanic/Latina women: Myth or reality? *Women and Therapy,* 6(4), 39-61.

Cook, E. P. (1993). The gendered context of life: Implications for women's and men's career-life plans. *The Career Development Quarterly,* 41, 227-237.

Cook, E. P., Heppner, M. J., & O'Brien, K. M. (in press). Career development of women of color and white women: Assumptions, conceptualizations, and interventions from an ecological perspective. *Journal of Multicultural Counseling and Development.*

Culbertson, A. L., Rosenfeld, P., Booth-Kewley, S., & Magnusson, P. (1992). *Assessment of sexual harassment in the Navy: Results of the 1989 Navy-wide survey. TR-92-11.* San Diego, CA: Naval Personnel Research and Development Center.

Delworth, U., & Piel, E. (1978). Students and their institutions: An interactive perspective. In C. A. Parker (Ed.), *Encouraging development in college students* (pp. 235-249). Minneapolis: University of Minnesota Press.

Dukstein, R. D., & O'Brien, K. M. (1994). *The contribution of multiple role self-efficacy and gender role attitudes to women's career development.* Unpublished manuscript.

Eccles, J. (1987). Gender roles and women's achievement-related decisions. *Psychology of Women Quarterly,* 11, 135-172.

Elder, G. H., Jr. (1995). The life course paradigm: Social change and individual development. In P. Moen, G. H. Elder, Jr., & K. Luscher (Eds.), *Examining lives in context: Perspectives on the ecology of human development* (pp. 101-140). Washington, DC: American Psychological Association.

Espín, O. M. (1994). Feminist approaches. In L. Comas-Díaz and B. Greene (Eds.), *Women of color: Integrating ethnic and gender identities in psychotherapy* (pp. 265-318). New York: Guilford Press.

Espín, O. M., & Gawelek, M. A. (1992). Women's diversity: Ethnicity, race, class and gender in theories of feminist psychology. In M. Ballou & L. S. Brown (Eds.), *Personality and psychopathology: Feminist reappraisals* (pp. 88-107). New York: Guilford Press.

Faltermeier, T. (1992). Developmental processes of young women in a caring profession: A qualitative life event study. In R. A. Young & A. Collins (Eds.), *Interpreting career: Hermeneutical studies of lives in context* (pp. 48-61). Westport, CN: Praeger.

Fassinger, R. E. (1990). Causal models of career choice in two samples of college women. *Journal of Vocational Behavior,* 36, 225-248.

Fassinger, R. E. (1995). From invisibility to integration: Lesbian identity in the workplace. *The Career Development Quarterly,* 44, 148-167.

Fassinger, R. E. (1996). Notes from the margins: Integrating lesbian experience into the vocational psychology of women. *Journal of Vocational Behavior,* 48, 160-175.

Fassinger, R. E., & O'Brien, K. M. (2000). Career counseling with college women: A scientist – practitioner – advocate model of intervention. In D. A. Luzzo (Ed.), *Career counseling of college students: An empirical guide to strategies that work* (pp. 253-265). Washington, DC: American Psychological Association.

Fitzgerald, L. F. (1993). *The last great open secret: Sexual harassment of women in the workplace and academia.* Washington, DC: Federation of Behavioral, Psychological and Cognitive Science.

Fitzgerald, L. F., Fassinger, R. E., & Betz, N. E. (1995). Theoretical advances in the study of women's career development. In W. B. Walsh & S. H. Osipow (Eds.), *Handbook of vocational psychology.*

Fitzgerald, L. F., & Weitzman, L. M. (1992). Women's career development: Theory and practice from a feminist perspective. In H. D. Lea, L. B. Leibowitz (Eds.), *Adult career development: Concepts, issues and practices* (pp. 125-160). Alexandria, VA: National Career Development Association.

Gettys, L. D., & Cann, A. (1981). Children's perceptions of occupational sex stereotypes. *Sex Roles,* 7, 301-308.

Gottfredson, L. S. (1996). Gottfredson's theory of circumscription and compromise. In D. Brown, L. Brooks & Associates, *Career choice and development* (3rd ed., pp. 179-232). San Francisco: Jossey-Bass.

Greene, B. A. (1986). When the therapist is white and the patient is Black: Considerations for psychotherapy in the feminist heterosexual and lesbian communities. In D. Howard (Ed.), *The dynamics of feminist therapy* (pp. 41-65). New York: Harrington Park Press.

Greene, B. (1994). Lesbian women of color: Triple jeopardy. In L. Comas-Díaz and B. Greene (Eds.), *Women of color: Integrating ethnic and gender identities in psychotherapy* (pp. 389-427). New York: Guilford Press.

Grimstad, J. A. (1992). Advancing an ecological perspective of vocational development: The construction of work. In R. A. Young & A. Collins (Eds.), *Interpreting career: Hermeneutical studies of lives in context* (pp. 79-97). Westport, CN: Praeger.

Gutek, B., & Koss, M. P. (1993). Changed women and changed organizations: consequences of and coping with sexual harassment. *Journal of Vocational Behavior,* 42, 28-48.

Gysbers, N. C., Heppner, M. J., & Johnston, J. A. (1998). *Career counseling: Process, issues, and techniques.* Boston: Allyn & Bacon.

Hackett, G., & Betz, N. E. (1981). A self-efficacy approach to the career development of women. *Journal of Vocational Behavior,* 18, 326-339.

Hansman, C. A. (1998). Mentoring and women's career development. In L. L. Bierma (Vol. Ed.). *New directions for adult and continuing education. Women's career development across the lifespan: Insights and strategies for women, organizations, and adult educators, 80,* 63-72. San Francisco: Jossey-Bass.

Helms, J. E., & Cook, D. A. (1999). *Using race and culture in counseling and psychotherapy.* Boston: Allyn & Bacon.

Herr, E. (1999). *Counseling in a dynamic society: contexts and practices for the 21st century* (2nd ed.). Alexandria, VA: American Counseling Association.

hooks, B. (1984). *Feminist theory: From margin to center.* Boston: South End Press.

Jordan, J., Kaplan, A., Miller, J. B., Stiver, I., & Surrey, J. (1991). *Women's growth in connection: Writings from the Stone Center.* New York: Guilford.

Kohn, M. L. (1995). Social structure and personality through time and space. In P. Moen, G. H. Elder, Jr., & K. Luscher (Eds.), *Examining lives in context: Perspectives on the ecology of human development* (pp. 141-168). Washington, DC: American Psychological Association.

Koss, M. P. (1990). Changed lives: The psychological impact of sexual harassment. In M. Paludi (Ed.), *Ivory power: Sex and gender harassment in the academy.* New York: SUNY.

Landrine, H. (1995). Introduction: Cultural diversity, contextualism, and feminist psychology. In H. Landrine (Ed.), *Bringing cultural diversity to feminist psychology: theory, research, and practice* (pp. 1- 20). Washington, DC: American Psychological Association.

Law, B. (1992). Autonomy and learning about work. In R. A. Young & A. Collins (Eds.), *Interpreting career: Hermeneutical studies of lives in context* (pp. 151-167). Westport, CN: Praeger.

Lefcourt, L. A., & Harmon, L. W. (1993, August). *Self-efficacy expectations for role management measure (SEERM): Measure development.* Paper presented at the 101st Annual Convention of the American Psychological Association, Toronto, Canada.

Lewin, K. (1936). *Principles of topological psychology.* New York: McGraw-Hill.

McCracken, R. S., & Weitzman, L. M. (1997). Relationship of personal agency, problem-solving appraisal, and traditionality of career choice to women's attitudes toward multiple role planning. *Journal of Counseling Psychology, 44,* 1149-159.

McDonald, K. S., & Hite, L. M. (1998). Human resource development's role in women's career progress. In L. L. Bierma (Vol. Ed.). *New directions for adult and continuing education. Women's career development across the lifespan: Insights and strategies for women, organizations, and adult educators, 80,* 53-62. San Francisco: Jossey-Bass.

Moen, P. (1995). Introduction. In P. Moen, G. H. Elder, Jr., & K. Luscher (Eds.), *Examining lives in context: Perspectives on the ecology of human development* (pp. 1-11). Washington, DC: American Psychological Association.

Moen, P., & Erickson, M. A. (1995). Linked lives: A transgenerational approach to resilience. In P. Moen, G. H. Elder, Jr., & K. Luscher (Eds.), *Examining lives in context: Perspectives on the ecology of human development* (pp. 169-210). Washington, DC: American Psychological Association.

Morgan, K. S., & Brown, L. S. (1991). Lesbian career development, work behavior, and vocational counseling. *The Counseling Psychologist,* 19, 273-291.

Morrill, W. H., Oetting, E. R., & Hurst, J. C. (1974). Dimensions of counselor functioning. *Personnel and Guidance Journal,* 52, 354-359.

Murrell, A. J., Frieze, I. H., & Frost, J. L. (1991). Aspiring to careers in male- and female-dominated professions: A study of Black and White college women. *Psychology of Women Quarterly, 15,* 103-126.

O'Brien, K. M. (1996). The influence of psychological separation and parental attachment on the career development of adolescent women. *Journal of Vocational Behavior, 48,* 257-274.

O'Brien, K. M., & Fassinger, R. E. (1993). A causal model of the career orientation and career choice of adolescent women. *Journal of Counseling Psychology, 40,* 456-469.

O'Brien, K. M., Friedman, S. M., Tipton, L. C., & Linn, S. G. (2000). Attachment, separation, and women's vocational development: A longitudinal analysis. *Journal of Counseling Psychology, 47,* 301-315.

Offen, K. (1988). Defining feminism: A comparative historical approach. *Signs: Journal of Women in Culture & Society, 14,* 119-157.

Orput, D. (1998). *Women at work: Multiple roles and development.* Unpublished doctoral dissertation.

Paludi, M. A., DeFour, D. C., Roberts, R., Tedesco, A. M., Brathwaite, J., & Marino, A. (1995). Academic sexual harassment: From theory and research to program implementation. In H. Landrine (Ed.), *Bringing cultural diversity to feminist psychology: theory, research, and practice* (pp. 177-192). Washington, DC: American Psychological Association.

Phillips, S. D., & Imhoff, A. R. (1997). Women and career development: A decade of research. *Annual Review of Psychology, 48,* 31-59.

Quimby, J. L., & O'Brien, K. M. (2000). *A structural model of the psychological health of reentry women balancing multiple roles.* Manuscript in preparation.

Reid, P. T., Haritos, C., Kelly, E., & Holland, N. E. (1995). Socialization of girls: Issues of ethnicity in gender development. In H. Landrine (Ed.), *Bringing cultural diversity to feminist psychology: theory, research, and practice* (pp. 93-112). Washington, DC: American Psychological Association.

Reskin, B. F., & Padavic, I. (1999). Sex, race, and ethnic inequality in the United States workplace. In J. S. Chafetz (Ed.), *Handbook of the sociology of gender* (pp. 343-374). New York: Kluwer/Plenum.

Richie, B. S., Fassinger, R. E., Linn, S. G., Johnson, J., Prosser, J., & Robinson, S. (1997). Persistence, connection, and passion: A qualitative study of the career development of highly achieving African American-Black and White Women. *Journal of Counseling Psychology, 44,* 133-148.

Robinson, T. L., & Howard-Hamilton, M. F. (2000). *The convergence of race, identity, and gender: Multiple identities in counseling.* Columbus, OH: Merrill.

Sadker, M., & Sadker, D. (1994). *Failing at fairness: How American schools cheat girls.* New York: Charles Scribner's Sons.

Savickas, M. L. (1997). The spirit in career counseling: Fostering self-completion through work. In D. P. Bloch & L. Richmond (Eds.), *Connections between spirit and work in career development* (pp. 3-25). Palo Alto, CA: Davies-Black.

Schensul, J. J. (1998). Community-based risk prevention with urban youth. *School Psychology Review, 27,* 233-245.

Sexton, T. L., & Griffin, B. L. (Eds.). (1997). *Constructivist thinking in counseling practice, research, and training.* New York: Teachers College Press.

Shelton, B. A. (1999). Gender and unpaid work. In J. S. Chafetz (Ed.), *Handbook of the sociology of gender* (pp. 375-390). New York: Kluwer/Plenum.

Spelman, E. V. (1988). *The inessential woman: Problems of exclusion in feminist thought.* Boston: Beacon Press.

Spokane, A. R. (1994). The resolution of incongruence and the dynamics of person-environment fit. In M. L. Savickas & R. W. Lent (Eds.), *Convergence in career development theories* (pp. 119-137). Palo Alto, CA: CPP Books.

Statham, A. (1992). The notion of managerial and clerical careers as they emerge from descriptions of self and coworkers. In L. L. Bierma (Vol. Ed.). *New directions for adult and continuing education. Women's career development across the lifespan: Insights and strategies for women, organizations, and adult educators, 80,* 63-78. San Francisco: Jossey-Bass.

Subich, L. M. (1996). Addressing diversity in the process of career development. In M. L. Savickas & W. B. Walsh (Eds.), *Handbook of career counseling theory and practice* (pp. 277-289). Palo Alto, CA: Davies-Black.

Super, D. E., Savickas, M. L., & Super, C. M. (1996). The life-span, life-space approach to careers. In D. Brown, L. Brooks & Associates, *Career choice and development* (3rd ed., pp. 121-178). San Francisco: Jossey-Bass.

Taylor, U. (1998). The historical evolution of Black feminist theory and praxis. *Journal of Black Studies, 29,* 234-253.

Trickett, E. J. (1996). A future for community psychology: The contexts of diversity and the diversity of contexts. *American Journal of Community Psychology, 24,* 209-218.

Turner, C. W (1997). Psychosocial barriers to Black women's career development. In J. V. Jordan (Ed.), *Women's growth in diversity: More writings from the Stone Center* (pp. 162-175). New York: Guilford.

Vondracek, F. W., Lerner, R. M., & Schulenberg, J. E. (1986). *Career development: A life span developmental approach.* Hillsdale, NJ: Erlbaum.

Weitzman, L. M. (1994). Multiple role realism: A theoretical framework for the process of planning to combine career and family roles. *Applied and Preventive Psychology, 3,* 15-25.

Wentling, R. M. (1998). Work and family issues: Their impact on women's career development. In L. L. Bierma (Vol. Ed.). *New directions for adult and continuing education. Women's career development across the lifespan: Insights and strategies for women, organizations, and adult educators, 80,* 15-24. San Francisco: Jossey-Bass.

Wicker, A. W., & August, R. A. (2000). Working lives in context: Engaging the views of participants and analysts. In W. B. Walsh, K. H. Craik, & R. H. Price (Eds.), *Person-environment psychology: New directions and perspectives* (2nd ed., pp. 197-232). Mahwah, NJ: Erlbaum.

Wood, J. T. (1994). *Gendered lives: Communication, gender, and culture.* Belmont, CA: Wadsworth.

Yager, R.E., & Yager, S. O. (1985). Changes in perceptions of science for third, seventh, and eleventh grade students. *Journal of Research in Science Teaching, 22(4),* 347-358.

Young, R. A., & Vaslach, L. (1996). Interpretation and action in career counseling. In M. L. Savickas & W. B. Walsh (Eds.), *Handbook of career counseling theory and practice* (pp. 361-375). Palo Alto, CA: Davies-Black.

第十一章
有色人種的生涯發展諮商

賓州州立大學｜Jerry Trusty

在美國歷史中，有色人種一直被主流社會以不同的方式看待，而這些看法的變異大部分取決於當時的政治及經濟（見 Axelson, 1999; Ramirez, 1991）。做為文化實體的諮商及心理學，對於有色人種也採取了不同的看法；在整個歷史中，這些看法相當程度地反映了當時美國主流社會的政治、社會及經濟觀點（見 Ivey, 1995; Jackson, 1995; Ramirez, 1991, 1999; Sue & Sue, 1999）。

Jackson（1995）主張，直到 20 世紀的最後幾十年，諮商觀點一直是堅若磐石的，也就是說，諮商以單一的世界觀做為依據，即盎格魯—歐洲的觀點。Ivey（1995）將此稱為：**天真的歐洲中心觀點**（naïve Eurocentric approach）；Sue 和 Sue（1999）則將此現象稱為：**族群中心的單一文化主義**（ethnocentric monoculturalism）。Jackson（1995）及 Ivey（1995）則指出：目前的諮商正轉移到多元（pluralistic）或多元文化（multiculture）的觀點，這種觀點在處理有色人種的需求上更有彈性。多元文化的觀點專注於不同文化與群體間的共同性及差異性，這種觀點將我們的當事人及我們本身視為文化的存有體（cultural beings）（Ivey, Ivey, & Simek-Morgan, 1993; Ramirez, 1991, 1999）。

本章涵蓋了輔導有色人種的研究、理論及實務考量，一開始談到有色人種的共同經驗，接著說明及討論概念架構。本章包含了有色人種生涯發展的相關研究資料。就本章之目的而言，輔導成人有色人種時採取廣泛及橫向發展觀點。筆者並不針對單一或幾個範例提出徹底詳細的資料，而是概略介紹幾種模式及對輔導不同群體的適用性。本章資料取材自不同領域的文獻，包括：多元文化諮商、生涯發展諮商及職業心理學、發展心理學、社會心理學、社會學及教育。讀者可得到各種資源，以擴展自己對於諮商有色人種時所使用的觀點、模式、架構及取向。

在本章中，筆者使用美國四大有色種族的名稱為：非裔美人、西裔美人、亞裔美人，及美國印第安原住民。讀者宜清楚，這四種群體名稱：(1)並不一定是一般或正式的群體裡的人所喜好的名稱；且(2)並不一定反映出一般或正式的這群體人的傳統文化、種族及族群。

一、有色人種的經驗

有色人種成人的相關生涯觀點及職業行為，與其先前的經驗有著密不可分的關聯。例如Arbona（1996）指出：生涯諮商——包括理論、研究及實務，對許多有色人種而言，所提供的非常有限。但是，因長期貧窮和低教育成就經驗的循環，往往排除了教育或職業選擇的機會，只有具不凡的才能、彈性及勇氣的年輕人能脫離此惡性循環。而且有色人種在社會上的異動，常遭受主流社會及自己群體內的歧視（見 Arbona, 1995; Cohn, 1997; Davis, 2000; Fordham & Ogbu, 1986）。

歧視

種族主義（racism）是歧視（discrimination）的基礎，此源自於種族的意識型態及生物性的概念化（Atkinson, Morten, & Sue, 1993）。研究者（Atkinson et al., 1993; Cameron & Wycoff, 1998; Dobbins & Skillings, 1991; Helms, 1997; Johnson, 1990）都同意：單純以生物性來定義種族在諮商上並無用處，更不具科學效益。Dobbins、Skillings 和 Helms 將種族界定為：一種以生物特性為基礎的社會概念。研究者（例如 Atkinson et al., 1993; Johnson, 1990）提出一種使用種族（如：族群、文化）以外的專有術語及概念化的邏輯性理由，來界定及了解各群體的人。然而，許多有色人種選擇根據自己的種族界定自己（Atkinson et al., 1993）；而且在美國社會中，「種族」

的影響遠大過族群和文化（Helms, 1997）。幾位研究者（例如Arbona, 1995; Brown 1995; Helms & Piper, 1994; Leung, 1995; Oakes, 1990）同意：在當代美國社會中，可見的膚色及身體特徵被用來進行社會的區分，而這些判斷通常是歧視的基礎，且阻礙了生涯機會。雖然許多美國白人所表現出的蓄意歧視不若以往，但種族主義及歧視仍持續存在，是以一種更新且更間接而複雜的形式呈現（Dovidio & Gaertner, 1991）。目前美國白人可能會否認在今日社會架構中，對有色人種存在著偏見（prejudice），也可能否認他們個人的偏見（Ponterotto & Pedersen, 1993）。

Brown（1995）討論基於膚色及其他身體的特徵，對非裔美人的歧視。根據這些歧視的準則，在一些亞裔美人的群體中也很明顯（Brown, 1995; Davis, 2000）。同樣的，Arbona（1995）指出：膚色較淺的西裔美人受到的歧視比膚色較深的西裔美人少。此外，具有印第安人血統的西裔美人所受到的待遇，也不同於具有西班牙血統及特徵的西裔美人。

Leong 和 Serafica（1995）指出：亞裔美人通常被貼上「模範少數族群」（model minority）的標籤。雖然這可能是一個令人稱羨的標籤，卻有著兩種微妙的負面結果。第一，它隱藏了一個事實，那就是，在亞裔美人群體內的教育程度及經濟之間有著很大的差異。第二，這個標籤產生了一種未歧視亞裔美人的幻覺。Leong及Serafica提出證據顯示：亞裔美人與歐裔美人的收入，其實是有不公平的；也就是說，教育程度對於亞裔美人所產生的經濟報酬遠低於歐裔美人。

美國長久以來就歧視印第安原住民，雖然近年來社會上對原住民的態度已有所改善，但仍需有更多的改變（Watts, 1993）。為了證明此需求，Markstrom-Adams（1990）檢視了1970年代和1980年代中發行的小說裡，所反映對美國原住民的態度。若與早期的作品比較，這些小說反映了一種較不刻板，且在文化上敏銳度更高的態度。然而，Haertel、Douthitt、Haertel 和 Douthitt（1999）的研究顯示當代性別種族歧視的微妙性，他們發現：研究參與者對於印第安原住民女性工作應徵者的評價，低於白人男性，雖然這兩個應徵者具備相同的履歷和同樣的視聽帶內容。

有色人種在早期生命所遭遇的歧視經驗，可能對自己的生涯發展具有普遍且持久的影響。Cohn（1997）藉由對年輕成人的質性研究觀察：在早期生命經驗中遭遇歧視的參與者，可能在後來出現預期中的歧視，參與者對於改變歧視感到無能為力，歧視削弱了參與者的目標設定。當學生在中學時，他們對未來無法聚焦，只想離開學校；同樣的，在大學及後來的職場上所經歷的歧視，削弱了對職涯的興趣、職業的自我概念及認同感。研究者（Chung, Baskin, & Case, 1999; Cohn, 1997; Bowman, 1995; Brown, 1995; Leung, 1995）認為，有色人種會迴避他們的體驗及認知中，有歧視意識的職業或教育環境。

由於歧視具有廣泛且持久的影響，為了了解及協助當事人，諮商輔導員應重視與歧視經驗有關的認知、情感及行為。許多傳統的評估及諮商方法導致我們對歧視的疏忽。事實上，多元文化諮商的研究者和先進也因為其過度重視種族主義和歧視而受到批評（例如 Weinrach & Thomas, 1998）。如果歧視的經驗被忽略，我們就可能成為歧視及壓迫的工具。

種族主義、偏見及歧視是很難處理的，要改變更難。Vontress 在為 Ponterotto 和 Pedersen（1993）有關預防歧視著作所寫的前言指出：種族主義、偏見及歧視都是美國及人類傳統的一部分。這種對人性傷害的現象不僅細微（subtle），更是無所不在（ubiquitous）。諮商輔導員應持續關注並聚焦在：

1. 我們本身的偏見及歧視的習慣。
2. 有意及無意間的偏見及歧視。
3. 世界集體的偏見。
4. 來自個人及機構的歧視。
5. 我們的當事人是如何認知、體驗，以及回應不同類型的種族主義、偏見及歧視。

諮商輔導員在處理歧視上所扮演的角色應是廣泛的，且應包括：個別諮商、團體諮商、諮詢、訓練，以及做個人及社會的倡導者（Ponterotto, 1991）。

教育成就

在教育上的抱負、期望、選擇及成就，對於多數人的生涯發展占有重要的地位，但是歧視與不公平（inequity）一個明顯存在事實是有較低的教育成就。如果從廣泛的層面來看教育發展，且不一定是正式的教育，則它對所有人的生涯發展都是重要的。在生涯抉擇過程中，教育選擇及成就相對於本身具有的階層，占有主要的地位。因此教育選擇及成就有助於設定後續職業選擇的界線，或界定其範圍，所以 Johnson、Swartz 和 Martin（1995）將教育形容為印第安原住民的「守門員」（gatekeeper）。

對美國相當大比例的有色人種而言，這些界線極為狹窄。例如美國人口普查局（U. S. Census Bureau, 2000）報告指出：年齡 25 到 29 歲的美國白人當中，約有 34%至少擁有學士學位；同樣的年齡層，只有約 18%的非裔美人及 10%的西裔美人擁有學士或更高的學位。若將這些比例與先前若干年間的比例相較，白人及非裔美人有某些程度的改善，但西裔美人則無。

因低教育成就所衍生的負面經濟結果日益加增。Snyder 和 Shafer（1996）提出的資料顯示：在美國，中學以上教育程度者的收入，在過去三十年間相對較為穩定，而沒有學位的人，收入則大幅滑落。

美國年輕人對教育的抱負、期望及成就，已被多方研究，目前研究人員已將重點放在有色人種。較早期的研究（例如 Hafner, Ingels, Schneider, & Stevenson, 1990; Mickelson, 1990）結論是：某些來自非白人群體的學生，對自己的教育期望及抱負可能較不切實際。然而，近年來針對全國的研究（Hanson, 1994; Trusty, 2000; Trusty & Harris, 1999）並未支持此項結論。這些學者研究了各個時期對於達成中學以上教育程度的期望，發現白人比起非白人更可能降低他們的期望。此外，Hanson 發現，非白人比起白人更可能達成自己所期望的中學以上教育程度。應當認知的是，這些研究人員只研究處於生命早期，且對於中學以上的教育成就有期望的年輕人。此外，人們在高中及高中以上的階段，對於自己的期望及抱負上變得更為實際（Hanson, 1994; Trusty, 2000）。

對於教育及生涯發展而言，**社會經濟地位**（socioeconomic status, SES）

是具強大且廣泛的影響變項，而美國許多有色人種屬於較低的 SES。使用全國性樣本的研究人員（Hanson, 1994; Trusty & Harris, 1999）指出：在各種模式的變項中，SES 對於低教育期望及不切實際的期望具有最強的影響；其他研究（例如 Adelman, 1999; Kao & Tienda, 1998; Trusty, 1999, 2000; Wong, 1990）也佐證了 SES 對於中學以上的教育期望及成就的強大影響。

了解 SES 的強大影響力，對於幫助有色人種進行生涯發展是很重要的。最明顯的是，較低的 SES 意味著有較少的經濟及社會資源，可繼續中學以上的教育。在過去三十年間，成人（父母、學校諮商輔導員、教師）越來越建議學生接受更高的中學以上教育（Rasinski, Ingels, Rock, Pollack, & Wu, 1993）。SES 較低的年輕人或許了解到這項建議背後的邏輯，然而，對他們而言，中學以上的教育可能就像「空中大餅一樣」，因為他們從未體驗過中學以上教育所帶來的好處；此外，他們的資訊來源及學習經驗可能是受限的。

SES 較低的年輕人缺少來自父母及他人的角色模範影響（見 Smith, 1991; Wilson & Wilson, 1992）。年輕人的教育成就很可能受到父母教育成就及父母對子女期待目標的影響。如果教育目標超過父母成就的程度，則父母似乎更難將此較高目標傳遞給子女。研究人員（例如 Simth, 1991; Trusty, 1999; Trusty & Pirtle, 1998）指出：父母的 SES 若較低，則對孩子影響力較弱，雖然較低的 SES 會減弱父母將較高教育目標傳遞給自己子女的能力，但就某些有色人種而言，父母對於自己子女教育發展的影響力（無論正面或負面的）卻特別強（例如：墨西哥裔美國人；見 McWhirter, Hackett, & Bandalos, 1998; Trusty, Plata, & Salazar, in press）。為了避免受到與低 SES 有關的負面教育後果（Trusty, 1998），父母可藉由支持自己子女的教育及與子女的溝通，來保護他們。

SES 較低的人，教育成就也低，可能有文化上的原因。如果他們追求超越自己文化常態的教育成就，可能會有承擔自己文化的風險（Arbona, 1995; Fordham & Ogbu, 1986; Trusty, 1996）。因為在文化上，成就所造成的額外壓力大多來自我們的社會，所以學校及其他社會常相信，教育的低成就來自於較低 SES 的學生（Brantlinger, 1990）。也就是說，透過社會的訊息，較低SES的學生自認為他們是較低劣的，而高成就是不屬於他們的。因此，來自於社會文化內外在的壓力，可能對他們的教育成就有著負面的影響。

SES也會以動態的方式影響教育的選擇。Trusty、Ng和Plata（2000）使用全國性的樣本發現，SES、性別及種族／族群，在預測大學生選擇主修課程上，三者的交互關係呈現：SES對於男性的選擇比女性的選擇影響更強，在較高的SES中，種族／族群在選擇上的差異變得更小。例如在生涯文獻方面，較為一般人所接受的是：非裔美人會傾向選擇主修社會類型的相關職業，例如教學及社會服務（見Brown, 1995; Thomas, 1985）。但是Trusty等人發現，只有在最低層次的SES才有這種情況。在中高層的SES方面，非裔美人在選擇主修社會相關方面的出現頻率，與其他的種族／族群僅稍有不同。在這個範例及其他範例中，SES的提高導致整個種族／族群在選擇主修社會上的同質性；同樣的，SES也造成了種族／族群在選擇上的異質性（heterogeneity）。

雖然此處的重點在於有色人種早年的教育經驗，但SES及其家庭的影響，則延伸至成人時期。傳統上，歐美對於人的發展觀點重視的是，成年早期在心理上與父母的分離與獨立自主；然而，當代的觀點則比較符合多元文化的觀點。當代觀點重視的是：父母與子女之間健康的相互依賴（見Baumrind, 1991; Trusty & Lampe, 1997，比較兩種理論的觀點）。以家庭、SES、性別、文化及其他人際關係影響為主的諮商取向（例如Arbona, 1995; Blustein, 1997; Brown, 1995; Hartung et al., 1998; Ivey, 2000; Leong & Serafica, 1995; Ramirez, 1999; Vondracek & Fouad, 1994），在輔導有色人種時，可能比以**個人為主的取向**（individual-focused approaches）更有潛在的效率。也許這些也適用在白人身上。所有的生涯理論都承認：環境和經驗在生涯抉擇及生涯發展上都扮演一定的角色，但所有的理論都沒有將重點放在這裡或特別論述這些影響。

總而言之，缺乏教育成就可能或確實會顛覆生涯發展過程。諮商輔導員應探討有色人種早年的教育經驗、行為、認知及目標，且應尋求去了解情境是如何限制了發展，及關注各種廣泛潛在資源的可能性，包括：個人、家庭、社會、教育及經濟的資源。諮商輔導員也應探討當事人的文化及主要文化對其教育發展的影響，並以個人、家庭、文化及環境變項之間的交互作用為主要的理論脈絡，來加以檢視當事人。

二、概念架構

許多的概念架構、理論、策略及取向，可用於輔導有色人種。有些架構來自多元文化諮商；有些是特別適用於有色人種的生涯發展架構；其他則是已應用在生涯發展脈絡的一般取向及策略。筆者首先提出並加以討論在設計上可有效輔導有色人種的概念性取向，然後討論傳統的生涯取向，以及如何應用於此族群。

妥適可用的架構

機會、熟悉度及價值觀：一個基本簡單的架構來自於對職業興趣及選擇的研究（Day & Rounds, 1998），且可持續用於諮商有色人種。種族／族群或文化群體之間的興趣、偏好及選擇差異，來自於三個由社會帶動的主要變項：⑴真實去認知社會及經濟機會結構間的差異，有時在文獻中稱為*障礙*（barriers）（例如 Arbona, 1990; Luzzo, 1993）；⑵對於教育及職業選擇的熟悉度；以及⑶在不同的選擇上，顯示出價值觀的差異。

變項中的第一個——*機會*，與歧視經驗及認知有密切關係。此變項也延伸至其他領域裡。例如 Suzuki（1994）指出，許多亞裔美人在社會服務的職業中遭遇語言障礙，因此往往選擇比較具量化特性的職業；Martin（1991）指出，對於生活在居留區（reservations）的印第安原住民，因地理環境限制，窄化了他們實際上及認知中的職業選擇範圍。

第二個變項即*熟悉度*，可在有關有色人種生涯發展的相關文獻中找到。例如Arbona（1990）指出：有限的生活經驗與缺少角色模範，阻礙了某些生涯發展，尤其是較貧困的西裔美人；Bowman（1995）及 McCollum（1998）關切有關非裔美人生涯資訊及角色模範的取得；Johnson 等人（1995）引述對於印第安原住民的類似關切。讀者應注意：機會與熟悉度是密切相關的；也就是說，機會的障礙不只限制選擇，也限制了有關選擇的知識。

第三個變項是**價值觀**，有相當多的文獻支持，文化上相關的價值觀在有色人種的生涯發展上扮演重要的角色。例如：西裔美人文化中強烈的家庭價值觀，就反映出父母對於子女接受中學以上教育的強大影響（例如 Arellano & Padilla, 1996; Fisher & Padmawidjaja, 1999; Trusty et al., in press）。所以，量化的工作領域提供了職業的安全性及外在的報酬，這些都受到亞裔美人（Leong, 1991）的重視；但印第安原住民對信仰的重視可能比生涯成就更為重要（Johnson et al., 1995）。

因此，這三種變項（機會、熟悉度、價值觀）提供了有色人種生涯諮商有用的基礎點。探討這三種變項，可顯示當事人的歧視經驗和對歧視的認知，及當事人的種族或族群認知發展的相關資訊。然而，並非所有當事人都如此。諮商輔導員應牢記：性別及 SES 與三項變項是有相關的，但在應用此架構時，諮商輔導員不應假設有色人種的機會受限於較不熟悉的特定職業，更不應假設當事人的價值觀與他們自己群體的價值觀是一致的。

Krumboltz 的生涯決定社會學習理論（social learning theory of career decision making, SLTCDM）：Krumboltz（1979）的 SLTCDM 係一種具特定適用性的模式，可用於有色人種。在此取向中，環境的影響受到密切的關注，就廣義而言，學習經驗可帶動生涯發展歷程。學習經驗產生了自我認知、偏好及興趣，以及價值觀——這一切都稱為**自我觀察類化**（self-observation generalization），這些加上學習經驗發展出來的技能，導致生涯相關的行動。近來的研究支持了自我觀察類化對生涯相關選擇的預測能力（例如 Trusty & Ng, 2000; Trusty, in press）。事實上，自我觀察類化通常比測量的能力（measured abilities）更能預測生涯抉擇（Prediger, 1999）；諮商輔導員可在輕易且不花很多錢的情況下，協助當事人**自我評量**（self-estimates）有關自己能力及其他自我觀察的類化。

Krumboltz（1996）根據自己的決策理論，提供了一套生涯諮商理論。這兩種理論（或取向）對於學習經驗有限的有色人種，似乎特別有效。例如，諮商輔導員若發現機會的障礙及對教育或職業選擇的熟悉度較低，而限制了當事人的生涯發展時，則諮商輔導員可協助當事人擴展其學習經驗及認知。從Krumboltz（1996）的觀點看來，興趣及偏好並非結果，是建構新的學習經驗的一個起點，對有色人種而言——尤其是屬於低SES者，他們的興趣及偏好可能是環境限制的徵兆，如果我們將興趣清單上的得分視為結果或總結性的評量，則可能遏制當事人的成長。

此外，Krumboltz（1996）認為：人們對於自己的教育及生涯發展有不正確及誤導性的認知。對有色人種而言，**削弱的信念**（debilitating beliefs）可能是歧視經驗的產物。儘管諮商輔導員確認當事人的歧視經驗及認知很重要，諮商輔導員的角色更在於協助當事人挑戰削弱力量的信念，並鼓勵具正面**助益的信念**（facilitative beliefs）。

多元文化諮商及治療（multicultural counseling and therapy, MCT）。Sue、Ivey 和 Pedersen（1996）將 MCT 以不同的理論、技巧及策略展現在諮商中。MCT 被視為一個架構，或一個後設理論。MCT 認知到現有的理論代表的是各種世界觀，而諮商輔導員及當事人是文化的存有體（cultural beings）。人與環境間的動力更是此架構的焦點，且納入種族／族群的認同發展。類似Ivey所發展的諮商模式（Ivey, 1987, 2000; Ivey et al., 1993），諮商被認為是由諮商輔導員與當事人共同建構的，而諮商輔導員看待當事人的世界觀、認同及需求上，是有彈性的，所以，諮商輔導員須在自己的角色上更具彈性。例如：諮商輔導員可能從事社區的倡導工作，且使用貼近當事人經驗及文化的助人模式。

雖然 MCT 並不特定只用在生涯發展諮商，但在此確定是適用的。例如，Blustein和Noumair（1996）在回顧生涯發展的自我認同概念時指出：自我認同在生涯理論基礎當中，是重要的概念，且在整個過程中這些觀點及看法的轉移更重視多元脈絡（例如：家庭、文化、性別、SES）如何實際影響自我及認知？這種觀點是更為相對的，而非個人主義的。正因為它是比較相對的，因此對快速變遷的社會及經濟環境中的生涯發展構思來說，毋寧是更為實用的方法（見 Blustein, 1997）。在不同文化中，自我認同根據這些文化中的價值及世界觀，以不同的方式來加以定義，似乎是合邏輯的。任何文化中的所有人並不都按照西方文化方式，對於自我及工作方式的認知來認識自己及工作，但是我們的理論中卻有許多或大部分都呈現著鮮明的西方認知（見 Cohn, 1997）。因此，諮商輔導員應該在生涯發展中的自我定義及自我認同上更具彈性；且與 MCT 一致，應讓定義是源自諮商輔導員與當事人的共同建構。

種族及族群的認同發展（identity development）：種族及族群的認同發展理論，就了解有色人種的生涯發展而言，是不錯的架構（Osipow & Littlejohn, 1995）。任何有關種族及族群發展的討論中，認知不同模式之間的異同是很重要的。有些模式被發展為一般性的模式，例如 Atkinson 等人（1993）的*少數認同發展模式*（minority identity development, MID），以及 Phinney（1990, 1993）的*族群認同發展*（ethnic identity development）。有些模式已針對特定群體發展，例如：Cross 的非裔美人黑人化過程理論（Nigrescence theory）（Cross, 1995; Vandiver, Fhagen-Smith, Cokley, Cross, & Worrell, 2001），Helms 的黑白種族認同（black and white racial identity）模式（Helms, 1995; Helms & Cook, 1999）；雙種族認同（biracial identity）模式（Henriksen, 2001; Kerwin & Ponterotto, 1995; Root, 1990, 1996）、亞裔美人認同之多面向模式（Sodowsky, Kwan, & Pannu, 1995）、用於西裔美人群體的模式（Casas & Pytluk, 1995; Ruiz, 1990），以及印第安原住民之認同及文化適應過程等模式（Choney, Berryhill-Paapke, & Robbins, 1995）。這些資源中比本章所提供的有更詳盡的說明。

大多數的種族／族群發展模式都受到 Cross（1971）及 Thomas（1971）的初期黑人化過程模式的影響。儘管任何簡單的說明都無法詳述實際種族認同發展的複雜及動態交互作用的本質，筆者在此仍提供了一種對黑人化過程模式簡單及一般性的歸納作為範例。黑人化過程模式始於人們不重視種族或身為黑人——一種對自我的拒絕，或將認同集中在某個其他的焦點，而排除種族存有的意識。在經過某些重要事件或遭遇（歧視經驗）後，種族存有的意識被喚醒，而人們發現他們早已否定自己。這個階段充滿了舊的自我與新的自我之間的衝突與困惑。當新的認同被理解內化時，就能有某種程度的安心；或這種新的認同被植入黑人群體中，若此人在新的認同中得到高度的安全感及整合，則此人可能會演進到多元文化的認同。此認同的特性在與人互動中，能感受到與所有人類的連結，且提升對所有人類素質的認知，這是跨越我們一生的生命歷程，透過邏輯辯證歷程（dialectical process），此認同可以更加深入（Cross, 1994; Parham & Austin, 1994）。

種族／族群認同發展是一種相對較新，涵蓋了研究及應用領域，且有許多源自理論形成的概念，已證明難以量化（例如：所遭遇的態度，見Fischer, Tokar, & Serna, 1998），所以更多的研究是有必要的。但有一種可靠的邏輯基礎可將種族／族群認同發展理論用於一般諮商，特別是生涯發展諮商。黑人化過程模式以及其他模式已認知到種族主義及歧視，可透過認同歷程做動態的傳遞（Helms & Piper, 1994; Leong & Chou, 1994）。此外，人們在自己群體及其他群體裡的正向經驗也可動態傳遞（Parham & Austin, 1994）。種族／族群認同發展模式在生涯諮商中的特質是：在於他們自己本身及其他種族／族群的群體文化，以及面對主流或主要文化的經驗、認知、情感及外顯行為的處理。但職場世界主要是以主流文化的方式存在其內。如 Helms 及 Piper 指出，美國大多數的有色人種幾乎沒有工作環境的掌控權。Helms 及 Piper 認為，在種族認同中的自我地位（ego-statuses），會影響人們如何體驗及認知歧視；而這些歧視則又影響與生涯有關的變項，例如：自己所認知的機會、選擇及工作滿意度等。

雙文化模式（bicultural model）：雙文化模式在幾個層面上，是類似於認同發展模式及文化適應模式的。Phinney（1990）說明了這兩個基本共通的文化適應模式。第一個是兩極的模式，其中文化適應被以連續的線性加以概念化，一方面與傳承的文化有密切關聯，另一方面又強力地擁抱主流文化。在此模式中，一個人會隨著自己融入主流文化而拋棄傳承的文化。因此，這兩種文化是相互排除的，且認同一種文化取決於不認同另一種文化，LaFromboise、Coleman 和 Gerton（1993）將此模式稱為**文化適應模式**（acculturation model）。第二個是**雙維模式**（two-dimensional model）（見Berry, Trimble, & Almedo, 1986）。在此模式中，兩種文化並非彼此排除，且認同一種文化取決於認同另一種文化。一個人可能強烈擁抱兩種文化、擁抱其中一種，或兩種都不擁抱。LaFromboise 等人（1993）將此稱為**替換模式**（alternation model），或雙文化模式。LaFromboise 等人檢視了第二種文化的理論模式，並認定替換模式對幫助當事人而言最具潛力。此種雙文化模式鼓勵當事人選擇自己在某種文化的投入程度，增進人的歸屬感及文化根基。

這種雙文化模式類似於Ramirez（1991, 1999）的人格認知及文化理論。正如 LaFromboise 等人（1993）的替換理論所述：人們不會為了這種文化拋棄那一種文化。Ramirez 模式將重點放在認知及文化的彈性，就是在雙文化世界中有色人種需要有效地適應與運作。隨著人們有了彈性，他們能發展出多元文化的應對技巧及多元文化的認同。

這些雙文化模式可持續適用於有色人種的生涯發展脈絡。在工作環境及教育環境中反映出一個或多個特定的文化，但大多反映出大環境中的主流文化。諮商輔導員在雙文化的模式運作下，首先要確保當事人在自身傳承文化中的正面認同；接著，諮商輔導員協助當事人選擇在兩種文化中想要的參與程度。參與程度會在工作要求、責任及與他人互動之間取得調節（mediated）。諮商輔導員接下來要協助當事人發展認知及文化上的彈性，能在兩種文化環境中運作。Ramirez 模式包括了一種要素，其中當事人及諮商輔導員成為改變的媒介，用來回應環境的限制及不敏銳（有關雙文化及文化適應模式之更詳盡應用，見 Arbona, 1995; Johnson et al., 1995; LaFromboise et al., 1993; Leong & Gim-Chung, 1995; Martin, 1995; Ramirez, 1991, 1999; Trusty, 1996）。

雙文化模式及種族／族群認同模式有同有異。在相似性方面，如果人們在兩種文化中發展出認同及應對的技巧，則人們是雙文化的，這是一種與種族及族群認同發展模式較高階級一致的概念。例如：Atkinson 等人（1993）的MID模式是以**統合階段**做為結束。在此階段中，人們對於社會及文化採取廣泛的觀點，納入兩個文化的正面要素，取得更多的文化彈性，且承諾其多元性。其他的模式（例如 Cross, 1995; Helms, 1995; Phinney, 1990）具有類似的終極狀態及目標。

在差異方面，雙文化模式並無固定的階段，就像在某些認同模式中，認同發展並不認為是一種連續的現象。然而，某些認同發展的理論家已不採用各階段的線性順序（例如見 Helms, 1995）。不同於一般認同發展模式，雙文化模式的假設是沒有主流文化（見 LaFromboise et al., 1993; Ramirez, 1991）。但美國沒有主宰文化的假定卻是錯誤的。然而，根據這項假定運作是有好處的，因為這項假定所暗示的是：文化之間並無階級可言，因此對任何文化都不做評價。所以，當事人可更自由地對自己本身和文化採取新的觀點。由於文化之間的一致性及非一致性係由當事人，而非模式所界定，當事人自然會覺得更有能力選擇自己在文化中的涉入程度，且他們也更有能力發展應對的技巧、做決定，且成為改變的媒介。更重要的是應指出：雙文化模式更適用於當事人，透過種族及族群認同發展模式，持續去認知及調解自己的歧視經驗。

雙文化模式及種族／族群認同發展模式可能不適用於某些有色人種（Phinney, 1989; Ying & Lee, 1999）。舉例來說，某些人可能很少與自己文化以外的人及機構互動，因此，他們很少彈性的需求，且他們的認同可能與傳承的文化關係密切。諮商輔導員在運用雙文化及認同發展模式時，當事人應覺察到性別及 SES 等影響歷程的脈絡（Phinney, 1990; Jackson & Neville, 1998）。

地位取得模式（status attainment model）：Leung（1995）在多元文化生涯發展的著作中，闡述了社會學模式在了解有色人種生涯發展上的益處。尤其*地位取得模式*（Portes & Wilson, 1976; Sewell, Haller, & Portes, 1969; Sewell & Shah, 1968）是有用的，因為它對於教育及職業成就的歷程，採取廣泛且橫向的觀點。地位取得模式是一種相當有基礎的模式，有數十年來多方的研究所支持（Hotchkiss & Borow, 1996）。在此模式中，SES 與早期學業表現為外在變項，這些變項影響了父母對子女的期待。父母透過他們對於自己子女的期望，及參與自己子女的教育，來影響子女的教育及職業上的抱負及期待，更明顯地影響到教師及同儕的抱負與期待。SES 和早年學業表現也直接影響到學生的期望（Sewell & Shah, 1968），而教育期望和成就導致職業的成就方向。多年來，更多變項已被加入地位取得模式上，包括個人的資源（心理）變項，以及教育投入等行為及態度的變項（Hanson, 1994; Trusty, in press-a; Wong, 1990）。其他的模式（例如：社會認知模式，Bandura, Barbaranelli, Caprara, & Pastorelli, 1996；Super，1990 的模式）

與地位取得模式具有共通性。

過去研究學者所做的觀察是：地位取得模式對於女性及有色人種的適合程度，似乎不如白人男性（例如 Portes & Wilson, 1976）。然而，最近使用全國樣本的研究（Trusty, in press-a; Trusty et al., in press）則顯示，它也相當適合特定的群體。Trusty 發現，此模式很適合非裔美人男性，但非裔美人女性則不那麼適合。Trusty 使用 1960 年代的全國樣本也發現，非裔美人的成就與教育期望之間的關係，比起 Portes 及 Wilson 所發現的更具影響力。這種結果是令人振奮的，且反映了某些非裔美人教育成就障礙的瓦解。McWhirter 等人（1998）及 Trusty 等人（in press）的研究結果顯示：地位取得模式相當適合墨西哥裔的美國人。

Leung（1995）指出，地位取得模式並非決定性的，並且根據此模式提出三個介入要點。首先，探討當事人的抱負及期望，可使當事人傾向制定合乎現實的長期及短期目標與計畫，且抱負（理想）與期望（實際）之間的差異，應增進當事人的自我覺察及諮商輔導員的理解。第二，求取重要他人（父母、教師、同儕、成人教育工作者……等）的協助，可使個人能夠有能力實行計畫並達到目標。第三，以教育成就為重是重要的。教育成就常是有色人種社會異動的唯一方法（Crowley & Shapiro, 1982）。此外，可加入此模式的變項（例如：自我覺知、歸因、教育態度及行為），這些都是介入的重點。

傳統既有的取向

有關傳統生涯發展模式對於有色人種是否適用，早有著墨（例如 Brown, 1995; Arbona, 1995; Cohn, 1997; Day & Rounds, 1998; Day, Rounds, & Swaney, K., 1998; Leong & Chou, 1994; Luzzo, 1992; Tinsley, 1994）。本章前面段落已說明了傳統取向的限制。如果前面的資料係當作觀看有色人種生涯發展的鏡頭，則傳統取向就變得比較適用。筆者選擇對既有的理論採取正面及實用的看法，因此，將重點放在它們的適用性。讀者應自 Leong（1995）取得有關傳統生涯發展理論對於非裔美人、西裔美人、亞裔美人及印第安原住民適用性的完整說明。在多元文化諮商及生涯發展的文獻中，最常提到適用於有色人種的傳統理論是 Holland 理論及 Super 取向。

Holland 理論

Holland（1966, 1997）將職業及中學以上的主修教育，分成六大類：實際型（realistic, R）、研究型（investigative, I）、藝術型（artistic, A）、社會型（social, S）、企業型（enterprising, E），以及事務型（conventional, C）。有六類職業相對應教育尋求者的人格類型，這些類型構成了 Holland 的六角型模式。Holland（1997）認知到性別、SES，以及種族／族群脈絡在人格發展、職業選擇，及生涯發展上的重要性。Gottfredson（例如 Gottfredson, 1981）某些與 SES 及職業聲望相關的研究被納入此模式中。Holland認知到種族主義與歧視的限制性，並且指出：這些變項與其他變項之間的動態交互作用，產生人格、興趣及選擇。

Holland（1997）的六角型模式是否適用於不同的種族—族群及性別群體？這個問題始終圍繞著此理論。全美國的種族／族群／性別團體都支持 Holland R-I-A-S-E-C 六角型模式的有效性。Day 和 Rounds（1998）及 Day 等人（1998）針對美國的五大種族／族群團體的男性及女性興趣清單的得分，進行了大規模的量化研究，結果對於 Holland（1966, 1997）結構模式的普遍性提供了有力的支持。雖然美國的種族—族群／性別團體在與 Holland 職業類型相關的興趣上有所差異，但是他們的興趣卻反映了共同的認知。此外，Arbona（1990）在檢視西裔美人的生涯發展研究文獻時指出：Holland 的六角型模式對於西裔美人似乎是有效的。

Brown（1995）研究支持了 Holland（1997）用在非裔美人的一致性概念。目前仍須針對其他種族／族群團體進行更多有關一致性及差異性的概念研究。Leong 和 Serafica（1995）指出：儘管 Holland 的理論確實說明了文化對於個人人格發展的影響，但並未說明文化對於工作環境的直接影響。

然而，整體而言，Holland的模式（1966, 1997）確實適用於有色人種。他對理論的調整及精細的描述，已產生了一種對於環境的影響及不同世界觀更高敏感度的理論。雖然 Holland 理論中的某些概念，在特定的群體中並未充分研究，但理論的基本結構要素對有色人種而言，顯然是有效的。

Super 取向

Super 取向（Super, 1990; Super, Savickas, & Super, 1996）是全方位的（comprehensive），它理解人一生中的許多變項。而**部分或片段取向**（segmented approach）的特質正是增進 Super 取向的適用性及彈性。諮商輔導員可持續調整、擴大，或將此模式形塑，以適合特定的當事人、群體或觀點。例如 Blustein（1997）使用 Super 模式做為指導，以發展一種生涯探索的脈絡式、相對式的架構；且研究者（Arbona, 1995; Foaud & Arbona, 1994）已指出：種族／族群的認同發展應在 Super 的架構中，以一種發展性的任務看待。基於 Super 的發展性、個人—環境間動態的觀點，使得 MCT、雙文化及文化適應模式的理論間是適配的。

有關 Super 模式的相關研究都圍繞著關鍵性的概念，例如：職業的自我概念、生涯成熟度，以及成人生涯關注。然而，此研究僅少部分是與種族或多元族群及較低 SES 群體有關的。例如：生涯的成熟度似乎是由種族／族群的認同發展所傳遞（Arbona, 1995; Brown, 1995）。此外，在不同的文化中，加諸於社會角色的不同價值觀影響了不同的發展任務（Leong & Serafica, 1995）。自我概念是 Super 取向中的一項關鍵構念（construct），而較低的 SES 及歧視如何影響職業的自我概念，並不明確。自我概念若要更有效地用於輔導有色人種，似乎需要更為相對式（相對於個別性）的觀點（見 Blustein & Noumair, 1996; Brown, 1995; Cohn, 1997; Foaud & Arbona, 1994）。

Leong 和 Serafica（1995）斷言，Super（1990）的最大循環概念應適用於在美國長大的亞洲人。然而，亞裔美人可能在最大循環中的階級流動率較白人慢。Leong 和 Serafica 指出，最小循環概念似乎適用於所有亞裔美人。最小循環可能特別適用於亞洲人或其他初到美國者。Super 取向及其伴隨而來的理論形成，似乎最適用於中、上層 SES 的有色人種、高度重視教育及職業成就的人，以及具有較高度的文化適應或雙重文化主義者（Brown, 1995; Arbona, 1990, 1995; Leong & Serafica, 1995）。雖然許多研究問題仍未得到答案，且有些概念在目前可能仍是不足的，但來自 Super 取向的幾種理論，諮商輔導員用來協助有色人種的生涯發展上是被看好的（Arbona, 1995; Blustein, 1997; Bowman, 1995; Leong & Serafica, 1995）。

三、相關研究的觀點

正如本章之前所提示的，我們極需加強有色人種生涯發展領域有關的研究，在這許多領域中，研究常只針對白人及非裔美人。若對現有的研究採取批判性的全球觀點，正浮現出幾個問題及需求：

1. **比較性研究限制了實用性**。探討有色人種生涯變項的文獻中，大多數研究都是比較性研究。這些研究只告訴我們：一個群體在某個變項上的得分高於或低於其他群體。這些研究通常很少提供諮商輔導員有關生涯發展過程如何運作的資訊，且對於協助有色人種幫助不多。這些研究可能只會加強一般的刻板印象，因為它們鮮少說明諸如 SES 或性別等脈絡，且將有色人種與白人互做比較，可能持續「白人標準」（white standard）的概念。

   如果研究係將一個理論模式對於兩個群體的適用性相比，則這種比較非常有用，因為它說明理論對於群體的過程及適用性。例如：了解哪些變項是影響非裔美人男性及非裔美人女性的中學以後教育成就，比起知道非裔美人男性及女性在成就上的差異更為重要。

2. **許多研究是零碎的**。研究通常只包括幾個變項。多元文化諮商的研究者強調所處的脈絡，然而，許多研究並不提供此變項的脈絡。我們的理論說明影響生涯結果的變項，如果特定的變項並不包括在此理論內，則研究會因為特定的錯誤而受影響。特定的錯誤是特別難發現的問題，常發生在未特定或未加以衡量的變項影響到某個觀察到的關係或差異時；當關係或差異的結果被錯誤地歸因於某個特定、衡量的變項，而實際的關係應該歸因於某個或某些研究者並未納入的變項。所以，多重文化的生涯文獻中最常舉出的案例是：SES 變項的排除（見 Brown, 1995; Leung, 1995）。幾項研究也忽略了性別

（Trusty, Robinson, Plata, & Ng, 2000）。此問題的解決之道在於使用紮根理論建構模式，並以整體的方式考驗這些模式及理論。一般而言，這種研究包括了許多的變項，且分析程序相對較為複雜，導致較長的手稿。因此，期刊編輯、編輯委員會，以及其他的決策者不應強迫研究者採取零碎的出版模式。

3. **研究者通常忽略了互動或其他曲線性的關係（curvilinear relationships）**。互動，或條件式關係（conditional relationships），對生涯發展諮商而言是重要的。統計數據的交互作用透露了脈絡情境，例如：在美國的亞洲人對於文化適應滿意度，乃受制於其原出生國家的影響。現在線性結構模式大行其道，這類分析對於建立模式及考驗理論，非常有用。然而，線性結構模式的假設在於沒有曲線的關係，包括交互作用。因此，研究者應小心地檢視資料，尤其是理論或之前的研究是否註明互動或其他曲線關係。

4. **太少關注外在效度推論的發現**。在過去，心理學研究多數是心理學變項的研究，各項研究的外在效度（可類推性）比起內在效度較少受關注。然而，作者及研究者目前正了解到環境及其他相關脈絡變項在心理過程中的重要性。多元文化諮商一直在這個領域中基於領先地位，很自然的，環境的變項取決於特定的環境，儘管某些心理學變項可能是普世通用的（雖然普世通用的情況越來越少）。有關心理學變項的發現，來自中西部某所大規模的大學中，正在修讀心理學入門課程的學生；但有關環境變項的發現則不太可能，這是各項研究的發現出現不一致的原因之一。假如期刊只刊載隨機的研究及代表性的樣本，則期刊的規模會小很多。在這兩種極端間存在著解決方式：研究者應力求其樣本具有代表性，且應驗證其發現的外在效度。所有的統計分析都僅是針對隨機的樣本，不要忘記結果推論必具有代表性才能適用。

質化研究典範在多元文化諮商上，具有哲學的一致性，且有幾個模式對建構理論及處理有色人種生涯發展的複雜問題，是很看好的。在質化研究中，推論（transferability）是一項顧慮。質化研究者應更小心支持其發現的效度，並驗證其結果的推論。當量化及質化的研究彼此支持，我們的知識基礎就能獲益。

5. **來自多元文化及生涯諮商的研究及理論往往被忽略**。Phinney（1990）說明了這項有關族群認同發展的問題。社會心理學及社會學中，有豐富的知識基礎是與多元文化諮商及生涯發展有關的，但卻無法有效利用；來自發展心理學、教育學，以及其他領域的理論及研究並未被適當使用。此外，研究者和理論家建立模式及理論，但未能將功勞歸予有功的人。

6. **在關聯性研究中成因有雙重標準**。有些人堅持「關聯並不代表成因」以及「只有實證性的研究才能顯示原因」的舊原則。例如，Pedhazur（1982）、Asher（1983），以及 Arbukle 和 Wothke（1999）已討論過這些原則的準則。成因（cause）在量化研究中，是具爭議性的主題。然而，所有的理論都描述因果原因，它們討論成因的順序及成因的方向。如果研究人員被迫「將頭埋在沙堆」，且忽略理論及成因，則他們能做出有意義貢獻的可能性幾乎是零。更合乎實際的場景是：研究人員根據理論建立模式，並考驗這些理論所註明的成因關聯性。如果一名理論家希望根據某些資料，用一組變項影響其他變項，則研究者一定要能夠在研究時支持此理論，或證明其為不正確。如之前所暗示，驗證有色人種理論的充分性研究是非常需要的。

7. **我們需要更多以有效介入為重心的研究**。大多數的研究具有實驗性或半實驗性的，這項需求已成為對研究建議時的口頭禪。然而，這仍是必須做出的重要聲明。有效的實驗性研究確實表達內在的成因，且時常提供有關哪些介入是最有用的資訊，這項資訊對於有色人種的生涯發展諮商輔導而言，是很重要的。

8. **須對發展歷程進行更多研究**。Foaud 和 Arbona（1994）指出這項需求，因為大部分研究若非量化就是質化。在量化研究方面，我們的模式有太多以橫斷面的樣本進行交叉考驗的，且暫時的序列由被驗證的理論或模式推測而知，但當所有變項同時衡量時，暫時的不對稱是需要的（見 Asher, 1983），各種問題的解決方法會從這些研究找到。回溯式研究也很實用，而且通常比縱向研究花費更少時間。在質化研究方面，回溯式的研究可用於說明發展歷程，且這種類型的質化研究是相當常見的（參與者對於與生涯有關的影響及經驗的回憶）。然而，實際上隨著參與者經過整個縱貫的歷程，會累積更豐富的資料。如之前所述，若量化及質化研究能夠朝向共同的合作目標，我們都將獲益。儘管大多數的量化—質化哲學爭議在知識上都具有啟發性，但也具抑制性，其結果都將由知識一肩扛起。

令人振奮的是，針對特定種族、族群及文化群體的研究正在增長。近來隨著量化分析程序及質化方法的暴增，希望我們的知識基礎能以同樣快的速度增加。隨著美國人口更多元化，對於有色人種生涯發展知識的需求也同樣增加。

參考文獻

Adelman, C. (1999). *Answers in the tool box: Academic intensity, attendance patterns, and bachelor's degree attainment.* U.S. Department of Education, Office of Educational Research and Improvement. Retrieved December 18, 1999, from http://www.ed.gov/ pubs/Toolbox/Title.html.

Arbona, C. (1990). Career counseling research and Hispanics: A review of the literature. *The Counseling Psychologist, 18,* 300-323.

Arbona, C. (1995). Theory and research on racial and ethnic minorities: Hispanic Americans. In F. T. L. Leong (Ed.), *Career development and vocational behavior of racial and ethnic minorities* (pp. 37-66). Mahwah, NJ: Erlbaum.

Arbona, C. (1996). Career theory and practice in a multicultural context. In M. L. Savickas, & W. B. Walsh (Eds.), *Handbook of career counseling theory and practice* (pp. 45-54). Palo Alto, CA: Davies-Black.

Arbuckle, J. L., & Wothke, W. (1999). *Amos 4.0 user's guide.* Chicago: SPSS.

Arellano, A. R., & Padilla, A. M. (1996). Academic invulnerability among a select group of Latino university students. *Hispanic Journal of Behavioral Sciences, 18,* 485-507.

Asher, H. B. (1983). *Causal modeling* (2nd ed.). Newbury Park, CA: Sage.

Atkinson, D. R., Morten, G., & Sue, D. W. (1993). *Counseling American minorities: A cross-cultural perspective* (4th ed.). Madison, WI: Brown & Benchmark.

Axelson, J. A. (1999). *Counseling and development in a multicultural society* (3rd ed.). Pacific Grove, CA: Brooks/Cole.

Bandura, A., Barbaranelli, C., Caprara, G. V., & Pastorelli, C. (1996). Multifaceted impact of self-efficacy beliefs on academic functioning. *Child Development, 67,* 1206-1222.

Baumrind, D. (1991). The influence of parenting style on adolescent competence and substance use. *Journal of Early Adolescence, 11,* 56-95.

Berry, J. W., Trimble, J. E., & Almedo, E. L. (1986). Assessment of acculturation. In W. L. Lonner & J. W. Berry (Eds.), *Field methods in cross-cultural research* (pp. 291-324). Beverly Hills, CA: Sage.

Blustein, D. L. (1997). A context-rich perspective of career exploration across the life-roles. *Career Development Quarterly, 45,* 260-274.

Blustein, D. L., & Noumair, D. A. (1996). Self and identity in career development: Implications for theory and practice. *Journal of Counseling and Development, 74,* 433-441.

Bowman, S. L. (1995). Career intervention strategies and assessment issues for African Americans. In F. T. L. Leong (Ed.), *Career development and vocational behavior of racial and ethnic minorities,* (pp. 137-164). Mahwah, NJ: Erlbaum.

Brantlinger, E. (1990). Low-income adolescents' perceptions of school, intelligence, and themselves as students. *Curriculum Inquiry, 20,* 305-324.

Brown, M. T. (1995). The career development of African Americans: Theoretical and empirical issues. In F. T. L. Leong (Ed.), *Career development and vocational behavior of racial and ethnic minorities,* (pp. 7-36). Mahwah, NJ: Erlbaum.

Cameron, S. C., & Wycoff, S. M. (1998). The destructive nature of the term race: Growing beyond a false paradigm. *Journal of Counseling & Development, 76,* 277-285.

Casas, J. M., & Pytluk, S. D. (1995). Hispanic identity development: Implications for research and practice. In J. G. Ponterotto, J. M. Casas, L. A. Suzuki, & C. M. Alexander (Eds.), *Handbook of multicultural counseling* (pp. 155-180). Thousand Oaks, CA: Sage.

Choney, S. K., Berryhill-Paapke, E., & Robbins, R. R. (1995). The acculturation of American Indians. In J. G. Ponterotto, J. M. Casas, L. A. Suzuki, & C. M. Alexander (Eds.), *Handbook of multicultural counseling* (pp. 73-92). Thousand Oaks, CA: Sage.

Chung, Y. B., Baskin, M. L., & Case, A. B. (1999). Career development of Black males: Case studies. *Journal of Career Development, 25,* 161-171.

Cohn, J. (1997). The effects of racial and ethnic discrimination on the career development of minority persons. In H. S. Farmer (Ed.), *Diversity & women's career development* (pp. 161-171). Thousand Oaks, CA: Sage.

Cross, W. E. (1971). The Negro to Black conversion experience. *Black World, 20(9),* 13-27.

Cross, W. E., Jr. (1994). Nigrescence theory: Historical and explanatory notes. *Journal of Vocational Behavior, 44,* 119-123.

Cross, W. E., Jr. (1995). The psychology of Nigrescence: Revising the Cross model. In J.G. Ponterotto, J.M. Casas, L.A. Suzuki, & C.M. Alexander (Eds.), *Handbook of multicultural counseling* (pp. 93-122). Thousand Oaks, CA: Sage.

Crowley, J. E., & Shapiro, D. (1982). Aspirations and expectations of youth in the United States. *Youth & Society, 13,* 391-422.

Davis, P. E. (2000). *The impact of cultural forces on the academic performance of African Americans in higher education.* Unpublished doctoral dissertation, Texas A&M University-Commerce, TX.

Day, S. X., & Rounds, J. (1998). Universality of vocational interest structure among racial and ethnic minorities. *American Psychologist, 53,* 728-736.

Day, S. X., Rounds, J., & Swaney, K. (1998). The structure of vocational interests for diverse racial-ethnic groups. *Psychological Science: a Journal of the American Psychological Society, 9,* 40-44.

Dobbins, J. E., & Skillings, J. H. (1991). The utility of race labeling in understanding cultural identity: A conceptual tool for the social science practitioner. *Journal of Counseling & Development, 70,* 37-44.

Dovidido, J. F., & Gaertner, S. L. (1991). Changes in the expression and assessment of racial prejudice. In H. J. Knopke, R. J. Norrell, & R. W. Rogers (Eds.), *Opening doors: Perspectives on race relations in contemporary America* (pp. 119-148). Tuscaloosa, AL: University of Alabama Press.

Fischer, A. R., Tokar, D. M., & Serna, G. S. (1998). Validity and construct contamination of the Racial Identity Attitude Scale—Long Form. *Journal of Counseling Psychology, 45,* 212-224.

Fisher, T. A., & Padmawidjaja, I. (1999). Parental influences on career development perceived by African American and Mexican American college students. *Journal of Multicultural Counseling and Development, 27,* 136-152.

Foaud, N. A., & Arbona, C. (1994). Careers in a cultural context. *The Career Development Quarterly, 43,* 98-112.

Fordham, S., & Ogbu, J. U. (1986). Black students' school success: Coping with the "burden of 'acting White.'" *The Urban Review, 18,* 178-206.

Gottfredson, L. S. (1981). Circumscription and compromise: A developmental theory of occupational aspirations. *Journal of Counseling Psychology, 28,* 545-579.

Haertel, C. E. J., Douthitt, S. S., Haertel, G., & Douthitt, S. Y. (1999). Equally qualified but unequally perceived: Openness to perceived dissimilarity as a predictor of race and sex discrimination in performance judgments. *Human Resource Development Quarterly, 10,* 79-89.

Hafner, A., Ingels, S., Schneider, B., & Stevenson, D. (1990). A profile of the American eighth grader: NELS:88 student descriptive summary. (NCES Publication No. 90-458). Washington, DC: U.S. Government Printing Office.

Hanson, S. L. (1994). Lost talent: Unrealized educational aspirations and expectations among U.S. youths. *Sociology of Education, 67,* 159-183.

Hartung, P. J., Vandiver, B. J., Leong, F. T. L., Pope, M., Niles, S. G., & Farrow, B. (1998). Appraising cultural identity in career-development assessment and counseling. *The Career Development Quarterly, 46,* 276-293.

Helms, J. E. (1995). An update of Helms's White and people of color racial identity models. In J. G. Ponterotto, J. M. Casas, L. A. Suzuki, & C. M. Alexander (Eds.), *Handbook of multicultural counseling* (pp. 181-198). Thousand Oaks, CA: Sage.

Helms, J. E. (1997). Race is not ethnicity. *American Psychologist, 52,* 1246-1247.

Helms, J. E., & Cook, D. A. (1999). *Using race and culture in counseling and psychotherapy: Theory and process.* Boston: Allyn & Bacon.

Helms, J. E., & Piper, R. E. (1994). Implications of racial identity theory for vocational psychology. *Journal of Vocational Behavior, 44,* 124-138.

Henriksen, R. C., Jr. (2001). Black/white biracial identity development: A grounded theory study. *Dissertation Abstracts International, 67,* 2605.

Holland, J. L. (1966). A psychological classification scheme for vocations and major fields. *Journal of Counseling Psychology, 13,* 278-288.

Holland, J. L. (1997). *Making vocational choices* (3rd ed.). Odessa, FL: Psychological Assessment Resources.

Hotchkiss, L., & Borow, H. (1996). Sociological perspective on work and career development. In D. Brown, L. Brooks, & Associates (Eds.), *Career choice and development* (3rd ed., pp. 281-334). San Francisco: Jossey-Bass.

Ivey, A. E. (1987). The multicultural practice of therapy: Ethics, empathy, and dialectics. *Journal of Social and Clinical Psychology, 5,* 195-204.

Ivey, A. E. (1995). Psychotherapy as liberation. In J. G. Ponterotto, J. M. Casas, L. A. Suzuki, & C. M. Alexander (Eds.), *Handbook of multicultural counseling* (pp. 53-72). Thousand Oaks, CA: Sage.

Ivey, A. E. (2000). *Developmental therapy: Theory into practice.* North Amherst, MA: Microtraining Associates.

Ivey, A. E., Ivey, M. B., & Simek-Morgan, L. (1993). *Counseling and psychotherapy: A multicultural perspective* (3rd ed.). Boston: Allyn & Bacon.

Jackson, C. C., & Neville, H. A. (1998). Influence of racial identity attitudes on African American college students' vocational identity and hope. *Journal of Vocational Behavior, 53,* 97-113.

Jackson, M. L. (1995). Multicultural counseling: Historical perspectives. In J. G. Ponterotto, J. M. Casas, L. A. Suzuki, & C. M. Alexander (Eds.), *Handbook of multicultural counseling* (pp. 3-16). Thousand Oaks, CA: Sage.

Johnson, M. J., Swartz, J. L., & Martin, W. E., Jr. (1995). Applications of psychological theories for career development with Native Americans. In F. T. L. Leong (Ed.), *Career development and vocational behavior of racial and ethnic minorities,* (pp. 103-133). Mahwah, NJ: Erlbaum.

Johnson, S. D. (1990). Toward clarifying culture, race, and ethnicity in the context of multicultural counseling. *Journal of Multicultural Counseling and Development, 18,* 41-50.

Kao, G., & Tienda, M. (1998). Educational aspirations of minority youth. *American Journal of Education, 106,* 349-384.

Kerwin, C., & Ponterotto, J. G. (1995). Biracial identity development: Theory and research. In J. G. Ponterotto, J. M. Casas, L. A. Suzuki, & C. M. Alexander (Eds.), *Handbook of multicultural counseling* (pp. 199-217). Thousand Oaks, CA: Sage.

Krumboltz, J. D. (1979). A social learning theory of career decision making. In A. M. Mitchell, G. B. Jones, & J. D. Krumboltz (Eds.), *Social learning and career decision making* (pp. 19-49). Cranston, RI: Carroll Press.

Krumboltz, J. D. (1996). A learning theory of career counseling. In M. L. Savickas & W. B. Walsh (Eds.), *Handbook of career counseling theory and practice* (pp. 55-80). Palo Alto, CA: Davies-Black.

LaFromboise, T., Coleman, H. L. K., & Gerton, J. (1993). Psychological impact of biculturalism: Evidence and theory. *Psychological Bulletin, 144,* 395-412.

Leong, F. T. L. (1991). Career development attributes and occupational values of Asian American and White American college students. *The Career Development Quarterly, 39,* 221-230.

Leong, F. T. L. (Ed.). (1995). *Career development and vocational behavior of racial and ethnic minorities.* Mahwah, NJ: Erlbaum.

Leong, F. T. L., & Gim-Chung, R. H. (1995). Career assessment and intervention with Asian Americans. In F. T. L Leong (Ed.), *Career development and vocational behavior of racial and ethnic minorities,* (pp. 193-226). Mahwah, NJ: Erlbaum.

Leong, F. T. L., & Serafica, F. C. (1995). Career development of Asian Americans: A research area in need of a good theory. In F. T. L. Leong (Ed.), *Career development and vocational behavior of racial and ethnic minorities,* (pp. 67-102). Mahwah, NJ: Erlbaum.

Leong, F. T. L., & Chou, E. L. (1994). The role of ethnic identity and acculturation in the vocational behavior of Asian Americans: An integrative review. *Journal of Vocational Behavior, 44,* 155-172.

Leung, S. A. (1995). Career development and counseling: A multicultural perspective. In J. G. Ponterotto, J. M. Casas, L. A. Suzuki, & C. M. Alexander (Eds.), *Handbook of multicultural counseling* (pp. 549-566). Thousand Oaks, CA: Sage.

Luzzo, D. A. (1992). Ethnic group and social class differences in college students' career development. *The Career Development Quarterly, 41,* 161-173.

Luzzo, D. A. (1993). Ethnic differences in college students' perceptions of barriers to career development. *Journal of Multicultural Counseling and Development, 21,* 227-236.

Markstrom-Adams, C. (1990). Coming-of-age among contemporary American Indians as portrayed in adolescent fiction. *Adolescence, 25,* 225-237.

Martin, W. E., Jr. (1991). Career development and American Indians living on reservations: Cross-cultural factors to consider. *The Career Development Quarterly, 39,* 273-283.

Martin, W. E., Jr. (1995). Career development assessment and intervention strategies with American Indians. In F. T. L. Leong (Ed.), *Career development and vocational behavior of racial and ethnic minorities,* (pp. 227-248). Mahwah, NJ: Erlbaum.

McCollum,V. J. C. (1998). Career development issues and strategies for counseling African Americans. *Journal of Career Development, 25,* 41-52.

McWhirter, E. H., Hackett, G., & Bandalos, D. L. (1998). A causal model of the educational plans and career expectations of Mexican American high school girls. *Journal of Counseling Psychology, 45,* 166-181.

Mickelson, R. A. (1990). The attitude-achievement paradox among black adolescents. *Sociology of Education, 63,* 44-61.

Oakes, J. (1990). Opportunities, achievement, and choices: Women and minority students in science and mathematics. In C. B. Cazden (Ed.), *Review of Research in Education,* (Vol 16, pp. 153-222). Itasca, IL: F. E. Peacock Publishers.

Osipow, S. H., & Littlejohn, E. M. (1995). Toward a multicultural theory of career development: Prospects and dilemmas. In F. T. L. Leong (Ed.), *Career development and vocational behavior of racial and ethnic minorities,* (pp. 251-261). Mahwah, NJ: Erlbaum.

Parham, T. A., & Austin, N. L. (1994). Career development and African Americans: A contextual reappraisal using the Nigrescence construct. *Journal of Vocational Behavior, 44,* 139-154.

Pedhazur, E. J. (1982). *Multiple regression in behavioral research.* Fort Worth: Holt, Rinehart & Winston.

Phinney, J. S. (1989). Stages of ethnic identity development in minority group adolescents. *Journal of Early Adolescence, 9,* 34-39.

Phinney, J. S. (1990). Ethnic identity in adolescents and adults: Review of research. *Psychological Bulletin, 108,* 499-514.

Phinney, J. S. (1993). A three-stage model of ethnic identity development in adolescence. In M. Bernal & G. Knight (Eds.), *Ethnic identity: Formation and transmission among Hispanics and other minorities* (pp. 61-79). Albany, NY: State University of New York Press.

Ponterotto, J.G. (1991). The nature of prejudice revisited: Implications for counseling intervention. *Journal of Counseling and Development, 70,* 216-224.

Ponterotto, J. G., & Pedersen, P. B. (1993). *Preventing prejudice: A guide for counselors and educators.* Newbury Park, CA: Sage.

Portes, A., & Wilson, K. L. (1976). Black-White differences in educational attainment. *American Sociological Review, 41,* 414-431.

Prediger, D. J. (1999). Basic structure of work-relevant abilities. *Journal of Counseling Psychology, 46,* 173-184.

Ramirez, M., III. (1991). *Psychotherapy and counseling with minorities: A cognitive approach to individual and cultural differences.* New York: Pergamon Press.

Ramirez, M., III. (1999). *Multicultural psychotherapy: An approach to individual and cultural differences* (2nd ed.). Boston: Allyn & Bacon.

Rasinski, K. A., Ingels, S. J., Rock, D. A., Pollack, J. M., & Wu, S. (1993). *America's high school sophomores: A ten year comparison* (NCES Publication No. 93-087). Washington, DC: U.S. Government Printing Office.

Root, M. P. P. (1990). Resolving "other" status: Identity development of biracial individuals. In L. Brown, & M. P. P. Root (Eds.), *Diversity and complexity in feminist therapy*. New York: Harrington Park Press.

Root, M. P. P. (1996). *The multiracial experience.* Thousand Oaks, CA: Sage.

Ruiz, A. S. (1990). Ethnic identity: Crisis and resolution. *Journal of Multicultural Counseling and Development, 18,* 29-40.

Sewell, W. H., Haller, A. O., & Portes, A. (1969). The educational and early occupational attainment process. *American Sociological Review, 34,* 82-92.

Sewell, W. H., & Shah, V. P. (1968). Social class, parental encouragement, and educational aspirations. *American Journal of Sociology, 73,* 559-572.

Smith, T. E. (1991). Agreement of adolescent educational expectations with perceived maternal and paternal educational goals. *Youth & Society, 23,* 155-174.

Snyder, T., & Shafer, L. (1996). *Youth indicators 1996: Trends in the well-being of American youth* (NCES Publication No. 96-027). Washington, DC: U.S. Government Printing Office.

Sodowsky, G. R., Kwan, K. K., & Pannu, R. (1995). Ethnic identity of Asians in the United States. In J. G. Ponterotto, J. M. Casas, L. A. Suzuki, & C. M. Alexander (Eds.), *Handbook of multicultural counseling* (pp. 123-154). Thousand Oaks, CA: Sage.

Sue, D. W., Ivey, A. E., & Pedersen, P. B. (Eds.). (1996). *A theory of multicultural counseling and therapy.* Pacific Grove, CA: Brooks/Cole.

Sue, D. W., & Sue, D. (1999). *Counseling the culturally different: Theory and Practice* (3rd ed.). New York: Wiley.

Super, D. E. (1990). A life-span, life-space approach to career development. In D. Brown, L. Brooks, & Associates (Eds.), *Career choice and development* (pp. 197-261). San Francisco: Jossey-Bass.

Super, D. E., Savickas, M. L., & Super, C. M. (1996). The life-span, life-space approach to careers. In D. Brown, L. Brooks, & Associates (Eds.), *Career choice and development* (3rd ed., pp. 121-178). San Francisco: Jossey-Bass.

Suzuki, B. H. (1994). Higher education issues in the Asian American community. In M. .J. Justiz, R. Wilson, & L. G. Bjork (Eds.), *Minorities in higher education* (pp. 258-285). Phoenix, AZ: Oryx Press.

Thomas, C. W. (1971). *Boys no more.* Beverly Hills, CA: Glencoe Press.

Thomas, G. E. (1985). College major and career inequality: Implications for Black students. *Journal of Negro Education, 54,* 537-547.

Tinsley, H. E. A. (1994). Racial identity and vocational behavior. *Journal of Vocational Behavior, 44,* 115-117.

Trusty, J. (1996). Counseling for dropout prevention: Applications from multicultural counseling. *Journal of Multicultural Counseling and Development, 24,* 105-117.

Trusty, J. (1998). Family influences on educational expectations of late adolescents. *Journal of Educational Research 91,* 260-270.

Trusty, J. (1999). Effects of eighth-grade parental involvement on late adolescents' educational expectations. *Journal of Research and Development in Education, 32,* 224-233.

Trusty, J. (2000). High educational expectations and low achievement: Stability of educational goals across adolescence. *Journal of Educational Research, 93,* 356-365.

Trusty, J. (in press-a). African Americans' educational expectations: Longitudinal causal models for women and men. *Journal of Counseling & Development.*

Trusty, J. (in press-b). Effects of high-school course-taking and other variables on choice of science and mathematics college majors. *Journal of Counseling & Development.*

Trusty, J., & Harris, M. B. C. (1999). Lost talent: Predictors of the stability of educational expectations across adolescence. *Journal of Adolescent Research, 14,* 359-382.

Trusty, J., & Lampe, R. E. (1997). Relationship of adolescents' perceptions of parental involvement and control to adolescents' locus of control. *Journal of Counseling & Development, 75,* 375-384.

Trusty, J., & Ng, K. (2000). Longitudinal effects of achievement perceptions on choice of postsecondary major. *Journal of Vocational Behavior, 57,* 123-135.

Trusty, J., Ng, K., & Plata, M. (2000). Interaction effects of gender, SES, and race-ethnicity on post-secondary educational choices of U.S. students. *The Career Development Quarterly, 49,* 45-59.

Trusty, J., & Pirtle, T. (1998). Parents' transmission of educational goals to their adolescent children. *Journal of Research and Development in Education, 32,* 53-65.

Trusty, J., Plata, M., & Salazar, C. (in press). Modeling Mexican Americans' Educational Expectations: Longitudinal effects across adolescence. *Journal of Adolescent Research.*

Trusty, J., Robinson, C., Plata, M., & Ng, K. (2000). Effects of gender, SES, and early academic performance on post-secondary educational choice. *Journal of Counseling & Development, 76,* 463-472.

U.S. Census Bureau. (2000). Educational attainment in the United States (update). U.S. Census Bureau, Educational Attainment. Retrieved July 6, 2001, from http://www.census.gov/population/www/socdemo/educ-attn.html.

Vandiver, B. J., Fhagen-Smith, K. O., Cross, W. E., Jr., & Worrell, F. C. (2001). Cross's Nigrescence model: From theory to scale to theory. *Journal of Multicultural Counseling and Development, 29,* 174-213.

Vondracek, R. W., & Fouad, N. A. (1994). Developmental contextualism: An integrative framework for theory and practice. In M. L. Savickas, & R. W. Lent (Eds.), *Convergence in career development theories: Implications for science and practice* (pp. 207-214). Palo Alto, CA: Consulting Psychologists Press.

Watts, T. D. (1993). Native Americans today: An outer view. *Journal of Alcohol & Drug Education, 38,*125-130.
Weinrach, S. G., & Thomas, K. R. (1998). Diversity-sensitive counseling today: A postmodern clash of values. *Journal of Counseling & Development, 76,* 115-122.
Wilson, P. M., & Wilson, J. R. (1992). Environmental influences on adolescent educational aspirations. *Youth & Society, 24,* 52-70.
Wong, M. G. (1990). The education of White, Chinese, Filipino, and Japanese students: A look at High School and Beyond. *Sociological Perspectives, 33,* 355-374.
Ying, Y., & Lee, P. A. (1999). The development of ethnic identity in Asian American Adolescents: Status and outcome. *American Journal of Orthopsychiatry, 69,* 194-208.

成人生涯發展｜概念、議題及實務
Adult Career Development: Concepts, Issues and Practices

第十二章
男女同性戀當事人的生涯諮商

密蘇里大學聖路易校區｜Mark Pope
北卡羅萊納大學夏洛特校區｜Bob Barret

為男女同性戀當事人提供生涯諮商，大體上與幫助非同性戀當事人找出並追尋他們的生涯目標是相同的。但在過去幾年，大多數從中型到大型的都會區裡，都有明顯的男女同性戀社群出現，這長久以來已排除了男同性戀者被視為較女性化，而女同性戀者過度男性化的負面刻板印象（Barret & Logan, 2001）。在紐約、舊金山及波士頓以外的大城市裡，男女同性戀者通常在職場上對自己的性取向極度保密。許多同性戀者營造出一種與異性約會的社交生活，並且鮮少將自己的度假相片與同事分享。如果與同事一起參加社交活動，許多人一定會帶異性的「約會對象」，以「掩蓋」自己的祕密。如果有些人決定表明（come out）同性戀身分，大都會根據「安全性」選擇職業。例如，我們常會聽到年輕的男女同性戀者談到：避免需要與兒童接觸的職業，或針對不會輕鬆看待他們性取向的「保守」企業發表評論。其他的同性戀者則小心保護自己的性取向（sexual orientation），因為害怕如果明顯地告訴別人自己的同志身分，則無法晉升。幸運的是在今日，對許多男女同性戀者而言，這種情況有了許多改變，如今在職場上，聽到同事間隨興談到職場中男女同性戀者的社交及關係層面，已是司空見慣的。這種情況也顯示：男女同性戀者的特殊生涯需求正在迅速地改變。

有關本文章的通信作者為密蘇里大學聖路易校區教育學院資訊暨家庭治療部，教育學系副教授 Mark Pope。地址：St. Louis, 8001 Natural Bridge Road, St. Louis, Missouri 63121-4499, U.S.A, pope@umsl.edu。

雖然這種能見度（visibility）及接納度（acceptance）已有改善，但男女同性戀者仍持續經驗到職場上的困難。例如：美國國會未能通過就業非歧視法等法律，證明男女同性戀者在職場上被接納的需求仍缺乏；另一方面，許多全國性企業正將性取向納入非歧視個人政策，且許多企業更提供同居的伴侶（domestic partner）的福利。顯然，職場男女同性戀者已進入一個矛盾對立的新時代：自己的性取向可能會，也可能不會成為職場議題（Diamant, 1993; Lee & Brown, 1993; Schneider, 1987），視情況而定。

不幸的是，歧視仍舊存在。在美國只有 90 個州及地方政府提供同居伴侶的福利給同性戀員工。雖然諸如網壇女將娜拉提諾娃（Martina Navratilova）及跳水皇帝盧甘尼斯（Greg Louganis）等職業運動家已出櫃，但是大多數的同性戀體育明星就像演員一樣，對自己的性取向極度保密。在宗教組織或某些政府機關服務的男女同性戀者更是有風險，由於較為保守的政治及宗教組織將同性戀的「生活方式」宣導為負面的概念，這樣的職場上「出櫃」（coming out）將會導致重大的壓力。雙職涯的男女同性戀伴侶會在其中一名伴侶晉升需要遷往另一個城市的就職時，面臨到特別的挑戰。先前已婚而有子女的同性戀夫妻也可能在需要搬遷時，面臨工作選擇的困難。而另一種壓力來自：當一名伴侶比另一名伴侶更願意出櫃時所造成的緊張關係，很快地讓職場變得更加複雜化（Croteau & Thiel, 1993; Milburn, 1993; Pope, 1996）。例如，當吉姆受邀參加公司派對時，他的「伴侶」戴夫也受邀。已真正「出櫃」的吉姆，想帶隱藏的（closeted）伴侶戴夫來，以顯示他多麼以戴夫為榮，並宣示他們是一對，不應該受到有別於一般男女夫妻的待遇，且確認公司在使用不歧視的語言上，已經向前邁出一大步。但戴夫想到派對上有人是因為他的工作關係而認識吉姆，但戴夫在職場上尚未表明他的同性戀身分。這是一個常見的兩難（dilemma）。

近十年來，很少研究是討論男女同性戀個案的生涯諮商（Chojnacki & Gelberg, 1994; Croteau & Thiel, 1993; Etringer, Hillerbrand, & Hetherington, 1990; Lonborg & Phillips, 1996; Pope, 1995a）。這種專業資訊的缺乏，與所有少數性取向族群（sexual minorities）相關的出版研究缺乏是相同的（Bowman, 1993; Phillips, Strohner, Berthaume, & O'Leary, 1983; Pope, 1995c）。隨

著男女同性戀者獨特需求的增加，類似的趨勢在生涯發展領域內常可見到。改變的趨勢是在 Pope（1995a, b）舉辦了一個生涯諮商史上獨特的活動時展開，這是一個由生涯發展研究者所組成的負責檢視男女同性戀者的知識委員會，於 1994 年在新墨西哥州的 Albuquerque 舉行的全國生涯發展協會（NCDA）年度大會上提出他們的發現（Chung, 1995; Fassinger, 1995; Pope, 1995a, b; Prince, 1995）。該委員會的研究發現後來編製成《生涯發展季刊》（*Career Development Quarterly*）特稿出版（Pope, 1995b）。

Pope（1995b）討論目前提供生涯諮商給男女同性戀者的有關文獻；Prince（1995）討論與男同志有關的發展議題，尤其是認同及生涯發展方面；Fassinger（1995）觀察了女同志的認同發展議題，這議題已在生涯發展文獻中有所討論；Chung（1995）則針對男女同性戀者生涯決策的現有文獻作報告。針對四種說明中的每一種，委員會成員檢視了自己已經做過的研究，並對有待研究的部分提出具體的建議。這四種說明為日後的研究人員奠立基礎，並確立了對於男女同性戀者生涯發展態度一致性的開始。

這個歷史性的委員會，促成相關重要研究主題的蓬勃開展。例如：Croteau 和 Bieschke（1996）在 Pope 委員會之後發行了《職業行為月刊》（*Journal of Vocational Behavior*）的特刊，並且大量引用這些發現。同時，美國諮商協會出版了一本有關「如何」進行同性戀生涯諮商的書（Gelberg & Chojnacki, 1996）。第二組成員包括 Mark Pope、Michael Mobley、Hillary Williams Ford、Sue Morrow 及 Brian Campbell，獲選於 1995 年 NCDA 在舊金山舉行的大會上做說明（Ford, 1996; Mobley & Slaney, 1996; Morrow, Gore, & Campbell, 1996）。Chernin、Holden 和 Chandler（1997）並授權在協會的諮商評估期刊《諮商及發展之衡鑑與評估》（*Measurement and Evaluation in Counseling and Development*）當中，做為有關男女同性戀者評估特輯的引文。另外一項有關男同性戀者當事人的研究，在美國諮商協會年會應用 Donald Super 之生涯發展及諮商模式（C-DAC）發表，被視為是多元文化演說的一部分（Hartung, Vandiver, Leong, Pope, Niles, & Farrow, 1998）。在 Ron Sanlo（1998）有關探討同性戀大學生的一本著作中，有兩章用來說明男女同性戀者、雙性戀者及變性學生的生涯發展（Taylor, Borland, &

Vaughters, 1998; Worthington, McCrary, & Howard, 1998）。Luzzo（2000）在一本由美國心理學會（American Psychological Association）所出版，有關大學生生涯諮商的著作中，有一章是提供生涯諮商給男女同性戀的大學生，於是開始有專題論文探討這項主題（Adams, 1997; Button, 1996; Ford, 1996; Ormerod, 1996; Shallenberger, 1998; Terndrup, 1998; Thiel, 1995）。而這些出版物及大會的記錄，證明了男女同性戀者的生涯諮商已成為生涯諮商主流的一部分。對於正在尋求如何提供生涯諮商服務相關實務建議的生涯諮商輔導員或職業心理學家而言，現在有越來越多的文獻都在探討：該如何適當地介入現實生活中的男女同性戀當事人。

本章詳細說明目前所蒐集到有關提供生涯服務給男女同性戀當事人的知識，本章分成四個部分：諮商輔導員與男女同性戀者對工作生涯的準備；用於男女同性戀者之個別諮商輔導；用於處理同志族群特殊議題之職場方案；以及適當之倡導或社會行動的介入。

一、諮商輔導員之自我準備

想與男女同志工作的諮商輔導員，第一個步驟是：列出個人所有可能影響諮商歷程的清單，這些往往是難以覺察或無意識的偏見（Bieschke & Matthews, 1996; Buhrke & Douce, 1991; Gelberg & Chojnacki, 1995; Prince, 1997a）。先前的研究記載了心理健康專業人員對於少數性取向族群較不成熟的介入方式（Barret & Logan, 2001）。對於被壓迫的少數族群的偏見，會影響生涯諮商輔導員所選擇的介入策略（Belz, 1993; Brown, 1975; Chung & Harmon, 1994; Hetherington, Hillerbrand, & Etringer, 1989; Hetherington & Orzek, 1989; Morgan & Brown, 1991; Pope, 1992）。Pope 舉了一個例子，異性戀傾向的諮商輔導員可能會有一種想法是：如果他們能幫助一個年輕男性的行為變得更男性化，就可以改變他的性取向，而不須處理身為男同志所帶來的問題。他們只是想以自己拙劣、異性戀的方式來處理，但卻讓自己的偏見阻礙了幫助這年輕當事人做出最好的抉擇。

長期生活在歧視男女同性戀的社區裡，似乎無可避免地內化了許多負面刻板印象或態度。錯誤的資訊或誤解將很快被少數性取向族群的當事人看出，且可能造成他們另往他處尋求協助，或完全不尋求協助。

諮商輔導員必須熟悉男女同性戀者的文化，才能在態度上具一致性且得到信任（Pope, 1992）。參與工作坊研討、閱讀文獻，以及參與男女同性戀的文化，都是獲得有關男女同性戀知識的有效方法。之前接觸的男女同性戀當事人或他的朋友會是很珍貴的資料來源。尤其是從事男女同性戀工作的生涯諮商輔導員必須了解男／女同性戀文化認同的發展歷程（Cass, 1979; Driscoll, Kelley, & Fassinger, 1996; Dunkle, 1996; Fassinger, 1991; Fassinger, 1996; Pope, 1996）。

Morgan 和 Brown（1991）再次分析了兩項先前蒐集來的大量女同志資料，並且作出結論：兩者對於女同性戀者的生涯發展歷程似乎相似，但卻又不同於先前發表過的少數族群生涯發展模式。這些研究者指出：認同發展是女同性戀者生命發展的關鍵，但年齡不是預測同性戀者認同發展的指標，生涯諮商輔導員需要自我察覺到男女同性戀當事人的認同發展階段，以提供有效的生涯諮商。就職業倫理而言，如無法在態度上肯定男女同性戀者，應將當事人轉介給有與少數性取向族群工作經驗的生涯諮商輔導員（Pope, 1995a）。

二、介入

以當事人為中心的介入

在這個領域中，從早期（Brown, 1975）到最近的文章（Pope, Prince, & Mitchell, 2000），「出櫃」一直是男女同志尋求生涯諮商的核心議題。即使他們並未提及，但建議諮商輔導員將此主題做為生涯諮商歷程討論的一部分。

本討論中應處理的議題，包括與決定出櫃有關的「如何」（Croteau & Hedstrom, 1993; Pope & Schecter, 1992）以及「為何」（Brown, 1975; Hetherington et al., 1989; Pope, 1995b）。諮商輔導員可協助當事人考量職場上

「出櫃」的優缺點（Belz, 1993; Brown, 1975; Croteau & Hedstrom, 1993; Elliott, 1993; Hetherington et al., 1989; Morgan & Brown, 1991; Pope, 1992; Pope, Rodriguez, & Chang, 1992; Pope & Schecter, 1992; Savin-Williams, 1993）。諮商輔導員提供當事人機會，針對告知他人（informing others）的認同發展及訓練策略，以進行行為演練。

諮商輔導員認知到有兩種不同的「出櫃」方式（Pope, 1995a）。一方面，「出櫃」被論述為男女同性戀個體成功地完成其發展任務，這種「出櫃」涉及了個人性取向（sexual orientation）的自我接納，稱為「**對自我出櫃**」（come out to self）；另一方面，「出櫃」被論述為對他人的自我揭露，這些揭露或許藉由口語或寫作、私底下或公開陳述給其他個體。經由這動作，告知他人自己的性取向，這被稱為「**對他人出櫃**」（come out to others）。對許多人而言，這個歷程中的最後一個步驟，是在職場上表明自己的性取向。

Pope（1995a）及 Gonsiorek（1993）指出：延遲掌控（delayed mastery）接受自己性取向（「對自我出櫃」）的發展任務所具有的問題，以及伴隨而來與同性伴侶約會的關係建立策略，都可能造成「發展上的骨牌效應」（developmental domino effect）。其中，特定任務的無法完全達成，造成下一項重要發展的延遲、遺漏或無法完全達成。這些延後或遺漏的發展性任務，對於在三十多歲、四十多歲、五十多歲，或甚至更晚才出櫃的人，具有長期且普遍的影響。例如：某女士 45 歲出櫃，她從未與男人結婚，也從未與任何人發生性愛，當她初次與某位女士約會時，並不確定要由誰來付錢，也不確定跳舞時，由誰牽引到舞池；而且當她的女性約會伴侶陪她走回寓所門口時，她完全驚慌失措更不知道該如何是好。

其他生涯諮商建議包括了請生涯諮商輔導員：

1. 提供有關如何「出櫃」的資訊（Croteau & Hedstrom, 1993; Elliott, 1993; Pope & Schecter, 1992）；
2. 訓練當事人提出及回答資訊性及工作應徵面談的問題，例如：「你結婚了嗎？」及「你有幾個孩子？」（Hetherington & Orzek, 1989）；

3. 提供特別課程滿足男女同性戀者生涯發展需求（D'Augelli, 1993; Evans & D'Augelli, 1996），包括：⑴在履歷表上表白的程度，或者在一頁中提及「同性戀」這個字眼多少次（對同性戀議題加以研究，教導同性戀主題）（Elliott, 1993; Hetherington et al., 1989; Pope et al., 1992）；⑵面試的技巧（Hetherington et al., 1989; Pope et al., 1992）。

對於尚未完成出櫃任務及隱藏自己性取向的當事人該如何協助？目前並無任何方法可保證生涯諮商輔導員能引導出此訊息。但有幾個特定的方法有助於營造支持的氣氛，如將探討同性戀生涯發展的書籍，連同其他專業文獻放在書架上，有助於當事人了解，你已準備好與少數性取向族群工作（見本章附錄 A）；或將同性戀的書籍放在辦公室的等候室，可傳達一個明確的訊息：那就是諮商輔導員是肯定同性戀的（見本章附錄 B）；大眾性雜誌例如 *Advocate* 和 *Genre* 等，傳達明確的訊息給所有當事人，且可能幫助非同性戀的當事人取得更多有關同性戀同事的資訊。

基於種族、族群由來、性別、殘障、宗教、政治屬性或性取向等對人的歧視，是美國現實社會的狀況。如果生涯諮商輔導員不能理解這一點，而無法協助當事人去因應這個現實的困境，是在幫當事人的倒忙。所以，與男女同性戀者公開談論就業的歧視，是很重要的。即使當事人並未提起，這些議題仍須加以討論，使當事人能了解生涯諮商輔導員在此領域的敏銳度及具備的知識（Brown, 1975; Croteau & Hedstrom, 1993; Elliott, 1993; Hetherington et al., 1989; Pope, 1991; Pope et al., 1992）。

提供伴侶諮商給雙職涯伴侶（dual career couples）及步調不一致的伴侶（discordant couples，一人「出櫃」，另一人「隱藏」），是一項重要的介入。也就是說，與在關係中有雙職涯伴侶議題的兩個人工作是相當重要的（Belz, 1993; Eldridge, 1987; Elliott, 1993; Hetherington et al., 1989; Morgan & Brown, 1991; Orzek, 1992）。這些議題對於沒有經驗的男同志伴侶（male couple）或女同志伴侶（female couple），以及少數已出櫃的雙職涯伴侶的角色示範，是重要的；另外兩種特別的議題，涉及了伴侶及配偶間社會經濟地位的差異和伴侶的遷移。雪若剛得到一所知名大學諮商教職員的職位，她的伴侶梅麗莎是一名自行開業的醫師，已執業十五年，梅麗莎願意和雪若一起搬家，以便能夠安頓下來，但是雪若的新部門並不知道她是女同性戀，此時將需要進行這方面的諮商輔導。

Hetherington等人（1989）凸顯了男女性雙職涯伴侶所面臨的議題——如何展現關係、如何介紹自己的伴侶、是否公開戀人關係，以及如何處理社交事件。Belz（1993）討論了男性的雙職涯伴侶，包括：住家的位置、受雇時想要維持的生活方式、在工作上可能不想公開性取向的伴侶所造成的種種問題，以及如何處理工作上必須使自己的伴侶涉入其中時，可能發生的狀況。

例如，羅傑在迪士尼公司有一份很棒的美工設計工作，地點是在洛杉磯，但派屈克在俄亥俄州哥倫布市擔任律師，事業也有相當基礎。兩人目前住在俄亥俄州。對羅傑而言，這是他一生夢寐以求的工作，但派屈克卻是兩人共處十一年來的經濟支柱。羅傑在面試時表明了自己是同性戀的身分，當他獲得這份工作時，欣喜若狂，因為工作完全符合他的條件，而且他不必隱藏自己的性取向。但是派屈克在執業時並未「出櫃」，辦公桌上還放著大學女同學的照片，而羅傑的照片從未出現在辦公室。如今，他們必須決定該如何處理羅傑在洛杉磯工作的事。這些都是雙職涯男同性戀伴侶必須面對的常見問題。

提供生涯諮商給男同性戀者的另一個層面是：建議使用男女同性戀者心理測驗的特殊程序（Belz, 1993; Chung & Harmon, 1994; Pope, 1992; Pope & Jelly, 1991; Pope et al., 1992; Pope, 1993; Prince, 1997a; Prince, 1997b）。諮商輔導員須知道哪些特殊程序，以取得正確的結果及做出正確的解讀。使用生涯興趣量表、人格測驗，及職業興趣組合卡，都是生涯諮商輔導員介入的重要法寶，這些項目如何用於男女同性戀者，將成為重要的議題。Pope（1992）指出及分析用在生涯諮商輔導及人員召募中，五大心理量表的使用及誤用（《史東興趣量表》、《麥布二氏人格測驗》、《艾德華個人偏好量表》、《加州心理測驗》，以及《明尼蘇達多項人格測驗》）。Pope使用當事人研究方法，將技術性及心理測量的資料融入當事人，以顯示心理測驗如何被誤用於同性戀當事人。他指出下列的議題：懼怕性取向被識出／曝光（尤其是在高度敏感的人員遴選領域）、諮商輔導員（堅持異性戀者）的偏見或成見、根據當事人回應所做的適當解讀、性別角色的議題，及「性取向」的刻板印象（男性是感覺型及女性是思考型），以及對男女同性戀當事人心理測驗的適當解讀。

其他有關男同性戀當事人的心理評估研究，包括Pope和Jelly（1991）對於《麥布二氏人格測驗》（MBTI）用於男女同性戀者的討論。這些研究者提出的初步資料指出：男女同性戀者不「出櫃」可能掩蓋對自我的真正了解，因此成為 MBTI 自陳量表扭曲的來源。也可能會在「對自己出櫃」的發展性任務達成後，導致自陳量表的改變。Belz（1993）也指出，使用於男女同性戀當事人的特殊評估程序，是設計新的價值組合卡，例如：「在工作上出櫃」（being out on the job）。

Chung和Harmon（1994）使用《自我探索量表》（*Self-Directed Search,* SDS）（Holland, 1995），並比較相同年齡、社會經濟背景、族群、學生身分，及教育程度相同的男同性戀者及異性戀男性，所做的報告指出：男同性戀者在SDS的「藝術」及「社交」量表上的得分較高，但在「實際」和「研究」的量表上得分較低。他們的結論是：男同性戀者的自我抱負（self-aspirations）比起異性戀男性較不傳統，但在抱負地位（aspirations in status）上並不低於異性戀的男性。

例如像讀書治療（bibliotherapy）等特殊諮商介入方式（Belz, 1993; Brown, 1975; Croteau & Hedstrom, 1993），以及有色人種同性戀男性的跨文化諮商（Pope et al., 1992），也在文獻中有所提及。這些建議以特殊諮商介入，包括讀書治療法，讓男女同性戀當事人閱讀不對他人及社會隱藏自己性取向的同性戀者的自傳或傳記（Belz, 1993; Croteau & Hedstrom, 1993），以及發送包含男女同性戀者實際參考資料（例如：有關性取向原因論的參考資料）的書目。Belz（1993）以及Croteau和Hedstrom（1993）指出：一個統整且開放性取向的男女同性戀者，有助於增進當事人自己的選項，並教育他們過一個積極正向、心理健康且整合良好的生活。其他的諮商介入包括：有色人種男同性戀者特別的議題，例如：他們的多重認同以及特殊的壓抑（Pope et al., 1992）。

協助當事人克服已內化的負面刻板印象（internalized negative stereotypes），是生涯諮商輔導員另一項任務（Chung & Harmon, 1994; Hetherington & Orzek, 1989; Morgan & Brown, 1991; Pope at al., 1992）。Pope（1995a）的報告指出：生涯諮商輔導員了解男女同性戀已內化的**同性戀恐懼症**（homophobia）是很重要的，因為這會影響當事人的生活及職業選擇。壓抑會抑制**文化不利者**（cultural minorities）的心理健康及良好適應。而社會一再重複有關「邪惡、有病且有罪」的訊息，可能在有意無意之間就被接受，且這些信息滲透了美國的主流文化。這些內化的同性戀恐懼症一旦發生時，是無法克服的。生涯諮商輔導員應了解及體認，這些訊息確實對男女同性戀及美國的文化不利者造成的影響。所以，任何類型的自尊相關介入（例如：正向的自我對話、重新框架、寬恕）都可用於克服這些內化的負面刻板印象。

焦點方案介入策略

以焦點方案的介入策略，在範圍上有綱領，可實行於機關或機構的介入策略。此領域中，所有介入策略都有一個共通性：每一種介入方式都試圖為做出生涯決定的男女同性戀者創造更多選擇，即使諮商對象是需要更專注於生涯決定的男同性戀者，介入策略都是生涯決定前很重要的程序，因為它們可能提出當事人從未探討過的選項。此處所建議的生涯諮商介入方式，包括：支持及鼓勵具專業之男女同性戀人士做為學生生涯的角色模範（Chung & Harmon, 1994; Elliott, 1993; Hetherington et al., 1989; Morgan & Brown, 1991）；提供有關全國具專業之男女同性戀人士及社區的工作網絡，例如：男女同性戀及雙性戀諮商議題協會（Association for Gay, Lesbian, Bisexual Issues in Counseling，美國諮商協會的男同性戀／女同性戀／雙性戀諮商輔導員）及金門商業協會（Golden Gate Business Association，舊金山男女同性戀商會）等單位的相關資料（Belz, 1993; Elliott, 1993; Hetherington & Orzek, 1989）；分享有關當地男女同性戀社群的資源訊息（Elliott, 1993; Hetherington et al., 1989; Morgan & Brown, 1991）；提供特殊的計畫，例如：具專業男女同性戀人士的演講（Hetherington et al., 1989）；安排與其他具專業男女同性戀人士學習的機會（Belz, 1993）；協助他們到同性戀者所設立或經營的企業裡實習或建教合作及就業安置（Hetherington et al., 1989）；以及建立指導的計畫（Elliott, 1993）。

其他的建議，包括請生涯諮商輔導員公布一份已經出櫃的男女同性戀者名單，且願意提供當事人資訊性會談（Belz, 1993; Croteau & Hedstrom, 1993; Hetherington et al., 1989）。並提供特殊的計畫，以滿足男女同性戀者的職涯發展需求，包括有關：⑴工作博覽會（Elliott, 1993; Hetherington et al., 1989）；以及⑵支持團體（Croteau & Hedstrom, 1993; Hetherington et al., 1989）的資訊。

工作上的角色模範及工作網絡的介入，對於因為某種社會刻板印象而受到限制的群體而言，他們的職業選擇過去是很重要的（Brown, 1975; Hetherington & Orzek, 1989）。對男同性戀者的刻板印象向來是：美髮師、花店店主、舞者、演員、祕書、護士，以及其他傳統上由女性擔任的工作。對女同性戀者的刻板印象則是：卡車司機、運動員、機工，及其他傳統上由男性擔任的工作。這些狹窄的刻板印象成為「安全的」職業，男女同性戀者可在其中感到更被接納，更能真實地做自己；然而，這些職業也可能限制了「對自我出櫃」的男女同性戀者的職業選擇，並且開始根據已改變的身分做出抉擇。然而，對某些人而言，它們已被認為是唯一可能的選擇。

倡導或社會行動介入

倡導或社會行動介入，包括以當事人外在的、社會環境為重心的介入（Herr & Niles, 1998; Pope, 1995a）。對於男女同性戀者的正面社會倡導，包括進行遊說、將性取向納入地方雇主非歧視政策中，或舉一篇曾是同性戀者的演說，宣稱自己是個快樂且功能完全的異性戀者。有些同性戀者需要有關男女同性戀社群及對於性取向歧視的事實資料。

這類介入，包括諮商輔導員提供當事人有關他們區域內男女同性戀社群的大小及地理位置的資訊（Belz, 1993; Elliott, 1993; Hetherington et al., 1989）、有關當地企業雇用政策及 EEO（均等就業機會）聲明的資料（Elliott, 1993）、有關地方及聯邦反歧視法的資訊（Morgan & Brown,

1991）、協助當事人避免遭到逮捕（Brown, 1975），以及協助當事人建構肯定接納的工作環境（Croteau & Hedstrom, 1993）。

與特殊群體工作的生涯諮商輔導員必須超越「不傷害」，且能肯定男女同性戀者，尤其男女同性戀者權利的倡導（Belz, 1993; Brown, 1975; Croteau & Hedstrom, 1993; Hetherington et al.,1989; Hetherington & Orzek, 1989）。這種正面倡導包括：修改將同性成人之間的性行為列為犯罪的法律，以及遏止警察的「釣魚」（entrapment，同志稱警察的此舉為釣魚）（Brown, 1975; Pope & Schecter, 1992）。有些法律被用來拒絕男女同性戀者擔任教師、諮商師、警官及其他專業人士。即使這些法律廢止，但曾經違法的男女同性戀者可能會有後續的問題，因為違法者的紀錄可能會留在警察局裡好幾年。男女同性戀的專業工作者在面對以例行性方式進行就業的背景調查常感到錯愕，可能因為害怕先前的釣魚經驗將導致再次的公開受辱。

舉例來說，就職於金融業的男同性戀者，可能曾因為在十五年前與男伴約會後吻別而遭逮捕，他被控公開猥褻，覺得自己被困在目前的職位中，要接受來自另一個社區的銀行所提供的工作機會似乎是不可能的。這位當事人被轉介給一位接納同性戀的律師，最後將他的紀錄消案。其他的當事人可能想冒著先前紀錄不會被發現的風險，但是無論採取怎樣的行動，生涯諮商輔導員一定會體驗到這種不公義的現象，及當事人因受到限制所帶來的焦慮與憤怒。這雖非常例，卻可能導致當事人選擇留在不滿意或有限制的職業中。諮商輔導員有機會遊說立法官員停止設下陷阱及不公平的執法。

三、結論

在本章中，我們建議生涯諮商輔導員應用特殊的介入、個別諮商活動、機構內的生涯諮商，以及倡導或社會／社區活動計畫的特定活動。所以這些介入是針對諮商輔導員本身或用於男女同性戀生涯諮商的活動類型，必須能在研究所教育、工作坊或研討會的持續專業發展中學習到。而針對機構或課程及社會／社區行動的介入，用於學校的生涯教育課程以及大學院校的生涯規劃資料及職業資訊，具有相當的意義。

提供同性戀當事人有效的諮商服務，並非簡單的任務。它充滿了個人及社會的議題，包括：被內化的恐同症及就業歧視（employment discrimination），甚至更多。所以，直接處理這些議題的生涯諮商輔導員將會發現：對於願意尋求生涯決定協助的當事人而言，路將更寬廣、順暢，且有更令人滿意的生涯。

參考文獻

Adams, K. V. (1997). The impact of work on gay male identity among male flight attendants (Doctoral dissertation, Loyola University of Chicago, 1997). *Dissertation Abstracts International,* 57-12, 7754.

Barret, B., & Logan, C. (2001). *Counseling gay men and lesbians: A practice primer.* Belmont CA: Brooks/Cole.

Belz, J. R. (1993). Sexual orientation as a factor in career development. *The Career Development Quarterly, 41,* 197-200.

Bieschke, K. J., & Matthews, C. (1996). Career counselor attitudes and behaviors toward gay, lesbian, and bisexual clients. *Journal of Vocational Behavior, 48,* 243-255.

Boatwright, K. J., Gilbert, M. S., Forrest, L., & Ketzenberger, K. (1996). Impact of identity development upon career trajectory: Listening to the voices of lesbian women. *Journal of Vocational Behavior, 48,* 210-228.

Bowman, S. L. (1993). Career intervention strategies for ethnic minorities. *The Career Development Quarterly,* 42, 14-25.

Brown, D. A. (1975). Career counseling for the homosexual. In R. D. Burack & R. C. Reardon (Eds.), *Facilitating career development,* (pp. 234-247). Springfield, IL: Charles C. Thomas.

Buhrke, R. A., & Douce, L. A. (1991). Training issues for counseling psychologists in working with lesbians and gay men. *The Counseling Psychologist, 19,* 216-234.

Button, S. B. (1996). Organizational efforts to affirm sexual diversity: A multi-level examination (Doctoral dissertation, The Pennsylvania State University, 1996). *Dissertation Abstracts International, 57-08,* 5373.

Cass, V. (1979). Homosexual identity formation: A theoretical model. *Journal of Homosexuality, 4,* 219-235.

Chernin, J., Holden, J. M., & Chandler, C. (1997). Bias in psychological assessment: Heterosexism. *Measurement and Evaluation in Counseling and Development, 30,* 68-76.

Chojnacki, J. T., & Gelberg, S. (1994). Toward a conceptualization of career counseling with gay/lesbian/bisexual persons. *Journal of Career Development, 21,* 3-10.

Croteau, J. M. (1996). Research on the work experiences of lesbian, gay, and bisexual people: An integrative review of methodology and findings. *Journal of Vocational Behavior, 48,* 195-209.

Croteau, J. M., & Thiel, M. J. (1993). Integrating sexual orientation in career counseling: Acting to end a form of the personal-career dichotomy. *Career Development Quarterly, 42,* 174-179.

Chung, Y. B. (1995). Career decision making of lesbian, gay, and bisexual individuals. *The Career Development Quarterly, 44,* 178-190.

Chung, Y. B., & Harmon, L. W. (1994). The career interests and aspirations of gay men: How sex-role orientation is related. *Journal of Vocational Behavior, 45,* 223-239.

Croteau, J. M., & Bieschke, K. J. (Eds.). (1996). Beyond pioneering: An introduction to the special issue on the vocational issues of lesbian women and gay men. *Journal of Vocational Behavior, 48,* 119-124.

Croteau, J. M., & Hedstrom, S. M. (1993). Integrating commonality and difference: The key to career counseling with lesbian women and gay men. *The Career Development Quarterly, 41,* 201-209.

D'Augelli, A. R. (1993). Preventing mental health problems among lesbian and gay college students. *Journal of Primary Prevention, 13,* 245-261.

Diamant, L. (Ed.). (1993). *Homosexual issues in the workplace.* Washington, DC: Taylor & Francis.

Driscoll, J. M., Kelley, F. A., & Fassinger, R. E. (1996). Lesbian identity and disclosure in the workplace: Relation to occupational stress and satisfaction. *Journal of Vocational Behavior, 48,* 229-242.

Dunkle, J. H. (1996). Toward an integration of gay and lesbian identity development and Super's life-span approach. *Journal of Vocational Behavior, 48,* 1149-159.

Eldridge, N. S. (1987). *Correlates of relation satisfaction and role conflict in dual-career lesbian couples.* Unpublished doctoral dissertation, University of Texas, Austin.

Elliott, J. E. (1993). Career development with lesbian and gay clients. *The Career Development Quarterly, 41,* 210-226.

Etringer, B. D., Hillerbrand, E., & Hetherington, C. (1990). The influence of sexual orientation on career decision-making: A research note. *Journal of Homosexuality, 19,* 103-111.

Evans, N. J., & D'Augelli, A. R. (1996). Lesbians, gay men, and bisexual people in college. In R. C. Savin-Williams & K. M. Cohen (Eds.), *The lives of lesbians, gays, and bisexuals: Children to adults* (pp. 201-226). Fort Worth, TX: Harcourt Brace College Publishers.

Fassinger, R. E. (1991). The hidden minority: Issues and challenges in working with lesbian women and gay men. *The Counseling Psychologist, 19,* 157-176.

Fassinger, R. E. (1995). From invisibility to integration: Lesbian identity in the workplace. *The Career Development Quarterly, 44,* 148-167.

Fassinger, R. E. (1996). Notes from the margins: Integrating lesbian experience into the vocational psychology of women. *Journal of Vocational Behavior, 48,* 160-175.

Ford, H. W. (1996). The influence of sexual orientation on the early occupational choices of young lesbians using Astin's model of career choice and work behavior (Doctoral dissertation, University of San Francisco, 1996). *Dissertation Abstracts International, 57-12,* 5061.

Gelberg, S., & Chojnacki, J. T. (1995). Developmental transitions of gay/lesbian/bisexual-affirmative, heterosexual career counselors. *Career Development Quarterly, 43,* 267-273.

Gelberg, S., & Chojnacki, J. T. (1996). *Career and life planning with gay, lesbian, and bisexual persons.* Alexandria, VA: American Counseling Association.

Gonsiorek, J. C. (1993). Threat, stress, and adjustment: Mental health and the workplace for gay and lesbian individuals. In L. Diamant (Ed.), *Homosexual issues in the workplace,* (pp. 243-264). Washington, DC: Taylor & Francis.

Hartung, P. J., Vandiver, B. J., Leong, F. T. L., Pope, M., Niles, S. G., & Farrow, B. (1998). Appraising cultural identity in Career-Development Assessment and Counseling. *The Career Development Quarterly, 46,* 276-293.

Herr, E., & Niles, S. (1998). Career: A source of hope and empowerment in a time of despair. In C. Lee & G. Walz (Eds.), *Social action: A mandate for counselors* (pp. 117-136). Greensboro, NC: ERIC/CASS.

Hunt, M. (1987). *Gay: What teenagers should know about homosexuality and AIDS.* (2nd ed.). New York: Farrar, Straus, & Giroux.

Hetherington, C., Hillerbrand, E., & Etringer, B. (1989). Career counseling with gay men: Issues and recommendations for research. *Journal of Counseling & Development, 67,* 452-454.

Hetherington, D., & Orzek, A. M. (1989). Career counseling and life planning with lesbian women. *Journal of Counseling & Development, 68,* 52-57.

Holland, J. L. (1995). *Self-directed search.* Lutz, FL: Psychological Assessment Resources.

Lee, J. A., & Brown, R. G. (1993). Hiring, firing, and promoting. In L. Diamant (Ed.), *Homosexual issues in the workplace,* (pp. 45-64). Washington, DC: Taylor & Francis.

Lonborg, S. D., & Phillips, J. M. (1996). Investigating the career development of gay, lesbian, and bisexual people: Methodological considerations and recommendations. *Journal of Vocational Behavior, 48,* 176-194.

Luzzo, D. A. (Ed.). (2000). *Career counseling of college students: An empirical guide to strategies that work.* Washington, DC: American Psychological Association.

Milburn, L. (1993). Career issues of a gay man: Case of Allan. *Career Development Quarterly, 41,* 195-196.

Mobley, M., & Slaney, R. B. (1996). Holland's theory: Its relevance for lesbian women and gay men. *Journal of Vocational Behavior, 48,* 125-135.

Morgan, K. S., & Brown, L. S. (1991). Lesbian career development, work behavior, and vocational counseling. *The Counseling Psychologist, 19,* 273-291.

Morrow, S. L., Gore, P. A., & Campbell, B. W. (1996). The application of a sociocognitive framework to the career development of lesbian women and gay men. *Journal of Vocational Behavior, 48,* 136-148.

Ormerod, A. J. (1996). The role of sexual orientation in women's career choice: A covariance structure analysis (Doctoral dissertation, University of Illinois at Urbana-Champaign). *Dissertation Abstracts International, 57-08,* 3405.

Orzek, A. M. (1992). Career counseling for the gay and lesbian community. In S. Dworkin & F. Gutierrez (Eds.), *Counseling gay men & lesbians: Journey to the end of the rainbow,* (pp. 23-34). Alexandria, VA: American Counseling Association.

Phillips, S. D., Strohner, D. C., Berthaume, B. L. J., & O'Leary, J. (1983). Career development of special populations: A framework for research. *Journal of Vocational Behavior, 22,* 12-27.

Pope, M. (1991, December). *Issues in career development for gay males and lesbians.* Paper presented at the Multicultural Counseling Conference, San Jose State University, Gilroy, CA.

Pope, M. (1992). Bias in the interpretation of psychological tests. In S. Dworkin & F. Gutierrez (Eds.), *Counseling gay men & lesbians: Journey to the end of the rainbow,* (pp. 277-292). Alexandria, VA: American Counseling Association.

Pope, M. (1993, June). *Testing and assessment issues of gays and lesbians.* Paper presented at the CSUN Career Conference '93, California State University, Northridge, CA.

Pope, M. (1995a). Career interventions for gay and lesbian clients: A synopsis of practice knowledge and research needs. *The Career Development Quarterly, 44,* 191-203.

Pope, M. (1995b). Gay and lesbian career development: Introduction to the special section. *The Career Development Quarterly, 44,* 146-147.

Pope, M. (1995c). The "salad bowl" is big enough for us all: An argument for the inclusion of lesbians and gays in any definition of multiculturalism. *Journal of Counseling & Development, 73,* 301-304.

Pope, M. (1996). Gay and lesbian career counseling: Special career counseling issues. *Journal of Gay and Lesbian Social Services, 4,* 91-105.

Pope, M., & Jelly, J. (1991). *MBTI, sexual orientation, and career development* [Summary]. Proceedings of the 9th International Biennial Conference of the Association for Psychological Type, 9, 231-238.

Pope, M., Prince, J. P., & Mitchell, K. (2000). *Responsible career counseling with lesbian and gay students.* In D. A. Luzzo (Ed.), Career counseling of college students: An empirical guide to strategies that work (pp. 267-284). Washington, DC: American Psychological Association.

Pope, M., Rodriguez, S., & Chang, A. P. C. (1992, September). *Special issues in career development and planning for gay men.* Presented at the meeting of International Pacific Friends Societies, International Friendship Weekend 1992, San Francisco, CA.

Pope, M., & Schecter, E. (1992, October). *Career strategies: Career suicide or career success.* Paper presented at the 2nd Annual Lesbian and Gay Workplace Issues Conference, Stanford, CA.

Prince, J. P. (1995). Influences on the career development of gay men. *The Career Development Quarterly, 44,* 168-177.

Prince, J. P. (1997a). Assessment bias affecting lesbian , gay male and bisexual individuals. *Measurement and Evaluation in Counseling and Development, 30,* 82-87.

Prince, J. P. (1997b). Career assessment with lesbian, gay and bisexual individuals. *Journal of Career Assessment, 5,* 225-238.

Savin-Williams, R. C. (1993). Personal reflections on coming out, prejudice, and homophobia in the academic workplace. In L. Diamant (Ed.), *Homosexual issues in the workplace,* (pp. 225-242). Washington, DC: Taylor & Francis.

Schneider, B. E. (1987). Coming out at work: Bridging the private/public gap. *Work and Occupations, 13,* 463-487.

Shallenberger, K. L. (1998). Career development of lesbians: Is there a relationship between lesbian identity development and the career development process?

(Doctoral dissertation, State University of New York at Buffalo, 1998). *Dissertation Abstracts International, 59-05,* 1475.

Taylor, S. H., Borland, K. M., & Vaughters, S. D. (1998). Addressing the career needs of lesbian, gay, bisexual, and transgender college students. In R. Sanlo (Ed.), *Working with lesbian, gay, bisexual, and transgender college students: A handbook for faculty and administrators* (pp. 123-133). Westport, CT: Greenwood Press.

Terndrup, A. I. (1998). Factors that influence career choice and development for gay male school teachers: A qualitative investigation (Doctoral dissertation, Oregon State University, 1998). *Dissertation Abstracts International, 59-12,* 4371.

Thiel, M. J. (1995). Lesbian identity development and career experiences (Doctoral dissertation, Western Michigan University, 1995). *Dissertation Abstracts International, 56-12,* 4665.

Worthington, R. L., McCrary, S. I., & Howard, K. A. (1998). Becoming an LGBT affirmative career adviser: Guidelines for faculty, staff, and administrators. In R. Sanlo (Ed.), *Working with lesbian, gay, bisexual, and transgender college students: A handbook for faculty and administrators* (pp. 135-143). Westport, CT: Greenwood Press.

附錄 A

受歡迎的男女同性戀者生涯相關書籍

Besner, H. F., & Spungin, C. I. (1995). Gay & lesbian students: *Understanding their needs.* Washington, DC: Taylor & Francis.

Coville, B. (Ed.). (1995). *Am I blue? Coming out from the silence.* New York: Harper Collins.

DeCrescenzo, T. (Ed.) (1994). *Helping gay and lesbian youth: New policies, new programs, new practices.* New York: Harrington.

Diamant, L. (Ed.). (1993). *Homosexual issues in the workplace.* Washington, DC: Taylor & Francis.

Ellis, A. L., & Riggle, E. D. (Eds.). (1996). *Sexual identity on the job: Issues and services.* New York: Haworth.

Harbeck, K. M. (Ed.). (1992). *Coming out of the classroom closet: Gay and lesbian students, teachers and curricula.* New York: Harrington.

Harris, M. B. (Ed.). (1997). *School experiences of gay and lesbian youth: The invisible minority.* New York: Harrington.

Herdt, G., & Boxer, A. (1996). *Children of horizons: How gay and lesbian teens are leading a new way out of the closet* (2nd ed.). New York: Beacon Press.

Heron, A. (Ed.). (1983). *One teenager in 10: Testimony of gay and lesbian youth.* New York: Warner Books.

Heron, A. (Ed.). (1994). *Two teenagers in 20: Writings by gay and lesbian youth.* Boston: Alyson.

Gelberg, S., & Chojnacki, J. T. (1996). *Career and life planning with gay, lesbian, and bisexual persons.* Alexandria, VA: American Counseling Association.

Jennings, K. (1994). *Becoming visible: A reader in gay and lesbian history for high school and college students.* Boston: Alyson.

Jennings, K. (1994). *One teacher in ten.* Boston: Alyson.

Katz, J. (1976). *Gay American history.* New York: Crowell.

McNaught, B. (1993). *Gay issues in the workplace.* New York: St. Martins.

Rasi, R. A., & Rodriguez-Nogues, L. (1995). *Out in the workplace: The pleasures and perils of coming out on the job.* Los Angeles: Alyson.

附錄 B

受歡迎的男女同性戀主題相關書籍及文章（或專論）

Aarons, L. (1995). *Prayers for Bobby: A mother's coming to terms with the suicide of her gay son.* San Francisco: Harper.

Abelowe, H., Barale, M. A., & Halperin, D. M. (1993). *The lesbian and gay studies reader.* New York: Routledge.

Alyson, S. (Ed.). (1985). *Young, gay and proud!* Boston: Alyson.

Bailey, N. J., & Phariss, T. (1996, January). *Breaking through the wall of silence: Gay, lesbian, and bisexual Issues for middle level educators.* Middle School Journal, (pp. 38-46). Washington, DC: National Middle School Association.

Bass, E., & Kaufman, K. (1996). *Free your mind: The book for gay, lesbian, and bisexual youth — and their allies.* New York: HarperPerennial.

Bernstein, R. (1995). *Straight parents/gay children: Keeping families together.* Emeryville, CA: Thunder's Mouth Press.

Besner, H. F., & Spungin, C. I. (1995). *Gay & lesbian students: Understanding their needs.* Washington, DC: Taylor & Francis.

Coville, B. (Ed.). (1995). *Am I blue? Coming out from the silence.* New York: Harper Collins.

DeCrescenzo, T. (Ed.). (1994). *Helping gay and lesbian youth: New policies, new programs, new practices.* New York: Harrington.

Dew, R. F. (1995). *The family heart: A memoir of when our son came out.* New York: Ballantine.

Due, L. (1995). *Joining the tribe: Growing up gay & lesbian in the '90s.* New York: Anchor.

Elliott, L., & Brantley, C. (1997). *Sex on campus: The naked truth about the real sex lives of college students.* New York: Random House.

Fricke, A. (1992). *Sudden strangers: The story of a gay son and his father.* New York: St. Martin's Press.

Fricke, A. (1981). *Reflections of a rock lobster: A story about growing up gay.* Boston: Alyson.

Garber, L. (1994). *Tilting the tower: Lesbians teaching queer subjects.* New York: Routledge.

Gibson, P. (1989). Gay male and lesbian youth suicide. In M. R. Feinleib (Ed.), *Report of the Secretary's task force on youth suicide. Volume 3: Preventions and interventions in youth suicide* (pp. 110-142). (U. S. Department of Health and Human Services Pub. No. ADM 89-1623). Washington, DC: U. S. Government Printing Office.

Gray, M. L. (Ed.). (1999). *In your face: Stories from the lives of queer youth.* New York: Harrington.

Griffin, C. W., Wirth, M. J., & Wirth, A. G. (1986). *Beyond acceptance: Parents of lesbians and gays talk about their experiences.* Englewood Cliffs, NJ: Prentice-Hall.

Grima, T. (Ed.). (1994). *Not the only one: Lesbian and gay fiction for teens.* Boston: Alyson.

Harbeck, K. M. (Ed.). (1992). *Coming out of the classroom closet: Gay and lesbian students, teachers and curricula.* New York: Harrington.

Harris, M. B. (Ed.). (1997). *School experiences of gay and lesbian youth: The invisible minority.* New York: Harrington.

Herdt, G., & Boxer, A. (1996). *Children of horizons: How gay and lesbian teens are leading a new way out of the closet* (2nd ed.). New York: Beacon Press.

Heron, A. (Ed.). (1983). *One teenager in 10: Testimony of gay and lesbian youth.* New York: Warner Books.

Heron, A. (Ed.). (1994). *Two teenagers in 20: Writings by gay and lesbian youth.* Boston: Alyson.

Heron, A., & Maran, M. (1991). *How would you feel if your dad was gay?* Boston: Alyson.

Herr, E., & Niles, S. (1998). Career: A source of hope and empowerment in a time of despair. In C. Lee & G. Walz (Eds.), *Social action: A mandate for counselors* (pp. 117-136). Greensboro, NC: ERIC/CASS.

Hunt, M. (1987). *Gay: What teenagers should know about homosexuality and AIDS.* (2nd ed.). New York: Farrar, Straus, & Giroux.

Jennings, K. (1994). *Becoming visible: A reader in gay and lesbian history for high school and college students.* Boston: Alyson.

Jennings, K. (1994). *One teacher in ten.* Boston: Alyson.

Katz, J. (1976). *Gay American history.* New York: Crowell.

Lorde, A. (1984). *Sister outsider.* Freedom, CA: The Crossing Press.

Marcus, E. (1993). *Is it a choice? Answers to 300 of the most frequently asked questions about gays and lesbians.* San Francisco: Harper.

Marsiglio, W. (1993). Attitudes toward homosexual activity and gays as friends: A national survey of heterosexual 15- to 19-year-old males. *Journal of Sex Research, 30*(1), p. 12.

Martin, A. D. (1982). Learning to hide: The socialization of the gay adolescent. In S. C. Feinstein, J. G. Looney, A. Z. Schwartenberg, & A. D. Sorosky (Eds.), *Adolescent psychiatry: Development and clinical studies* (pp. 52-65). Chicago: University of Chicago Press.

Mondimore, F. M. (1996). *A natural history of homosexuality.* Baltimore: Johns Hopkins University Press.

Muller, A. (1987). *Parents matters: Parents relationships with lesbian daughters and gay sons.* Tallahassee, FL: Naiad.

Munchmore, W., & Hanson, W. (1982). *Coming out right: A handbook for the gay male.* Boston: Alyson.

Newman, B. S., & Muzzonigro, P. G. (1993). The effects of traditional family values on the coming out process of gay male adolescents. *Adolescence, 28,* 213-226.

O'Conor, A. (1994). Who gets called queer in school? Lesbian, gay and bisexual teenagers, homophobia, and high school. *The High School Journal, 77,* 7-12.

Owens, R. E. (1998). *Queer kids: The challenges and promise for lesbian, gay, and bisexual youth.* New York: Harrington.

Pollack, W. (1998). *Real boys: Rescuing our sons from the myths of boyhood.* New York: Random House.

Pope, M. (1995). The "salad bowl" is big enough for us all: An argument for the inclusion of lesbians and gays in any definition of multiculturalism. *Journal of Counseling & Development, 73*(3), 301-304.

Savin-Williams, R. C. (1990). *Gay and lesbian youth: Expressions of identity.* Washington, DC: Hemisphere.

Sherman, P., & Bernstein, S. (Eds.). (1994). *Uncommon heroes: A celebration of heroes and role models for gay and lesbian Americans.* New York: Fletcher.

Sherrill, J. (1994). *The gay, lesbian, and bisexual students' guide to colleges, universities, and graduate schools.* New York: New York University Press.

SIECUS. (1995). (Sexuality Information and Education Council of the United States.) *Facts about sexual health for America's adolescents,* p. 12. New York: SIECUS.

Silverstein, C. (1977). *A family matter: A parents guide to homosexuality.* New York: McGraw-Hill.

Slater, E. (1958). Sibs and children of homosexuals. In D. R. Smith (Ed.), *Symposium on Nuclear Sex,* pp. 79-83. New York: Interscience Publishers.

Sloan, L. M., & Gustavsson, N. S. (Eds.). (1998). *Violence and social injustice against lesbian, gay and bisexual people.* New York: Harrington.

Tsang, D. (Ed.). (1981). *The age taboo: Gay male sexuality, power and consent.* Boston: Alyson.

Unks, G. (Ed.). (1995). *The gay teen: Educational practice and theory for lesbian, gay, and bisexual adolescents.* New York: Routledge.

Walling, D. R. (Ed.). (1996). *Open lives, safe schools.* Bloomington, IN: Phi Delta Kappa Educational Foundation.

Woog, D. (1995). *School's out: The impact of gay and lesbian issues on America's schools.* Boston: Alyson.

第十三章
殘障青年的生涯發展介入

賓州印第安那大學｜Edward M. Levinson

很遺憾的，許多年輕人離開學校時，並未做好生涯準備。美國主計處1993年的報告指出：16到24歲的年輕人有三分之一並不具備入門及半熟練技術工作所需的技能。由全國生涯發展協會委託蓋洛普機構（Brown & Minor, 1989; Hoyt & Lester, 1995）所做的研究顯示，只有三分之一的成人是因為刻意規劃而擔任目前的工作。其餘的三分之二，則是因為機會因素、他人的影響，或只能做那個工作才擔任目前的工作。其中只有一半的人表示對自己的工作滿意。

雖然殘障成人的生涯發展在文獻中「少有著墨」（Patton & McMahon, 1999, p. 157），但殘障成人遭遇生涯困難的風險比一般人更大，研究一致顯示：與非殘障的同儕相比，輕微殘障的人經驗到較高比率的失業、未充分就業、薪水較低，以及對工作較不滿意（Collet-Klingenberg, 1998; Dunn, 1996），且雇主對他們的看法比起其他員工較不正面（Minskoff, 1994）。最近一份由Louis Harris及其同事所做的調查顯示：美國16到64歲的殘障人士中，有三分之二並無工作（Taylor, 1994），其中有79%表示他們想要工作。

一個歷史性的因素，是較高等學校的輟學率，使得殘障成人缺乏生涯準備，是這個群體的特性。將殘障者的輟學率與控制組的輟學率或常態資料比較的一致性顯示：殘障學生比沒有殘障的學生更常離開學校（Ysseldyke, Algozzine, & Thurlow, 1992）。有學習障礙及情緒障礙的學生，輟學的機率顯然特別高。這些障礙的學生，輟學率分別超過 40%及

50%（Gajar, Goodman, & McAfee, 1993）。如 Szymanski、Ryan、Merz、Trevino 和 Johnson-Rodriguez（1996）更清楚指出：教育上的限制阻礙了殘障成人的就業選擇，且影響了他們的收入及整體的生活品質。59%的殘障成人每年全家收入低於 25,000 美元，而無殘障成人只有 37%是如此（Taylor, 1994）；相對地，僅有 37%的受雇殘障者的家庭生活低於 25,000 美元。

但為何殘障的人會輟學？其中一個原因是，對大多數不打算上大學的學生，學校在關注他們的教育及生涯需求上顯得無效。1993 年的一份蓋洛普調查（Hoyt & Lester, 1995）顯示：60%的美國成人表示，高中階段學校投注足夠的心力為學生準備上大學，但對不想讀大學的學生，並未給予足夠的關注。學校將多數的資源用於準備學生上大學，但對於協助不想上大學的學生在求職上所投注的心力卻不夠。大約只有 15%即將升上九年級的學生，從高中畢業，並接著在畢業後六年內取得四年的大學學位（Morra, 1993）。因此，學校的課程焦點多放在少數想讀大學的學生教育需求上，較少放在幫助大多數不打算上大學的學生求職上，這一點對大多數不繼續就讀大學的殘障年輕人而言，更是個需要關注及重視問題。

在殘障的成人中，重要的是生涯及職業技能的需求，而非進入大學所需的學業。在國會第 21 次 IDEA 實施年度報告（U.S. Department of Education, 1999）指出：年齡 17 歲以上的殘障學生，只有 24.5%從高中拿到畢業文憑（進入大學的必備條件）。這份報告也顯示：殘障學生在中學如果接受充分的職業及生涯教育，較不可能輟學，且具競爭力也更可能受雇。報告的結論是：在體制上，學校、成人服務機構及社區需要大幅的改革，才能符合殘障者的職業及生涯需求。

本章將從主動及預防著手，而非以回應及補救的觀點，來探討殘障成人的生涯發展介入。同時將強調可用於殘障青年的行動方案，用來輔助生涯發展，並降低往後生命中職業及生涯問題的風險。此外，因為殘障類型及殘障本質的異質性，筆者將不討論特定殘障類型的介入。正如 Conyers、Koch 和 Szymanski（1998）指出，殘障者是一個異質性群體，殘障本身無法決定生涯發展，而是殘障應被視為一個風險因素，可能會也可能不會影響一個人的生涯發展（Conyers, Koch, & Szymanski, 1998）。所以，「殘障者的異質性……意味著不可能只簡單地應用任何〔生涯〕理論……然而，理論確實也指出探尋生涯的脈絡，可供臨床實務之用」（Szymanski, Hershenson, Enright, & Ettinger, 1996, pp. 104-105）。

本章將簡單探討與生涯發展有關的議題及殘障成人介入，以及協助處理此群體的生涯發展需求的重要法律，之後將討論跨領域的生涯規劃模式。此模式包括下列階段：評估、規劃、介入及追蹤，其中每個階段除簡單敘述外，將討論各階段與執行介入殘障青年生涯發展有關的議題。

一、與殘障青年生涯發展及介入有關之議題

相較之下，有關殘障者生涯發展過程的研究甚少。正如 Szymanski、Hershenson、Enright和Ettinger（1996）所解釋，有關殘障者生涯發展研究提出了獨特的方法論。如此一來，在所有的研究中，有很多因為研究設計不良、觀念模稜兩可，以及方法上的弱點而打折扣。許多用於當事人介入的生涯發展理論，適用於一般群體，但是，可能僅部分適用於殘障者。二十五年前，Osipow（1976）提出，殘障者的生涯發展過程不可能是系統化，且比沒有殘障的人壓力大。他也指出，殘障者的生涯選擇比起沒有殘障的人更可能受到限制，且可能因為自己的殘障而受到過度的影響。

大多數生涯發展理論，都說明一般人的生涯發展因素，而將這些因素全然套用於殘障者，顯然是不適當的。殘障者的生涯發展過程可能不如生涯發展理論所提出的那樣有條理且系統化。例如：許多殘障者在生涯探索上受到限制，且經驗範圍也被侷限，這些人可能在 Super 及其他人的發展階段中緩慢進步，或完全沒有進步。雖然這些階段中所舉出的發展任務「可能」同樣適用於殘障者，但在遭逢這些發展任務的年齡，可能與沒有殘障者情況大不相同。

Holland（1985）的理論，和大多數特質—因素分析法（trait-factor approaches）一樣，強調做測驗、職業資訊的提供，以及人與工作的「適配」（matching）過程。此觀點強調：對於測驗以及自我導向的探索及介入，並不適用於殘障的人。對於嚴重殘障者的生涯評估及個別介入，使用測驗—

適配—安置導向，則特別受到質疑。同樣的，決策理論中本身就具有的自我指導性，限制了對殘障者的有效性，尤其是缺乏獨立使用職業資訊的認知及智力的殘障者。

常用的生涯發展理論雖然不適合完全套用，但它們提供了一種可針對殘障者做修改及調整的觀點。除了年齡範圍外，發展理論顯示：提升自我及職業的覺察、輔助職業的探索、執行職業的選擇，以及輔助職業的調適，這些在發展任務的順序對於所有的人（無論殘障與否），都是適合的。而這些任務可能適合某個人的年齡，可能與正常情況大不相同，然而，可能受到殘障的種類及嚴重性、職業及生活經驗範圍所影響。所以決策理論最適合應用於發展架構中，在符合發展任務的時間點上，例如：須做出有關個人應探索哪些職業領域的決定時，哪些是符合實際的選項，以及應該追求哪些選項。雖然某些殘障者可能無法獨立應用這種決策及作法，但協助殘障青年者可利用決策理論，做為決策的指導，協助該殘障青年參與此決策過程。特質因素的作法在決策的架構中具最大功效，尤其是找出最符合個人實際選項時。測驗及其他型態的評估，可找出個人所具有的先天特質，而這些先天特質相較於後天獲得的特質，可以針對不同的職業及工作進行成功地調整，透過這樣的評估，也可找出符合實際的選項。以社會學習／學習理論觀點，在訓練殘障青年前先找出合適的職業訓練計畫，以及協助他們在社區生活做出成功的轉型（transition），讓工作發揮最大的作用。構成社會學習／學習理論基礎的行為及學習原則，可用於協助及獲得適當的職業發展技巧。

二、與殘障青年生涯發展及介入有關的立法

過去十到十五年間，已有許多改善殘障者職業及生涯協助的法律通過。《職業重建法》（Vocational Rehabilitation Act）、《殘障教育法》（Education of the Handicapped Act）、《殘障教育修正法》（Vocational Education Amendments Act），以及《生涯教育獎勵法》（Career Education Incentive Act），已結合起來，提供聯邦的資助，以協助殘障者就業的準備。

近來，《帕金斯職業教育法》（Carl D. Perkins Vocational Education Act）以及《殘障人士教育法》（Individuals with Disabilities Education Act, IDEA）已促成學校重視生涯發展的服務。帕金斯法案規定：有關職業及生涯教育資訊，應於九年級或在學生進入職業訓練的前一年，提供職業教育資訊給家長及學生。此法也規定有關報名職業教育課程的相關資格要求，且一旦報名職業教育，學生就必須接受興趣、能力及特殊需求的評估，以及協助學生從入學至離開學校後，有關轉型的訓練或就業的特別服務。

《殘障人士教育法》（IDEA）最初於1990年通過，其修正條例於1997年通過。IDEA 成功的納入了協助學生從學校轉型至工作及社區生活的服務規定。根據此法，學生從學校轉型至工作及社區的生活計畫，必須於14歲前擬定，根據此法，殘障青年可一直接受服務到21歲。

三、跨領域生涯規劃模式：殘障成人生涯介入

由於殘障普遍涵蓋著複雜、多元及異質化的本質，生涯發展專業人員應明瞭可能出現的任何一種殘障類型，及所有生涯相關問題。因此，當為此群體做規劃及執行介入時，應熟識其他可提供諮詢及主動參與此群體的專業人士。

筆者提倡在輔導殘障青年時，使用**跨領域生涯規劃模式**（Transdisciplinary Career Planning Model, TCPM）。此模式容許生涯發展專業人員以專業團隊的一份子運作，並引進可能影響特定殘障類型者的生涯發展議題，以期更熟悉團隊成員的專家經驗。使用「跨領域」一詞，而非「多領域」，以強調「跨領域」的專業人員參與生涯規劃及介入的過程。傳統上，「多領域」一詞被用在教育中，強調教育界裡不同領域的教育工作者參與某特定的過程。例如：「多領域團隊」負責找出有殘障者，通常都由學校的心理專家、教師、諮商輔導員、護士及行政人員構成，都是學校的教育人員。這些多領域的團隊通常不包括校外的專業人員。而 TCPM 模式除了學校外，也包括多個社區機構的服務，且由下列階段構成：評估、規劃、介入及追蹤。讀者應注意，這些階段並不被認為是分開的階段，或只發生於某

個特定的時間點，它們是持續互動影響的過程，可能重複發生於個人的生涯發展過程中。因此，此模式符合生涯發展理論本身所具有從出生到死亡的觀點。整個過程（評估、規劃、介入及追蹤）可能在個人一生中不同時間點，及針對不同的生涯發展面向而重複著。例如：它可能發生於一個殘障青年考慮讀大學、找第一份工作、換工作、遷移或退休時。

本章其餘部分，將圍繞每個 TCPM 階段討論，尤其與執行殘障青年有關的每個階段的輔導議題更將被凸顯。

評估

由於殘障的異質化本質（heterogeneous nature），對特定個人找出所需要的生涯輔導，第一步驟是：評估（Levinson, 1998）。評估是所有生涯規劃介入的基礎，徹底及有效的需求評估，就是殘障青年生涯規劃介入必要且重要的第一步。評估資料可輔助生涯探索且提升個人自我覺察，以及整體生涯成熟度，因而評估被認為是一種生涯規劃。評估方式用於殘障者比非殘障者更多。本段落將以這類問題的概覽做為開始，之後針對文獻中所推薦殘障年輕人的評估取向進行討論。包括下列各項討論：以社區為參照的（環境）評估、功能評估，以及多特質、多方法、多因素評估，更以輔導殘障青年時，被列為評估目標的領域及特性的概覽做為結束。

與殘障者生涯評估有關的問題

殘障青年的生涯評估比非殘障群體更為困難且有更多問題，許多適用於一般當事人的評估工具及技術並不適合殘障者。針對殘障者，尤其是更為嚴重的殘障者使用傳統的紙筆、常模參照的評估程序，特別有困難（Parker, Szymanski, & Hanley-Maxwell, 1989; Power, 2000; Rogan & Hagner, 1990）。許多評估工具和技術尚未被證實可有效地用於殘障群體（因此用於殘障當事人時，心理評估特性尚不明），已被標準化且建立常模的樣本常排除殘障者（使得從這些樣本所取得的常模及得分對於殘障者是無效的）。這些工具的生涯發展理論不一定適用於殘障群體，因為施測時可能超過個人所能達成的能力任務（例如：閱讀和書寫等）。

使用傳統的評估工具往往因為當事人的殘障而變成一種懲罰。例如：肢體殘障的當事人常因有時間的限制，反應慢而受到懲罰。在這些情況下，測驗的分數反映出的是肢體的殘障，而非測驗需要衡量的特質。因此，測驗分數成了特質評估的無效結果。

基於這個原因，某些測驗的施測程序用於殘障當事人時，須加以修改及調整。例如：時間限制方面可能需要放鬆或免除，說明則需要簡化或重複說明，各項逐條可能需要協助當事人閱讀及記錄回答。更常需要進行預試，以「教導」當事人有關測驗的性質，以及如何回答測驗的項目。然而，使用這些修正可能會使許多測驗相關的常模變為無效，因為這些測驗並非使用經由調整的測試程序而標準化。因此，隨著測驗程序的調整，使用此種常模是不適當的。

此外，許多生涯評估工具係針對一般接受測驗者所做的假設，並不適合殘障者。例如：許多興趣量表認為，接受測驗的人有各種生活經驗，讓他們能接觸到各種職涯。不幸的是，許多殘障青年生活經驗有限，比起非殘障的同輩，對於職業所知更為有限。如此一來，往往會發現，將興趣量表用在許多殘障青年時，他們在興趣領域的得分是低分的。這樣的得分模式反映出職業知識及接觸的缺乏，而非缺乏對這些職業的興趣。

上述討論的問題，在功能評估取向及社區參照評估模式兩者倡導下，已取代傳統殘障者生涯評估模式，尤其是嚴重殘障者（Rudrud, Ziarnik, Bernstein, & Ferrara, 1984）。正如 Rogan 和 Hagner（1990）所聲明：「評估嚴重殘障者最公平、可靠及有用的方式，是在實際的工作場合中，就地取材自然展現。」（p. 64）雖然有很多不同的名詞，例如：「以環境為重點的評估」（assessment with an environmental focus）（Power, 2000）、「現場評估」（on-site assessment）（Power, 2000），以及「生態評估」（ecological assessment）（Parker, Szymanski, & Hanley-Maxwell, 1989; Menchetti & Uduari-Solner, 1990），都被用來形容工作或社區情境的自然的評估，在此將簡述社區參照式取向（community-referenced approach），之後簡單討論功能性的評估。

社區參照式評估

根據Rudrud等人（1984）指出：社區參照式的評估系統提供了傳統生涯評估（相當倚賴標準化的常模參照式程序）之外的改變方式，其設計在於回答下列問題：

1. 當地有哪些工作機會／住宿安置，可安排嚴重殘障當事人在適當訓練之後可以得到成功的安置？
2. 當事人較喜歡哪些既有的工作／住宿安置？
3. 當事人可完全執行哪些與工作及居家生活有關的任務？其中有哪些任務，當事人須接受訓練才能執行的？
4. 在培養當事人完全執行所有必要任務的技巧上，進展如何？

實行社區參照式評估有幾個步驟：

1. 做社區調查，找出工作機會及居住安置的選項；
2. 篩選所有已找出的工作／居住安置選項；
3. 找出執行每項與工作或居住安置選項有關的任務及所需的技巧；
4. 找出當事人喜好的工作／居住安置選項；
5. 評估當事人執行與自己生活所偏好的居住地點相關工作／任務的能力；
6. 訓練當事人執行所有必要的任務。

功能性評估

功能性評估（functional assessment）被界定為：發生在真實環境且與生活或生涯目標有關的特定行為之分析及衡量（Halpern & Fuhrqer, 1984）。簡言之，功能性評估係用於發現人們在某個特定情境下、某些確定及獨特的要求時，所能做及不能做的事。正如 Gaylord-Ross 和 Browder（1991）定義，功能性評估具有下列特性：

1. 它將重點放在人能在真實世界中成功求生存的實際且獨立的生活技能。
2. 它強調生態層面的重點，放在個人與周遭環境的運作功能。
3. 它檢視自己的學習過程。
4. 它指出可能成功的介入技巧。
5. 它說明評估處理過程進展的持續追蹤程序。

這種型態的評估將重點放在：使人能夠在各種場合中獨立且自給自足並成功「運作」所必需的技能。因此，它將重點放在學校、家中、社區，及工作上所需擁有的學業、社交及職業相關技能上。與這些環境中成功運作不太有關的技能，將不會用來進行評估或訓練。此外，功能性評估的取向會在需要執行技能的環境中評估個人，且利用個人在真實世界中的素材來表現此技能。例如：家管技能（housekeeping skills）通常會是個人自學校畢業後，在被安置的團體或住家中被評估及教導，而非在教室或辦公室的場合中；而衡量技能（measurement skills）將會在職業訓練課程的脈絡中或工作本身被評估及教導，且使用個人之前在擔任該工作時所使用的相同設施。顯然，這個取向的缺點在於，安排及實行功能性社區評估有關的後勤支援（logistics）。所以，Wissick、Gardner和Langone（1999）建議：使用錄影帶式的多媒體模擬做為一種替代方法，這樣的模擬可用於補強在社區場景的評估及訓練。

多特質、多方法、多因素評估

為了蒐集介入規劃的評估資料，推薦一種針對殘障青年的多特質、多方法及多因素取向（multitrait, multimethod, multifactored approach, MTMM）評估（Levinson, 1998; 1993）。這種取向評估了各種特性（接下來將會討論），使用多重評估方法（觀察、面談、評等量表等），並雇用專業團隊。這種取向支持不同專業人員所做特質評估之間的重疊性，使得資訊的一致性能跨越各評估者及評估技巧而加以評價；這個取向容許專業人員更確定延伸至受到評估者及工具變項影響的評估結果，且可增加整個評估過程的信度及效度。

尤其是，MTMM 取向可用於克服不適當測驗的技術性問題。舉例來說，假設某個具有未知或不理想的心理測量—興趣量表，被用於評估殘障當事人，結果顯示對於藝術表現高度興趣時，如單就興趣量表的結果給予太多信心並非明智之舉；但假設該當事人在與諮商輔導員面談中，也顯示出對於藝術的高度興趣，且父母觀察到他會畫油畫、圖畫及素描。這些多元評估興趣的方式（測驗、面談及觀察）都產生了類似的結果，在此情況下，興趣量表的結果一定是可靠且有效的。若不同評估技術之間沒有相同之處，評估的有效性就令人質疑，且對於以結果為根據的任何介入處置信心顯然會少很多。更重要的是，結果的一致性是經由不同評估者的建議，而非僅是個別蒐集資料的功能。

應評估之領域／特質

考量哪些生涯輔導適合殘障青年時，須評估各種不同的領域。一般而言，這些領域包括：智能／認知、教育／學術、社交／人際、工作／職業、獨立生活，以及肢體／感官（Levinson, 1993; 1998）。不同的評估取向及技巧可用於蒐集與個人有關的資訊，不同的領域則可在當事人不同的生涯時機點上做評估，而其評估目的可能各有不同。對嚴重殘障者，不同的領域可能被當作功能性評估的一部分。以下內容說明了愛荷華州教育部的十個主要需求領域，不但包含所有功能性評估的重點，且是為了協助發展殘障群體的介入輔導。

定義

以下是十個主要領域及其定義。

1. **自我決定（self determination）**：了解自己能力、需求及權利，為自己說話，及為自己倡言（advocate），需要的是解決問題及做決策的能力。

2. **移動性（mobility）**：在社區內外，進行互動及往來所需之知識及職務上的能力（functional competencies）。

3. **日常生活（daily living）**：盡可能過獨立及想要的生活所需的知識及職務上的能力。

4. **健康及身體照顧（health and physical care）**：維持自己身體、情緒及心理福祉所需的知識及職務上的能力。例如：選擇保健專業人員、緊急時決定聯絡的對象、取得協助的工具及使用個人衛生技巧所需的能力。

5. **財務管理（money management）**：例如：預算編列、結算收支，以及進行保險計畫所需的知識及職務上的能力。

6. **社會互動（social interaction）**：在各種社交場合中，參與及互動所需的知識及職務上的能力。

7. **職場的準備（workplace readiness）**：知識及職務上的能力以及基本的工作行為，例如：如預期般繼續留在工作職位，對於指示做出適當回應，以及在壓力下工作。知道職業的選項，並且自我覺察與職業替代方案有關的需求、偏好及能力。

8. **特定的職業技能（occupationally specific skills）**：特定職業及職業群集中，所需要的知識及職務上的能力。

9. **學業及終身學習（academic and lifelong learning）**：追求未來教育及學習機會，並從中獲益的知識及職務上的能力。

10. **休閒（leisure）**：可享受並有意義地利用自己休閒時間的知識及職務上的能力、興趣和自我表達能力。

四、規劃

生涯發展專業人員不可能擁有一切協助殘障青年所需的知識和技能。因此，最好的作法是：生涯發展專業人員在協助殘障青年時，以跨領域生涯發展團隊的成員來運作，學校及社區機關的人員也可以參與這些團隊。適當的教育人員包括：講師（一般、特殊教育以及職業教育）、諮商輔導員、心理學家及行政人員。例如心理健康／心智遲緩、職業重建及社會服務等社區代表，也可參與這些團隊。父母也應積極參與籌備會議，因為研究顯示，家庭的參與是最關鍵的（Morningstar, Turnbull, & Turnbull,

1996），且父母的參與可提升服務的效果（Burkhead & Wilson, 1995; Hasazi, Gordan, & Roe, 1985; Schalock & Lilley, 1986）。最後，也鼓勵當事人成為團隊的積極參與者。

如Levinson、Peterson和Elston（1994）指出，評估資料成功地用於規劃年輕人從學校轉型至工作及社區生活，以及後續的任何生涯介入，這些都取決於參與規劃的專業人員所具有的態度及價值觀。專業人員必須相信，有了適當的訓練及支援服務，所有殘障者均可完全就業，並能對社區做出積極的貢獻。專業人員必須熟悉提供職業訓練及支援服務的最佳方法，最好是已輔導過並成功就業的殘障者的直接經驗，並擴大這些被成功安置的工作範圍。這包括了相信殘障者（無論是輕微或嚴重的），都應有機會能與非殘障者在整合的情境（integrated settings）中互動。

專業人員應鼓勵殘障者盡可能參與生涯規劃過程。應邀請殘障者參加所有的籌備會議，並告知他們評估的結果，且他們應積極參與生涯目標的設定。殘障者大多常被認為無法自己做出生涯決定，因此，專業人員及家人就代替他們扮演了決策的角色。當然，許多殘障者在做決定時難以處理所需的資訊，可能需要他人協助，簡化及釐清決定及選項。在這過程中，存在著兩項實際上的風險：一方面，父母及專業人員有時鼓勵殘障者接受自己並不感興趣的選項；另一方面，在沒有協助的情況下，殘障者可能會退縮或可能選擇就當地資源及機會而言，顯然不符實際的選項。所以，當協助殘障者參與生涯規劃時，專業人員必須在這兩個極端之間走鋼索。

有時殘障青年會參與生涯規劃會議，但鮮少是積極的參與者。有鑑於學校缺乏對生涯發展及生涯教育的重視，尤其是對殘障者方面，這樣的結果並不令人意外。但是，期待沒有參與過生涯發展活動的殘障者，具有積極參與生涯規劃所需的知識與技能，是不切實際的。如果我們想要讓殘障青年對於協助自己的規劃有所準備，我們必須提供他們增加生涯成熟度的經驗。簡言之，增加他們的自我覺察、對職業的覺察，以及做決策的技能。如果殘障青年被教導如何做決定，且提供他們相關活動，使他們能覺察自己的興趣、技能、價值觀及人格特質，且被允許探索不同的職業及工作機會，他們就能具備協助自己做出生涯規劃決定所需的相關知識。若無這些知識，殘障青年就不可能發展出積極參與生涯規劃過程所具備的技能（Levinson & Brandt, 1997; Szymanski, 1994）。

正如先前所述，公共法 101-476《殘障人士教育法》（IDEA; 1990 年 10 月通過）規定：殘障學生的個別化教育計畫（Individual Education Plan, IEP），針對的是 14 歲時從學校轉型到工作及社區生活，以及持續提供規劃及服務給青年直至 21 歲。針對當事人所發展的計畫須列出結果，做為長期目標，而針對各個長期目標，則須列出完成這些目標的後續行動。與每項服務實施有關的時間點也被納入，負責實施介入的特定機關或專業人員都將為此負責。計畫必須每年檢討、修正，且更新。復健人員通常須為殘障當事人撰寫個人化的書面復健計畫，這計畫與學校人員所撰寫的個別化教育計畫類似。

五、介入

殘障影響一個人生涯發展的程度取決於數個因素。某些情況下，殘障對於一個人的生涯發展並無影響，此情況下，本書先前幾章所討論的生涯介入都適用於此殘障青年；即使殘障確實影響到生涯發展，本書其他各章所討論的許多介入仍然適用，相關介入方式在此不再重述。此處將首先探討介入殘障青年時的一般原則及考量，之後再討論與殘障當事人有關的系統性及個別性的介入。

執行殘障青年生涯介入的一般原則及考量

如 Mastie（1994）提醒我們，如果不打算在未來幾十年間一再地輔導依賴性越來越強的當事人，我們的專業責任就是：確保每個人都學會生涯規劃的過程。對於越來越多可能依賴這個系統的許多殘障青年，這是特別重要的考量。如先前所指出：殘障者應盡可能參與生涯輔導規劃並且盡最大能力去做。輔導的介入應提供當事人以越來越獨立的方式，具備做出生涯決定所需的知識及技能。如太過依賴專業人員的介入，而不教導當事人管理自己生涯發展所需的技能，或許有助於一時，但卻不利於長期

（Szymanski, Hershenson, Enright, & Ettinger, 1996）。因此，Szymanski 和 Parker（1989）指出：殘障青年的介入應盡可能由當事人自己掌控，將干預降至最低，且盡量是最自然的場合介入。雖然某些時候的輔導需要諮商輔導員或工作教練積極的參與，但是我們必須牢記：這樣的介入有時候可能也會使當事人帶來負面的關注，而在工作環境中顯得不自然或唐突。

Spekman、Goldberg 和 Herman（1992）發現：殘障青年往往會拒絕與他們殘障有關的挑戰，不承認他們能改變目前的情況，並解決自己的問題。這些年輕人既無執行生涯目標所需的知識，也不知道如何發展或使用支援系統。Morningstar（1997）根據 Spekman 等人及他人的研究，指出與殘障者成功生涯調適有關的因素：

1. 自我覺察。
2. 對於自己的殘障做有創意的調適及重新建構自己的能力。
3. 能持久並且有毅力。
4. 以主動及系統化的取向達成目標。
5. 有通向成功的渴望。
6. 能力與生涯選擇間能取得良好的適應。
7. 有支援體系且可使用。

Blustein（1992）針對介入殘障者的專業人員，擬定了一般性的建議，下一個部分將有詳細的討論。

1. **提升當事人的控制感**——除了提升動機並賦能當事人外，亦鼓勵當事人能獨立面對未來的決策過程。
2. **提升當事人自我探索的能力**——殘障情況的改變及自己的自我探索／自我覺察，都可提升當事人做出後續殘障相關的決策能力。
3. **提升當事人在環境探索方面的能力**——許多環境帶來殘障者的限制及障礙，致使殘障者的經驗範圍受限；所以殘障者本身才是環境最佳的評價者。
4. **幫助當事人避免過早做決定**（premature closure）——許多殘障者不

當地排除職業選項，或因自己的殘障而快速地挑選某個選項安頓下來。

系統性介入

我們已討論過為殘障青年做輔導工作的規劃及實行時，跨領域團隊脈絡情境的重要性。輔導這個群體最重要的就是建立一個團隊，再根據這個團隊確立跨機構的協定。家人參與團隊是絕對必要的，且家人的支持應予鼓勵。建立長遠的服務系統，可提供殘障青年終身服務，最重要是在創造職業選項，而非只是找出職業選項而已。最後，必須減少許多殘障青年所經歷到的阻礙工作的因素。

建立團隊及跨機構協定

為了因應殘障青年的生涯發展需求，各種專業人員及機構均須參與。來自各教育領域（一般教育、特殊教育，以及職業教育）、職業重建、社會服務、心理健康／遲緩等專業人員都具專業，且可提供並協助殘障青年更進一步的生涯發展服務。然而，這些專業人員與機構之間的缺乏協調，在傳統上已阻礙了殘障者的生涯規劃。因此，重要的是，每位專業人員／機構的角色能以書面方式清楚界定並達成共識，共同設立一套規劃的程序。

鼓勵家人參與及支援

研究結果顯示：家人的參與是影響殘障青年生涯輔導成功的關鍵因素（Burkhead & Wilson, 1995; Hasazi et al., 1985; Schalock & Lilley, 1986）。須鼓勵家人成為規劃及實行介入的積極團隊成員，同時鼓勵家人擔任自己子女的模範，並教導他們如何協助子女進行自我及職業探索，以鼓勵及支持初始的工作經驗及生涯發展（Morningstar, 1997）。團隊更應協助家人建立對於子女適當且符合實際期待的經驗。

鼓勵提供長遠及終身服務

許多殘障青年需要持續的服務，必須有一套完整系統，協助當事人可在整個成年期階段都可以尋求服務。機構應擔任當事人的主要聯絡者，並做為其他提供服務機構的橋樑。

減少阻礙工作因素

許多殘障青年利用聯邦及州政府機構提供的財務支援，反而阻礙了他們的工作機會。雖然這些機構會提供職訓的機會，但往往在服務被終止之前，限制了他們賺錢的上限。從財務的觀點來看，殘障青年往往是有工作時的財務狀況和沒有工作時相差無幾。所以，專業人員必須提倡廢除殘障政策中不利於生涯發展、財務阻礙工作的因素，才能在殘障青年的生涯輔導上，有大幅度的提升與進展（Conyers, Koch, & Szymanski, 1998）。

個別介入

許多用於一般人的生涯介入方式通常也可適用於殘障者。藉著提供當事人改善自我覺察、職業機會覺察及決策技巧，以提升生涯成熟度，對殘障青年而言，比起對其他的當事人更重要。然而，殘障青年也需被教導要為自己倡導，並且認知在工作及社區生活上有效成功運作所需的資源，也必須努力改善殘障者間的自我效能。最後，殘障青年必須清楚知道：他們必須與之互動，才能享用所提供的服務分配系統（service delivery system）。

提升生涯成熟度

殘障者生活經驗範圍比許多無殘障者更為受限，殘障青年的介入必須將重點放在改善自我、職業覺察及決策技巧。自我及職業的覺察可透過評估、個別的生涯諮詢、使用生涯規劃系統、生涯規劃書籍／練習、生涯課程或工作坊，以及使用生涯資訊系統的電腦輔助（例如：SIGI-PLUS 和 DISCOVER）（Szymanski, Hershenson, Enright, & Ettinger, 1996）。對許多殘障者而言，尤其是有認知障礙的人，體驗式的介入（experiential interventions）可能比口語介入（verbal interventions）更好（Szymanski et al., 1996），尤其是在嘗試促進自我及生涯的覺察時。整合的工作經驗（integrated work experiences）、工作試用（job tryouts），及在職訓練（on-the-job training），長期以來都被認為是畢業後就業成功的指標（Morningstar, 1997）。工作試用可發展為當事人檢視他們先前對於自己的興趣、價值觀及技能所做的假設（Hagner & Salomone, 1989）；而工作經驗的建構，使當事人能表達興趣、偏好，及評估他們工作的滿意度與成功的工作（Hagner & Salomone, 1989）。此外，工作經驗的建構可以提供比工作本身更廣的知識，及培養社交技巧的機會（是許多殘障者就業成功的關鍵），提供接觸成人正向角色模範、良師及一般無殘障者的機會，並提供當事人表達自己在表現上的回饋意見（Morningstar, 1997）。在為殘障青年架構工作經驗時，應強調職場上的規劃推動與問題解決，並透過成功機會以激勵他們的動機，教導設立目標及行動規劃，發展出正面重新框架個人的挑戰及困難的技能，及支持能持久及有毅力的展現（Reiff, Gerber, & Ginsberg, 1996）。在職訓練及工作經驗也提供教導決策技巧的機會，並使殘障青年有機會學到工作的價值及意義，也提供他們體驗從工作上得到的滿足感。

為成功提供所需的輔助資源

生涯發展的專業人員必須找出並安排所需的輔助資源（accommodations），以提供殘障青年在工作上及社區情境的成功適應。顯然，安排輔助資源的需求，將因為殘障的本質及類型而有很大的差異。輔助資源的安排可從提供給有學習障礙的大學生筆記抄寫機和有聲書，到腦性麻痺者的溝通系統。特殊的輔助資源需要個別的評估目標，生涯發展專業人員必須確保殘障青年知道自己依法取得合理輔助資源的權利，也知道自己要有效使用所需的輔助資源，能夠盡可能將這些輔助資源發揮到最大的效果，且能夠清楚陳述及倡言自己對這些資源的需求。更應鼓勵當事人發展及實驗新的方法，以消除他們因殘障所造成的限制。專業人員必須持續評估當事人在不同環境脈絡下，辨別、請求及執行這些輔助資源的技巧（Conyers,

Koch, & Szymanski, 1998）。他們也應該協助當事人有效且有益的輔助資源規劃，並示範有效的溝通策略，讓當事人參與角色扮演活動，以幫助他們自己發展有效的溝通策略（Conyers, Koch, & Szymanski, 1998）。

教導倡導技巧

遺憾的是，許多殘障青年發展出對服務機構的依賴感，並且過度依賴專業人員為他們的需求倡導。因此，專業人員須協助當事人培養出自我決定感（self-determination），及強烈的自我倡導感（self-advocacy）。自我倡導被解釋為：「一個人能有效溝通、傳達、協調，或堅持自己興趣、願望、需求及權利的能力。這個名詞指的是：在有充分資訊的情況下做出決定的能力，它也意指：必須為這些決定負起責任。」（Van Reusen, Bos, Schumaker, & Deshler, 1995, p. 6）Wilson（1994）將成功的自我倡導者形容為：了解自己個人優點、缺點及因應策略，且積極參與目標設定及規劃的人。自我倡導者被描述為：為自己負起責任，脫離父母的掌控及價值觀，離開學校系統及其他機構的控制，且發展出具內在自我控制力的人（Michaels, 1997）。

雖然殘障青年可能要花上好幾年工夫，才能變成成功的自我倡導者，在過程中可輔助當事人盡可能參與規劃，確保當事人擁有充分提升自我覺察的機會，並深知自己的功能性障礙，了解對他們而言有效亦有幫助的輔助資源。如先前所述，角色扮演是一種有效的示範技巧，及當事人練習自我倡導的有效溝通策略。

改善自我效能

許多殘障者有著削弱的自我效能信念，這是不利於生涯發展的（Hershenson & Szymanski, 1992）。雖然個別諮商可補救這一點，體驗式的介入（experiential interventions）也可能有效地改善自我效能。藉由提供當事人：⑴各種不同的經驗；⑵為他們發展各種機會，使他們能在眾多的機會中成功；以及⑶使他們接觸到多種先前未考慮的機會，自我效能就能改善（Szymanski, Hershenson, Enright, & Ettinger, 1996）。此外，專業人員可藉由表達相信當事人能成功的信念，以及納入其他跨領域團隊的成員，一起分享這個觀點；教導當事人將自己的功能性限制（functional limitations）視為可成功克服的挑戰，而非困住他們的障礙；設定成功可能性的切實期待；提供適當的支持、協助及援助資源，以改善當事人的自我效能（Conyers, Koch, & Szymanski, 1998）。

教導系統

為了成為成功的倡導者，當事人必須了解不同機構所提供的服務，以及他們依法對於這些服務的權利。研究人員發現：一個人取得及使用殘障服務機構的技能程度，對於職涯發展及職業的自我效能具有重大的影響（Conyers, Koch, & Szymanski, 1998）。由於財務問題、健康相關的顧慮、就業訓練及教育之間的交互作用，殘障體系是複雜、高度政治化，且難以了解及協調的。所以此系統的運作常以隨意、沒有組織的方式傳達給當事人，且最常是以「口說」（word of mouth）方式傳達（Conyers, Koch, & Szymanski, 1998）。

須以系統化及直接的方式教導殘障青年服務的「系統」。輔助當事人參與所有的團隊會議，提供討論及規劃的服務。所有團隊成員及服務提供者應清楚傳達：⑴他們所提供的服務；⑵這些服務的資格要求；⑶申請程序；⑷機構在取得服務上所提供的任何協助。團隊中有一名成員應擔任這些機構的聯絡人，且在聯絡中讓當事人參與；聯絡人應利用這些聯絡做為教導當事人有關提供殘障服務系統的事，並（在督導下）給當事人練習自行取用服務的機會。當事人在此系統運作中知道更多知識且更有技能，聯絡人應逐漸降低自己的涉入程度。

追蹤

追蹤是跨領域生涯規劃模式最終的要素，但常被專業人員所忽略。在過去，對於殘障青年的介入通常沒有任何追蹤。一旦實行介入，專業人員須評估介入的效果，且找出需要修正之處，以增加效果。此外，追蹤可使專業人員持續處理及回應關注及需求，並且提升、增加或（在必要時）修正合適的介入方式（Levinson, 1998）。

六、結論

殘障者的生涯發展一直未被清楚地理解，在文獻中也較少受到注意。處理殘障者生涯發展需求所做的努力，大體而言也並未成功。這其中有很多原因，其中一個主因，在於不同的專業人員之間缺乏協調。因此，本章倡言採用跨領域的生涯規劃模式（TCPM）。在規劃介入之前，應由跨領域的團隊進行徹底的評估。使用多重評估方法（multiple assessment methods）評估多重特質（multiple traits），此評估視為規劃介入的基礎，且應有其功能，並融入環境的考量。當事人應盡最大的可能積極參與自己的生涯規劃。在適當的情況下，家人也應參與。提供服務計畫應指明哪個機構及專業人員負責哪個介入計畫，且介入計畫應每年檢討及修正。介入計畫應達到：

1. 提升生涯成熟度，及教導當事人獨立做出生涯決定所需的知識及技能。
2. 增進當事人的自我及環境掌控力。
3. 提供工作及社區場合中成功所需的輔助資源。
4. 教導當事人自我倡導技巧。
5. 改善當事人自我效能。
6. 教導當事人如何協調此系統。

參考文獻

Blustein, D. L. (1992). Applying current theory and research in career exploration to practice. *The Career Development Quarterly, 41,* 174-185.

Brown, D., & Minor, C.W. (Eds.). (1989). *Working in America: A status report.* Alexandria, VA: National Career Development Association.

Burkhead, E., & Wilson, L. (1995). The family as a developmental system: Impact on the career development of individuals with disabilities. *Journal of Career Development, 21,* 187-199.

Collet-Klingenberg, L. L. (1998). The reality of best practices in transition: A case study. *Exceptional Children, 65,* 67-79.

Conyers, L., Koch, L, & Szymanski, E. M. (1998). Life-span perspectives on disability and work: A qualitative study. *Rehabilitation Counseling Bulletin, 42,* 51-75.

Dunn, C. (1996). A status report on transition planning for individuals with learning disabilities. *Journal of Learning Disabilities, 29,* 17-30.

Gajar, A., Goodman, L., & McAfee, J. (1993). *Secondary schools and beyond: Transition of individuals with mild disabilities.* New York: Macmillan.

Gaylord-Ross, R., & Browder, D. (1991). Functional assessment: Dynamic and domain Properties. In L. H. Meyer, C. A. Peck, and L. Brown (Eds.), *Critical issues in the lives of people with severe disabilities.* Baltimore: P. H. Brookes.

General Accounting Office. (1993). *Vocational rehabilitation: Evidence for Federal program's effectiveness is mixed* (GAO/PEMD-93-19). Washington DC: Author.

Hagner, D., & Salomone, P. (1989). Issues in career decision making for workers with developmental disabilities. *The Career Development Quarterly, 38,* 148-159.

Halpern, A., & Fuhrqer, M. J. (1984). *Functional assessment in rehabilitation.* Baltimore: Brookes.

Hasazi, S. B., Gordon, L. R., & Roe, C. A. (1985). Factors associated with the employment status of handicapped youth exiting high school from 1979 to 1983. *Exceptional Children, 51,* 455-469.

Hershenson, D. B., & Szymanski, E. M. (1992). Career development of people with disabilities. In R. M. Parker & E. M. Szymanski (Eds.), *Rehabilitation counseling: Basics and beyond* (2nd ed., pp. 273-303). Austin, TX: PRO-ED.

Holland, J. L. (1985). *Making vocational choices: A theory of vocational personalities and work environments* (2nd ed.). Englewood Cliffs, NJ: Prentice-Hall.

Hoyt, K., & Lester, J. (1995). Learning to work: The NCDA Gallup Survey. Alexandria, VA: National Career Development Association.

Individuals with Disabilities Education Act of 1990. 20 U.S.C. 1400 *et seq.*

Levinson, E. M. (1993). *Transdisciplinary vocational assessment: Issues in school-base programs.* Brandon, VT: Clinical Psychology Publishing.

Levinson, E. M. (1998). *Transition: Facilitating the postschool adjustment of students with disabilities.* Boulder, CO: Westview Press.

Levinson, E. M., & Brandt, J. (1997). Career development. In G. Bear, K. Menke, and A. Thomas (Eds.), *Children's needs: Psychological perspectives II.* Washington, DC: National Association of School Psychologists.

Levinson, E. M., Peterson, M., & Elston, R. (1994). Vocational counseling with the mentally retarded. In D.C. Strohmer and H. T. Prout (Eds.), *Counseling and psychotherapy with mentally retarded persons.* Clinical Psychology Publishing.

Mastie, M. M. (1994). Using assessment instruments in career counseling: Career assessment as compass, credential, process and empowerment. In J. T. Kapes, M. M. Mastie, & E. A. Whitfield (Eds.), *A counselor's guide to career assessment instruments* (3rd ed., pp. 31-40). Alexandria, VA: The National Career Development Association.

Menchetti, B., & Uduari-Solner. (1990). Supported employment: New challenges for vocational evaluation. *Rehabilitation Education, 4,* 301-317.

Michaels, C. A. (1997). Preparation for employment: Counseling practices for promoting personal competency. In P. J. Gerber, & D. S. Brown (Eds.), *Learning disabilities and employment* (pp. 187-212). Austin, TX: PRO-ED.

Minskoff, E. H. (1994). Postsecondary education and vocational training: Keys to success for adults with learning disabilities. In P. J. Gerber, & H. B. Reiff (Eds.), *Learning disabilities in adulthood: Persisting problems and evolving issues* (pp. 111-120). Boston: Andover Medical Publishers.

Morningstar, M. (1997). Critical issues in career development and employment preparation for adolescents with disabilities. *Remedial and Special Education, 18,* 307-320.

Morningstar, M., Turnbull, A., & Turnbull, H. (1996). What do students with disabilities tell us about the importance of family involvement in the transition from school to adult life? *Exceptional Children, 62,* 249-260.

Morra, L. G. (1993). *Transition from school to work.* General Accounting Office, Washington, DC: Human Resources Division.

Osipow, S. H. (1976). Vocational development problems of the handicapped. In H. Rusalem & D. Malikin (Eds.), *Contemporary vocational rehabilitation* (pp. 51-60). New York: New York University Press.

Parker, R. M., Szymanski, E. M., & Hanley-Maxwell, C. (1989). Ecological assessment in supported employment. *Journal of Applied Rehabilitation Counseling, 20,* 26-33.

Patton, W., & McMahon, M. (1999). *Career development and systems theory: A new relationship.* Pacific Grove, CA: Brooks/Cole.

Power, P. (2000). *A guide to vocational assessment.* Austin, TX: PRO-ED.

Reiff, H. B., Gerber, P. J., & Ginsburg, R. (1996). What successful adults with learning disabilities can tell us about teaching children. *Teaching Exceptional Children, 29,* 10-17.

Rogan, P., & Hagner, D. (1990). Vocational evaluation in supported employment. *Journal of Rehabilitation, 56,* 45-51.

Rudrud, E., Ziarnik, J., Bernstein, G., & Ferrara, J. (1984). *Proactive vocational habilitation.* Baltimore, MD: Paul H. Brookes.

Schalock, R. L., & Lilley, M. A. (1986). Placement from community-based mental retardation programs: How well do clients do after 8 to 10 years? *American Journal of Mental Deficiency, 90,* 669-676.

Spekman, N., Goldberg, R., & Herman, K. (1992). Learning disabled children grow up: A search for factors related to success in the young adult years. *Learning Disabilities Research and Practice, 7,* 161-170.

Szymanski, E. M. (1994). Transition: Life-span and life-space considerations for empowerment. *Exceptional Children, 60*(5), 402-410.

Szymanski, E., Hershenson, D., Enright, M., Ettinger, J. (1996). Career development theories, constructs, and research: Implications for people with disabilities. In E. M. Szymanski, & Parker, R. (Eds.), *Work and disabilities: Issues and strategies in career development and job placement* (pp. 9-38). Texas: PRO-ED.

Szymanski, E., & Parker, R. M. (1989). Rehabilitation counseling in supported employment. *Journal of Applied Rehabilitation Counseling, 20,* 65-72.

Szymanski, E., Ryan, C., Merz, M., Trevino, B., & Johnston-Rodriguez, S. (1996). Psychosocial and economic aspects of work: Implications for people with disabilities. In E. M. Szymanski & R. Parker (Eds.), *Work and disabilities: Issues and strategies in career development and job placement* (pp. 9-38). Texas: PRO-ED.

Taylor, H. (1994). N.O.D. Survey of Americans with disabilities: Employment related highlights. [special advertising section]. *Business Week.*

Van Reusen, A., Bos, C., Schumaker, J., & Deshler, D. (1995). *The self-advocacy strategy.* Lawrence, KS: Excell Enterprises.

Wilson, G. L. (1994). Self-advocacy skills. In C. A. Michaels (Ed.), *Transition strategies for persons with learning disabilities* (pp. 153-184). San Diego, CA: Singular.

Wissick, C., Gardner, J., Langone, J. (1999). Video-based simulations: Considerations for teaching students with development disabilities. *Career Development for Exceptional Individuals, 22*(2), 233-249.

Ysseldyke, J., Algozzine, B., & Thurlow, M. (1992). *Critical issues in special education* (2nd ed.). Princeton, NJ: Houghton Mifflin.

成人生涯發展｜概念、議題及實務
Adult Career Development: Concepts, Issues and Practices

第十四章

軍人及眷屬的生涯諮商

北德州大學｜Dennis W. Engels
Henry L. Harris

本章描述為數眾多的軍人及其眷屬，並討論他們對生涯諮商及相關服務的多元需求；然後是一系列與軍人及其眷屬面臨之生涯議題，及有關的顧慮和討論，他們都處在無止境的生涯規劃，及不斷解決生涯和其他生活議題的過程中。有關當代主流的經濟、科技，及相關環境等職場的顧慮，都著眼於他們與軍隊職場的關係及共通性。同時也討論適合軍人的生涯相關諮商原則及實務，結論則著重於：提供個人及生涯諮商服務給軍人及其眷屬的一般性及特定性的意義。我們更關注軍人及其眷屬的一般性及特定性需求。在本章結束時，則說明對於諮商實務、研究及公共政策的意涵。

相關數據

有超過 130 萬的男女在美國軍中服務（Military Family Resource Center, 2000）。軍隊當中規模最大的陸軍占所有現役人員的 34.5%，其次，依序是海軍的 26.9%、空軍的 26%，以及海軍陸戰隊的 12.6%（Military Family Resource Center, 2000；U. S. Department of Labor, 2000）。軍人主要可分為兩種：士兵及軍官，其中約有 85%為士兵，其餘 15%擔任軍官。超過五成以上的士兵被認為是初階士兵，屬於低薪等級的 E-1 到 E-4。從教育的觀點來看，91.5%的士兵為高中畢業，3%具有學士學位，少數的 0.3%具有更高的學位，大多數的軍官（約 90%）具有學士或更高的學位。

大約 80%的現役者，年齡介於 18 到 35 歲之間（Military Family Resource Center, 2000），女性占軍人人口的比例略多於 14%。軍人的種族及族群結構顯示：現役人員當中，66%為白人，34%為少數族群（Military Family Resource Center, 2000）。超過 30%的現役軍人位在維吉尼亞、北卡羅萊納、德州及加州。1998 年，約 258,000 名軍人駐守於美國境外，其中超過 116,000 人駐守於歐洲，主要是在德國，而其餘大都被派往日本及大韓民國（Military Family Resource Center, 2000）。簡言之，國防部是美國最大的公家機關雇主，且美國有龐大的現役軍隊。

與所有諮商輔導員相關事宜

在本章中，有兩名諮商教育家是退伍軍官，其中一位是備役的退休上校，他的兒子是備役上尉，是一位牙醫。這樣的主題表面上可能顯得很狹隘，實際上，軍人及其眷屬的生涯諮商輔導有許多的面向及各種不同的場景。

由於本章強調軍人的生涯諮商輔導，許多讀者可能會認定，只有受雇於國防部（Department of Defense, DOD）的諮商輔導員，才必須滿足現役軍人在諮商輔導方面的需求；其實各領域的諮商輔導員都有機會提供軍人及其眷屬相關諮商輔導的服務。正如媒體經常報導，軍方越來越倚賴現役及後備兵力的結合，整合專門與一般的現役及後備力量，以致許多現役軍人實際上是延長役期的後備軍人。若將後備軍人的數目也加進去，陸、海、空軍及陸戰隊的「民兵」數量大幅增加。如果將傳統認知的 130 萬現役軍人，擴大到範圍更廣的現役、非現役國民兵、後備及其他的種類，則對於生涯諮商輔導及可能的相關服務需求，將迅速大量地擴張（Yip, 2001a）。

2000 年秋天，美國諮商輔導協會及美國心理健康諮商輔導協會（American Mental Health Counseling Association），在有關 2000 年法律中的公共法 106-398 所定義的 TRICARE DOD（美國三軍醫療照護改革計畫）上有所突破時，諮商輔導軍人及其眷屬是更加艱辛，但卻更加確實可行。這項法律要求國防部進行一項有關補助具專業認證的諮商輔導員的示範計畫。這項法律條文指示國防部長：在一個 TRICARE 地區進行為期兩年的示範計畫，用以增加具專業認證諮商輔導員接觸的機會；其中根據 TRICARE 的計畫，去除在求助專業諮商輔導員時，必須有醫師的轉介。這項示範計畫將具專業認證的諮商輔導員納入認可的 TRICARE 提供者。雖然 TRICARE DOD 中的心理健康照顧計畫只是 TIRCARE 系統的一小部分，但提供軍人及其他 DOD 員工，選擇具專業認證的諮商輔導員的權利，也建構了諮商輔導史上的里程碑。有越來越多具專業認證的諮商輔導員，可提供專業服務給軍人及其家屬。

例如曾經轟動國際的新聞標題——「三名美國青少年在德國受審：軍人之子被控以石頭砸死兩名機車騎士」（Associated Press and *Dallas Morning News*，2000 年 12 月 9 日，p. 29），這顯示軍人及其眷屬亟需諮商輔導。屬於軍人眷屬的學生需要學校諮商輔導員的服務，而其他眷屬則可能更需要各種的諮商輔導服務。學校諮商輔導員及其他諮商輔導員通常在他們即將成為準軍人時給予輔導。因此，所有輔導青年的諮商輔導員都必須熟悉準軍人及軍人眷屬所能得到的潛在生涯機會，和各個層面的資源。例如：本文作者之一的兒子取得美國空軍的獎學金，資助他四年牙科學習中的兩年，以換取他在美國空軍擔任三年上尉，且第一年是在美國空軍（USAF）高度專業化的健康服務機關接受訓練。對許多人而言，軍中教育可提供其他地方無法提供的基本及高等教育的福利，由於美國現有及潛在軍人結構，以及所有軍人的一等親及延伸家屬的人數極為龐大，本章與許多諮商輔導員及其他心理健康的專業人員都有相關。認知了這樣的環境背景後，現在來說明影響軍人生涯發展的主流經濟及其他市場因素。

一、經濟及其他相關因素

Hansen 等人（2001）、Engels 和 Harris（1999），以及 Feller 和 Walz（1997）指出，目前活絡又波動的經濟、勞動及相關的情勢，例如：就業力及勞動市場制定的「臨時僱員」（temping）或「約聘」（contracting）（Bridges, 1994; Ettinger, 1996; Rifkin, 1995）顯示出：在員工對雇主忠誠度衰微及傳統員工穩定的安全網，及其他長期持續雇用等福利逐漸消失的時代裡，員工的期望及權利正經歷著史無前例的重大改變。這重大改變有兩個主要的面向：對工作本身的基本層面，及人們如何謀生。而科技進步也促成且刺激新知識的持續增加，全球經濟改變了傳統的法則，加上許多傳統貨品交換與服務慣例界線的移除，所有因素都影響了軍人及其他公家和私人機構的就業取向。軍中徵募及留住人才的壓力，與美國就業及經濟情況有關，且顯示出：軍隊絕對無法免於民間的社會、經濟和勞動因素的衝擊。因此，軍人的諮商輔導員及所有輔導軍人的人士須了解這些改變的力量。由於這些複雜的改變因素，美國的政策制定者及全國公民須思考：如何在經濟上取得高工資所需的高度技能（Commission on Skills of the American Workforce, 1990）。

《美國的選擇：高技能或低工資！》（*America's Choise: High Skills or Low Wages!*）這是美國勞動力技能委員會（Commission on Skills of the American Workforce, 1990）深具影響力的著作。書中表示，美國需要具有高度技能及知識的員工，才能在全球的高工資市場競爭，其中新的技術、新興起的通訊方式及其他因素，大幅改變目前工作的方法及策略。正如該書中指出：美國的選擇是基本、深遠且具普世價值，因為軍隊及其他行業中的每個份子都需要高技能。有高技能的人具有高度的市場吸引力，在軍中學到許多技能，使軍人成為民間企業雇主非常具有吸引力的潛在員工。

重新界定生涯

由於今日工作的性質及表現，正經歷著前所未有的改變及不穩定性（Feller & Walz, 1997），一般大眾可能都已準備好去接受生涯諮商輔導員早認知到此存在已久的概念，就是：每個人都有一個終身生涯（Engels, 1994; Hansen, 1997）。這清楚顯示著透過個人一生，經歷不同的工作、相關的發展任務、情境及角色所呈現的生命。如果每個人都有一個終身的生涯，則諮商輔導員需要協助軍人承諾並擔負起自己生涯的所有權（career ownership），也是個人生涯的管理者（career stewardship），並幫助他們了解這個重要性。

雖然本書強調成人的生涯發展，可能會使讀者以為只是輔導成人，但是當前專業文獻強調：將工作角色及責任與其他生活角色及責任做整合（Hansen, 1997; Hansen et al., 2001），以及應用系統的理論，來提示諮商輔導員在因應軍人的生活／生涯需求時，應將注意力放在他們的家人及眷屬上。因此，在軍人生活及軍旅生涯的情境脈絡中，針對當前軍人及其眷屬的整體生涯發展做考量。

除了情境脈絡的考量外，終身單一的生涯概念對於諮商輔導員也有很多的意義。協助軍人將自己的軍旅服務視為自己整體、持續及終身生涯的一部分，可為個人終身生涯的所有權及個人生涯的責任提供更多激發和獎勵。協助軍人同時了解過去、目前及未來的生涯，及與自己的生活角色發展相連結，可帶來在高度移動、轉型和相對短暫的軍旅生涯中的穩定感，和一種整體感及持續感。協助軍人以此方式認知應對自己的生涯負起責任、有計畫及加以照顧，並可持續增進個人對於軍旅生涯所有面向的投入，包括：在某個時間點從軍人身分順利轉型。協助軍人將重點放在平衡及整合家庭及其他生活角色，可激發及增強短期與長期的生涯規劃。有了對於生活角色的責任，及個人終身生涯所有權和管理的認知，才能針對軍人及其眷屬採用特定的終身生涯諮商輔導策略。

實際問題及議題

了解誰才是軍人，理解他們的多重生活角色，及他們單一業主（one-owner）的終身生涯發展脈絡後，以下幾個受關注的問題有助於實務工作者、學者及研究人員來統整本章：

1. 今日軍人的終身生涯規劃及發展有哪些關鍵的議題、策略及資源？
2. 軍人的諮商輔導員及其他輔導軍人及其眷屬的諮商輔導員，如何提升及提供有效的終身生涯規劃及發展服務？
3. 在協助政策的制定者、軍方的領導者及個人終身生涯願景、目標規劃的建構與實現者，並執行能兼具全國性的敏感度，及適合地方性的面向、重點和有衝勁的生涯發展計畫，諮商輔導員可能扮演何種角色，來面對目前終身生涯的趨勢發展？

以上所述人為、經濟、科技及其他的重大改變，軍人或許需要考量能促進個人生涯的所有權及管理權的新方法。

多面向現象

現階段國內外環境情勢中，對現役軍人進行生涯諮商輔導服務時，需要同步發展兩種或更多生涯路徑來進行輔導。關注這種雙重或多重生涯路徑的因素，包括現役軍人服役的短暫性；許多頻繁的派任或任務駐守移動，短暫的徵召及服役期滿 18 年能擁有退休的選擇，都因為軍力的縮編及軍事設施的緊縮，加上較高位階的職缺越來越少，只有透過後備勤務的替代路徑來修正軍旅生涯，及豐富非軍事行業的生涯機會。

軍人經常被動員前往軍事衝突及戰鬥的可能性，對整體人類的生活而言，軍人及軍旅生涯的衝擊似乎是最為獨特、嚴肅且富戲劇化的。雖然許多工作都有健康和身體上的危險，且所有的工作場所都防範日漸增多的人為暴力，似乎只有第一線的地方、州及聯邦警察與其他保衛公共安全領域的職位及職業，較趨近軍人生涯潛在性的暴力及戰鬥領域。因為軍人往往是處於「待命」（on call）狀態，且須在實際衝突及等待衝突中，隨時準備進行高風險的活動。自由，是必須付上代價的。為了完成軍事上的任務，這種潛在的風險，使得對軍人及所有為軍人服務的人而言，是一種特殊類型的諮商。由於這些軍人生涯領域及工作狀況的變數，我們能看見軍旅生涯路徑的各種廣泛變動與結合，並可臆測現役中許多有關的層面，以及從現役的轉型或延伸，都需要相關的、不同層面的諮商輔導服務及取向。

資源

人員調度、準備、維持及改善軍力的裝備需求及動員能力，對國防部及美國而言都非常重要。這套制度提供了美國公民從軍的生涯機會。對現役、後備軍人及其眷屬，諮商輔導員必須關心他們的派任、教育訓練需求及目前與長期的軍人生涯進展，以及相關的職位專長及晉升機會。所有的軍事機構花費鉅資投入基本及專門的教育計畫及資源整合，讓軍人能有機會獲得大量的教育及訓練機會。

軍方及國防部和各相關服務機構的網站，都清楚記載特定的軍隊資源。美國國防部及其他政府單位所贊助的資訊資源相當多，包括一般及特定的網站，例如：www.todaysmilitary.com/jobs、www.hrsc.osd.mil/empinfo.htm，或是DOD自願教育網站www.voled.doded.mil以及www.gibillexpress.com。這些網站及其他電子、印刷及非印刷的資源，對於軍人及所有輔導軍人及其眷屬的諮商輔導員而言，都是相當重要的部分。更多DOD及私人和公家機關的資源都在許多資料來源中說明，包括書籍，例如：《軍人優勢：成功通往教育的公民生涯路徑》（Vincent, 2001）；《軍人之家：人本服務提供者的實務指南》（Martin, Rosen, & Sparacino, 2000）；《脫下制服》（Drier, 1995），以及軍官及非現役軍官指南、士兵手冊、類似文件，和許多的DOD錄影帶和常見的新聞報導（Yip, 2001a, b）。除了這些，還有其他的資訊及自助資源，都提供了諮商輔導員和軍人及其眷屬有價值且正確的資訊，而且這些都是從「局內人」的觀點出發。簡言之，當下準確且良好的終身生涯發展資源是很豐富的，許多情況下，軍人及其眷屬可採自助的服務方式使用這些資源。熟悉這些資源的諮商輔導員可協助軍人及其眷屬找到可使用資源、連結資源及對資源的獨特部分和計畫，提供給軍人、其眷屬及美國政府雙贏的結果。換句話說，個人在使用這些資源後，諮商輔導員可協助軍人進行規劃及做抉擇。

倡導

雖然對資源的察覺、取得及適當的利用，在諮商輔導中都是重要的，但是政府機關的官僚作風，包括軍隊在內，使得所有輔導軍人的諮商輔導員都必須為所服務的對象倡導。任何老兵都能見證：軍中充滿官僚氣息，對無法在這種官僚作風生存的人而言，許多資源僅只是潛在的來源而已。諮商輔導員學會用適當的方法，為軍人找出、取得及利用這些資源，這些對軍人而言都是無價的。諮商輔導員應學會關鍵性的語言及其他策略，在闡述應有的權利及記錄軍人的需求上應避開官僚作風，扮演彌足珍貴的角色。此外，有些軍人當事人，尤其是教育程度較低且位階低者或最需要資源者，可能需要特別協助他們闡述自己的需求，取得並利用這些資源。對其他更弱勢的軍人及其眷屬而言，諮商輔導員必須完全擔任起倡導者的角色，以免當事人的需求及潛力浪費在未被確認的機會或未被探索的可能性，以及未被擴展的領域中。由於軍事體系的官僚作風，為個人倡導是必要的，尤其對最需要的軍人及其眷屬而言更是如此。簡言之，同理心、關懷及真誠的諮商輔導特質和技巧，對軍人及平民百姓而言，都是同樣的重要，但是激勵與啟發他們更顯得重要。

啟發

當生涯諮商輔導、資源仲介，及相關的活動可能成為常規時，諮商輔導員必須對軍人當事人為國服務的動機及獻身保持敬意，需要以激勵和啟發為當事人倡導。諮商輔導員不妨熟記德州 Denton 郡退伍軍人服務幹事 Henry Scheible 的話。Scheible 表示：他一直牢記在心的是，軍人維護美國的自由，面對獨特的挑戰及高尚的義務，實有別於一般民間行業的任何風險。軍人的榮譽感、責任感、愛國心，以及個人犧牲、勇敢和英勇的行為是與眾不同的（Henry Scheible，個人通訊，2001 年 7 月 18 日）。

退伍後服務機會及轉型

由於退伍及退休後的生涯仍相當長，且仍需有工作以補足退伍後的收入（Yip, 2001b），現役的軍官及士兵可能需要協助，了解民間行業的技能、知識、經驗、機會及整體生活方式之間的連結，及預先準備及規劃退伍後的生涯發展及生涯路徑。生涯規劃是生涯諮商輔導的核心要素，而輔導軍人的諮商人員在軍人服役之前、期間及之後，須以生涯規劃來協助求助者。高中學校的諮商輔導員可找出方法幫助學生預測軍旅生涯領域的優勢及劣勢。退伍軍人的諮商輔導員和該郡的退伍軍人服務幹事，可以持續規劃及找出資源加以利用，協助退伍軍人及其眷屬。某些州的法律，例如：德州法律規定需要有該郡的退伍軍人服務幹事，並應設退伍軍人委員會，使退伍軍人可取得多種資訊及其他資源。輔導即將服役、現役和退伍軍人的諮商輔導員應於服役之前、期間及之後，熟悉這些相關的資源及資源調配者，協助仲介他們的生涯、教育及其他的發展資源，以及整體軍事體系的運作，持續關注和主動追蹤現役的軍中生涯服務。

幾乎 88%的軍職，在民間的行業中都有對等的職位（Occupational Outlook Handbook, 2000）。許多情況下，軍中的職業專長知識及技能，與民間的職業需求條件有相當的重疊（例如：軍中飛行員的工作可能與民航機師非常相似；軍官可能與擔任管理職務的人責任相似；廚師或食勤兵可能具有相似於食物處理及食物準備的職務），這些重疊的知識及技能，可能與軍中內外部目前及未來的生涯路徑持續相關。

在其他情況下，軍中與民間職位的技能及知識之間的相似性可能很少或完全不同，幾乎是無關的（例如：特定的戰鬥步兵、砲兵、投彈員或突擊戰鬥的能力）。在這種情況下，軍人可能需要生涯諮商輔導員特別的協助，以找出知識、技能及應用上的重疊，並連結軍中與民間的行業（例如：軍需品及爆破專家、坦克車上擔任射擊手的裝甲兵、海軍或空軍的射擊手、戰鬥步兵）。此外，現役軍人可能有計畫退伍後到民間工作（相當不同於自己的軍職工作），需要生涯諮商輔導員協助他們找出生涯選項，建構及執行生涯計畫並做出決定。退伍後可能是除役後、義務結束後、傷殘後、退休後或其他的狀態，可承諾在當前越來越朝約聘合約或臨時人力發展的民間企業服務。教育及訓練是協助軍人到民間工作領域的直接方法（例如：想在退伍後從事高科技相關工作的步兵）。如先前指出，若干的出版刊物及資源可協助軍人及生涯諮商輔導員在服役之前、期間及之後致力於最大的發展，也注意到更多有用的轉型資源（Drier, 1995; Martin, Rosen, & Sparacino, 2000; Vincent, 2001）。

未來的知識及技能

軍事的基本訓練、入門技能及教育計畫、職業專長、指揮及一般人員調度，以及高度精進的準備及持續教育計畫，提供了一般性、特定及高度專門化的知識及技能，生涯諮商輔導員需要協助軍人看見軍中及民間能力之間直接及微妙的關係。如果我們依據軍中的能力與未來所需技能及知識歸納比較，有一項有用的資源就是勞工部達成必要技能委員會（Secretary's Commission on Achieving Necessary Skills, SCANS）的報告（SCANS, 1991, 1992a, 1992b）。在 SCANS 報告中，各大民間企業及某些公家機關的發言人指出：在未來一般和特定技能、知識及特質，都是職場成功必要的，且民間及公家機關（包括軍隊）的所有員工將需要高度的技能，以贏得高工資。民間及軍中的人員也將越來越倚賴個人的能力、資源及資產，以擁有、管理、規劃能力來穩固自己的生涯發展。

SCANS 能力將教育的「基礎」大幅擴張至三個必要的基礎技能，包括：

1.「3R」之外加上說話與傾聽。

*2.*思考技巧，例如：推理、決策、問題解決及學習如何去學習。

*3.*個人特質，例如：正直、尊重自己和他人，以及誠實。

人類知識的持續進步，顯示出學習如何學習，能持續生命全程的終身學習。在基本的層面上，生涯諮商輔導員及其他輔導軍人者須提升及提供教導，並練習基本的研究技能，例如：有效率及有效的閱讀與做筆記；但在最高層面上，思考技巧則與哲學性的詢問以及對真理追求的愛好相關。簡言之，思考及學習技能是最基本的，尤其是特定的知識及資訊在快速改變的世界中，越來越容易消逝且可能落伍。所以，在協助軍人增進其生涯發展時，生涯諮商輔導員的基本技能及個人特質受到相當的關注。

除了(1)修正基本能力；(2)思考—學習的技能；以及(3)個人特質，這三部分的基礎外，SCANS的帶領者也找出成功參與智慧型或高科技勞動力的五個面向：資源、人際、資訊、系統及科技能力。這些面向的一般能力包括下列各項：

1. **資源**：找出、組織、規劃及分配時間、金錢、材料及人力資源。

2. **人際**：與團隊成員諸如：教師、服務提供者、領導者及協調者共事，且能與來自不同背景的男女良好溝通。

3. **資訊**：利用電腦及其他方法取得、評估、維持、解釋、傳達及使用資訊的能力。

4. **系統**：了解、監測追蹤、修正設計及改善社會、組織、科技及其他複雜的人際互動關係。

5. **科技**：選擇、應用及維護科技的工具及裝備（SCANS, 1991）。

雖然教育工作者及生涯諮商輔導員長久以來就熟悉許多必要的知識及

技能（Foster, 1979; Hartz, 1978a, 1978b; NOICC, 1989, 1997; Taxas Advisory Council, 1975, 1985），認為 SCANS 的能力，是協助軍人及其眷屬轉型回民間勞動力的生涯發展能力，而目前的教育有太多的不足及空白（Isaacson & Brown, 1997; Hoyt & Lester, 1995; National Alliance of Business, 1990），這些凸顯出：為了要使美國人有能力具備高技能及知識挑戰的主要面向，幫助軍人取得精進及維持這些能力及才幹，生涯諮商輔導員將需要考量新的模式，例如：每個人都是自己終身生涯的單一業主。這個新典範及取向可協助生涯諮商輔導員發展、培養、提升及提供個別和群體的生涯發展服務與計畫給所有的軍人。

執行策略

輔導軍人的生涯諮商輔導員，將持續看到提供傳統就業的能力、個人及生涯發展服務的必要性，並同時擴展到更全人化的促進平衡及整合式單一業主（integrated one-owner）的終身生涯發展。這種全人取向（holistic approach）的優先順序排列中，需要更注意協助軍人及其眷屬：

1. 將自己視為個人的業主及生命和生涯的管理者。
2. 找出、了解和評估個人的特質、能力、興趣及價值觀。
3. 規劃他們的短期及長期的生涯發展。
4. 將工作上的角色和責任與其他生活角色及責任做平衡及整合。
5. 負起生涯發展規劃的決定、技術、研究所／專業學校計畫、就業計畫及求職能力的責任。
6. 將軍中經驗與其他公家及民間機構間的機會連結。
7. 培養並取得教育及生涯資訊的技能，協助生涯及教育規劃，並發展出對於工作世界的了解。
8. 選擇適合個人軍中及民間學業課程及體驗性的訓練機會，例如：提升陸軍、海軍、空軍及陸戰隊員的適當能力，及規劃教育、研究所的專業計畫，以及未來入門／進階的就業選擇。
9. 培養求職能力的技能、有效的面試應徵技巧，以及了解個人特質及能力與職業及工作要求之間的交集，為尋找適當的工作做準備。

10. 在服役時及服役後管理自己的生涯；與退伍軍人、雇主、專業組織及其他提供發展專業興趣及能力機會的人聯繫，將學術性的學習與工作統整，並探討未來生涯的可能性（Engels, Kern, & Jacobs, 2000）。

如先前指出，傳統的生涯諮商輔導資源可補強 DOD 及其他軍事上特定的諮商輔導與生涯資源。更多傳統資源，例如：評估工具、互動導引資訊、軟體程式及就業技巧資料，都可提供軍人個人使用。目前的生涯諮商輔導資源，例如：生涯發展及生涯諮商輔導理論及技巧，同樣可提供軍人個人使用。軍人當事人可持續獲益於成人生涯諮商輔導的標準與重點，例如：自我知識、資訊技巧、就業技巧、決策及規劃技巧，以及 SCANS 能力的其他面向。額外的焦點可能包括：看到當前、過去及未來工作發展的挑戰和覺察，及相關的滿意度；關注整個終身生涯的平衡與生命角色的統整；經歷並改善個人對於目前工作的觀點及執行；具體闡述個人終身生涯的願景及目標；聲明個人對於生涯規劃責任的所有權與承諾；以及短期和長期持續的生涯發展，及適當生涯轉型的展望及計畫。這些以生涯為重點的取向及方向，對生涯諮商輔導員和所有當事人及其眷屬，都有明顯的價值。

摘要、結論及意涵

《美國的選擇：高技能或低工資！》（Commission on Skills of the American Workforce, 1990）說明了一般公共及民間政策議題，這份重要的美國策略性經濟文件，卻鮮少直接注意到個人的層面。再者，這份文件中，總體經濟的焦點及勞動市場經濟似乎忽略了個人，包括軍人。如今，在這種相對較為限制的環境中，人們越來越不須倚賴外在或常設的政策、命令及慣例，而是更倚賴內在、個人的資源。隨著工作變得越來越短暫，變動越來越多，更加朝向約聘技術員工發展，而相關貨品、服務方式及財富的創造與分配的相關典範模式也跟著轉變，再加上先前所述的各項因素，新的模式似乎就要出現。面臨這樣的系統性改變，針對個人、個別對生涯的所有權及管理權，有必要成立生涯需求中心。全國生涯發展協會的概念是：每個人皆擁有一個終身的生涯（Engels, 1994），這在個別的自我管理中占有極重要的地位，當前生涯發展文獻中的建構主義觀點也是如此（Savickas & Walsh, 1996; Hansen et al., 2001）。幸運的是，除了可持續提供良好的諮商輔導資源外，更提供一些長久的生涯發展概念及目標給諮商輔導實務界的工作者、研究人員及教育工作者，做為當代諮商輔導的方向。

由於本章及本書中所指出的全面性改變，以因應21世紀軍人生涯規劃及發展需求的諮商輔導員，面臨著有史以來最關鍵的因素：面對當代所有工作面向及工作場合的勞動力挑戰，包括軍隊在內，都需要以新的觀點並轉移過去典範模式，以超越傳統的作法。未能及早將注意力放在SCANS能力及其他基本的與專門知識和技能的軍人，可能會有短暫及偶爾失業的危險，且可能沒有工作，將處於貧困階級，收入較低、福利有限，或者全無任何幫助（Hoyt & Lester, 1995; Rifkin, 1995），伴隨低收入而來的低生活品質，更是不在話下。尤其對中學及大學的輟學者而言，匯集資源且找出及創造機會以迎接生涯的挑戰、問題及障礙，將是許多諮商輔導員必須優先重視的。

從方案計畫的務實觀點來看，在國家職業資訊協調委員會（National Occupational Information Coordinating Committee, NOICC, 1989, 1997）所提出的國家職涯發展指導方針（National Career Development Guidelines, NCDG），建構了一張輔助終身培養及精通SCANS能力的藍圖，非常適用於軍人的計畫及場合。由於沒有萬靈丹，NCDG在設計上是可以針對各州及地方的情況做調整，以容納、強化及量身訂做指導方針，進而符合地方的需求及情況，因此許多州的生涯發展指導方針正反映出調整NCDG的效果。

諮商輔導員須協助軍人進行未來的生涯規劃，將生活—工作的角色及責任與其他角色及責任（例如：身為家人、父母及公民）之間取得平衡與統整（Hansen, 1997）。雖然有些生涯諮商輔導員已注意到這項訊息，軍人的諮商輔導員或許必須從傳統的線性及片斷式的模式，轉變成完全接受且效法這些概念。民間的諮商輔導員也需要在輔導軍人（包括後備軍人及眷屬）時，注意可能的責任及機會。生涯發展文獻越來越肯定生涯與個人諮商輔導之間不可分離的連結及重疊部分（Isaacson & Brown, 1997; Subich, 1993），即是生涯發展並非只是著眼於目前的工作及當下狀況，也關注生活核心領域，尤其是大幅衝擊現在及未來生活的其他生活領域。此外，生涯發展既重要且根本，軍人的諮商輔導員須思考如何在最佳狀況下，協助軍人群體接受生涯諮商輔導，以促進個人和終身幸福發展。同樣的，輔導軍人的諮商輔導員，考量全國生涯發展協會的觀點：即每個人僅有一個終身的生涯（Engels, 1994）。

諮商輔導員由於本身的教育背景及對資源的熟悉度，更應致力於提升人性價值、尊嚴、獨特性及人的潛力（American Counseling Association, 1997），準備好扮演協助建構及執行全方位的終身生涯發展計畫的主要催化角色，並以健康的態度投入今日及明日的軍人個人及其眷屬們的生涯發展。在許多方面，諮商輔導員需要在所有場合裡（包括軍中），提供一種脈絡式觀點（contextual perspective），包含先前所提到的快速人為及經濟的變遷，關注整個人（the whole person）、單一的業主、終身的生涯，並將軍中的工作及責任，與當下、過去及未來的生活角色有意識地整合，並為軍人、他們的眷屬、諮商輔導員及政策主導者開創出一個新的境界。同樣重要的是，輔導軍人的諮商輔導員有義務培養及維持對軍中文化的了解，這種了解有助於諮商輔導員更能掌握軍人及其眷屬在生活—生涯上的關注。隨著更多諮商輔導員參與軍人及其眷屬的輔導，諮商輔導員須考慮與美國社會的主要人本機構結合，增加他們的輔導機會。

參考文獻

American Counseling Association. (1997). *Ethical standards.* Alexandria, VA.

Bridges, W. (1994). *Job shift.* New York: Addison-Wesley.

Commission on Skills of the American Workforce. (1990). *America's choice: High skills or low wages!* Rochester, NY: National Center on Education and the Economy.

Drier, H. (1995). *Out of uniform.* Lincolnwood, IL: VGM Career Horizons.

Engels, D. W. (1994). *The Professional practice of career counseling and consultation: A Resource document.* Alexandria, VA: National Career Development Association.

Engels, D. W., & Harris, H. L. (1999). Career Development: A Vital Part of Contemporary Education. *National Association of Secondary School Principal Bulletin, 83,* 70-77.

Engels, D. W., Kern, C. W., & Jacobs, B. C. (2000). *Life-career development counseling.* Alexandria, VA: American Counseling Association.

Ettinger, J. M. (1996). *Improved career decision making in a changing world* (2nd ed.) Garrett Park, MD: Garrett Park Press.

Feller, R., & Walz, G. R. (Eds). (1997). *Career transitions in turbulent times.* Greensboro: University of North Carolina Educational Resource Information Clearinghouse.

Foster, D. E. (1979). *Assessment of knowledge acquired in employability skills training program.* Unpublished dissertation, University of North Texas, Denton.

Hansen, L. S. (1997). *Integrative life planning: Critical tasks for career development and changing life patterns.* San Francisco: Jossey-Bass.

Hansen, L. S. et al. (2001). *ACES/NCDA Commission on Preparing Counselors for Career Development in the New Millennium.* Unpublished position paper. Alexandria, VA: Association for Counselor Education and Supervision.

Hartz, J. D. (1978a). *Instructor's guide to employability skills.* Madison: University of Wisconsin Vocational Studies Center.

Hartz, J. D. (1978b). *Employability inventory: Findings and analysis.* Madison: University of Wisconsin Vocational Studies Center.

Hoyt, K. B., & Lester, J. L. (1995). *Learning to work: The NCDA Gallup survey.* Alexandria, VA: National Career Development Association.

Isaacson, L. E., & Brown, D. (1997). *Career information, career counseling, and career development.* (6th ed.). Boston: Allyn and Bacon.

Martin, J. A., Rosen, L. N., & Sparacino, L. R. (Des). (2000). *The Military family: A Practice guide for human service providers.* Westport, CT: Praeger.

Military Family Resource Center. (2000). *Profile of the military community: 1999 Demographics.* Arlington, VA: Author.

National Alliance of Business. (1990). *Employment policies: Looking to the year 2000*. Washington, DC: Author.

National Occupational Information Coordinating Committee. (1989). *National Career Development Guidelines*. Washington, DC: Author.

National Occupational Information Coordinating Committee. (1997). *National Career Development Guidelines* (2nd ed.). Washington, DC: Author.

Rifkin, J. (1995). *End of work: Decline of the global labor force and the dawn of the post-market era*. New York: G. P. Putnam Sons.

Savickas, M., & Walsh, W. B. (Eds.). (1996). *Handbook of career counseling theory and practice*. Palo Alto, CA: Consulting Psychologists.

Secretary's Commission on Achieving Necessary Skills. (1991). *What work requires of schools*. Washington, DC: U.S. Department of Labor.

Secretary's Commission on Achieving Necessary Skills. (1992a). *Learning a living*. Washington, DC: U.S. Department of Labor.

Secretary's Commission on Achieving Necessary Skills. (1992b). *Skills and tasks for jobs: A SCANS report for America 2000*. Washington, DC: U.S. Department of Labor.

Subich, L. M. (1993). How personal is career counseling? *The Career Development Quarterly, 42, 1*29-131.

Super, D. E., & Sverko, B. (Eds.). (1995). *Life roles, values and careers*. San Francisco: Jossey Bass.

Texas Advisory Council for Technical-Vocational Education. (1975). *Qualities employers like and dislike in job applicants: Final report of a statewide employer survey*. Austin: Texas Board of Education.

Texas Advisory Council for Technical-Vocational Education. (1985). *Qualities employers like and dislike in job applicants: Final report of a statewide employer survey*. Austin: Texas Board of Education.

Three U.S. teens on trial in Germany: Soldiers' sons charged with murder of 2 motorists killed by stones. (2000, December 2). *Dallas Morning News*, p. 29.

U.S. Department of Labor. (2000). *Occupational outlook handbook*. Washington, DC: Author.

Vincent, L. (2001). *The Military advantage: Your path to an education and a great civilian career*. New York: Learning Express.

Yip, P. (2001, January 15). Guard deployment taught family to plan. *Dallas Morning News*, pp. D1&2.

Yip, P. (2001, January 15). Personal finance: Active duty: Military families must take extra steps when planning financial futures. *Dallas Morning News*, pp. D1&2.

第十五章
熟年員工的生涯諮商

俄亥俄州 Worthington｜Juliet V. Miller

對熟年（mature，50 歲以上）當事人所做的生涯諮商輔導，正受到幾個趨勢的影響，包括：隨著嬰兒潮世代老化、熟年員工人數越來越多、對於老化態度的了解及改變、當前成人及生涯發展理論的修正、工作領域的迅速變遷，以及退休福利制度的變動。雖然目前我們所了解的很多知識，都適用於諮商輔導熟年員工，但諮商輔導員須不斷更新新的資訊，並修正目標及計畫，以協助熟年成人進行終身生涯規劃及轉型。本章目的在於提供下列相關資訊，以協助諮商輔導員更新自己協助熟年員工的知識及技能：

1. 目前生涯諮商輔導的社會環境脈絡。
2. 成人生涯發展理論。
3. 熟年成人的生涯諮商輔導取向。
4. 熟年成人的生涯諮商輔導目標。

一、當前社會環境下熟年成人生涯諮商輔導

嬰兒潮世代目前正處於熟年階段，因此產生了為數可觀的熟年成人，他們正面臨各種生活的抉擇。Moen（1998）指出，這個年齡層的價值觀及特質正在重塑各種不同成人生活轉型的現象。除了這些改變中的價值觀外，改變所發生的社會環境脈絡，讓個人的工作、家庭、生涯及退休性質正面臨重大決定性的影響。Collard（1996）指出，資訊科技、全球化，以及工

作場所的重整都在重塑工作、組織，甚至是生涯的概念。Bridges（1991）引進美國「**去工作化**」（dejobbing）的概念，並質疑我們過去對工作認知的長期且穩定現象，現在能否持續存在。

美國退休人士協會（American Association of Retired Persons, AARP）公共政策機構出版了許多報告，說明不同熟年成人之間的就業及退休趨勢。其中一份報告，Rix（1999）歸納出較年長成人的相關資料：近來就業機會逐漸增加，有助於反轉年齡 55 至 64 歲之間的就業負面趨勢；此年齡層的失業率已降至 2.7%，五年前為 4.3%。為數較少而目前沒有在工作的較年長美國人表示，他們希望自己有工作。

較年長的失業員工，找新工作所花的時間，比年輕的員工還長。在工作機會已經更多的同時，較年長的求職者平均失業的時間，也從 1997 年的 22 週減少至 1998 年的 21.8 週（Rix, 1999）。而工作任期的長度，也呈現出穩定遞減的情形，此衰退狀況正挑戰著較年長者對於工作穩定度的看法。根據美國勞工統計局的資料（1999 年Rix的報告）顯示：1983 年，熟年成人的平均工作任期為 15.3 年，而 1998 年則為 11.2 年。較年長的員工更可能安排非傳統的工作，例如：約聘的工作，福利較少且工作較不穩定；55 歲以上的員工，有 11%都是屬於這種安排，相對而言 55 歲以下者，只有 6%。

近幾年來，都有一種提早退休的趨勢，但許多專家同意，這種趨勢已經有減緩或可能反轉。提早退休的趨勢可歸因於：美國人財富長期的增加、社會福利的擴大，以及近來提早退休及解雇計畫，雇主提供的優厚退休金。提早退休趨勢減緩的一個主要驅力是依賴人口的比例（年齡高於 64 歲的美國人與年齡 20 到 64 歲之間的美國人的比例），將於 2000 至 2030 年間增加到幾近 70%。所以若有更多較年長的員工能被說服延後退休，並繼續工作為健保及退休制度做出貢獻，由較少的就業人口支持較多的退休人口這樣的負擔將可減輕。

Uccello 和 Mix（1998）調查高於正常年齡退休員工的影響。資料顯示：員工健康情況不佳，且擔任耗費體力工作的人，因為在沒有充分財務支援的情況下提早退休；未結婚的女性及非白人也會在缺乏退休福利下受到傷害。好消息是，耗費體力的工作所占比例有降低的趨勢，如此將使員工更能擴展自己的工作，可擔任數個較不耗費體力的工作。

退休的定義也在改變，退休越來越被認為是一種彈性的過程，而非單一的事件。Stein（2000）提出一套模式：將較年長的員工視為留任（remaining in）、退休（retiring from），以及重返職場。Weckerle 和 Shultz（1999）使用**就業間隙**（bridge employment）一詞，來回應部分性的退休，如較年長的員工在替代階段的投入及離開職場的情況。他們發現：在年齡 60 歲以上的員工中，大約 50%以上從職涯工作中退休，但九個人當中只有一個人實際完全脫離職場。選擇不退休的較年長員工，舉出了各種原因，例如：並未對退休做明智的規劃、需要有所貢獻、受他人器重，以及渴望有所作為。在一份 AARP（2000）的研究中，十個嬰兒潮世代的人當中，有八個人表示打算在退休時從事打工。Curnow 和 Fox（1994）談到為生涯「第三時期」（Third Age）做規劃的重要性，在這段超越職涯工作及為人父母之後，可持續長達三十年的時間。

最新趨勢顯示：將會有好幾種壓力迫使較年長的成人繼續工作更長的時間。職場是否已意識到並回應這樣的趨勢？Stein（2000）認為，組織須重新思考提供機會給較年長員工，以及改變主管及較年輕員工對於較年長員工的期待及態度。彈性的工時、工作的分攤、工作量的減少，以及季節性的就業，這些都可能是較年長員工需要的選項。

AARP（2000）完成了一份「美國企業與較年長員工」的研究。美國 400 家企業組織的人力資源經理接受了電話訪談。受訪者表示，企業認為最理想的員工，應具備七項最重要的特質中，除了一項以外，較年長員工都具備。較年長員工在執行工作品質的承諾、與同事相處、實務上的績效、基本技能、發生危機時值得信賴，以及對公司的忠誠度，都有正向高度的評價。只在對從事不同的任務上抱持彈性的評價低，同時在技術相關的特質上評價也低，例如：嘗試新的作法、學習新的技術，以及擁有隨時更新的工作技能。

雖然勞動力逐漸在老化，且較年輕員工的人數變少，人力資源（HR）的幹部並不認為這是問題。只有少數公司有充分支持使用較年長員工的特定計畫，這份調查（AARP, 2000）顯示：約有50%的人力資源幹部體認到能充分利用較年長員工的價值。但目前能實行特別福利、部分時間安排、對較年長員工教育，及較年長員工的技能訓練等措施的企業，所占比例卻仍舊很低。

當前社會環境脈絡下，成人生涯諮商輔導意涵

諮商輔導員在輔導熟年人口時，須考量下列的趨勢：

- 隨著嬰兒潮世代的老化，熟年成人的人口數正在快速增加當中。
- 雖然可對熟年成人群作出一般性的看法，但其中仍有重大的差異，包括：工作價值觀、健康狀況、財務資源，以及教育和技能水準。
- 熟年員工活在工作性質迅速改變的時代裡，包括：工作定義的模糊、對科技的需求增加、持續不斷的學習需求，以及雇主與員工之間的基本合約改變。成人們能理解這些趨勢，並以有意義的方式追隨這些趨勢。
- 由於這些改變，許多熟年員工已經歷了非自願性的失業及變動，而其他人則是重新定義自己的生涯目標及方向，以主動回應這些改變。
- 曾經出現提早退休的趨勢，但隨著50歲以上的人口與50歲以下的人口之間平衡改變，此趨勢已有趨緩且預計會反轉。這種人口趨勢使得留住較年長員工在工作崗位上，變得重要。
- 有相當多的成人，其工作並無足夠的退休福利保障。包括：熟年成人健康狀況不佳，且從事耗費體力的工作。部分未結婚的女性及非白人也同樣沒有足夠的退休金及健保。
- 退休被認為是一個過程，而非單一的事件。大多數的嬰兒潮世代在離開自己的「生涯工作」（career job）後，往往會持續某種類型的就業。此段引述自成人，這不僅是財務上的考量，也是個人的意義，有意義地與人接觸，以及為他人服務等需求，來做為持續就業的理由。
- 社會福利及退休金計畫，正採行提高退休年齡的政策。

- 雇主將熟年成人視為具有一般性工作技能及態度，但並不確定他們是否具有足夠的特定工作技能。
- 雖然雇主正經歷員工的嚴重短缺，但極少雇主執行較年長員工的就業福利計畫及彈性工時。

二、成人發展理論

生涯諮商輔導是以人類心理發展的觀點做為主要基礎，配合認知心理及社會因素的了解。此處討論成人發展理論，包括：(1)順序理論（sequential theories）；(2)生活事件及轉型理論（transition theories）；(3)關係理論（relational theories）；以及(4)浮現理論（emerging theories）。

順序理論

Erick Erikson（1959）的發展架構，包括對各階段及相關任務的說明。八階段的每一個階段都以一對相反的結果呈現，一個是正面及健康的結果，另一個則是負面或較不理想的結果，而最後的兩個階段與熟年成人直接有關。成人時期的第二個階段「中年期」是生產力（generativity）vs.停滯（stagnation）。在此階段，人們設法供養下一代，將重點從自己轉移到他人，如未能達到生產力，會導致停滯或陷落個人成敗的議題中。最後階段「老年期」被形容為統整（integrity）vs.絕望（despair）。統整來自於能心滿意足地回顧自己這一生，未能達到統整會產生對於原本情況的絕望。Erikson的觀點是，如果生命中的所有階段都已正面地加以處理，接近生命終點的熟年成人將會接受他（她）自己，成為自己想要的人（as he or she is）。

Levinson（1986）說明生命結構的概念，這是一個人生命的某個時間點的根本類型或設計。他認為生命發展包括：相對穩定（結構建立）及轉型（結構改變）的時期，而生命結構包括個人與他人的關係，其中包括：個人及團體、機構及文化，以不同的發展任務，來說明生命結構中的不同階段。而當有一項任務失去它的重要性及其他任務浮現時，正是一個階段的結束。

Levinson 說明了穩定與轉型的四個不同時期，其中的兩個時期說明了熟年成人。「成年中期」從 40 歲持續到 65 歲，成人的生物能力在此階段減弱，但仍具有充沛活力及滿意的生活，此時，大多數的成人成為群體中的長者，他們除了要對自己的工作負責，往往參與年輕成人的發展。「成年晚期」約從 60 歲開始，此時的目標在於與內在的自己對抗，且與世界和平相處。Levinson 的大部分研究都是找男性來進行。

Super（1990）將生命各階段及生命空間的概念，應用於成人生涯發展。他將主要的生涯發展階段形容為：出生、成長、探索、建立、維持、衰老及死亡。Super 認知到，這些階段的時間會因人而異，隨著勞動市場性質的改變，造成生涯轉型更快速且頻繁，人們可能在這個階段中循環好幾次。Super 也說明了與每個階段有關的發展任務。他更進一步將生涯調適的概念，界定為一個人準備因應這些任務，是生涯成熟度的指標。在生命空間方面，Super（1990）將**生活—生涯彩虹**（Life-Career Rainbow）概念化。在生活—生涯彩虹中，他說明了不同人生階段中不同生活角色的互動及優勢，包括：孩童、學生、休閒人、公民、員工及家管，他的「**生涯發展片段模式**」（Segmental Model of Career Development）（Super, 1990）結合了人格（自我）與社會政策（社會因素）。Osborne（1996）將 Super 的完整貢獻歸納如下：「⑴試圖了解生涯發展的許多決定因素；⑵將『片段理論』（segmental theory）中的所有因素連結在一起；以及⑶設計出可處理這些決定因素的生涯諮商輔導取向（career counseling approach）。」（p. 71）

轉型理論

另一群成人發展的理論家，則將焦點放在生命中的事件及轉型。生命事件（life event）引發了改變及轉型的動機。Schlossberg（1996）表示：「將成人生涯發展視為一個移入、穿越及離開勞動力的轉型過程，有助於說明生涯發展為一種高度流動的過程。」（p. 94）人都有影響轉型過程的優勢及劣勢。Schlossberg（1984）提供了一個圍繞著四個 S 的組織架構，包括：情境（situation）、自我（self）、支持（support）及策略（strategies）。使用這個分類重新檢視優勢及劣勢，有助於凸顯需要支援的劣勢領域，以及可協助轉型過程的優勢領域。

Bridges（1991）也將轉型視為一種成人發展的激勵。他認為轉型是一個過程，包括：結束、中間地帶，以及新的開始。很重要的是，要認知到轉型的第一個階段，是放下某些事物；接下來，中間地帶是一個不再有效的舊有模式被釋出，且發展出新模式的時期；最後一個階段，也是新的開始，只在個人已放棄舊有，並在中間地帶花費時間，才會出現。

Hudson（1991）將成人發展視為一個循環的過程。他表示，這包括了五項主要特性：

1. 生命是一個複雜、多元的流動（flow）。
2. 生命是透過改變及持續的循環進行，而非一條直線。
3. 生命的高低起伏都應被彰顯（honored）。
4. 人類是有彈性（flexible）且具適應性的（resilient），能容許持續的調適。
5. 持續的學習是成人發展的關鍵。

Hudson 以十項個人技巧說明改變的循環。他提出：微小改變的概念（存在於生命結構中）vs.主要的生命轉型（需要發展新的生命結構）。這十項技巧分成四個階段：

階段 1：組合（alignment）——包括開始、發動及穩定狀態。

階段 2：不協調（out of synch）——包括度過消沉期、整理、終止及重新架構。

階段 3：脫離（disengagement）——包括封閉及自我更新。

階段 4：重新整合（reintegration）——包括自我更新及實驗，連結脈絡，以及導向開始新的創意。

關係理論

大多數成人發展研究都使用男性人口來進行。例如 Reeves（1999）觀察到：「許多發展理論的理想結果（例如自主、獨立及分離）都是以男性的經驗為典型；而強調關係、同理心、互賴及依附的女性發展過程，卻很少與健康的成年劃上等號。」（p. 24）為了回應這種顧慮，幾項以女性發展為基礎的理論已經出現，其中包括：將分離及連結納入發展的目標。例如，Peck（1986）討論了女性對於依附的需求，但不失去自我。Peck指出：雖然女性的認同會隨著自己的成長而擴展，但卻受到家庭及文化的影響。彈性的影響層面支持健康的發展，最重要的發展目標是：維持依附，並在同時達到分離或個體化。

Jordan、Kaplan、Miller、Stiver和Surrey（1991）建議以關係中的自我（relational self）想法取代傳統對自我的定義。同理心是發展及維持此關係的關鍵，有些人因為對其他人太過開放，失去了自我感，因而經驗了同理心的失敗（empathic failure）。目標在於擁有自我的彈性（ego flexibility，容許與他人的連結）及自我的強度（ego strength，維持自我的能力）。

浮現理論

Kegan（1982）說明認知發展理論是將焦點放在認知、情感及道德領域上自我建構意義的方式。發展被視為是意義形成的演變。他說明了五種意識的順序或階段，可使人對自己及世界更為擴大、開放及包容性的了解，最後三個階段與成人發展有直接關聯。

在第三階段的人是從一個依賴的角度來形成意義。他們做出與許多不同參照團體（reference groups）（例如：父母、同輩、老闆和其他社會團體）的觀點有關的決定。有時，通常是在轉型期，例如：就讀大學或換工作，人們會遇到一些與群體標準相互衝突，此時被迫從內在尋找答案。這就導致第四個階段，稱之為**自我授權期**（self-authoring order），當人們能更清楚界定自己的目的時，正是一個人的獨立增加的時期。然而，這會導致生活在固定的角色或偽裝的人格（persona）。如Marshall（1997）指出：在此時期，人們培養更多的獨立性，但卻可能變得僵化地認同特定的角色，例如生涯的角色。如此可能完全抑制他們看見自己的所有層面及改變的可能性。人們在中年時開始自問：生命是否有可能比目前在固定的角色中體驗到更多面向？如此就轉移到第五個階段，其特點在於：大幅的個人彈性，以及與他人的相互倚賴。此階段自我並無特定的形式，但「就像立基於一個觀點，是一個移動的觀點，是承諾去醞釀一個過程，而非只保持一個產物」（p. 204）。在第五階段期間，矛盾對立的開放及彈性的移動更是明顯。

Marshall（1997）指出：Kegan的理論對成人生涯轉型是重要的。諮商輔導員不僅須考慮當事人及其所處環境脈絡，也須了解「人們以他自己理解的方式，正在經驗著什麼？這意味著他們對如何建構自己生命意義有著某種想法」（p. 112）。轉型可能成為成長的機會、轉變當事人正在使用的意義形成架構，以及朝向彈性移動的知識建構機會。

Kegan（1994）認為，當前社會及生涯環境需要至少到第四個階段，即自我授權層次的認知運作。他指出，只有一半到三分之二的成人是以第四階段的意識在運作的。他也指出，只有小比例的成人達到第五階段的運作，且這種情況在40歲之前從未發生。因此，大多數的成人是在沒有足夠的認知技巧下，去因應複雜的生涯挑戰。

另一個有關發展的浮現觀點是：敘事取向的觀點。這個取向扭轉了過去對發展的了解，從外在的**觀察取向**（observational approach），轉移到內在的**意義建構取向**（meaning-making approach）。Rossiter（1999）指出：

> 人類意義建構的過程具有敘事的型態，且人們能了解在自己生命敘說中發生了改變……透過結構性的個人敘說，經歷到發展性的改變，而此個人敘說會隨時間被修正及加大，以容納新的洞察力、非預期的事件，以及轉換的觀點。（p. 78）

Rossiter（1999）歸納出幾項輔導成人敘事性觀點的重要意涵。第一，成人是自己發展的專家，諮商輔導員須彰顯當事人敘說自己生命故事的治療效果。第二，敘說促成改變、轉型，無論是否在預期中，都會激發故事敘說的功能，成人就是透過這些個人故事的擴展並修正自己建構的意義體系。第三，個人的生命敘說可導致發展的效果，「透過敘說自己生命故事

的情感表達，讓自己更能覺察主宰自己生命核心的主題與旋律。」（p. 83）

成人生涯發展理論的意涵

以下歸納出成人生涯發展理論的主要結論。

- 發展是終身的過程。
- 將發展視為循環性，而非直線性，當新的選擇出現，循環就會重複。而發展的不同的階段，視個人及社會因素而定。
- 許多發展理論都承認：成長及改變發生來自本身（包括心理、認知、社交及生物性的改變）及社會環境脈絡。
- 隨著自我發展，生命結構及認知程序改變，這影響了個人的觀點及生活的目標。幾位理論家都同意：在成人發展的後期階段，個人會變得更複雜、開放、有彈性及過程導向。
- 有些理論學家將焦點放在轉型，無論預期中或預期外的，並且指出這些轉型驅動了發展的過程。
- 轉型具有階段特性，有些轉型對於個人的生命結構影響甚小，而其他轉型則有重大的影響。要注意的是，轉型過程需要時間，轉型從放手的過程開始，之後是「中間區」（neutral zone）或「封閉階段」（cocooning stage）。只有在這些階段都完成後，才有可能移入新的情況。
- 近來的理論家已重新檢視發展的目標。關係式的自我概念反映出與其他人連結，並同時維持強烈自我感的重要性。
- 現代的社會及職場改變，正挑戰著熟年成人的認知發展能力。許多成人可能處於尚未可以處理改變的認知發展階段。提供經驗及重新框架諮商目標，以鼓勵生命發展上的轉變，變得非常重要。
- 大多數有關生命發展的著作及研究，係來自一個外在的觀察觀點。然而，人們使用敘說個人故事做為尋找改變及生命結構的方法。諮商輔導員須珍視這種觀點並使用諮商輔導取向，以協助當事人釐清自己正是故事的作者。

三、熟年成人的生涯諮商輔導取向

生涯諮商輔導的定義

Cochran（1994）指出：成人生涯諮商輔導須將焦點放在當前的生涯問題，以及擴展當事人對整體生活的觀點。這種雙重諮商焦點可導致更有意義、更有生產力，且更能實現他們目前及未來的生涯方向。他更進一步指出：生涯諮商的重要結果，「在鼓勵人們作自己生涯過程的主導者（agent）」（p. 209）。

Savickas（1991）也表達了生涯諮商是雙重願景的概念，將重點放在具有生涯意義的立即行動，以及與總體生活有關的情節上。如此可整合個人生命的過去、現在、未來的生命事件及生涯方向。

有幾位作者強調：思考生涯諮商輔導在認知及情緒層面的重要性。Spokane（1991）指出：生涯諮商過程階段與心理治療過程的各階段相同。在開始階段，第一個目標：在建立治療性脈絡及信任的環境；第二個目標：在鼓勵當事人認知到自己當前情況與所陳述的抱負之間的差異。在此期間，有效的諮商輔導技巧包括：展示同理心、反映感覺，以及協助當事人經歷情緒。在第二個（或行動）階段，生涯諮商輔導的目的是：將重點放在引起、驗證及分享假設，並鼓勵行動。在此階段中，諮商輔導員會更挑戰當事人的認知層面。

Loman（1993）認為，目前生涯諮商輔導的情緒成分，比以往更為重要。他指出：在此快速社會變遷及職場重新定義的時期，依照功能性運作將會越來越困難，生涯諮商輔導員須擅於診斷憂鬱、焦慮等職場壓力及其他工作相關的心理疾病。針對如何找出及處理特定工作上的功能失調，他提出了一套非常有用的架構。

熟年成人的生涯諮商輔導目標

在設定熟年成人的生涯諮商目標時，考慮到較年長人口結構、公共及就業政策、職場參與，以及其他當前最新的成人發展理論，是很重要的。面對生涯發展應有的了解、態度及行為，以下列出在生命晚期的正向回應，熟年成人將因為生涯諮商輔導，而達到：

1. 擁抱生涯目標及支持下一代和年輕人的生命發展，以達成個人的成就。
2. 滿意地回顧自己的一生。
3. 體認並接納生命發展的自然循環特性，珍視生命發展的起伏，並且在變動及持續的時期都能感到安心自在。
4. 當遭逢自己個人及／或環境改變時，認清自己當前的生命結構不足以因應當下生命新的發展任務及生活情況時，必須能彈性展現出擴大及重新定義自己生活結構的能力。
5. 抱持務實的態度和希望，接納及適應與老化有關的生理及認知的改變。
6. 隨時間變動展現管理及協調不同生活角色的能力，並展現在一生中需要改變及修正生活角色的彈性。
7. 體認某些微小的改變，並不包括生命結構的改變；而有些重大的改變，確實需要時間進行主要生命結構的改變。
8. 了解轉型過程的性質，包括：放手或結束舊有事物，並在新的開始浮現前，多花些時間在轉型過程的中間地帶。
9. 將轉型視為一個過程而非一個事件，並發展一套使用內在（自我）及外在（其他）資源的計畫，以支持此過程。
10. 發展出對自我發展中依附與分離的重要性。表現出自我的彈性（容許與他人之間的連結）以及自我的強度（容許回歸到自我）。
11. 在發展上從他人導向（other-directed, 我就是他人對我期待的樣子）進步到自我導向（self-directed, 我就是我的所作所為），再進步到自我融入的過程（self-in-process, 我的所作所為只是我是誰的一部分）。
12. 樂於與他人敘說自己的生命故事，藉此擴展自己的觀點及對自己生命的了解。

生涯問題及熟年成人

Krumboltz（1993）列出當事人可能會帶到諮商室的幾類生涯問題，包括：個人的控制信念、生涯方向、生涯阻礙、就業的知識、求職的動機、職場的人際關係、工作的過勞、職位的晉升，以及退休規劃。他強調：必須理解每個生涯問題都有情緒及資訊成分的重要性。Krumboltz的分類可提供一種有用的架構，以了解熟年成人所面臨的各種生涯問題。

在生涯諮商過程的初期階段，鼓勵當事人談論當下對他們而言，最重要的生涯中的任何層面，是有幫助的。此外，可探索他們預期未來生涯的主要需求。當諮商輔導員在傾聽當事人的生涯故事時，就會注意到對每個當事人而言，最主要的生涯領域問題。諮商輔導員可使用 Krumboltz 的生涯領域問題分類，做為探討特定生涯領域問題的架構。例如：諮商輔導員可問當事人下列問題，以探討個人控制信念的顧慮：

1. 您認為您能以積極導向，影響自己的生涯嗎？
2. 您能與生命中其他重要他人（例如：配偶或夥伴）合作規劃不同的生活角色嗎？
3. 除了事業成就外，您看重自己的是什麼？
4. 您覺得自己能在職場變動中，主導自己的生涯嗎？

為了探討與生涯方向或生涯升遷有關的顧慮，諮商輔導員可以問當事人以下的問題：

1. 在生命的此刻，您的生涯對您而言有多重要？
2. 您是否覺察到調整各種不同的生涯方向，包括：往上晉升、往下移轉、移置旁邊，或者努力充實現況？（Hudson, 1996）
3. 是什麼影響您對新職場生涯晉升的願景？
4. 您還想實現什麼未實現的生涯夢想？
5. 什麼樣的風範（legacy），是您在未來最想留給新世代的？

諮商輔導員可以問有關生涯阻礙的問題，包括：

1. 改變中的職場，如何影響您的壓力程度和情緒穩定度？
2. 在生命中的此刻，您正經歷著什麼個人改變（身體、認知或情緒）？這些對您的生涯目標有何意義？
3. 您對老化的感受如何？對於老化的過程，您給自己的訊息是什麼？
4. 身為熟年員工，您理解到在職場上他人對您的反應如何？
5. 哪些因素支持著您的生涯方向，而哪些是阻礙的因素？

當事人針對就業知識及求職動機的問題，可能包括：

1. 您最近有哪些經驗，讓您覺得求職變得很困難？
2. 您需要設法為新的工作或生涯目標，轉換您目前的技能嗎？
3. 您將生涯的改變視為正面，還是負面的？
4. 您認為雇主對目前生涯改變的態度如何？
5. 您對於使用網際網路搜尋工作是否感到自在？
6. 對於就業面試時，要求特定的工作條件，您是否感到自在？

在職場的人際關係上，諮商輔導員可問當事人這些問題：

1. 您在工作上與他人的關係，如何影響您對生涯的滿意度？
2. 是否有任何特定的工作關係，讓您覺得為難？
3. 這些問題是否與您身為熟年員工與其他年齡層員工之間的差異有關？
4. 您認為您的年齡是否對您工作上升遷或自我充實的機會，造成負面的影響？
5. 您的雇主是否有特定的年齡歧視政策？

與工作倦怠（job burnout）有關的問題，可能包括：

1. 此時此刻，您對於自己工作的感覺如何？
2. 對您而言，造成您最大的壓力是什麼？
3. 對您而言，對您最有激勵作用的是什麼？
4. 在生命中的此刻，對您而言，理想的工作景象為何？

5.其他的生活角色，如何提供您目前工作上可能錯失的意義？
6.您可為自己採取哪些立即的行動，以支持自己？
7.您如何朝目前理想的生涯目標更進一步？

為協助當事人探討與退休規劃有關的議題，諮商輔導員可問這些問題：

1.當您想到退休時，感覺如何？
2.退休對您而言，有何意義？
3.您是否覺察到，許多人正以全新的方式看待退休（是一個過程，而非一個事件）？
4.您是否有身體健康或工作上的狀況，使您難以持續目前的工作？
5.您是否與雇主討論過可能的工作調整？
6.您是否檢視過自己的退休福利及重返工作的政策？
7.您是否得到您的資格條件應獲得的其他福利？
8.對您而言，在未來從事有薪水的工作，為何重要？或為何並不重要？
9.在生命中的此刻，檢視自己的生涯規劃時，您有何目標？
10.您如何在薪水以外的工作情況下，實現這些目標？

四、熟年成人凱特的案例

凱特簡介

凱特打電話給我的諮商機構，要安排會面，展開生涯諮商。在電話裡她表示：自己正處於很重要的生命轉型期，她辭掉了大學研究中心的工作，想對已支配自己大部分生活的生涯及生活中的其他部分做更好的安排。

初次面談時，我了解有關凱特的下列各點：她55歲，維持了三十年以上的成功職涯，和她先生結婚三十年，有一個兒子，目前在外就讀大學。

凱特來自高度重視教育的家庭。她的父母都從大學畢業，且認為她也會從大學畢業。他的母親在30多歲時，結婚生下她和哥哥凱文之前，是當老師，做得有聲有色。母親在結婚之後就沒有工作，但在社區擔任許多志工的領導職務。凱特的父親非常聰明，但很情緒化，且事業少有成就。

凱特就讀全家人都就讀的相同州立大學，她是在別無選擇的情況下做此決定的。她一開始修讀醫療科技，因為母親認為這對女性是一個很好的生涯領域。她討厭課程內容，並在二年級做出轉修英文的決定。畢業後，她教了一年書，就回來攻讀特殊教育的碩士學位。她喜愛工作及大學的氣氛，她的一位教授是她重要的良師，在教授的鼓勵下，她完成了博士學位。

在接下來的二十五年當中，她在有趣的工作職位中成功地奠立自己的基礎。她做研究、指導好幾個專案，並且擔任要求越來越高的行政及領導職位。她的確難以留在相同的職位上超過五到十年，因工作的改變往往使她得到更好的職位。在回顧生命歷程時，她承認當得到工作時，就為自己設定一個很高的目標，並得到他人的肯定，接著就感覺到筋疲力盡，難以承擔這樣的工作模式。她離開當時的職位時，往往希望下次會有所不同，而不是調整對自己的期望，並與他人協調有關工作量改變的必要性。

將近 50 歲時，凱特開始有一些憂鬱的情況，並且尋求治療。經過治療，凱特體會到自己有必要在生活中找到更多的平衡，尤其是她想用更多的時間在自己就讀高中的孩子，以及丈夫身上，並且結交非工作上的朋友，開始探索自己的興趣，例如藝術，這興趣是她一直沒有時間培養的。當她前來諮商時，就已開始進行這些新的目標，且對這些目標有大於先前生涯成就目標的承諾。她的健康狀況良好，最近體重卻增加了，這不是她所樂見的。她說：「我不能再當一個神童（whiz kid）了。事實上，我已不再是個孩童。」

凱特能陳述一些明確的主題，而這些主題是她在諮商中想處理的。首先，她分享了一場夢，在夢裡，她發現自己住在一棟毗聯式的建築裡，但只住在其中一邊，她想探索房子的另一邊。她懷疑沒有住的另外一邊，就是她的創意，她也提到：自己對於教導他人以及擔任更直接的成長協助角色感興趣；她還很高興地提到有一名年輕的教授近來表示，凱特是她的祖母級教授，因為她教導這位年輕的教授得到博士學位。

初次面談結束時，凱特問道：「你能幫助我規劃今後的人生嗎？我辭掉壓力大的工作，為的就是要平衡我的生活，探索自己沒有被善用的部分，並且發展新的生活目標，我真的想要忠於這些目標，重複舊的生活模式是行不通的。」

根據熟年成人發展策略協助凱特

發展理論：發展理論指出，人們在生命的晚期階段變得更為開放、有彈性，且以過程為導向。在這些階段中，健康的成人會對支持下一代（而非主要專注於個人成就）感興趣，及發展出一種滿足地回顧自己一生的能力。此時，會經歷身體衰退的過程。人們在不同的生活角色中重新評估自己的投入，並根據自己的需求，將時間分配到不同的角色上，以朝向更整體（wholeness）的發展邁進。

凱特正踩著這個發展面貌的足跡，筆者注意到，她想平衡自己的生活，藉由給予下一代找到滿足，並且承諾朝向一個更平衡的生活角色，進行成功的轉型過程。筆者更注意到，凱特在找到下一個工作，然後為自己設立很嚴格的目標，得到所有的肯定，接著感到難以負荷，最後選擇離開工作的這種功能失調的工作模式（dysfunctional work pattern）。

發展性的生涯諮商取向（developmental career counseling approaches）包括：讓凱特檢視生活的角色，並針對各項活動設定新的目標，以及多利用時間在自己的生活角色中。筆者會讓凱特將焦點放在她身為他人良師的美好感覺上，並幫助她重新設定協助下一代需求的生涯新目標。如此將可協助凱特完成自己生涯故事的徹底檢視，以鞏固及接受她截至目前的個人成就。在諮商時，我們會共同檢視凱特的故事，並且談到此時為何是接納個人成就及失望的時刻，目的是能以滿足開心的態度回顧自己的一生。筆者會用一些時間與凱特一起檢視：找工作、為自己設立很嚴格的目標、得到肯定、感到難以招架，然後選擇離開職場的功能失調工作模式。並且也會和她在每次諮商的開始，一起核對過去舊有的模式，是否又浮現出來破壞她目前積極正向的發展路線。

轉型理論：轉型理論指出，協助當事人了解轉型是一個過程，其中包括：結束、中間地帶及開始，是很重要的。有些轉型的規模比其他轉型大，且包含生命結構中的主要轉變。一種可幫助當事人轉型的方法，就是前述提到Schlossberg（1984）的4S取向，即情境、自我、支持及策略。凱特已辭掉工作，這是一大轉型，因為她不只是結束一個工作，更試圖建立及達成新的人生目標。筆者會在她處於有壓力且需要時間的「中間地帶」支持她。每天寫日記或記錄夢境，以及在諮商輔導時討論各種生命主題，這將是一個傾聽她內在新湧現方向的好方法。筆者也會鼓勵她發展特定的轉型計畫，包括：自我照顧策略，以及使用家人及朋友的支持網絡。

關係理論：強調必須珍視關係及獨立分離的目標，此目的在於與他人連結的同時，仍維持自己穩固的主體性（sense of self）。這對處於此階段的凱特而言，是一項重要的概念。她向來忘記自己個人的需求，並且迷失在工作中，在每次諮商輔導時，我們會檢視凱特在與他人連結（connecting）的同時，保持分離獨立（separation）的狀態上做得如何？

認知－發展理論：將發展視為一種意義形成的演進，凱特在生涯早期的決定強烈與家庭緊密連結著；在她生涯的中期，變得更加自我導向；在目前，她已僵化地與自己的生涯角色做了緊密的連結。但她最近的辭職卻是試圖採取更開放、更有彈性的自我觀點，而不再僵化地與生涯角色那麼緊密連結。在諮商輔導時，凱特離開舒適區的小小體驗活動，將是有幫助的，她可以上一些藝術課程，探索自己尚未被發掘的創意天分，這些實驗讓她經歷這些感覺是很重要的。例如：她可能不喜歡當小學徒的感覺，但我們可以討論，當一個學習者以及處於一個過程中的好處，只有更大的彈性、更有趣且增加更多的創意，這是之前僵化的角色及自我界定所沒有的。

敘事導向：敘事導向指出改變是藉由敘說自己的故事而發生的。處於生命中的此刻，凱特若能敘說自己截至目前的故事，可幫助她邁向健康的未來。先前所討論的諮商取向，包括：檢視生涯的成就、探討功能失調的工作模式，以及設定更平衡的生活目標，都仰賴這種敘事的取向。敘事取向不只需要書寫生命／生涯回顧，也需要有充分的時間，讓凱特在諮商過程中「敘說她的故事」。

五、結論

本章已說明熟年成人在當前社會環境脈絡下，必須做出生涯決定，檢視生涯發展理論，提出一套針對熟年成人的生涯諮商輔導目標，並討論與熟年成人所進行的生涯諮商取向。

協助熟年成人的諮商輔導員，須了解熟年成人所經歷的工作環境改變的脈絡以及發展上的改變。生涯諮商輔導的目的，在於協助處理終身生涯發展中當前的生涯顧慮；生涯諮商輔導除了協助個案解決當前的生涯顧慮外，更重要的是，朝更成熟及彈性的生命結構前進。生涯諮商輔導更可幫助當事人了解生命發展的過程，包括：循環性的特質，重視成長及改變的觀點，並且關注當前的顧慮。在這轉捩點，生涯諮商輔導員當下最主要的挑戰是：協助當事人在不斷改變的職場中，面對工作及老化的態度，修正自己對相關工作的臆測。

此刻熟年成人面對職場的迅速變遷，正遭受到自己明確的生涯定義與如何展現的雙重挑戰。一種場景是成人將無法因應這些挑戰，且將會有越來越多的機能失調及絕望；比較正面的情況是，熟年成人在諮商輔導員及新職場政策與結構的協助下，發展出下列的特質：可以主動回應快速變遷的職場，這正是熟年成人的表徵（Miller, 1996）。首先，培養彈性是很重要的——這是一種在適應新變動情勢的同時，維持及培養自我的核心能力。接下來，當事人須發展一種平衡的觀點，使他們能自在地面對逆境。由於改變已變成一種生活的方式，當事人需要體認改變的循環特質，了解他們在一生中將經歷許多的改變，這包括：觀察他們處於循環中的何處，並在每個轉型的階段都重視當前的需求。最後，我們的當事人須發展出一種健康的社區感，使他們既維持與他人的親近感，並同時維持強有力的自我感（a strong sense of self）。

參考文獻

American Association of Retired Persons. (2000). *American business and older employees: A summary of findings.* Washington, DC: AARP.

Bridges, W. (1991). *Managing transitions: Making the most of change.* Reading, MA: Addison-Wesley.

Cochran, L. (1994). What is a career problem? *The Career Development Quarterly, 42,* 204-215.

Collard, B. (1996). *Forces driving change in the workplace.* Columbus, OH: ERIC Clearinghouse on Adult, Career and Vocational Education, Ohio State University.

Curnow, B., & Fox, J. M. (1994). *Third age careers.* Brookfield, VT: Gower.

Erikson, E. (1959). *Identity and the life cycle.* New York: Norton.

Hudson, F. M. (1991). *The adult years: Mastering the art of self-renewal.* San Francisco: Jossey-Bass.

Hudson, F. M. (1996). Career plateau transitions in midlife, and how to manage them. In R. Feller & G. R. Walz (Eds.), *Career Transitions in Turbulent Times.* (pp. 257-266). Greensboro, NC: ERIC Counseling and Student Services Clearinghouse, University of North Carolina.

Jordan, J. S., Kaplan, A. G., Miller, J. B., Stiver, I. P, & Surrey, J. L. (1991). *Women's growth in connection.* New York: Guilford Press.

Kegan, R. (1982). *The evolving self: Problem and process in human development.* Cambridge: Harvard University Press.

Kegan, R. (1994). *In over our heads. The mental demands of modern life.* Cambridge, MA: Harvard University Press.

Krumboltz, J. D. (1993). Integrating career and personal counseling. *The Career Development Quarterly, 42,* 143-153.

Levinson, D. J. (1986). A conception of adult development. *American Psychologist. 41* (1), 3-13.

Loman, R. L. (1993). *Counseling and psychotherapy of work dysfunctions.* Washington, DC: American Psychological Association.

Marshall, A. (1997). Kegan's constructive developmental framework for adult career transitions. Paper presented at the NATCON conference, Ottawa, Canada. Available in full text through the International Career Development Library Website at www.icdl.uncg.edu.

Miller, J. V. (1996). A career counseling collage for the next century: Professional issues shaping career development. In R. Feller & G. R. Walz (Eds.), *Career Transitions in Turbulent Times.* (pp. 395-404). Greensboro, NC: ERIC Counseling and Student Services Clearinghouse, University of North Carolina.

Moen, P. (1998). Work in progress: The changing nature of work. *Issue Brief, 1*(1), 1-4. Cornell Employment and Family Careers Institute.

Osborne, L. (1996). Donald. E. Super: Yesterday and tomorrow. In R. Feller & G. R. Walz (Eds.), *Career Transitions in Turbulent Times.* (pp. 67-76). Greensboro, NC: ERIC Counseling and Student Services Clearinghouse, University of North Carolina.

Peck, T. A. (1986). Women's self-definition: From a different model? *Psychology of Women Quarterly, 10,* 274-284.

Reeves, P. M. (1999). Psychological development: Becoming a person. In M. C. Clark & R. S. Caffarella (Eds.), *An update on adult development theory: New ways of thinking about life course. New Directions for Adult and Continuing Education,* (Winter) *84,* 19-27. San Francisco: Jossey-Bass.

Rix, S. E. (1999). *Update on the older worker: 1998 – employment gains continue.* Washington, DC: American Association of Retired Persons.

Rossiter, M. (1999). Understanding adult development as narrative. In M. C. Clark & R. S. Caffarella, *An update on adult development theory: New ways of thinking about life course. New Directions for Adult and Continuing Education,* (Winter) *84,* 77-87. San Francisco: Jossey-Bass.

Savickas, M. (1991). Improving career time perspective. In D. Brown & L. Brooks (Eds.), *Career Counseling Techniques* (pp. 236-249). Needham Heights, MA: Allyn & Bacon.

Schlossberg, N. K. (1984). *Counseling adults in transition.* New York: Springer.

Schlossberg, N. K. (1996). A model of worklife transitions. In R. Feller & G. R. Walz (Eds.), *Career Transitions in Turbulent Times.* Greensboro, NC: ERIC Counseling and Student Services Clearinghouse, University of North Carolina.

Spokane, A. R. (1991). *Career interventions.* Englewood Cliffs, NY: Prentice-Hall.

Stein, D. (2000). *The new meaning of retirement.* ERIC Digest 217. Columbus, OH: ERIC Clearinghouse on Adult, Career and Vocational Education, Ohio State University.

Super, D. E. (1990). A life-span, life-space approach to career development. In D. Brown & Brooks, L. (Eds.), *Career Choice and Development.* (2nd ed., pp. 197-261). San Francisco, CA: Jossey-Bass.

Uccello, C. E., & Mix, S. E. (1998). Washington, D.C. American Association of Retired Persons.

Weckerle, K. A., & Shultz, S. (1999). Influences on bridge employment decisions among older USA workers. *Journal of Occupational Psychology, 72,* 317-329.

第五篇

多元場合

第十六章
「組織式生涯」發展架構的擴展

紐西蘭 Massey 大學｜Kerr Inkson
Suffolk 大學｜Michael B. Arthur

商學院的研究人員及管理的實務工作者（例如：人力資源經理）對於生涯的看法，向來與教育心理學家以及生涯諮商輔導員有所不同。主要是起點的不同，傳統的心理學理論，無論是發展論（例如Super, 1957; Levinson et al., 1978）或特質論（例如 Holland, 1973），是以**個人的生涯行動**做為出發點，並以該人在生涯中的調適（adjustment）及滿意度（satisfaction），做為個人成功的衡量標準。在這觀點裡，生涯發展大都是個人的責任，並由有技巧的諮商輔導實務工作者來協助；相較之下，組織管理的研究者及實務工作者，則將就業組織的福利（welfare）和績效（performance）視為關鍵議題。如果以管理的觀點來看，生涯規劃及發展包含兩個主要的部分，就是：個人及組織。

而這並不意味著兩種觀點之間沒有交集，兩種觀點都認為個人與組織能夠和諧運作，創造雙贏。心理學的理論家及實務工作者發現：一個管理良好的組織有好的生涯發展歷程，對個人的生涯能做出有效且滿意的貢獻。管理的倡導者承認：以有條理的方式進行生涯發展，並做出良好抉擇者，組織能提供更多的貢獻。這兩組人都相信：當組織的服務績效良好時，人們可能會有持續的生涯滿意度，而這樣的績效往往是有效的生涯調適促成的。差異（difference）也是重點之一。

然而，生涯不再只具有（就算以前有）與本身有關的穩定性及可預測性。就業環境因為全球化、重整、外包、裁員、科技進步、臨時雇用，以及女性勞動力的增加，變動比以往更快。終身「職業」的意涵已因 Crites

（1969）及 Holland（1973）的理論發展，成為具轉變性且不穩定；而 Levinson 等人（1978）及其他人將生涯分成可預測的「季節」，也因為生涯主導者必須持續地重新塑造自己而被打亂。相對於近來「組織型社會」的出現（Presthus, 1978），傳統情況顯然受到威脅。但無論如何，這些改變都對傳統式（traditional）和組織式（organizational）的生涯發展觀點，構成了挑戰（Sullivan, 1999）。

本章我們要追溯：組織式生涯思考的演進及後續發展的修正；然後，我們會提出對組織間的生涯發展有建設性的替代方案；最後，我們提出一些與傳統及組織式思考者相關的，較新的生涯發展可能性。

一、傳統的「組織式生涯」思考

「組織式生涯」（organizational career）思考，自 19 世紀中葉出現以來，可分成四個階段。最初的階段是所謂的「組織要務」，與大型公家及民間組織在經濟生活上的主宰及影響力有關；第二個階段是有關「組織式生涯」理論的後續說明；下一階段是將組織思考納入有關人力資源管理的主流中；最後一個階段則是組織式生涯思考及其基本假定的式微。

組織要務

自古以來，公司很少因主動關心員工的工作及生活更滿意，而贊助員工生涯發展的。如果公司這麼做，是因為要建立一個更為敬業的勞動力，以更能滿足公司的需求。他們通常體認到，花在員工身上的訓練及發展費用可被視為一種投資，並且力圖藉此留住員工，以確保投資可以回收；也為了公司的績效，甚至操控員工的生涯決定，提供報酬，例如：就業的穩定、社交的計畫、升遷的願景、認同感，以及鼓勵長期甚至終身忠誠的福利。

傳統生涯安排的最佳寫照是：戰後日本製造業的「薪水族」（Ouchi, 1981）。這些員工通常終身服務於一家公司，接受工作穩定的明確保證，耐心等待依照年資的晉升，且將忠於集體組織視為生涯的主要原則，並且有效地將生涯的掌控權交由公司上級主管處理。在歐美，1945 年以後的大企業大都採取較為菁英的管理，但基本理念及實作是類似的，尤其是對白領階級的員工。這些企業的成功完全是依賴強烈的社會化實作以產生忠誠度，以及企業的中心系統以緊密的情感聯繫，來規劃員工的支持與發展。

忠誠導向的企業在 50 年代和 60 年代膾炙人口的著作中被描述著，卻也隱含著批判，尤其是 Whyte 的《組織人》（*The Organization Man,* 1956）和 Packard 的《金字塔攀爬者》（*The Pyramid Climbers,* 1964）。這些書描述著企業型組織生涯的發展，其特性在於強烈的倫理道德階級控制、個人對於組織規範的遵從，以及透過既得地位的生涯發展。這些著作在 Galbraith 的《新工業國家》（*The New Industrial State,* 1971）之前問世，而《新工業國家》一書指稱，大企業在成員的生涯規劃能力方面，有明顯高於小型企業的經濟優勢。

「組織式生涯」的觀點

「生涯」一詞，到了 1970 年代，才大量地出現在商學院的研究教材中。然而，此奠基於 1945 年後環境的擴張主義者，納入員工的激勵模式，此模式認定：「挑戰」、「成就」或「表彰」（recognition）（Herzberg, Mausner, & Snyderman, 1959），或更廣義的說，是「自尊」及「自我實現」（Maslow, 1970），都是有效的就業輔導核心。隨著「組織發展」的出現，這些都變成一種新的生涯興趣。而根據「組織發展」的模稜兩可指出：員工及其雇主的組織能力發展是可以創造雙贏的（French & Bell,1973），幾乎所有想法都一致認為：員工與組織之間的關係是長期、甚至是永久的。

有關員工激勵及組織發展的根源模式，留下有關工作及時間之間未解決的問題，若只沿著組織的階層步步高升，但無法結合員工自己未來成長的願景，該如何呢？人們在單一的環境下又如何能體驗多元的好處呢？

商學院想從雇用合約的兩端探討這些問題。這可從 1970 年代末期所出版的三本著作看出端倪：Hall 的《組織中的生涯》（*Careers in Organizations,* 1976）；Van Maanen 的《組織式生涯：一些新的觀點》（*Organizational Careers: Some New Perspectives,* 1977）；以及 Schein 的《生涯動態：

個人與組織需求的結合》（*Career Dynamics: Matching Individual and Organizational Needs,* 1978）。這些都強調「組織」，但與其他學術機構所強調的「職業」形成對比，顯示商學院在提升個人生涯上，以促進組織及達成個人目標做為手段。

新興起的組織式生涯思考之所以令人振奮，主要是擁護者希望能擴展傳統的「職業式」生涯理論。他們的想法在於，了解生涯——尤其是了解圍繞著個人認同核心的複雜人類抉擇及發展模式，如何與公司的經驗相互交錯，提供有關組織運作的既新且令人興奮的觀點。有了這種新的了解，組織可以管理得更好，使業主、主管及員工都互蒙其利。Schein（1978, pp. 6-12）舉例呼籲：主管採取「生涯發展的觀點」，能從「管理整個人」到「整合不同及專門資源的貢獻，因為這可使他們藉此了解人們，因為個人的生涯故事大不相同……」。他更進一步主張：主管應「擴大組織發展概念」，並且「促進對於組織氣氛或文化的了解及分析」。

因此，主管可利用源自於傳統心理學生涯理論的事實，使用組織資源及知道如何應用並發展出個人的生涯，而非只是將他（她）的短暫能量投入公司勤務中。再者，如 Hughes（1937）及其他來自芝加哥社會學院（Chicago School of Sociology）的學者發現，我們可將生涯視為社會現象的基本構成因素（Barley, 1989）。所以，Schein 及其他人視生涯歷程為廣義組織現象的核心，並提供一個潛在關鍵就是對組織系統及個人問題做有效的管理行動。

在公司的生涯體系裡，職業適性理論被發展來協助員工找到令人滿意的生涯。第一個步驟根據公司的標準選擇新進人員。之後，公司規劃職員的發展、派任晉升，並試圖使員工能在生涯的穩定狀態（plateau）下，繼續保有生產力，同時也記下生涯及生命各「階段」的參與，做為公司持續發展的依據。當觀察到生涯被認為是「成功」的人，往往在生涯的早期有重要的年長良師（mentors）陪伴（Kram, 1985），促使公司內部鼓勵良師指導制度。因此，「**雙生涯階梯**」（dual career ladder）（Dalton & Thompson, 1986），甚至是具有多個不同大小階梯的「立體方格架」（jungle gyms）（Gunz, 1989），並非完全都是垂直的，其實可善加利用組織階層，並容納各種不同員工的偏好來規劃。

納入人力資源管理

Schein（1978, p. 191）提供早期的「人力資源規劃及發展系統」（human resource planning and development system）模式，當前的文獻仍加以引用（Greenhaus et al., 2000, p. 403）。Schein 模式與組織活動，例如：人力資源規劃及勞動力評估與個人活動，及自我評估與個人生涯規劃都有所交集，透過一系列的「適配歷程」（matching processes）——績效評估、能力辨識、共同協調等發展計畫，就可達到適當的合作關係，同時納入個人及組織需求，以互蒙其利。

主流的人力資源管理納入 Schein 的觀點，承認個人對於自我生涯管理所擁有的興趣，同時「**人力資源**」（human resources, HR）一詞，將公司定位為管理相關的參與者也是受益人。Heneman 等人（1989）的觀點，就代表了這種取向：

> 個人的組織式生涯期間及模式，係由組織內部的人事決策所塑造。這些決策決定了所提供（或未提供）生涯機會的性質。但人們對於自己的生涯可做更多的表達，一部分是透過他們為了異動及升遷，所採取或創造的生涯機會；另一部分則透過他們對於所出現不同機會的反應（p. 403）。

Heneman 等人（1989）指出：從典型的人力資源管理觀點來看，「當一個人受雇於」雇主時，「他（她）的生涯就開始了」。他們看到的是「系統化地規劃員工生涯以及協助生涯的異動及調適……所做的全方位努力（comprehensive effort）」，這些對公司真的有好處。好處包括：更容易吸收到好的員工、降低不想要的異動、透過工作媒合達到更高的績效，以及對少數族群有更好的結果。雖然，生涯規劃被視為個人的責任，但是「組織能幫忙的地方還是很多」。

Heneman 等人（1989）提供了一個保險公司員工，從不同的事務性工作，晉升到「助理行政督導」職位的「組織架構圖」範例。顯然，從這樣的觀點，生涯規劃的潛在用途會侷限於穩定的組織，且是有著冗長的組織階層，在那裡員工被鼓勵留下來，且歷史悠久的生涯進展類型持續有效。但時至今日，其實我們很容易質疑以上的例子中所描述這樣的職位和階層，到底能存在多久。

上述類型的接續規劃及正式計畫管理，如：訓練及發展等人力資源管理活動、績效評估，以及升遷，都提供管理者對員工生涯行使著可觀的影響力。其中牽涉的理念反應在用詞的轉變上，從「人」（people）轉變到「員工」（employees）到「人員」（personnel）到「人力資源」。然而，「人力資源」一詞去除了人格化（depersonalize）。《簡明牛津字典》中，「資源」（resource）意指「可取用的存貨或用品」。它被用於組織管理的脈絡裡，顯示人只是公司存貨（company stock）的一部分，可為了組織的目的加以取用和開發。在這樣的脈絡中，生涯發展應該是員工的長期發展（或有時候是不發展，當符合公司的利益時），而此發展是以達到公司目標為首要意圖。所以，Schein「管理整個人」（managing the whole person）的理想，似乎遇到了危機。

組織式生涯的終結

自 1980 年代中期以來，這種在單一友善的企業環境內安逸自在的生涯觀點，相對地已受到衝擊。在許多國家，企業的風貌因為裁員（減少員額）、扁平化（減少層級的數目）、外包（將先前由公司內部員工所做的工作，交給有競爭力的承包商），以及臨時雇用（透過臨時協助的介紹所）而改變。同時，全球化已改變了國際的就業模式，資訊科技取代了傳統的技能，且需要新的技能，強調新的「多元技能」和團隊合作，已去除了傳統對於工作、職業、專業的界線，女性勞動力的引進也需要新的更有彈性工作模式的員工。

組織重整的效應，增加了非自願遣散及公司內部的異動狀況，打破勞動力的穩定，以及嚴重威脅組織式生涯的持續存在（Hall, 1996）。此外，許多員工在過去對雇主的忠誠度，在許多情況下已經終止，而新一代的雇用關係，特性在於「交易性」（transactional），而非「關係性」（relational）的**心理契約**（psychological contracts）（Rousseau, 1995）。

公司重整的影響力，有些被認為是短暫的（Hammer & Champy, 1993）。當重整一旦達成時，公司再度處於較為穩定的狀態；然而，其他的因素卻可能被視為持久的，如：「**彈性專職**」（flexible specialization）的促成，被認為是組織健康所必需的，以及適應公司與公司之間往來的網際網絡出現，以因應大型企業的實力及產業領導地位的挑戰。

這種對於組織式生涯思考的新挑戰，以 1980 年代矽谷的發展為最佳寫照（例如 Rogers & Larsen, 1984; Delbecq & Weiss, 1988）。對某些觀察者而言，這個在聖荷西（San Jose）及史丹佛大學周圍興盛的高科技區域，不只是一個擁有像惠普（HP）等成功企業的區域，也被認為是產業組織的成功替代模式，參與在這工業區或群集中的公司及員工都是很傑出的。矽谷員工大多是半導體產業專家，在不斷學習新事物為基礎的生涯裡，顯示在雇主及計畫之間的高度異動性（Saxenian, 1996）。矽谷的雇主面臨如此高度的異動性（mobility），及需要不斷研發新專案的員工，不只是要了解他們的生涯，更要了解員工們整個「人力資源」的情況，此範例容後再談。

1980 年代是組織式生涯理論的動盪年代，始於一部具巨大影響力的著作：《追求卓越》（*In Search of Excellence*）（Peters & Waterman, 1982, p. 77），書中主張人們「須掌握自己的命運」，使組織不得不提供就業的穩定性。就在全世界聽到這項訊息後不久，《追求卓越》一書的作者就推翻自己的看法，他倡導大型製造廠商優於小型、較能適應改變的公司，是「極大的錯誤」（Peters, 1987）。在另一個重大的轉變中，策略管理大師 Michael Porter 從單一企業「競爭優勢」的思維（Porter, 1985），轉向「國家競爭優勢」（Porter, 1990）以及工業區相互倚賴的公司。管理大師 Peter Drucker，他在 1954 年的經典著作《彼得．杜拉克的管理聖經》（*The Practice of Management*）中堅持，公司有必要為員工的福利負責；四十年後，Drucker（1994）主動表示：他認為公司負擔這樣的責任是不實際且是不道德的。這些都顯示出對傳統管理以「組織」為焦點，及以組織式生涯為主面對的挑戰。

二、組織式生涯思考的修正

對於傳統的組織式生涯思考，以及相關的人力資源系統，我們到底能做什麼？是加以調整或補強以利融入新的情勢？最近的管理文獻提出四種重疊的反應：⑴有關肯定組織「核心能力」；⑵擴大輔導以透過組織式生涯發展計畫發揮管理上的影響力；⑶發展新的生涯模式，以及⑷提供符合員工新學習機會的義務。

肯定「核心能力」

第一個反應是穩住以公司為中心的立場，這是 Michael Porter 在 1980 年代末期的卸職建言。當時 Hamel 和 Prahalad（1989, p. 66）也感嘆，在「矽谷」的創新取向是：「高級主管的唯一角色，就是重整自己企業的策略，讓企業從谷底成功浮現。」相較之下，這些作者都認為：高級主管可藉由「策略性意圖」（strategic intent），培養追求該意圖的「核心能力」來重塑自己的公司（Hamel & Prahalad, 1994）。這樣的創舉強調了：公司主要職員的知識與技能成長的重要性，而獲得發展及運用適當人才的能力，被認為是競爭優勢的主要資源。與先前強調公司對外的營業狀況，例如：市場機會及競爭的經營策略取向有所不同，新的取向公司採取「公司資源式觀點」（resource-based view of the firm）（Wright, McMahan, & McWilliams, 1994），並認為整個勞動力才是關鍵。

就長期而言，這些核心能力是可被塑造及增加的，代表公司員工所經歷的發展。焦點在於：這是「公司特有，深植公司歷史及文化……及（產生）……組織型知識」的能力（Lado & Wilson, 1994, p. 699）。就生涯而言，組織最明顯的優勢是：在組織型生涯中，培養及灌輸員工對公司忠誠度及想要的能力，能配合公司需求改變而改變。在此場景中，生涯再度被定位為：符合組織目標的結果，即使這些目標被認為比以往更具動態性。近來呼籲培養「個別化組織」（individualized organization）（Bartlett & Ghoshal, 1999），推測仍與個別化議題的集體成功有關。

擴大生涯發展的介入

對於此新情勢的第二種反應是：擴大公司輔導個人生涯發展。近年來的就業市場動盪，已使組織裡的生涯管理討論朝各種「小菜」，而非固定的「主菜」發展，盡可能包含傳統的「組織式生涯」思考，但也加以修改，以反映就業動盪的經驗。當前的取向顯示，各種組織式的「介入」可由公司提供，做為既可選擇亦可當作必要要素的人力資源管理，這些通常是免費或有補助的。Arnold（1997）提出了一份列有最受歡迎項目的組織式生涯發展表（表 16-1）。

這些介入方式大體上由下列各項構成：

1. 有關組織及組織內的生涯機會；
2. 提供自願性計畫讓參與者能應用有結構的方式，來思考自己的生涯；
3. 與善於輔助生涯發展技巧的人接觸；
4. 在職及卸職者的發展機會。

表 16-1 組織裡的生涯管理介入

內部職缺通知：組織裡可提供應徵的工作，通常在對外廣告之前，會有一些詳細資料，如：詳細的職缺偏好經驗、資格，以及工作說明。

生涯路徑：有關一個人在組織內可從事的工作序列及可培養的能力，包括在組織內能升遷到多高職位的任何路徑，以及可進行的跨部門的職務種類調動，以及依循不同路徑所需的技能／經驗。

生涯札記簿：包括用以導引員工決定自己的優勢及劣勢，找出工作及生涯機會，以及找出達成目標的必要步驟。

生涯規劃工作坊：包含某些與札記簿相同的內容，但提供更多討論的機會、他人的意見回饋、有關特定組織的機會及政策的資訊，可以包括心理測驗。

電腦輔助之生涯管理：有不同的成套內容，可協助員工評估自己的技能、興趣及價值觀，並將這些內容轉換為員工工作的選項，這些選項有時可針對特定的組織量身訂做。一些針對人事及人力規劃的成套內容，也包括某些與生涯相關的設施。

表 16-1（續）

個別諮詢：可由組織內外的專家們，或接受過訓練的部門經理來進行。可以包含心理測驗。

教育及訓練的機會：提供組織內外課程之相關資訊及財務支援，這些機會可使員工更新、重新訓練或加深某個領域的知識。為了配合生涯投入順序的觀念，在此脈絡中的訓練，並非只是為了改善員工當前的工作績效表現。

個人發展計畫（personal development plans, PDPs）：這些計畫通常源自評估程序及其他來源，例如：發展中心，PDP 說明了一個人的技能及知識，可如何適當地發展，以及這種發展如何在某個時間內發生。

生涯行動中心：例如文獻、錄影帶和光碟，以及更多個人的協助，例如：可提供給員工的生涯諮商。

發展中心：和評估中心一樣，參與者根據自己的績效表現，在若干練習及測驗中被評估。然而，發展中心比較是將重點放在找出個人的優勢、劣勢和風格，以做為個人發展評估的依據。

良師計畫：讓員工與更資深員工在一起。資深員工可擔任督導者，甚至是倡導者、保護者及諮商輔導者。

繼任規劃：找出未來可居於要職的人，讓他們有適當的準備經驗。

工作派任／輪調：要習慣於工作任務，幫助個人在未來被雇用的能力，且組織可因員工的適應能力而獲益。

離職安置：可能涉及上述幾種介入，其目的在於支援即將離開組織的人，釐清及執行自己的未來計畫。

若要詳細評論這些技巧的影響範圍及效果，恐會超出本文的範圍。然而，任何組織生涯創舉的核心挑戰，似乎都很清楚，就是有效地將組織外在的經濟與科技發展速度轉換成建構組織內在的實踐。

相同的挑戰也適用於個人的層面。在這個層面上，當前的商學院觀點仍指出傳統的智慧，有一種「理想的生涯目標」（desired career goal）（Greenhaus, Callanan, & Godschalk, 2000, p. 25），即個人的生涯管理包含「問題解決、做決策的歷程」。然而，諸如新的教育機會、新科技、新產業，以及資訊的地理位置和距離障礙的消失等因素，對今日員工而言，產生了新的及變動的挑戰。這些挑戰使得生涯問題更難界定，決策變得更複雜，且幾乎無法描述固定的目標。或許，在個人層面上，更具彈性的生涯管理（career management）概念是必要的。

發展新的生涯模式

第三種反應是發展新的生涯模式，以挑戰傳統的智慧。例如 Kanter（1989）預測：基於組織內地位取得的「官僚」（bureaucratic）生涯模式，最終會式微，同時組織內或組織間「附加價值」的「企業」（entrepreneurial）生涯模式會因而興起。另一種反應——由《追求卓越》的另一位作者所引領——主要是鼓勵組織促進員工的「**生涯復原力**」（career resilience），並肯定員工在組織間生涯抱負的正當合法性（Waterman, Waterman, & Collard, 1994）。

另一種回應就是「**無界限生涯**」（boundaryless career）的形成（Arthur & Rousseau, 1996），提供**替代性生涯理論**（alternative career theory），主要是考量到新的經濟環境，特別是對於雇用公司忠誠度的喪失（Altman & Post, 1996），在組織間生涯變換的增多（Nicholson & West, 1988），另外新一代「知性」（knowledge）員工更彈性的生涯行為（Lee & Maurer, 1997），以及認知到廣泛網絡的成長，做為生涯發展的手段（Burt, 1997）。「無界限生涯」是組織內外部界限消解及滲透的結果也是原因。「無界限生涯」因為人們願意跨越不同工作、職業、組織及產業間界限的意願而實現。不同於「組織式生涯」，強調階層的移動及與公司相關技能的培養，也有別於「職業式生涯」，將重點放在狹窄的專業或商業能力範圍中持續專精，「無界限生涯」的行動者尋求更廣大範圍所帶來的生涯發展機會。

深具影響力的組織理論家 Karl Weick（1996），將「制定」（enactment）的原則用於生涯發展，更將此論點進一步延伸。在傳統組織理論中，組織被認為是：不斷受制於經濟環境中的力量。「制定」理論認為：組織制定自己，且藉此展現自己所處環境的一部分。Weick 的想法將相同的原則應用於個人上，認為個人生涯是在廣泛組織力量下宿命的結果，轉變為去了解個人藉由自己的生涯行為，制定自己的工作組織。所以，一個組織被視為影響個人複雜交錯生涯系統的產物，也是傳統產業思考下的良性反轉。

學習的義務

對於新情境的第四種反應：是讓公司體認到他們有社會責任，提供員工廣泛且超越傳統組織課程的學習機會。組織式生涯思考的行動者提出一個主要問題是：組織對於培養員工新的學習及技能所施加的限制壓力；與新經濟環境下，提供員工廣泛學習需求之間的差異。在此差異下，個人的成功勝於靠升遷，而成為判斷生涯的標準（Zabusky & Barley, 1996），而且個人的就業能力勝於就業，才是關鍵所在（Kanter, 1989）。能保有就業能力的人是具有廣泛學習能力的人，是能在不同環境中來回學習，以及在任何新情境下彈性快速學習的人。任何單一組織所能提供的學習環境在內容及數量，都有其限制，因此，為了保有這些「精明」（savvy）員工的忠誠度，卻將這些限制放在組織中，其實對整個組織發展是極不利的。

Waterman、Waterman 和 Collard（1994），Parker 和 Inkson（1999）及其他人主張：為了顧及新學習導向型的員工，組織必須將自己視為提供學習機會，而非僅提供就業機會。傳統實務包括：將個人生涯進展限制在公司內的異動，鼓勵專精，以及只支持員工展現與組織的需求直接相關的員工發展。這樣可能是反生產（counter-productive）的，因為他們向員工傳達訊息是：公司對他們的生涯不感興趣。如此會產生一種新的效忠義務，就長遠來看，大多數員工還是會另謀高就的，組織必須接受這一點。然而，就中、短期而言，他們可能被鼓勵留在組織裡，例如：新的專案機會、正式的發展支援，以及生涯研討及良師指導，這些都顯示組織對於他們生涯需求的關心。但矛盾的是，公開的支持及認知到員工潛在的異動，也可能是強化員工對組織效忠義務的第一步。

然而，個人的效忠義務正在改變。他們越來越將效忠義務視為是自己的發展和表現：對於特定專案，尤其是有好的學習機會的專案；對於能接受挑戰的改變中之團隊；以及讓他們能在產業中的不同環境獲得專業經驗與能力。富想像力且有創意的組織可一直設法因應，以善用這些新的效忠義務，例如：重視短期付出的優異表現，而非工作的長久持續；鼓勵專案的籌辦；確保優秀但會異動的人，能在離職前將自己所學傳承下來並體制化；以及成為產業界勞動市場中，積極正面且不會有防衛心態的貢獻者。

再回到矽谷的例子，這個地區的公司比起保守的波士頓園區（Route 128，那裡的公司仍試圖採用傳統組織式人力資源及生涯管理系統）的公司，似乎在發展上更有競爭優勢（Saxenian, 1996）。矽谷的創業型公司，了解自己的競爭優勢並不只是目前的勞動資源，而是在於整個地區的資源，以及他們善用的組織間學習及生涯異動的常態。在快速變動情況下，**組織型學習**（organization learning）是必要的，但組織型學習可能在最後不如**區域型學習**（regional learning）或（半導體）**產業學習**（industry learning）的重要。Porter（1990）對於全國競爭優勢公司的調查發現：各地都有類似矽谷區域性公司群集，所以區域特有的學習，勝於公司特有的技能及生涯學習。

三、處理組織間的生涯變換

組織想投資在人的生涯上，人們也想投資在成功的組織上，但任何一方均無法認定：彼此的雇用關係將永久持續，我們將如何處理這個短暫卻又為雙方帶來長期利益的關係？組織的生涯發展，就組織目的而言，即使人們不斷變換新的工作，組織間的生涯發展能因此使員工個人獲利嗎？或是這些好處能使雇用的組織獲益？

本章的最後，將說明面對這些問題的處理方式。之後的內容帶有些自傳味道且可能顯得偏袒一方，反映出我們要合理說明新的生涯安排。目的在於分享個人—組織間更為真誠透明的模式。這個方式需要他們彼此來促成新的可能性，即個人與組織間仍然需要彼此互助。

三個「知道的方式」

1990 年代初期，不只是生涯異動的認知改變（Arthur, 1994），這樣的異動一直是組織式生涯的特徵，雖然只有某種程度上的改變（Nicholson & West, 1988; Inkson, 1995）。再者，有相當大比例的雇用關係改變，是在自願的情況下進行。一些組織看到了從外部雇用新成員帶來生涯經驗的好處，同時，新成員也看到自己將生涯經驗帶到新組織的好處。這些觀察挑戰了組織式生涯理論溫暖自在的假設（cozy assumption），並且帶來新的工作取向。

一個差異點是之前已提過的「核心能力」相關研究的出現。然而，與其問：什麼是一個組織所特有的？我們不妨問：什麼是組織間所「共通」的。核心能力可分成三個重疊的領域，包括：

- 公司的**文化**——其使命、價值觀、信念及策略性目的。
- 公司的**技術**（know-how）——其所累積的技能、專業，及特殊能力的領域。
- 公司的**關係網絡**——與供應商、顧客、其他公司及其他人的關係（Hall, 1992）。

生涯的行動者有機會將生涯上的投資與組織的核心能力結合，但重點在於可轉移的投資，而非公司特定的投資。這樣的想法提供了一個有助於了解超越組織的生涯動態架構，而非單一組織內環境的動態。

DeFillippi 和 Arthur（1996）想出與組織核心能力相對應的三種個人能力的類型：

- **知道為何**（knowing-why）（與公司的文化對應）：個人帶給工作的，不斷改變的精力、價值觀、興趣、動機及個人情況和目標。
- **知道如何**（knowing-how）（與公司的生產技術對應）：個人的生涯及生活經驗所累積而產生的能力、資格、技能及專業。
- **知道是誰**（knowing-whom）（與公司的關係網絡對應）：個人在雇

用公司內外所發展出的聲譽及人脈。

最初，我們稱呼這三種知道為「生涯能力」，使它們能與公司的能力架構適配。如今，我們強調可轉移的技能，使我們的觀念有別於使用類似語言的觀點，即與「工作能力」和「管理能力」有關的觀點。這些觀點不只傾向專注於公司特有的能力，也強調「知道如何」高於「知道為何」及「知道是誰」。在近來的著作中（Arthur, Inkson, & Pringle, 1999; Inkson & Arthur, 2001），說明了三種知道的方法，做為累積和投資生涯資本的儲存庫，更進一步強調的不僅是三個知道方法的重要性，也可能伴隨著生涯進展，以彼此互動和激發的方式進行著。

範例：取得海外經驗

為了說明上述的架構，我們提出近來有關公司贊助「海外派任」（expatriate assignments）與個人追求「海外經驗」（overseas experience）之間的差異比較相關研究。在 1997 年的報告中指出：商業研究中多所著墨的海外工作現象，都被認為是「海外派任」——將企業員工派往海外擔任短暫的海外職務及專案計畫的組織實務經驗（Inkson, Arthur, Pringle, & Barry, 1997）。然而，紐澳人士很熟悉的一種替代性的觀念，就是將這樣的工作視為「海外經驗」，這些用語是針對自願前往其他國家旅行並居住的人而言的。

在海外派任的研究及實務中，生涯被認為是組織式的生涯，屬於公司的財產，也是人力資源管理的一個層面。但資料顯示：帶著明確的公司職務說明（組織式生涯異動），將一個人送往預定的海外職位，比起年輕人自發性地前往海外見識這個世界，並同時蒐集新的生涯經驗（無界限生涯移動），前者較不普遍且獲益也較少。

而方向廣泛、臨時起意、「自助式」（do-it-yourself）旅行的工作條件，是 21 世紀模稜兩可、工作世界複雜的最佳寫照。雖然年輕人可能將旅行視為一種個人及文化刺激與充實的形式，但卻可能提供一種重要的生涯發展活動。「知道為何」——對於跨越國界的旅行——必然會在旅行者所從事新的跨文化生涯經驗中，輔助「知道如何」的技能發展，以及「知道是誰」的海外友人及旅行同行者的人脈也會增進。因此，自我決定的旅行可使旅行者在返回工作崗位時增加「知道為何」、「知道如何」及「知道是誰」的實力累積，回國後重新投資在他們所服務的公司、產業及社會裡，繼續有所貢獻。

海外旅行的範例，顯示傳統式組織觀點是如何限制著個人、產業及社會福祉的潛在貢獻者的生涯覺知，我們相信，這樣的觀點也阻礙了組織發展。例如組織對於在海外旅行的取向上，重點放在操控人的創舉（典型的

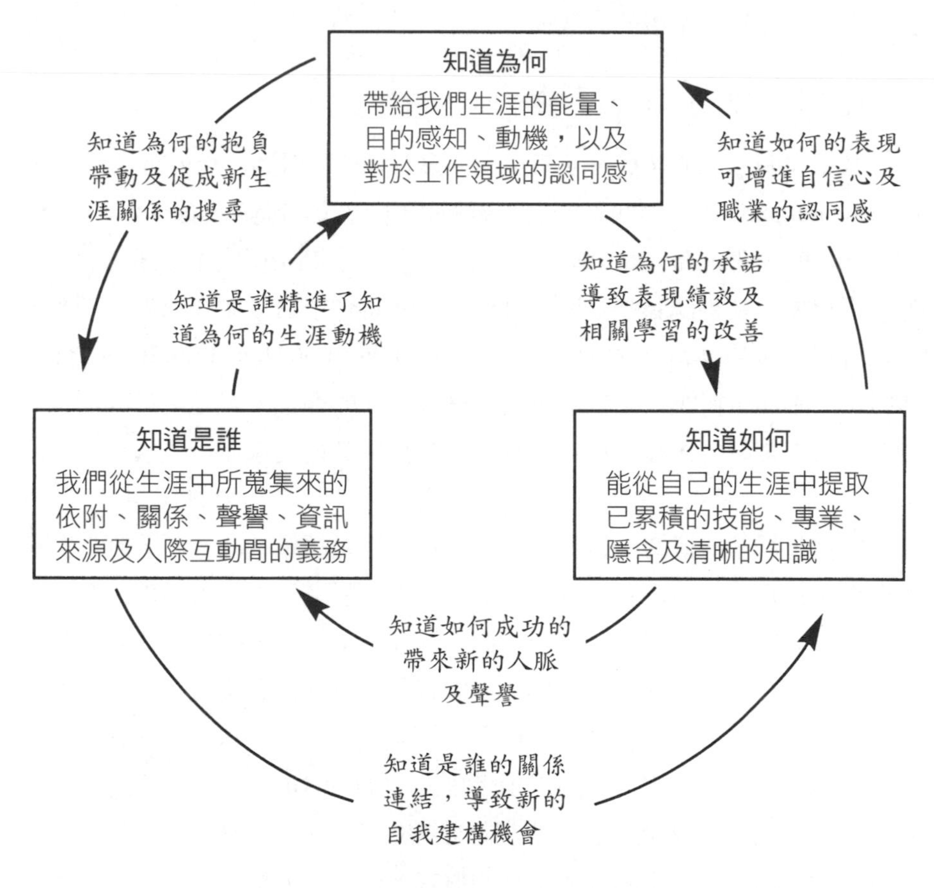

圖 16-1　三種知道的方式以及生涯資本的累積

資料來源：Inkson and Arthur, 2001, used with permission.

是透過「策略性的人力資源管理」），而非善用自發性旅行者從事自我激發的相關生涯學習。相較之下，有些公司確實認同 Weick 的觀點：體認到來自個人的生涯經驗可能帶來的貢獻。例如，一家著名的紐西蘭律師事務所對優秀但渴望旅行的求職者說：「你現在有份工作，十年後再回來，告訴我們你會怎麼做。」

投資「生涯資本」

自我導向（self-directed）的海外旅行，只是新世紀多種生涯實務中的一種。這些實務一般被認為：個人的風格價值高於遵守傳統慣例，且間斷比持續更重要，臨時起意優於做好規劃，在我們的著作《新生涯》（*The New Careers*）裡有詳細的說明（Arthur, Inkson, & Pringle, 1999）。許多生涯行動者設計了自己的學習歷程，而非遵循組織、學校或工作上的課程，他們雖低薪但相信學習將高過所得，他們自願從事工作困難、但可累積很多生涯經驗的「艱辛」專案。他們從廣泛情境中選擇自己要的良師，而非接受組織所指定的良師。他們一再重複生涯的「探索」階段，而不止步於老舊理論所建議的 30 歲以前，且在一生中持續增加自己的生涯選擇。當他們的學習受限於情勢時，他們會懇求新的學習機會，否則就離開公司尋找更好的機會。

生涯經驗會提供新的生涯資本（Ikson & Arthur, 2001）。在任何時間，生涯的投資者從不同的投資機會中選擇——教育課程、工作、公司、職業、產業、個人興趣，甚至是家庭活動，累積自己的生涯資本。過去的生涯理論及諮商都鼓勵人們對「安穩」的職業、專業或公司做出重大的投資。但對於能做出良好選擇且能監控自己學習結果的人，仍舊可以在這些傳統的方法中增長自己生涯資本的投資。

但有些人可能選擇不把所有可用的資源，投入某個特定產業中的單一公司（或狹窄、將被淘汰的職業）裡，因為學到的東西不容易在別處運用。他們感受到：培養組織式生涯，就是個人過度暴露在小型的市場裡，而能夠遊走於不同的公司、產業或工作類型之間的生涯，更能分散風險，也是一種更快取得資產的手段。

如同所有市場模式一樣，「生涯資本主義」一定會發生中斷的現象，會有循環性的高潮和低潮。在產業興旺的時候，生涯資本可能會膨脹到認知中的價值，使投資者尋求自己更好的回報，因受到鼓勵而遊走於公司內或公司外；但在景氣蕭條的時期，情勢可能迫使他們採取比較保守的作法，他們可能滿足於在當前的公司裡擔任某職位，否則他們可能會被換掉，更難以找到合適的機會，以取代他們已耗損的生涯資本。

無界限生涯及生涯資本投入的機會，並未帶給所有人正面的結果。這些人很難適應新的安排，尤其是已經在傳統生涯中做出很大投資的人（Hirsch & Shanley, 1996）、較年長的員工追求生涯穩定而非動盪的（Carson & Carson, 1997），以及在某種程度上被傳統方式保護的低技能員工。至於性別方面，情況並不明確，但有人指出：女性在較為彈性的生涯期待，可使她們在較新的組織型態中能更有效地工作（Fletcher, 1996）。

移動性的個人投資於公司，而非公司投資於不動的個人，這個概念改變了心理學的情境。它反映且強化了生涯發展的責任轉換，從公司投資在個人身上轉移到個人投資在公司身上。個人將從有別於公司的觀點，來評估公司所提供的生涯發展機會。各種自我發展策略生涯產生的結果，是不同於傳統組織式生涯倡導者所建議的組織式升遷法（Inkson, 2000）。

專案式學習

等待員工加入公司並帶來生涯資本的組織管理人提出一個新問題：在這個生涯新秩序中，他們扮演何種角色？如先前所指，在短暫而非永久工作裡，一個重要的答案是提出好的計畫方案，並好好使用這些計畫方案。

來自獨立製片產業、矽谷及其他地方的證據顯示：在某些產業中（可能為數越來越多），專案（project）可能比永久公司更重要。例如：獨立製片提供一個健康的產業，卻無永久性公司的存在，這種說法並不誇張。影片根據一個專案製作，而當完成時，專案及製片公司就解散了。工作人員是因為經驗及產業的支持而感到充實，而繼續邁向新的挑戰（Jones, 1996; DeFillippi & Arthur, 1998），矽谷專案就是同樣的情況。

理想中典型矽谷員工就是完成了專案職責之後，繼續在新的專案及產業區發揮先前專案所學到的東西。此外，這種行為並不會被認為是不忠誠。忠誠是用在專案上的，而整個產業會對還沒完成工作就跳槽的人很嚴苛（Saxenian, 1996）。顯然，全世界朝向更彈性且短暫的公司及專案架構、合作式的產業區，並外包給小型特定領域公司及約聘員工，如此將使電影產業及矽谷所發生的情況越來越常見。

專案在傳統上被認為是效率的挑戰——要準時完成專案、預算不能超過，並且要有預期中的產品或服務結果。在知識社會中，專案對個人及組織而言，是為重要的學習機會。對個人而言，專案提供了一個可投資及增進生涯資本的獨特機會，專案及專案的參與夥伴，則提供了更進一步累積知道為何、知道如何，以及知道是誰的生涯資本蓄積。在理想的情況下，專案團隊成為一種暫時的「實作社群」（community of practice）（參照 Arthur, DeFillippi, & Lindsay, 2001），當專案展開時，彼此投資在對方的學習上，且關係往往在專案結束後仍存在。因此，個人帶動以專案為基礎的生涯似乎是「生涯資本」的直接擴展。

專案也代表組織快速學習的可能，有越來越多的移動式專案的專業人士。隨著長期效忠的組織「核心」式微，「周邊」的短期顧問、承包者以及臨時員工增加，越來越多人必須以「專案」或「機會」，而非「工作」來構築自己的生涯。Inkson 等人（2000）證明這類員工（至少是有專業技能的人）的生涯，通常是以明確的個人學習理念為依據。獨立的專案承包者可能會是「21 世紀員工的典型」（Inkson et al., 2001, p. 259）。對組織而言，員工在組織裡所學到的東西而帶走的，可由他們所帶來的各種學習和彈性，以及在組織學習的發展過程中納入他們新的知道為何、知道如何，及知道是誰，而得到彌補（Tsui et al., 1997）。為了能從新的情勢中得到利益，組織必須以新的方式看待——不把自己視為專業技能人才的掌控者，而是開放合作行為的創始者（progenitors）（Miles & Snow, 1996）。

四、結論

Hall（1976）有關組織生涯的早期著作，一開始就告訴個人生涯行動者（career actor）：

> 假如你不在意你的去向，你所服務的組織將會非常樂於為你決定動向；所以擁有個人的計畫和目標，是減少組織掌控你生命管理的重要方法（Hall, 1976, pp. 179-180）。

四分之一個世紀後，我們仍同意這種說法，但要加上補充：在新時代，要在新的環境中擁有「穩固」（firm）的計畫和目標可能太難，或甚至是不適當的。重點不應放在計畫上，而在個人主動的行為，關鍵可能是要保持適應性，並透過堅持、自我導向的學習來掌握自己的命運。在日漸變動的生涯世界裡，不要將組織式生涯機制，視為是在安穩的企業架構中所提供的安全路徑與進程的「一次辦妥職業介紹所」（one-stop-career-shops）；而應視為個人生涯的主導者，在自我選擇的生涯發展上持續獲益。

組織試圖操控個人所有或部分的生涯，以確保競爭優勢及未來人員的安排是不可避免的。然而，這對所有人可能會有潛在負面的結果，個人可能會發展出狹窄的生涯焦點或過度依賴組織。同時，組織、專業、產業或整個社會可能會錯失這種跨疆界的跨公司所貢獻的學習。我們也看到組織如何透過贊助學習活動，並從這種跨公司的貢獻獲利，更包括專案學習，這些對於產業及專案參與者的生涯都是有益的。

在新環境中，組織需要變動性的個人及自主的事業精神、個人在多元工作機會中所得到的經驗及技能，以及他們為公司帶來的人脈和關係。個人需要有更大目標的覺知、實踐、創新和自我發展機會，以及組織所帶來新的接觸機會。公司與個人都須將專案視為學習的片段（learning episodes）。然而，當公司減少掌控個人生涯機會時，那麼公司與個人的生涯合作機會也就會更好。

參考文獻

Altman, B. W., & Post, J. E. (1996). Beyond the social contract: an analysis of the executive view at twenty-five larger organizations. In D. T. Hall (Ed.) *The Career is Dead: Long Live the Career.* San Francisco: Jossey-Bass.

Arnold, J. M. (1997). *Managing Careers into the Twenty-First Century.* London: Paul Chapman.

Arthur, M. B. (1994). The boundaryless career: A new perspective for organizational inquiry. *Journal of Organizational Behavior, 15,* 295-306.

Arthur, M. B., DeFillippi, R. J., & Lindsay, V. (2001). Careers, communities and industry evolution: Links to complexity theory. *International Journal of Innovation Management, 5*(2), 239-255.

Arthur, M. B., Inkson, K., & Pringle, J. K. (1999). *The New Careers: Individual Action and Economic Change.* London: Sage.

Arthur, M. B., & Rousseau, D. M. (Eds.). (1996). *The Boundaryless Career: A New Employment Principle for a New Organizational Era.* New York: Oxford.

Barley, S. R. (1989). Careers, identities, and institutions: the legacy of the Chicago School of Sociology. In M. B. Arthur, D. T. Hall, & B. S. Lawrence (Eds.), *Handbook of Career Theory* (pp. 41-65). Cambridge: Cambridge University Press.

Bartlett, C. A., & Ghoshal, S. (1999). *The Individualized Corporation.* New York: HarperBusiness.

Burt, R. S. (1997). The contingency value of social capital. *Administrative Science Quarterly, 42,* 339-365.

Carson, K. D., & Carson, P. P. (1997). Career entrenchment: a quiet march toward occupational death? *Academy of Management Executive, 11,* 62-75.

Crites, J. O. (1969). *Vocational Psychology.* New York: McGraw-Hill.

Dalton, G., & Thompson, P. (1986). *Novations: Strategies for Career Development.* Glenview, IL: Scott Foresman.

DeFillippi, R. J., & Arthur, M. B. (1996). The boundaryless career: a competency-based perspective. In M. B. Arthur & D. M. Rousseau (Eds.), *The Boundaryless Career: A New Employment Principle for a New Organizational Era* (pp. 116-131). New York: Oxford.

DeFillippi, R. J., & Arthur, M. B. (1998). Paradox in project-based enterprise: The case of film-making. *California Management Review, 40*(2), 125-139.

Delbecq, A., & Weiss, J. (1988). The business culture of Silicon Valley: Is it a model for the future. In J. Weiss (Ed.), *Regional Cultures, Managerial Behavior and Entrepreneurship.* New York: Quorum.

Drucker, P. F. (1954). *The Practice of Management.* New York: Harper & Row.

Drucker, P. F. (1994, November). The age of social transformation. *The Atlantic Monthly,* 53-80.

Fletcher, J. K. (1996). A relational approach to the protean worker. In D. T. Hall & Associates (Eds.), *The Career is Dead: Long Live the Career* (pp. 105-131). San Francisco: Jossey-Bass.

French, W. L., & Bell, C. H. (1973). *Organizational Development.* Englewood Cliffs, NJ: Prentice-Hall.

Galbraith, J. K. (1971). *The New Industrial State* (2nd ed.). Boston: Houghton Mifflin.

Greenhaus, J. H., Callanan, G. A., & Godschalk, V. M. (2000). *Career Management* (3rd ed.). Fort Worth: Dryden Press.

Gunz, H. P. (1989). *Careers and Corporate Cultures: Managerial Mobility in Large Corporations.* Oxford: Basil Blackwell.

Hall, D. T. (1976). *Careers in Organizations.* Pacific Pallisades, CA: Goodyear.

Hall, D. T. (1996). *The Career is Dead: Long Live the Career.* San Francisco: Jossey-Bass.

Hall, R. (1992). The strategic analysis of intangible resources. *Strategic Management Journal, 13,* 135-44.

Hamel, G., & Prahalad, C. K. (1989). Strategic intent. *Harvard Business Review,* 67(3), 63-76.

Hamel, G., & Prahalad, C. K. (1994) *Competing for the Future.* Boston, MA: Harvard.

Hammer, M., & Champy, J. (1993). *Re-engineering the Corporation: A Manifesto for Business Revolution.* New York: Harper Business.

Heneman, H. G., Schwab, D. P., Fossum, J. A., & Dyer, L. D. (1989). *Personnel/Human Resource Management* (4th ed.). Homewood, IL: Irwin.

Herzberg, F., Mausner, B., & Snyderman, B. (1959). *The Motivation to Work.* New York: Wiley.

Hirsch, P. M., & Shanley, M. (1996). The rhetoric of boundarylessness – or how the newly empowered managerial class bought into its own marginalization. In M. B. Arthur & D. M. Rousseau (Eds.), *The Boundaryless Career: A New Employment Principle for a New Organizational Era* (pp. 218-233). New York: Oxford.

Holland, J. L. (1973). *Making Vocational Choices.* Englewood Cliffs, NJ: Prentice-Hall.

Hughes, E. C. (1937). Institutional office and the person. *American Journal of Sociology, 43,* 404-43.

Inkson, K. (1995). The effects of economic recession on managerial job change and careers. *British Journal of Management, 6,* 183-194.

Inkson, K. (2000). Rewriting career development principles for the new Millennium. In R. Weisner & B. Millett (Eds.), *Contemporary Challenges and Future Directions in Management and Organizational Behaviour* (pp. 11-22). Sydney: Wiley.

Inkson, K., & Arthur, M. B. (2001). How to be a successful career capitalist. *Organizational Dynamics, 30*(1), 48-61.

Inkson, K., Arthur, M. B., Pringle, J. K., & Barry, S. (1997). Expatriate assignment versus overseas experience: Contrasting models of human resource development. *Journal of World Business, 14*(4), 151-68.

Inkson, K., Heising, A., & Rousseau, D. M. (2001). The interim manager: prototype of the twenty-first century worker? *Human Relations, 54*(3), 259-285.

Jones, C. (1996). Careers in project networks: The case of the film industry. In M. B. Arthur & D. M. Rousseau (Eds.), *The Boundaryless Career: A New Employment Principle for a New Organizational Era* (pp. 23-39). New York: Oxford.

Kanter, R. M. (1989). Careers and the wealth of nations: a macro-perspective on the structure and implications of career forms. In M. B. Arthur, D. T. Hall, and B. S. Lawrence (Eds.), *Handbook of Career Theory* (pp. 506-521). Cambridge: Cambridge University Press.

Kram, K. E. (1985) *Mentoring at Work. Developmental Relationships in Organizational Life.* Glenview, IL: Scott Foresman.

Lado, A., & Wilson, M. (1994). Human resource systems and sustained competitive advantage: A competency-based perspective. *Academy of Management Review, 19*(4), 699-727.

Lee, T. W., & Maurer, S. D. (1997). The retention of knowledge workers with the unfolding model of voluntary turnover. *Human Resource Management Review, 7,* 247-275.

Levinson, D. J., Darrow, C. N., Klein, E. B., Levinson, M. H., & McKee, B. (1978). *The Seasons of a Man's Life.* New York: Knopf.

Maslow, A. H. (1970). *Motivation and Personality* (2nd ed.). New York: Harper & Row.

Miles, R. E., & Snow, C. C. (1996). Twenty-first century careers. In M. B. Arthur & D. M. Rousseau (Eds.), *The Boundaryless Career: A New Employment Principle for a New Organizational Era* (pp. 97-115). New York: Oxford.

Nicholson, N., & West, M. (1988). *Managerial Job Change: Men and Women in Transition.* Cambridge: Cambridge University Press.

Ouchi, W. (1981). *Theory Z: How American Business can meet the Japanese Challenge.* Reading, MA: Addison Wesley.

Packard, V. (1964). *The Pyramid Climbers.* London: Pelican.

Parker, P., & Inkson, K. (1999). New forms of career: the challenge to Human Resource Management. *Asia-Pacific Journal of Human Resources, 37*(1), 76-85.

Peters, T. (1987). *Thriving on Chaos.* New York: Knopf.

Peters, T., & Waterman, R. H. (1982). *In Search of Excellence: Lessons form America's Best-Run Companies.* New York: Harper & Row.

Porter, M. E. (1985). *Competitive Advantage: Creating and Sustaining Superior Performance.* New York: Free Press.

Porter, M. E. (1990). *The Competitive Advantage of Nations.* New York: Free Press.

Presthus, R. (1978). *The Organizational Society.* (Revised Edition.) New York: St. Martins.

Rogers, E., & Larsen, J. (1984) *Silicon Valley Fever: Growth of High Technology Culture.* New York: Basic Books.

Rousseau, D. M. (1995). *Psychological Contracts in Organizations.* Thousand Oaks, CA: Sage.

Saxenian, A. L. (1996). Beyond boundaries: open labor markets and learning is Silicon Valley. In M. B. Arthur & D. M. Rousseau (Eds.), *The Boundaryless Career: A New Employment Principle for a New Organizational Era* (pp. 23-39). New York: Oxford.

Schein, E. H. (1978). *Career Dynamics: Matching Individual and Organizational Needs*. Reading, MA: Addison Wesley.

Sullivan, S. E. (1999). The changing nature of careers: a review and a research agenda. *Journal of Management, 25*(3), 457-484.

Super, D. E. (1957). *The Psychology of Careers*. New York: Harper & Row.

Tsui, A. S., Pearce, J. L, Porter, L. W., & Tripoli, A. M. (1997). Alternative approaches to the employee-organization relationship: Does investment in employees pay off? *Academy of Management Journal, 40,* 1089-1121.

Van Maanen, J. (Ed.). (1977). *Organizational Careers: Some New Perspectives*. New York: Wiley.

Waterman, R. H., Waterman, J. S., & Collard, B. A. (1994). Toward a career-resilient workforce. *Harvard Business Review, 72*(4), 87-95.

Weick, K. E. (1996). Enactment and the boundaryless career: organizing as we work. In M. B. Arthur & D. M. Rousseau (Eds.), *The Boundaryless Career: A New Employment Principle for a New Organizational Era* (pp. 40-57). New York: Oxford.

Whyte, W. H. (1956). *The Organization Man*. New York: Simon & Schuster.

Wright, P., McMahan, G., & McWilliams, A. (1994). Human resource management and sustained competitive advantage. *International Journal of Human Resource Management, 5*(2), 301-326.

Zabusky, S. E., & Barley, S. R. (1996). Redefining success: Ethnographic observations on the careers of technicians. In P. Osterman (Ed.), *Broken Ladders* (pp. 185-214). New York: Oxford.

第十七章
社區式成人生涯諮商

奧克蘭大學｜Jane Goodman
Sandra McClurg

本章主要提供生涯發展服務給與組織沒有關聯的成人，採取開放式服務，許多組織及教育機構教導所雇用的成人，且給予生涯發展計畫，如區域學校、學院或大學。但除此之外，有些成人是自營商、失業、無酬勞的志工或家管，並不屬於任何一個機關團體。所以只有開放給社區人士的計畫才會被認為是**社區式**（community-based）的成人生涯諮商。

本章指出計畫的規劃者，在發展社區式成人生涯諮商取向時必須考量的因素；探討成人進入及離開職場的相關需求；最後我們提出在密西根的四個當事人的研究計畫，希望能提供社區式計畫不同取向的面貌。

一、成人需求

這些年來，有關成人生涯發展的概念，構成要素已有改變且擴大。許多已經發生的改變，是為了回應快速變化的社會，其中「未來衝擊」正真實上演著。在撰寫本章時，有些人正面臨失業，但是許多有工作的人也是貧窮階級的薪資，且都面臨工作穩定定義的改變。這些改變中工作意義的觀念，以及對工作環境的期待，已在媒體及Rifkin的《工作終結者》（*The End of Work,* 1995）和Bridges的《新工作潮》（*JobShift,* 1994）等暢銷書中大篇幅提及。有些專家表示：成人在整個工作生涯中，會經歷七次的主要生涯轉換（career shifts）（Bureau of Labor Statistics, 1998; Peterson, 1995）。

Richard Bolles 在他的著作《求職聖經》（*What Color is Your Parachute,* 2000）中指出：大約 10%的美國員工每年都換工作。其中，530 萬人是自願換工作，130 萬人是非自願換工作，340 萬人則兩種原因都有。這些改變意味著：「現在的生涯發展服務，目的不在協助人們選擇生涯，而是在協助建構個人的生涯。」（Watts, 2000, p. 13）

雖然家庭及文化對生涯發展的影響並非本章的重點，但仍應謹記在心。Evans 和 Rotter（2000）指出：輔導來自不同文化背景的家庭、社會經濟狀況、語言障礙、代間衝突以及歧視等（pp. 68-69），都是值得考量的範圍。顯然這些因素都會影響作生涯的抉擇。結論是：「選擇一份工作，只是自我覺察、探索、規劃及抉擇這些動態歷程的一部分，這個歷程只有在文化、族群及家庭等主題都予以重視時，才會有效。」（p. 70）

提供有利成人的生涯發展服務，最能符合全體社會的利益。Watts（2000）指出：生涯發展服務應符合個人及廣大社會的需求，也就是說，「生涯服務代表著：個人的利益，也是公眾的利益」（p. 11）。他指出：這些利益可歸為兩大類——**經濟的效益**及**社會的均等**。當公民能做出更好的生涯抉擇時，社會的經濟效益即可獲得改善。如果人能妥善選擇教育及訓練計畫，則相關經費的浪費就會減少；如果一個人的能力與興趣的層次能相符，人們就更可能成功地完成這些計畫。此外，良好的職業資訊可協助人們選擇他們較可能就業的工作，進而提升「系統」的效率。

人們根據工作與訓練的可取得性，以及本身的特質做出職業決定，而非被社會階級、能力或其他潛在的不利特質而影響做決定時，就能促進社會均等。因為缺乏取得良好資訊的管道，已是一些社會底層的普遍現象；缺乏決策上的協助也是許多人生活中常見的事，所以如能得到有效且方便的生涯協助，就可減輕這些情況。

全球化不只影響組織經營事業的方式，也影響人們取得生涯資訊來滿足個人需求的必要性。Reardon、Lenz、Sampson 和 Peterson（2000）相信：越來越多跨國公司將會大幅影響全球的工作生產及活動，例如：公司、工作及生產將越過國際界線，純粹的「美國公司或產品」將不復存在。有關職業知識及產業成長的生涯資訊，對個人未來能否順利就業的生涯規劃，將是必要的。

組織越來越關切員工接受生涯發展服務。Gilley 和 Eggland（1997）指出，許多工作上的績效問題是與生涯相關的。他們表示，員工在目前的工作或職位上常常覺得受困、停滯不前或被忽視。許多人感覺自己的工作少有樂趣，他們都同意這將造成壓力的增加及產能的減低。結論是：許多人的潛能並未完全發揮在工作上，且未能達到組織的期望。

組織內若能提供生涯服務將會是有助益的，但大多數組織卻不這麼做。於是，在社區中找尋生涯服務變成是個人的責任。生涯資訊的取得不只能幫助個人擴展自己的生涯，也能符合組織的需求。Gilley 和 Eggland（1997）強調：「員工」要為自己的生涯規劃負責。

全國公共廣播（National Public Radio）的一份報告（2000 年 8 月 23 日）指出：加州只有三分之一的員工是典型的朝九晚五工作，由所服務的組織給付薪水，其餘都是兼職式、自由業、臨時雇用、借調、派遣、短時間，或約聘的員工。Upjohn 研究院指出：彈性式的人員調度已廣泛用於各種組織當中（約 78%），46%的公司雇用來自暫時工作介紹所的員工，而 44% 的公司使用獨立約聘人員（Reardon, Lenz, Sampson, & Peterson, 2000）。

這些新的工作型態符合許多員工對自主性及彈性的需求，且符合雇主對於彈性、適時勞動力的需求。這種新的工作架構，由於缺乏可預期的收入、福利或退休計畫，對許多員工造成不穩定及壓力。雖然較高薪資員工可以平安度過這種情勢，並增加自己的福利；薪資較低的員工只能希望自己維持健康，沒辦法為退休作準備。勞工統計局的《每月勞動評論》（*Monthly Labor Review*）中一份研究指出：超過 60%的臨時員工，希望有永久性的工作（Reardon, Lenz, Sampson, & Peterson, 2000）。

很清楚地，對於生涯協助的需求是存在的，但針對這項需求，究竟採取了什麼行動？Arbeiter、Aslanian、Schmerbeck 和 Brickell（1978）發現：成人所要求的服務，主要是工作職缺清單。由全國生涯發展協會（NCDA）委託蓋洛普公司（Miller, 2000）所做的調查顯示：十分之一的美國人表示，他們需要生涯規劃方面的協助；再者，69%的人表示，如果他們能夠重來，他們「會試著取得比初次更多有關生涯選擇的工作資訊……」；此外，「這些資料顯示生涯資訊接觸的不平均」（Herr, 2000），實際上少數族群及年輕人（youth）所得到的比一般人少很多（p. 6）。

成人當事人，尤其是非自願的生涯改變者，會需要求職上的協助。另一方面，成人生涯諮商輔導員通常認同教導當事人生涯發展歷程，且希望當事人能投入探索自己的興趣、價值觀、能力、性情等等。他們要當事人做出好的決定，而非立即的決定。他們了解，成人需要學習做決策及搜尋工作的歷程，唯有如此才能因應更為流動的勞動力（fluid workforce）。同時，成人生涯諮商輔導員必須了解，許多前來求助的成人所經驗到的急迫感。許多情況下，這種急迫感源自於現實生存的需求，因為被遣散的員工會經歷長期失業與經濟的匱乏。諷刺的是，這些員工在就業時就經常被忽視，因為過多的徵人廣告使得政策制定者及民眾相信，求職協助不再需要，然而這些工作大都是最低或接近最低工資——並無法使員工脫離貧困階級。

當事人立即的需求及長期的利益是可以同時被滿足的。傳統諺語：「給我一條魚，我今天就吃完；教我釣魚，我一輩子有得吃」的觀念須加以修正。因為在教他們釣魚的同時，也給他們魚吃，他們會更願意學習。所以，協助當事人快找到工作是最優先的，同時生涯諮商輔導員也須鼓勵他們繼續探索生涯歷程，使他們能對工作及訓練做出好的長期決定。

生涯諮商輔導員也需要成為當事人的倡導者。他們須知道生存的資源（例如：去哪裡找到衣、食及住所）以及職業和教育的資源。即使貧窮與失業並非已成事實，但當成人預期改變或正經歷改變時，會感到慌亂，這與在短時間內，必須確認及執行生涯決定有關。為了滿足短期及長期的需求，生涯諮商輔導員要對整個生涯發展歷程擁有一個概觀的了解。這樣的概觀是根據以下的指導方針。

二、成人生涯發展能力

全國職業資訊協調委員會（NOICC）發展出一系列生涯發展能力（1992）。這十二項針對成年人的能力如下：

1. **自我認識**

⑴保持正向自我概念的能力。

⑵維持有效能的行為能力。

⑶了解發展性的改變及轉型。

2. **教育及職業探索**

⑴參與教育及訓練的能力。

⑵參與工作及終身學習的能力。

⑶發現、評量及解讀生涯資訊的能力。

⑷準備尋求、獲得、維持及改善工作的能力。

⑸了解社會的需求及運作，如何影響工作的本質及結構。

3. **生涯規劃**

⑴做決策的能力。

⑵了解工作對個人及家庭生活的影響。

⑶了解男性／女性角色的持續改變。

⑷做出生涯轉型的能力。

每一項能力，包含若干的活動及諮商介入方式。例如：最後一項「做出生涯轉型的能力」，包括某些莫名的情緒成分。轉型往往是一種帶有憂傷的過程，會引發如：否認、憤怒、恐慌及接受等情緒反應。一種協助人們因應轉型的模式，已由 Schlossberg（1984）及 Schlossberg、Waters 和 Goodman（1995）發展出來並加以詮釋。此模式找出情境、對象，以及支援系統的幾個歸因，可用於預測且增進轉型的順利進行。成人生涯諮商輔導員在發展計畫時，應考慮每項 NOICC 中所指出的能力如何達成，並根據這些能力分析發展出一套行動策略。

三、到底是什麼？

社區式成人生涯諮商，就其性質而言，是以多樣方式提供給各種當事人。此處將以表列的方式介紹各種服務，以及有關此表列的要素，如何結合在一起並做說明。

表 17-1 列出方案的構成要素，及方案規劃的四個基本要項：贊助單位、當事人類型、所提供服務，以及提供方式。方案規劃者可將此表視為「菜單」（menu）——至少選擇一種開胃菜、主菜、甜點及飲料。每個要項的清單並未列出所有項目，但我們希望周全到足以提供方案規劃。將這些與 NOICC 指導方針一起使用，可提供服務者規劃出一套全方位計畫（comprehensive program），而非僅提供琳瑯滿目的服務而已。

方案的規劃者無法選擇贊助單位，資金可能來自於某所大學或社區學院，也可能來自州或聯邦的機關。私人慈善機關也可成為計畫方案的贊助者，例如：稍後所舉例的猶太職業服務（JVS）。多數情況下，規劃者也無法選擇當事人類型，通常已由資助者或其單位限定基本任務；可以選擇的是所提供的服務及方式。方案規劃者如希望在自己的服務中，納入更多職業指導工具，那麼 Kapes、Mastie 和 Whitfield（1994）合著的《生涯評估工具——諮商輔導員指南》（*Counselors Guide to Career Assessment Instruments*），會是一個有用的資源。

表 17-1　方案規劃的構成要素

贊助單位	當事人類型	所提供服務	提供方式
私人機構	所有成人	正式評估	個別化
工商業工會	婦女 少數群體	情感支持 自我評估	團體 面對面
「Y」s	年長者	決策技巧	電話
公家機關，例如：職業重建	失業員工	求職資訊	電視
學校	身體或情緒失能者	工作維持技巧	專業／半專業人員
學院及大學	犯人及前科犯	退休規劃	

為了描繪說明規劃工作的「菜單」取向，下列四種「餐」以個案研究的方式說明。

四、方案規劃的不同取向

以下的個案研究（case study）代表著方案的規劃者，依據表 17-1 中所列的構成要素做出的決策。雖然方案執行是在密西根的東南部運作，但這些方案在贊助單位、當事人類型、所提供之服務及提供方式，仍有明顯的區別。

奧克蘭大學成人生涯諮商中心

成人生涯諮商中心（Adult Career Counseling Center, ACCC）於 1982 年成立，做為奧克蘭大學的社區服務，以「免費提供生涯探索及規劃機會給社區的成人」（Berg, Cunningham, & Frick, 1998-99, p. 4）。由四名諮商碩士學生受雇兩年，擔任研究助理顧問，來執行此方案。他們接受諮商系的教職員督導，負責諮商中心日常的運作。自 ACCC 成立以來，已有超過 12,000 名當事人使用過這個服務。此中心由奧克蘭大學基金會資助，諮商系的教職員督導則利用課餘時間來貢獻服務。

此中心規劃以電腦為主的服務，最初工作人員只有提供少許的協助，現已成為一個真正的生涯諮商中心，當事人通常前來三到五次，使用各式的服務。這些服務包括：⑴與諮商輔導員會談；⑵利用電腦輔助或網路式的生涯指導程式；⑶進行紙筆測驗；⑷進行傳統及網路的工作搜尋活動；⑸利用角色演練和錄放影機等方式進行工作面試的練習。所有晤談都是面對面個別進行。雖然中心並未安置工作，但會在當事人寫履歷表及網路找職缺上給予協助。如需要更多個別深入協助者，會轉介給一次滿足服務中心（One Stop Centers），例如本章所介紹的 Troy 生涯中心，或是奧克蘭大學的諮商實務中心。

中心透過傳統方式行銷，諸如：廣播及電視（尤其是有線電視）發送新聞稿，以及每年的全國生涯發展月期間開放參觀等。然而，大多數的當事人，是透過過去當事人對服務滿意的「口碑」而前來的。中心每週開放 60 小時，包括四個晚上及週六。這些延長的時數，是為工作的成人及需要等配偶下班後照顧年幼子女的人，提供的服務機會。

此外，中心期待訓練諮商實習生及兼職的教職員使用電腦及網路輔助輔導方案進行研究，以提供成人生涯服務的使命。中心的年度報告可透過 ERIC 系統（Berg et al., 1998-99）取得，且在 Goodman 和 Savage（1999）的著作中有更完整的說明。

ABLE 作業：年長員工計畫

一個人何時符合年長員工的定義，因政府的計畫而有不同，但顯然較年長的成人，在界定新的生涯領域或尋找新工作上確實有特別的問題。為協助超過 40 歲以上的員工所設計的 ABLE 作業（Operation ABLE），其使命在於「提供可因應市場計畫，以滿足熟年員工在生涯路上的需求，並促進人們、企業及政府的終身學習，且協助社區雇主發展及員工有效能的就業能力（competent workforce）」（Operation ABLE, 1999，未標示頁數）。

ABLE 提供課堂式的訓練，及各種自主學習的電腦應用（例如：Windows、Microsoft Word、Excel、PowerPoint、Access 及 Outlook）教學。也提供基礎課程，例如：閱讀、數學及文法。它們備有「生涯適性中心」，針對就業及生涯決定、履歷撰寫、面試準備及指導，以及工作搜尋（Operation ABLE, 2000, p. 13），協助需要的年長員工。適性中心有合格專業諮商師，提供能力、性向測驗以及專業生涯諮商。生涯適性中心的會員給付一筆費用，就可進行網路會議、電話使用、上網，以及收發傳真或得到 ABLE 訓練計畫並享有折扣。

ABLE 的工作人員認為，他們成功的原因是因為了解成人學習者的需求，在成人學習的環境中，採用**自主學習取向**（self-paced approach）。「我們採小班制，才能進行一對一指導，並提供不具威脅性的支持環境。」（Operation ABLE, 2000, p. 8）他們也相當重視與雇主的合作，由各行各業代表的董事會指導。如此使他們能提供符合雇主需求的訓練，並使當事人更具備就業優勢（Freedman，個人通訊）。

1999年，ABLE協助了超過500人，大部分是60歲以下。他們的年度報告如此陳述：「他們的需求和他們的背景一樣多元。」有人報名電腦課程學習新的軟體程式，其他人則加入生涯適性中心，以得到履歷、面試技巧及線上工作搜尋的協助。大多數的當事人都正在求職中，參與所有ABLE作業的服務：諮商、評估、電腦課程及工作搜尋服務（1999，未標示頁數）。ABLE是由各種合約、經費補助及個人和企業的捐獻所資助。

Troy 生涯中心

Troy生涯中心是由補助款資助的生涯中心，位於密西根州的Troy市。此中心成立於1976年，被視為社區的資源，主要是協助求職者達到自己的生涯目標。1976年，只有五名工作人員在一年內服務約500名當事人；到了2000年，已有十八名全職人員每年服務超過2,000名當事人，所有人都是生涯管理專家，並擁有諮商碩士學位、生涯發展輔助的認證，及具有證照的專業諮商師。

除了許多州和聯邦計畫以外，有許多不同的補助款資助Troy生涯中心，像《勞動力投資法》（Workforce Investment Act, WIA）、《北美自由貿易法／貿易法援助》（North American Free Trade Act/Trade Act Assistance, NAFTA/TAA）、首次工作（Work Fist）、工作的福祉（Welfare to Work）、退伍軍人就業服務（Veteran's Employment Services）等機構，都是資助的來源。補助款由Troy公共學院的繼續教育辦公室管理，此中心是自給自足的。也由於與學校系統的關係，所以提供兒童照顧，英語是第二語言（English as Second Language, ESL）及中學認證和替代教育等合作型計畫，這些都對當事人有幫助。

任何美國居民均有權接受生涯中心的免費服務，無論其生涯發展需求為何，他們提供「天衣無縫系統」（seamless system）以支持當事人。對當事人的支援服務都整合在一個生涯中心裡。人們只需要前往一個地方，就能得到任何需要的協助，例如：有關進階訓練或大學課程及其他的服務資訊，這些服務是特定且又多面向的。中心能滿足各種勞動人口的發展需求，服務包括：生涯諮商及管理、全州的人才庫及資源中心、工作坊及新職介紹服務、就業公報及快訊、大學就業公報，以及報紙分類廣告。

中心也提供當事人連結工作組織的機會，及提供網路工作搜尋技巧的資訊，還有相當多的生涯搜尋網站，如：密西根職業資訊系統（Michigan Occupational Information System, MOIS）、互動引導及資訊系統（System of Interactive Guidance and Information, SIGI）、DISCOVER，以及相當豐富的圖書館參考資料及資源。民眾也接受訓練服務，包括學術及職業訓練，財務援助資訊，以及退伍軍人服務。提供學費援助不同的學院、大學和職業學校，使當事人能獲得新技能，更新目前的技能，並增強就業的能力。

Troy 生涯中心是「密西根工作！一次滿足計畫」（Michigan Works! One-stop program），這是州所發起及推動的計畫，生涯中心可將當事人轉介到社區／支援方案，例如：交通、醫療服務、住所、子女或眷屬的照顧、工作服裝或工具裝備，以及其他社區服務組織。

提供的工作坊包括：網路工作搜尋。網路訓練可協助當事人使用網路撰寫履歷表、回覆信及取得工作指引等。另外也有教學講座，可讓當事人學習網際網路、Windows 和 Microsoft Office 等。為求職者及雇主定期舉辦工作博覽會，可為當事人媒合工作機會。

Troy 生涯中心每天從上午八點開放至下午五點，且開放某些晚上時段，其他時間則依約定開放。如今生涯管理服務已個人化，除協助當事人決定自己的生涯方向，中心更引進各項資源，促使生涯目標得以達成。中心提供整套的辦公室服務，包括：電話、傳真機、影印機及電腦工作站。

當事人若有需要，生涯中心的工作人員就出現，以支援生涯的需求。每天提供三種服務，包括：

1. **核心服務**：自取資源、電腦、圖書館、工作指引，以及彙整資源。
2. **生涯管理及發展**：生涯諮商及技能評估、生涯規劃及探索、追蹤及當事人管理。
3. **訓練**：支援及學習新技能或提升現有技能所需的教育或訓練，以及學費補助。此範圍從電腦訓練等特定技能，到學士或碩士學位等都含括在內。

當事人可獨立或在工作人員的協助下，自由使用 Troy 中心的所有服務，基本服務不收任何費用。

猶太職業服務

猶太職業服務（Jewish Vocational Service, JVS）是一個資本 1,800 萬美元的非營利組織，已在底特律都會區提供職業服務達 59 年。1999 到 2000 年間，JVS 的六個服務中心來自馬康（Macomb）、奧克蘭及韋恩郡（Wayne）超過 20,800 多位民眾（JVS，2000 年年度報告）。JVS 接受底特律都會區猶太協會、猶太基金會、聯合勸募社區服務，以及其他許多的社區合夥人、當地企業、健康及社區服務組織、基金會及政府部門和機關的資助。

JVS 的使命在於：「藉由諮商、訓練及支援服務，協助人們因應影響他們自給自足的生活挑戰」，並且秉持「協助人們最好的方法，就是使他們能夠自助」的信念（JVS，2000 年年度報告）。接受服務的當事人，包括：想找更好工作的人、失業的員工、有職缺的雇主、來自前蘇聯的邊緣青少年、無工作的婦女，以及嚴重殘障者或有特殊需求之高中生。

由 JVS 所提供的生涯服務，包括完整的就業服務，例如：電子工作庫、生涯及教育諮詢、職業資源圖書中心、生涯博覽會，以及搜尋工作的能力發展。除了個別與團體的生涯諮商輔導，JVS 運作若干計畫鎖定特定族群，範例如下。

工作連結（Job Link）計畫提供工作技能及安置服務，以協助當事人求職。就業連結（Employment Link）是針對沒有眷屬的食物券領取人（food stamp recipients），輔導由醫療所轉介的無家可歸者，並提供工作技能訓練及就業安置服務。

工作聯繫（Work Connect）協助有監禁、藥物濫用紀錄及其他障礙而難以安置者（hard-to-place）找到工作。提供技能的補救及就業服務，幫助他們成功的進入工作市場。

JVS 致力於協助青年增進就業力，為達成此目標，已和幾所學校及社區組織合作。範例如下：

- JVS 與奧克蘭技術中心合作，幫助高級中學多元學習型態的學生，順利從學校轉型到就業。
- 與當地幾所高中合作社區訓練計畫，提供高風險中學生及學習障礙學生，在汽車中心及當地醫院的工作。
- 提供奧克蘭郡高中患有嚴重自閉症的學生就業訓練及安排企業實習，以增進他們的職業技能及生活優勢。
- 協助來自前蘇聯的年輕移民找到工作，了解美國的工作市場，並接受生涯輔導及諮商，以協助發展未來的教育及就業目標。

JVS 提供當事人各種方案，不論從基本的技能補救矯正到高階的科技訓練均包括。量身訂做的服務，例如：測驗及評估、工作準備研討會、電腦室、面談及履歷撰寫，以及工作安置，提供個別及團體工作坊的方式。所有服務都是依個人付費的能力來提供。

五、計畫規劃者意涵

計畫規劃者常常被要求，以最少的經費、在最短時間內，發展出最佳的計畫。如何做出必要的決定及折衷方案，在可負擔的成本、合理的時間內，確保有好的計畫，且提供給足夠的人數？以下討論一些已做的決策。

個別 vs. 團體諮商：個別輔導，重視每個人的需求，提供富彈性的計畫。對某些人而言，個別諮商的個人保密性是最重要的。再者，參與者能以自己的速度前進。然而，團體諮商提供了支持的機會以及相互的關懷，是個人諮商難以做到的。對許多人來說，團體的好處是：學會傾聽勝過說話。此外，團體諮商可提供豐富的資源、想法、人際接觸及連結，是個別諮商不能達到的。另一個考量是服務的效率，團體諮商花費工作人員較少的時間。正如 Jacobs、Masson 和 Harvill（1998）有關個別與團體諮商的陳述：「有時候只採用其中一種是最好的；有時候雙管其下，效果最佳。」（p. 20）

面對面接觸 vs. 科技中介：與當事人直接個人接觸，當然是最好的方法，多數人也對此方法感到自在。好處在於：(1)諮商師及當事人能彼此熟悉；(2)可使用非語言的溝通，並根據非語言的行為提出建議，例如：演練面試時；(3)可根據當事人需求的改變而修改計畫，這可能是最難以捉摸但卻是最重要的一點；(4)諮商師所傳達的個人支持。至於**網路諮商**（cyber-counseling）的利弊得失，則正如 Harris-Bowlsbey（1999）的歸納。

科技取向（technological approach）的好處很多。Sampson、Kolodinsky 和 Greeno（1997）討論使用電腦、資訊高速公路，是生涯實務有關的未來生涯諮商趨勢。他們指出：這種科技新趨勢將開啟市場的行銷、提供服務、資源的自助、督導、個案研討會和研究的可能性。例如：諮商師不再需要與當事人同處一室；督導可以是在世界的另一端；且當事人可在從未與生涯專家見面的情況下取得生涯資訊。此種取向的好處在於，偏遠地區的人可以得到先前無法得到的生涯諮商服務。

電視是提供生涯服務的另一個方法。它可供大多數當事人取得資訊，無須遠行，且像網路一樣符合越來越多人的需求。這種在家就能取得的方式，對於殘障者、有年幼子女的家管者、鄉村地區的人，以及無法親自獲得生涯服務的人特別有用。電視的另一個好處在於，它可有效率地提供資訊給廣大觀眾，這些資訊可由電視節目主持人以大眾都習慣的方式提供。

使用網際網路，尤其是全球資訊網，是搜尋工作的一個好方法。大多數的網站提供多種服務，例如：找工作的一般資訊、搜尋與特定職位有關的資源及資訊、找到網路公司及聯絡人，以及提供有關履歷和回覆信的資訊及意見。Dolan 和 Schumacher（1994）在幾個網路郵件系統上，詢問網友有關找工作的事情，他們發現有 20%的人在網路上找到工作。回答者表示：這是一個好的資源，因為某些職位只列在網路上，且網路上的訊息通常會比印刷品先出現。

電腦由於具有互動性，且可儲存大量的資訊，並在需要時擷取它，透過網路連結的功能，可使當事人決定搜尋資訊的方向。它可提供所有互動的記錄。此外，它從來不會感到疲倦、無聊，也不會去度假！Kennedy 和 Morrow（1994）總結出：科技可為現代的求職者帶來許多正面的發展，但仍有不足，他們強調求職與徵募新人時，科技與傳統兩者結合的重要性。

網路諮商提供生涯諮商系統越來越重要的部分，但對於原本存在著自己內在與人際間關係議題的人，是否也是如此？透過網際網路提供諮商，當然符合本章有關社區式成人生涯發展的範疇，但是網路諮商到底是什麼？又如何有效？仍相當具有爭議性。Walz（Bloom & Walz, 2000）在其著作的主題摘要時表示：「網路諮商概念的時代已經來臨，但諮商師卻還沒準備好，來說服大眾並說明它是什麼，以及應該如何運用它。」（p. 406）

為回應日漸增加的網際網路為成人所使用，許多人透過此媒介提供各種服務管道。事實上，《讀者文摘》（2000 年 10 月）重印了一則來自 Fast 公司，有關使用網際網路「讓你的事業維持不敗」（p. 82）的文章。文中建議人們使用網路「找出自己的熱情所在；找出關鍵人物；決定自己的價值；並且取得優勢」（pp. 84-86）。更進一步也建議：找一個國際教練基金會（International Coach Foundation）認可的網路諮商師（cybercounselor），但在美國大多數州，只准許由領有合格證照的專業諮商師，使用諮商的頭銜進行實務工作，但國際教練基金會並不要求這樣的資格。雖然網路已提供線上評估且網址已公布，但是我們仍然懷疑大眾，是否有適當地、有效地解讀評估工具的能力，但這類的網路資訊一定會增加。為了因應這些快速擴增的使用，全國生涯發展協會制定了生涯諮商資訊及服務規劃之網際網路使用守則（www.ncda.org），而美國諮商協會已制定網路線上諮商倫理守則（www.counseling.org）。

專業 vs. 半專業的諮商師：理想上，專業的諮商師具有諮商及團體輔導的專業，以及回饋的能力。他們不但擁有豐富的生涯發展資訊，也知道如何取得其他資訊；他們有能力實施及解讀測驗，基於這些原因，他們通常是「最好的選擇」。

然而，在許多方面，半專業的諮商師可能對專業諮商師及當事人而言也是重要的資產。他們協助研究及網路上的搜尋、協助履歷撰寫及回覆信件、編輯及保密有關公司與就業的相關資訊，是增進生涯歷程中「團隊取向」（team approach）的方式。

在近年出現一種新型的服務提供者，也就是生涯發展輔導師（Career Development Facilitator, CDF），依據全國職業協調委員會（NOCC）的合約所發展出來，由資格核定教育中心（Center for Credentialing and Education, CCE）所核定的非專業的職位（Hoppin & Splete, 1996）。CDFs 在領有執照或認證的碩士級諮商師督導下工作，提供多種服務給當事人。這些服務可能包括：進行初步的接案面談；協助當事人找出自己的興趣、能力、阻礙及資源；幫助當事人搜尋就業市場、撰寫履歷，並且準備面試；並協助當事人找到及維持一份工作。CDFs 在各種場合運作，有些如本章所介紹的：統一窗口制，一次滿足服務中心、生涯資源中心、政府機關，及社區學院。

CDF 的訓練是廣泛且密集的，包含 120 小時，並著重下列能力領域：助人技巧、多元族群、倫理及法律議題、諮商、生涯發展模式、評估、勞動市場資訊及資源、科技、就業能力及技巧、當事人及同儕訓練、計畫管理及執行，以及推廣和公關（Harris-Bowlsbey, Suddarth, & Reile, 2000, pp. 4-6）。

六、結論

在前述內容中，我們談到多種在社區中為成人制訂的不同計畫。這樣的多樣性令人振奮，但也造成困惑：到底是設計新的計畫較好，還是評量現有計畫較好。我們的目標在於提供決策時使用的考量層面，以及各種替代方案的範疇。我們希望，舉出的範例將可提供實務工作者新的想法或可用的資源。

參考文獻

Arbeiter, S., Aslanian, C.C., Schmerbeck, F. A., & Brickell, H. M. (1978). *Forty million Americans in career transition: The need for information.* New York College Examination Board.

Berg, F., Cunningham, M. & Frick, B. (1998-99). *Adult Career Counseling Center: Sixteenth Annual Report.* Rochester, MI: Oakland University.

Bloom, J. W., & Walz, G. R. (Eds.). (2000). *Cybercounseling and cyberlearning.* Alexandria, VA: American Counseling Association.

Bolles, R. (2000). *What color is your parachute?* Berkeley, CA: Ten Speed Press.

Bridges, W. (1994). *JobShift.* Reading, MA: Addison-Wesley.

Bureau of Labor Statistics. (1998). News: *United States Department of Labor.* USDL Publication No. 98-253. Washington, D.C.: U.S. Government Printing Office.

Dolan, D.R., & Schumacher, J. E. (1994, October-November). *Top U.S. sources for an online job search 17*(5), pp. 34-38, 40-43.

Gilley, J., & Eggland, S. (1997). *Principles of human resource development.* Reading, MA: Addison-Wesley.

Goodman, J., & Savage, N. (1999). Responding to a community need: Oakland University's adult career counseling center. *The Career Development Quarterly, 48*(1), 19-30.

Harris-Bowlsbey, J. (1999). *The Internet: A tool for career planning.* Columbus, OH: National Career Development Association.

Harris-Bowlsbey, J., Reile, D. M., & Suddarth, B. H. (2000). *Facilitating Career Development.* Columbus, OH: National Career Development Association.

Herr, E. (2000, Summer). The Career Practitioner. *Career Developments.* In J. Miller Career trends: The fourth NCDA/Gallup national survey of working America.

Hoppin, J., & Splete, H. (Eds). (1996). *Curriculum for career development facilitators.* Washington, D.C.: National Occupational Information Coordinating Committee.

Imperto, G. (2000, October.) Get your career clicking. *Readers Digest.*

Jacobs, E. E., Masson, R. L., & Harvill, R. L. (1998). *Group counseling: Strategies and skills.* Pacific Grove, CA: Brooks/Cole.

Jewish Vocational Service. (2000). *Annual Report.* Rose and Sidney Diem Building, 29699 Southfield Road, Southfield, Michigan 48076.

Kapes, J. L., Mastie, M. M., & Whitfield, E. A. (1994). *A counselors guide to career assessment instruments* (3rd ed.). Alexandria, VA: National Career Development Association.

Kennedy, J. L., & Morrow, T. J. (1994). *Electronic job search revolution.* New York: Wiley.

Miller, J. V. (2000). Career trends: The fourth NCDA/Gallup national survey of working America. *Career Developments* (Summer).

National Occupational Information Coordinating Committee (NOICC), United States Department of Labor. (1992). *National Career Development Guidelines.* Washington, DC: U.S. Department of Labor.

Operation ABLE Annual Report. (1999). Operation ABLE of Michigan, 17117 West Nine Mile Road, Suite 200 Southfield, MI.

Operation ABLE Annual Report. (2000). Operation ABLE of Michigan, 17117 West Nine Mile Road, Suite 200 Southfield, MI.

Peterson, L. (1995) *Starting out, starting over.* Palo Alto, CA: Davies-Black.

Reardon, R., Lenz. J., Sampson, J., & Peterson, G. (2000). *Career development and planning: A comprehensive approach.* Brooks/Cole, Thompson Learning.

Rifkin, J. (1995). *The End of Work.* New York: Putnam.

Sampson, J. P., Kolodinsky, R. W., & Greeno, B. P. (1997). Counseling on the information highway: Future possibilities and potential problems. *Journal of Counseling and Development,* 75, 203-212.

Schlossberg, N. K. (1984). *Counseling adults in transition: Linking practice with theory.* New York: Springer.

Schlossberg, N. K., Waters, E. B., & Goodman J. (1995). *Counseling adults in transition: Linking practice with theory* (2nd ed.). New York: Springer.

Watts, A.G. (2000). Career development and public policy. *Educational and vocational guidance bulletin,* 64, 9-21.

第十八章

滿足研究型大學成人學生的生涯發展需求

賓州州立大學｜Deborah J. Marron
Jack R. Rayman

過去二十年間，全球經濟變遷的影響力、科技的進步、人口的變動，以及職業特性的改變，對全美高等教育學府的報名模式產生了巨大的影響。四年制大學的報名人數從 1985 年的 770 萬人，增加到 1998 年接近 900 萬人，且預計到 2010 年會達到將近 1,100 萬人（U.S. Department of Education, 2000）。正如預測，成人學生（年齡 25 歲及以上者）在高等教育中所占比例已超過 42%（U.S. Department of Education, 2000；U.S. Department of Education, 1989）。Aslanian（2001）的報告指出，從 1970 到 2000 年間，成人學生的報名增加了 170%。此外，這種成長在大學和研究所都出現。1998 年，四年制院校非傳統年齡的大學生人口占全職學生的 15%，占兼職學生的 65%。然而，在研究所方面，成人學生占全職學生的 62%，且占兼職研究生的 92%（The Chronicle of Higher Education, 2000）。

研究人員通常將非傳統年齡的學生界定為至少 25 歲的大學生（Hughes, 1983; Krager, Wrenn, & Hirt, 1990）。由於成人學生構成了研究所學生的多數，四年制院校的管理者在考量及滿足成人學生的生涯發展需求時，有義務納入研究所學生的需求。研究所的成人學生是大學校園裡一股重要的勢力，尤其是在主要的研究型大學。本章的重點在於：主要研究型大學的成人學生之生涯發展需求，並針對改善研究所及大學學生的生涯服務提出建議。同時將重點放在研究生身上，包括國際研究生，這群人構成本章主要的討論要素。

一、界定主要研究型大學

卡內基高等教育分類（Carnegie Classification of Higher Education）（Carnegie Foundation for the Advancement of Teaching, 1994）是一套經由認證發給學位的美國學院及大學分類系統。根據此分類系統，主要的研究型大學被定位為：「提供各種學士學位課程，及投入研究所至博士教育，且將研究列為高度優先者。」（p. xix）這些密集研究的教育機構，每年發給50 個或以上的博士學位，且每年接受最少 1,550 萬美元，最多 4,000 萬美元的聯邦補助。屬於研究型 I 和 II 的 125 所院校，有 50 萬名以上的研究生報名，所撥款項占所發給科學及工程碩士學位當中的 79%，占所有博士學位的 83%。這些大學包括加州大學洛杉磯分校（UCLA）、馬里蘭大學、天普大學、麻州大學 Amherst 校區，以及 11 所中西部「十大聯盟」（Big Ten）名校的大學（例如：愛荷華大學、密西根大學、普度大學等）。

二、進一步了解「成人學生」

Gaff 和 Gaff（1981）提出可將較年長學生與傳統年齡學生的特性區分。他們假定：許多成人學生（adult learner）有來自工作、家庭責任或個人危機的豐富生命經驗。成人學生也可能因為自己的生命經驗，養成更廣泛的興趣、顧慮及價值觀。他們也可能經歷到校外各種義務的拉扯，例如：依賴他的家人、就業，或兩者皆有，他們也參與社區文化活動。Aslanian（2001）在他針對 1,500 名成人的研究中發現：成人學生常會因為生活中某事件的引發，而促使他們重返校園。幾乎 85%的人表示：尋求其他教育管道是為了因應生涯轉型。他們有較高的**生涯導向**（career orientation），重回學校是為了使生涯更上一層樓，或為了防止被淘汰（combat obsolescence）（Aslanian, 2001）。Aslanian 和 Brickell（1980）的結論是，成人重新接受正式教育的幾個理由：運用他們獲得的知識；因應生活中的改變，例如：生病或搬遷；完成可能因為轉變而帶來的過渡期，例如：離婚或失業；以及最常見的目的，即與生涯有關的成人學習。簡言之，成人學生尋求取得與生涯相關的技能，他們將教育視為從生命中的一個狀況或階段，進入到另一個狀態的方法。

Aslanian（2001）的研究顯示：成人學生一個有趣的現象，就是白人和女性比其他人更常擔任多重角色（包括父母和志工），且具有高出一般水準的薪資，教育水準也較高。雖然只有20%的人會重回校園，他們尋求學位及額外的資格認證（credentials），以期在生涯上更上一層樓，他們尋求快速進行的課程，且願意參與遠距教學（distance instruction）。

三、成人大學生生涯發展議題

全國教育統計中心（National Center for Educational Statistics, NCES）的報告指出：年齡25歲或以上的大學生報名情況，從1990年的580萬增加到1998年的610萬，成長了5%，預計此趨勢到了2010年可增加到680萬（Gerald & Hussar, 2000）。為了回應這種趨勢，過去二十年間的幾種出版物都討論了成人學生的生涯需求，本章重點放在成人大學生這個獨特的群體（Nowack & Shriberg, 1981; Keierleber & Sundal-Hansen, 1986; Keierleber & Hansen, 1992）。Aslanian（2001）觀察成人大學生具有多重角色（multiple roles），生涯大都以事業及家庭為重心，雖然許多人也同時活躍於社區活動。

Aslanian和Brickell（1988）指出成人大學生的特定需求。由於多重角色，這些學生的時間大部分都用在因應各種的要求，所以需要直接處理個別顧慮的服務。研究中的學生表達願意接受時間管理的協助，以專注於生涯課題，及平衡多重角色要求的意願。

例如本原文書的前兩個版本中，Keierleber 和 Sundal-Hansen（1986）以及 Keierleber 和 Hansen（1992）提供了非傳統年齡學生面對生涯議題的全方位討論，並提出相關趨勢，及針對未來越來越多的成人大學生獨特需求的建議。包括：改善可提供給成人學生的資訊及評估工具，幫助他們更了解工作世界，以及生涯選擇的執行歷程。他們建議：生涯服務的提供者將知識及歷程納入成人發展及成人學習理論的架構中，這些服務反映出對於學習方式的性別差異、自我探索及生涯抉擇有越來越多的認識。此外，提供給生涯專業人員的建議是：採取更全人取向（holistic approach）提供全方位服務（comprehensive services），包括：帶著學生倡導、擴大學生接觸面，及轉介給校內或校外的其他服務計畫。Aslanian（2001）更補充說：生涯服務和計畫在設計上應更方便且容易取得，而計畫範例則是隨時可提供的生涯諮商服務。

有關處理成人學生生涯發展需求的建議，範圍很廣且創新，但部分的生涯專業人員卻很少遵循。Seifried和Rayman（1998）針對 35 所大學的生涯服務專業人員所做的一份調查顯示：缺乏這種專門的服務及計畫，接受調查的院校中，只有十所「正式」特別註明年齡，可辨識出學生為成年學生。多數的情況下，職員們估計學校裡的成人群體都相當失準。例如：在一所主要的研究型大學中，非傳統學生人數提報為「極少」；但實際上，成人學生占 35,000 名學生中的 27%。Seifried 和 Rayman（1998）的結論是：提供給成人學生的生涯服務範圍，應有別於提供給傳統年齡學生的服務。

此外，他們建議：用於輔導成人學生的服務，應能反映出成人學生的學習方式，應針對成人學生市場的行銷策略，告知成人學生如何取得這些服務的方法。Aslanian（2001）的報告指出：1,500 名接受調查的學生當中，只有 20%利用了生涯服務，而較少利用的服務包括：工作安置、兒童照顧、家庭計畫或家庭事件，以及休閒設施。超過 65%的受訪者，即使知道有這些活動，也未參與校園活動。這也顯示生涯服務提供者，安排生涯相關活動的重要性。

生涯發展專業人員必須認知這些特性及需求，了解構成人生發展階段及有關生命發展階段的任務，以期能處理成人學生所帶來的獨特經驗及問題。討論有關成人生涯發展理論，及與特定目標群體有關的議題，在本書其他章節有詳細討論。然而，另一個為生涯服務人員帶來特殊需求及挑戰的群體是研究生，包括國際學生，下一段將焦點放在此群體上。

四、成人研究生生涯發展議題

考量主要研究型大學成人學生時，應納入為了追求學術生涯或回應內外在生活衝擊，而報名研究所或專業課程的學生。根據 Peterson（1998）對於研究所及專業課程的調查：多數非傳統學生報名研究所及專業的課程；Baird（1993）指出：約 25%的大學畢業生繼續研究所或專業課程；而根據美國教育部在 1998 年的一份報告：210 萬名學生報名了專業及研究所等級的課程，其中有 56%報名碩士課程。超過 12%報名博士課程，另外 12%攻讀專業的課程。碩士班及博士班 50%以上的學生是以兼職的方式修讀的；成人學生將自己歸類為學生或員工，視課程及學位而定。研究所及專業課程預期在 1998 至 2010 年間，會增加 10%以上。

Seifried 和 Rayman（1998）針對 35 所大學的生涯服務專業人員進行調查，其中包括一些院校。研究發現：多數的生涯專業人員低估了學校的成人學生人數，且研究生人數更常被忽略。顯然研究型大學仍將生涯協助的重點放在傳統年齡的大學生上。研究生在非傳統年齡學生中是「沉默的大多數」，應找出他們的需求，以增加覺察並發展出補救的策略。因此，本章將非傳統學生的定義擴大，納入碩士、博士及博士後研究生。所以研究生的人口變化，已超越傳統年齡白人的男性學生，更含括了女性、代表性不足的群體成員，以及非本地出生的學生（Fischer & Zigmond, 1998）。

研究生面臨的議題

針對研究所做調適。Aslanian 和 Brickell（1980）指出可能迫使成人回到學校的三個因素：

1. 生涯改變及執行。
2. 家庭生活的轉型。
3. 休閒模式的轉型。

成人學生並未預期到自己有需要做出自願性的生涯改變並重回到學校

（Nowak & Shriberg, 1981）。成人學生的自我認知及生涯認同，與一般人對於生命歷程的生涯階段及任務的承諾之間，可能有差異。因此，他們將自己先前的生涯期望，與自己的生涯認同及目前就業市場的實際情況，做個調整。所以成人學生決定重回研究所，主要是回應 Aslanian 和 Brickell（1980）所指出三個因素的下一個必要步驟，就是：成人學生面對未來遠景，有必要學習一套新的生活適應技巧。

Fischer 和 Zigmond（1998）將這些「求生存技巧」（survivial skills）分為四類。一套基本的成功技巧，包括：發展出一種新的學習方式，從知識的「消費者」（consumers）轉型為知識的「創造者」（creators），即在大學時發展出來的模式可能需要修正，以因應更大的責任及專業程度的增加。當研究生進入研究者的角色時，就必須學習以更進階、更專業的方式，透過課室的口頭發表及提議或出版刊物等方式與外界互動溝通。除了語言溝通的必要課程外，大學生不具備發展及提出有關課程內容或研究發現技能的經驗。許多擔任教學助理的研究生也必須發展教學、個人管理及計畫撰寫的能力，而一般大學生很少有機會發展這些技能。Fischer 和 Zigmond（1998）所指出的第四類：把焦點放在發展與工作相關的必要技能，以確保及維持就業能力。這些「工作取得及維持」的技能，包括：撰寫履歷表或簡歷，以及求職面試能力，許多的變數都衝擊著離開研究所之後在校內或校外就業的前景。以下段落將更詳細討論此議題。

如 Boyle 和 Boice （1998）指出：同儕關係與學業成就及生涯發展有關。除了情感和社交上的支持外，同儕可協助新同學學習及了解系上文化，並且協調學校文書工作的作業程序。此外，同儕的社交互動可培養新生融入系所文化，並有助於了解特定研究與學習機會。

對來自其他國家的學生而言，調適自己在研究型大學的研究生生活，因為多元因素而更為複雜。國際學生面臨其他相關負擔，不僅要適應美國文化，還得適應美國的教育制度。他們所遭遇的阻礙性質及嚴重性，常決定了外籍學生之間的個別差異，這些挑戰包括：他們對美國習俗的了解及英語流暢的程度、他們的治學紀律以及用功程度、他們的文化及宗教觀點，以及個人人格的成熟度及自主能力（Althen, 1995）。無法流暢的表達英語能力，可能會使他們難以與同儕建立關係，更可能延遲或妨礙國際學生融入就讀學術科系的文化。

外籍學生對美國教育系統的細微差別，可能需要時間做調適，其中有關的政策及手續、研究方法，以及建立系上感情的聯繫，可能與他們過去所知道的教育體系大不相同。也可能會因偏見或發生在自己祖國的政治事件，而較難與當地學生或其他外國學生建立友誼（Althen, 1995）。

雖然研究生在回到學校時，可能會面臨財源減少，國際學生更可能會因為非預期的飲食和居住費用，以及自己國家可提供的資源很少而面臨財務困難；研究型大學的研究生，無論國籍為何，都可能有額外的責任在配偶及／或父母的角色上求取平衡。搬家、求學可能造成照顧子女的支援網絡喪失，以及配偶收入的喪失。所有這些因素都可能導致新環境及文化的壓力增加。

就業（employment）。Schuster（1997）指出：目前存在的各種因素，對研究所學位持有人在學界的**就業機會**（employment opportunities），產生重大的衝擊。他提出兩種強勢的人口影響力：**替代所衍生出的需求**（replacement-driven demand）及**入學所衍生出的需求**（enrollment-driven demand），將會交會在一起，產生一種活潑卻不穩定的**就業市場**（employment market）。此外，對更多教職員而言，既是阻止也可能是增進的八個因素：

1. 經濟及政治情況；
2. 提早退休；
3. 終止強制退休；
4. 移民及歸化的問題；
5. 人員彈性調度的需求；
6. 對教學的重新加強；
7. 品質與「競爭」（與民間企業競爭合格的人選）；
8. 科技。

Anderson 和 Swazey（1998）發現，他們所調查的 2,000 名研究型大學研究生中，78%的人表示：他們就讀研究所，是為了獲得相關領域的知識；40%表示：他們想在高等學府教學。然而，Nerad、June 和 Miller（1997）指出：近來大學博士學位的需求有減緩趨勢。同時美國與其他國家的關係改善，導致美國各大學取得碩士及博士學位的國際學生人數創下空前的紀錄。約有 54%的國際博士學位學生打算畢業後留在美國（Young, 1997）。這些因素對打算在學界謀職的人，競爭更激烈。

Nerad、June 和 Miller（1997）指出：過去有好長一段時間，大學角色定位在培養下一代學界的學術研究者。如此一來，主要的研究型大學畢業生以博士為主，而這些博士的研究及學術訓練，對於在非學界所遭遇的挑戰和任務都被狹隘的界定。因此，他們很難適應非研究及應用研發技能的工作。LaPidus（1995）的結論是：就讀主要研究型大學的學生往往將焦點放在課業和研究計畫上，幾乎無暇留意自己的生涯規劃及就業問題。結果使得他們並未發展出與工作有關的技能，且未做好畢業後從學界轉型到職場的準備。

Fischer 和 Zigmond（1998）在檢視研究生就業趨勢中，發現在 1980 年代中葉，得到科學及工程博士學位的學生，多數都在學界服務。Nerad、June 和 Miller（1997）也發現：多數的博士畢業生（超過 50%）是在學界外找工作。顯然，也有很大數目的學生轉型到學界外，因此，發展其他知識及技能，是為了無法實現的學界生涯做準備。傳統的研究生將教育重點放在「對於越來越少的事情，了解得越來越多」（learning more and more about less and less）的模式，或許無法符合美國工商界的需求，尤其是在科學及工程博士學位方面。由於研究所的教育攸關美國的經濟、文化、科技及教育目標，研究生針對學界內外的就業做準備是必要的（Nerad, June, & Miller, 1997）。由於需要追求學界外「非傳統」生涯，今日研究生面臨了不同於先前世代的挑戰。

主要研究型大學正逢國際學生比例增加的情況。1982 至 1992 年間，外國學生報名科學及工程課程人數增加速度快過美國公民，而這個趨勢仍在持續中（Nerad, June, & Miller, 1997）。對非美國公民而言，就業準備的過程更為複雜且困難。國際學生面臨額外的挑戰，須搞清楚迷宮般的移民法，以確保有效的簽證，使他們在居留美國期間能合法的工作。

研究生工作量：「研究生是大學校園裡工作最過量的人……如果擔任教學助理，更是如此。」（Barnes, 1991, p. 159）教學助理的責任，每週至少增加六小時的教學（Barnes）。由於必須課前準備及課後追蹤，與教學有關的時間達每週 40 小時，這些工作量是除了上課以外額外附加的。研究生無暇享受個人的社交關係及與他人的親近，除了一起上課或共用辦公室的同學外，與他人見面的機會也有限。

於是全國的教學助理強力串連，要求學校管理者檢討及修正政策，以處理工作量大、沒有社交時間，及諸如健保福利和工資等相關問題，是毫不令人意外的（Leatherman, 2000）。

角色反轉與衝突：在職場幾年之後重返校園的專業人士，可能遭遇新學生角色調適上的困難。研究生都體驗到被「剝奪身分」的感覺（Anderson & Swazey, 1998）。剝奪身分涉及了修正先前的自我認知，並且反思自己在研究生中，新角色及成員間的自我接納。這些自己已經達到從中等到高度責任感及地位，必須在組織中適應學習者的新角色。在學界文化中，教職員都被賦予高地位及相關的權力。如今放棄自己的高地位，回到學校當全職學生，或者仍保留職位當兼職學生的專業人士，必須「遵循另一套遊戲規則」，在其中，他們沒有什麼權力，也不再享有高地位；他們僅是儸儸（protégées）而已。

在自己領域工作好幾年，達到高度專業及高度尊敬，或曾就讀於研究所被賦予高地位學校的國際學生，可能都有身分被剝奪的經驗。這種經驗可能對某些研究生產生角色的衝突，因為他們會有地位降低和比起全職時對自己生活更少的掌控力（Althen, 1995）。這兩類學生可能都會因了解美國研究型大學研究生地位低落而感到幻滅（Althen, 1995）。

從專業人士轉型到學生角色，最困難的應是：需要重新學習他們在大學時所養成的學習技巧。但是，在研究所文化中，研究所教育中大部分教職員對研究生某種期望的程度，將影響到研究生是否順利成功取得學位。研究生必須學習發展及維持與教職員的關係，因為教職員的支持可能直接影響在學界內外的就業機會，他們必須學習選擇指導教授、發展研究計畫、選擇論文主題、進行周詳的考試，及完成博士論文的過程（Fischer & Zigmond, 1998）。

從學界生涯路徑重新定位：成人們在自己生涯上一路往前，他們的需求及目標因為內在、外在，或兩者因素而改變。Gaff和Gaff（1981）指出，成人學生因為擁有更務實的工作及生涯上的經驗，所以比傳統學生更為目標導向。他們尋求進步對抗落伍，以回應職場的改變。諸如：經濟波動、組織重組、新興起的科技，或市場的全球化等外部因素等，導致成人員工生涯路徑非計畫的改變。而其他員工確定目前的職位或職業，並不符合個人的特質或興趣，因此，他們在滿足休閒或家庭等個人價值觀時，無法達成職業目標（Goodman & Savage, 1999）。這些員工可能會自願重新導引自己的生涯路徑，能在就業市場上找到更佳的「定位」（fit）。

這些變項造成員工轉型的趨勢，他們的目標「往往更專注於自己的技能可轉移及可攜帶於企業之間、產業之間，以及國家之間」（Goodman & Savage, 1999, p. 20）。

對研究生而言，擔任終身教職員職位，反映了自我概念及生涯目標的實現；但學界就業趨勢的相關資料，只有不到一半（40%）的研究生會在學界工作。當研究生努力工作追求學界生涯，同時必須隨著學界就業市場的現實情況，而重新調整自己的生涯路徑時，研究生將會經驗到自尊受損且有挫敗感。

身為臨時員工研究生：Nerad、June和Miller（1997）在一份科學及工程研究生教育總覽中指出：所有科學及工程領域的研究生完成博士學位所需的時間已經增加了。增加的原因之一，在於許多領域中有更多的博士進入博士以上的研究，擔任短暫的研究職位，通常是一年的教職員職位，同時尋找終身職的機會。這樣的證據顯示：博士以上的研究增加，是因為畢業後難以找到適當的工作。

這裡指出了幾個研究所學生在進入及適應新學習環境時，可能遇到的課題。除了配偶、職業人士及父母等已有的角色外，他們必須適應新的學生、學習者、教師、研究者及新的團體成員身分；研究生可能需要處理自我認知的改變、角色反轉、個人地位的降低，以及適應新的文化及傳統等課題，視自己重返校園的原因而定；有些人可能因為科技化及全球化、財源的減少、生涯方向的重整，而面臨非自願的生涯轉型；其他人可能正經歷失業或生涯抱負未能實現的憂傷階段。追求學界生涯的研究生，可能因為他們在學界內外所學，而了解自己在就業市場的潛力不足，他們必須在擔任教學助理及學習成為教師及研究人員的同時，學習如何再當學生。此外，他們必須取得碩士或博士學位的相關程序及手續，且必須與同儕及教職員建立關係，推進自己的學業目標。研究生由於在學界的獨特處境、相關的責任及任務，以及個別的激勵因素及抱負，可能面臨許多的挑戰，同時也對輔導他們的生涯發展專業人士構成獨特的挑戰。下列詳述了特殊的計畫和服務，可處理主要研究型大學研究生的特殊需求，並為其他創舉計畫提出了一些建議。

五、對大學場域生涯服務實務工作者之建議

1999 年 10 月，美國大學教授協會（American Association of University Professors）起草了一份學生權利及自由聯合聲明（Joint Statement on Rights and Freedoms of Students）的補充聲明（Anonymous, 2000）。建議標準說明了許多先前的討論，包括：學術自由、就業、要求澄清學位、建議行為、智慧財產、訓練、集體交涉權、酬勞及福利等有關的議題。協會建議，具有研究所計畫的大學應採行這些標準，以健全學術政策。這些進步一直被看見，以確保這些政策的執行是依照標準程序制定的。再者，主要研究型大學研究生的生涯發展需求計畫及服務已經展開，雖然這些介入有時是為處理研究生的問題而設計的，但也適合一般大學的成人學生。

Minor（1992）在整合生涯發展理論時，指出常見的要素。這些要素可協助諮商輔導員發展成人的輔導。浮現的幾個觀念，包括：經濟及社會情境等外在因素，對個人生涯抉擇所產生的影響力；成人對於工作環境的期待，與實際存在的適配程度；及成人職業生涯與個人生涯的糾葛難分。所以，「職業及家庭生活的互動循環、生活方式、休閒及其他難以切割的課題，必須在生涯規劃中一併考量」（p. 38）。

這顯示主要研究型大學的諮商輔導員，必須考量研究生包括國際學生，他們可能在生活層面遭遇到各種課題，該如何有效地協助他們。諮商輔導員可與研究生當事人一起努力，找出並統整他們自己的特質、工作環境的特性，以及影響生涯規劃的其他外在力量，進而協助他們進行生涯抉擇及規劃。諮商輔導員也針對職業和就業資訊以及資源的取得，對研究生進行有關的教育。最重要的是，諮商輔導員必須確保研究生層級的當事人能更清楚地了解：個人所做的職業選擇，隱含著對於生活及其他層面的重大影響及後果。

示範計畫

學校有必要提供特別服務給研究生，值得注意的計畫包括：擁有龐大研究生群的芝加哥大學及賓州大學。

芝加哥大學已針對研究生發展出一套生涯發展計畫，是主要研究機構相互仿效的。研究所及在職學生占該大學三分之二的學生人數。所有學生中，大約三分之一是藝術及科學的研究生；三分之一是醫學、法律和企業管理的在職學生；另外三分之一是大學生。該大學的生涯及安置服務（Career and Placement Services, CAPS）提供了四名全職諮商輔導員，個別生涯諮商協助、工作坊及計畫、檔案服務參考，以及針對學界內外就業市場出版刊物及網路資源。工作坊專注於兩個領域：

1. 學界的工作搜尋過程。
2. 探索學界外的選項。

特定主題包括：

1. 為學界工作搜尋做準備。
2. 做校園參訪活動。
3. 協商及提供機會。
4. 出版刊物：學界內的索引。
5. 象牙塔內及超越。

此外，CAPS 最近舉行了年度的科學生涯論壇，結合了物理及生物科學博士候選人及博士以上的學生，以及研究科技方面的主管們及科學家。CAPS也贊助企業管理研討會，其中包括五場兩小時的研討會，由教職員、博士、校友及前輩研究生們所主導。

賓州大學透過生涯服務中心，提供服務給碩士班及博士班的學生。諮商輔導員在大學內的特定學院（例如：醫學、企業、美術、教育、藝術暨科學、工程暨應用科學，以及傳播等）進行個別生涯諮商服務。包括：生涯資訊、提供暑期及永久工作的職位，以及與工作搜尋有關的工作坊、出版物及網路資源。此外，賓州大學的生涯規劃及安置服務已於 1992 年初次出版《學界工作搜尋手冊》（*The Academic Job Search Handbook*）（Heiberger & Vick, 1996）。此出版物針對學界，引導研究生層級的求職者，透過完整的規劃過程及執行來搜尋他們的工作。事實上，主要的研究型大學正覺知到研究生的生涯發展需求，在許多方面比起大學生所面對的，更為複雜且更具有挑戰性。

芝加哥大學及賓州大學為直接回應研究生的需要，包括國際研究生，發展出這些計畫。以下是支持及協助所有成人學生，特別是研究生群體的計畫及服務建議：

1. **設立成人學習中心，做為傳統成人學生的入口及轉介機構。**賓州州立大學透過成人學習服務中心支援大學生及研究所學生。賓州州大的大學成人學習中心，有 16%是大學部學生，及 88%的研究所學生。該中心協助學生進入大學、支援學生轉型至新的角色及環境，並對學生提供有關教育及生涯選擇的諮商，同時將學生介紹給適當的大學服務機構。就大學的政策及作法等相關課題為成人學生倡言，包括：提供有關財務支援、入學政策及程序、社區資源、住所及子女照顧。中心協助學生能在休閒室與其他成人學生交誼，提供電腦研究區，以及透過共用廚房設施，輔助他們的同儕關係。
2. **在生涯中心提供專門的工作人員，特別照顧成人學生的需求，尤其是研究生及國際學生。**諮商輔導員應具有提供成人個別諮商的經驗。

在輔導成人學生時，成人諮商實務工作者應探討及考量構成當事人生涯發展觀點的獨特情況。Rayman（1993）建議，生涯服務專業人員對於當事人進行生涯發展的終身教育，並設計每個生命發展階段支持當事人的計畫及服務。Hansen（1997）強調輔導當事人規劃自己的生涯時，採用整合式取向（integrative approach），使當事人能考量人生各層面及整個生命歷程。Kerka（1995）認為，諮商輔導員必須熟悉成人的發展及成人學習理論，來探尋較年長學生的生活經驗，做為生涯資訊的來源。傳統諮商將重點放在個人興趣、技能及價值觀；成人生涯諮商必須考量男性及女性的工作與家庭生活之間的連結關係。此外，Schlossberg（1984）建議輔導處於生涯轉型中的成人，諮商輔導員應認知年齡的問題，因為它與做生涯抉擇及就業有關。

3. **創辦或購買專門針對成人學生及研究生的刊物。**視特定大學的人口結構而定，這些群體可能很類似，因此針對某一群體的策略也可能可供另一群體的人作為借鏡。針對國際學生的刊物，有一範例：就是由卓克索大學（Drexel University）所出版，名為《國際學生美國大學指南》（*The International Student's Guide to the American University*）的刊物（Barnes, 1991）。另一本名為《博士學位不夠！科學界生存指南》（*A Ph. D. is Not Enough! A Guide to Survival in Science*）（Feibelman, 1993），提供有關學界及公家機關和民間企業追求生涯的建議。擁有龐大研究生群的主要研究型大學，可根據學生比例，提供相當的經費在生涯文獻及與工作有關的資源上，並鎖定資源，支持研究所學生的生涯發展需求。
4. **建立學經歷資格服務，支援研究所及專業學院的申請及工作應徵。**全國的安置辦公室多年來已提供大學生及研究生學經歷資格服務。許多大學的成人新生可能不知道有這種服務。在學界裡工作應徵過程並非是靠直覺的，且大多數的研究生並不熟悉相關的步驟，例如：準備履歷及面試。為了補強學經歷資格服務，生涯服務專業人員最好能提供研究生在學界內就業相關的工作坊及研討會。

5. **針對成人學生發展，提供一系列的相關工作坊及研討會，下列主題使用以學習者為中心的架構：就業趨勢、工作搜尋策略、找出替代性生涯規劃（alternative career plans）**。賓州州立大學已發展出一個工作搜尋策略中心，工作坊是特別為國際學生所設計。內容包括兩個與潛在障礙有關的部分：(1)認知公民身分所需條件、文化差異，以及語言的障礙；以及(2)克服障礙必須發展出了解如何運作美國工作搜尋過程，以及國際學生如何善用該程序。工作坊的第三個要素，包括討論可用的服務及資源，以協助學生執行工作搜尋計畫。
6. **提供援助給研究生，以確保修完博士後的機會，以及在商業界、工業界及政府機關就業**。許多在學界追求生涯的研究生，可能會遇到就業市場的緊縮，或認定自己的生涯目標應加以修改，以更能反映個人的興趣及能力。這些謀求學界內的生涯，以致排除其他機會的人，可能沒有可供建立新生涯目標的參考架構或必要知識，無法發展一個實現這些目標的計畫。所以，必須對研究生進行有關生涯發展歷程的教育，其中包括自我探索及另類的學界內生涯路徑探索。所以，生涯諮商輔導員能藉由和研究生一起擬定生涯發展計畫，及支持他們實行這些計畫，如此是對研究生最好的服務。
7. **發展出針對代表性不足的成人大學生及研究生的計畫和服務**。在高等較育中有日漸增多的女性、有色人種及國際成人學生的影響，在職場上對這群研究生產生強烈的挑戰和機會。潛在障礙的議題，例如：無形的升遷障礙、學界及民間產業的就業市場不同特色、學習領域的種族區隔，以及以這些障礙為中心的生涯管理策略，都必須教給對於這些課題毫無認識的成人學生。生涯規劃的專業人員必須找出指標性的計畫，例如：芝加哥大學及賓州大學的計畫，以激發出適合自己學生群體的計畫。
8. **為美國及國際研究生執行體驗性教育及實務訓練計畫**。實驗性教育計畫包括建教合作及實習，可在大學的各學術領域內發展。這些計畫使研究生有機會見到理論的實際應用、加深他們對學問的了解，並使他們知道政府及民間機構的就業機會。這樣的經驗可設計出融入課程的研究，或構成碩士及博士論文的研究基礎。國際學生的簽證容許他們在美國擔任與研究有關的職位。實務訓練是國際學生課程中不可或缺的一部分，但往往難以獲得這種訓練。所以，生涯服務的專業人員在研究生與生涯發展機會的連結上，扮演一個重要的角色。

9. **協調提供研究生與相同大學或學術內高階研究生聯繫，以及可使研究生與相關領域工作若干年的專業人士的良師聯繫及工作網絡計畫。** 賓州州立大學贊助了一套針對一年級有色人種學生，協助他們適應大學環境的良師計畫。可鎖定一年級研究生，使他們與相同領域的教職良師及校友良師進行聯繫計畫。這類計畫可能對兼職研究生特別有幫助，因為他們沒有時間在校園裡發展同儕關係，與自己系上的聯繫又不夠密切。

10. **積極地行銷計畫及服務成人大學生與研究生。** 研究生並不習慣接受針對他們特殊需求的服務，所以不會尋求這些服務。生涯發展專業人員須使用創意的思考，以達到他們理想的就業市場，進行市場研究找出成人學生群的人口結構，生涯專業人員將行銷的努力專注在這個群體上。Rayman（1993）建議，與教職員、行政管理者及大學的其他單位建立合作關係，並善用此「多重效應」（multiplier effect），進一步增進學生生涯發展目標。生涯諮商輔導員可藉由管理中心與大學體系的影響力，倡導透過多重管道推廣生涯服務，找出及發展創新的方式，並告知研究生特別針對他們所做的計畫及研討會。

Seifried和Rayman（1998）指出，一份針對35所主要研究型大學的研究顯示：目前缺乏統合因應研究生獨特生涯發展需求的計畫，但許多主要研究型大學的成人學生持續增加，所以，主要研究型大學的生涯發展專業人員應關注大學及研究所成人學生的特殊生涯需求。

Rayman（1999）指出新世紀生涯服務要項時建議，生涯服務專業人員應認知生涯發展是終身性，生涯規劃開始於任何年齡的學生，鼓勵他們為自己的命運（destiny）負責。同時，諮商輔導員必須持續他們的專業發展與學習，以因應越來越多元的學生群體，在生命歷程各階段及各層級中持續不斷改變的生涯需求（career needs）。

參考文獻

Althen, G. (1995). *The handbook of foreign student advising* (Rev. ed.). Maine: Intercultural Press, Inc.

Anderson, M. S., & Swazey, J. P. (1998). Reflections on the graduate student experience: An overview. In M. S. Anderson (Ed.), *The experience of being in graduate school: An exploration* (pp. 3-13). San Francisco: Jossey-Bass.

Anonymous. (2000). Statement on graduate students. *Academe,* 86, 64-65.

Aslanian, C. B. (2001). *Adult students today.* New York: The College Board.

Aslanian, C. B., & Brickell, H. M. (1980). *Americans in transition: Life changes and reasons for adult learning.* New York: The College Board.

Aslanian, C. B., & Brickell, H. M. (1988). *How Americans in transition study for college credit.* New York: The College Board.

Baird, L. L. (1993). Using research and theoretical models of graduate student progress. In L. L. Baird (Ed.), *Increasing graduate student retention and degree attainment* (pp. 3-12). San Francisco: Jossey-Bass.

Barnes, G. A. (1991). *The international student's guide to the American university.* Lincolnwood, IL: National Textbook Company.

Boyle, P., & Boice, B. (1998). Best practices for enculturation: collegiality, mentoring, and structure. In M. S. Anderson (Ed.), *The experience of being in graduate school: An exploration* (pp. 87-94). San Francisco: Jossey-Bass.

Carnegie Foundation for the Advancement of Teaching. (1994). *A classification of institutions of higher education.* Princeton, NJ: Author.

College Enrollment by Age of Students. (1998, Fall). *The Chronicle of Higher Education Almanac* (2000).

Feibelman, P. J. (1993). *A Ph.D. is Not Enough! A Guide to Survival in Science.* Reading, MA: Perseus Books.

Fischer, B. A., & Zigmond, M. J. (1998). Survival skills for graduate school and beyond. In M. S. Anderson (Ed.), *The experience of being in graduate school: An exploration.* San Francisco: Jossey-Bass.

Gaff, J. G., & Gaff, S. S. (1981). Student-faculty relationships. In Arthur W. Chickering & Associates, *The Modern American College.* San Francisco: Jossey-Bass.

Gerald, D. E., & Hussar, W. J. (2000). *Projections of Education Statistics to 2001* (NCES No. 2000-071). Washington, DC: National Center for Education Statistics.

Goodman, J., & Savage, N. (1999). Responding to a Community Need: Oakland University's Adult Career Counseling Center. *The Career Development Quarterly, 48,* 19-29.

Hansen, L. S. (1997). *Integrative Life Planning.* San Francisco: Jossey-Bass.

Heiberger, M., & Vick, J. (1996). *The academic job search handbook* (2nd ed.). Philadelphia: University of Pennsylvania Press.

Hughes, R. (1983). The nontraditional student in higher education: A synthesis of the literature. *NASPA Journal, 20,* 51-64.

Keierleber, D. L., & Hansen, L. S. (1992). A coming of age: Addressing the needs of the adult learner in university settings. In H. D. Lea & Z. B. Leibowitz, (Eds.), *Adult Career Development: Concepts, Issues, and Practices* (2nd ed., pp. 312-339). Alexandria, VA: National Career Development Association.

Keierleber, D. L., & Sundal-Hansen, L. S. (1986). Adult career development in university settings: practical perspectives. In Z. B. Leibowitz & H. D. Lea, (Eds.), *Adult Career Development: Concepts, Issues, and Practices* (pp. 249-271). Alexandria, VA: National Career Development Association.

Kerka, S. (1995). *Adult Career Counseling in a New Age.* ERIC Digest No. 167. (ERIC Document Reproduction Service No. ED 389 881).

Krager, L., Wrenn, R., & Hirt, J. (1990). Perspectives on Age Differences. *New Directions for Student Services, 51,* 37-47.

LaPidus, J. B. (1995). Doctoral education and student career needs. *New Directions for Student Services, 72,* 33-41.

Leatherman, C. (2000, March 31). For T. A.'s winning the right to unionize is only half the battle. *The Chronicle of Higher Education, 46,* A16-A17.

Minor, C. W. (1992). Career development theories and models. In h. D. Lea & Z. B. Leibowitz, (Eds.), *Adult Career Development* (2nd ed., pp. 17-41). Alexandria, VA: National Career Development Association.

Nerad, M., June, R., & Miller, D. S. (1997). Volume Introduction. In M. Nerad, R. June, & D. S. Miller (Eds.), *Graduate Education in the United States* (pp. vii-xiv). New York: Garland.

Nowack, J., & Shriberg, A. (1981). Providing services for the adult learner in the university. In F. R. DiSilvestro (Ed.), *Advising and Counseling Adult Learners* (pp. 43-50). San Francisco: Jossey-Bass.

Peterson's Guide to Four-Year Colleges. (1998). (28th ed.). Princeton, NJ: Peterson's.

Rayman, J. R. (1993). Concluding remarks and career services imperatives for the 1990's. In J. R. Rayman (Ed.), *The Changing Role of Career Services* (pp. 101-108). San Francisco: Jossey-Bass.

Rayman, J. R. (1999). Career services imperatives for the next millennium. *The Career Development Quarterly, 48,* 175-184.

Schlossberg, N. K. (1994). *Counseling Adults in Transition: Linking Practice With Theory.* New York: Springer.

Schuster, J. H. (1997). Speculating about the labor market for academic humanists: Once more unto the breach. In M. Nerad, R. June, & D. S. Miller (Eds.), *Graduate Education in the United States* (pp. 92-97). New York: Garland.

Seifried, T. J., & Rayman, J. R. (1998). *Career Services for Adult Learners: A Survey of 35 Colleges and Universities.* The Pennsylvania State University, University Park: Student Affairs.

U.S. Department of Education, National Center for Education Statistics. (1989). *Digest of Educational Statistics* (25th ed.) (NCES Publication No. 89-642). Washington, D.C.: U.S. Government Printing Office.

U.S. Department of Education, National Center for Education Statistics. (2000). *The Condition of Education 2000.* (NCES Publication No. 2000-602). Washington, D.C.: U.S. Government Printing Office.

Young, B. A. (1997). *Degrees Earned by Foreign Graduate Students: Fields of Study and Plans After Graduation* (NCES Publication No. 98-042). Washington, D.C.: U.S. Government Printing Office.

第十九章

輔助就讀二年制學院（大學）的成人生涯發展

Junior Achievement 公司｜Darrell Anthony Luzzo*

近年來，高等教育中超過 25 歲的成人，人數已持續上升（Luzzo, 1999; Rathus & Fichner-Rathus, 1997）。回到學校的成人通常被稱為**非傳統學生**，往往選擇二年制（即社區或技術）學院，做為在工作中確認自己及追求自己生涯目標時，對教育環境的選擇。

各大學的研究及事務人員，知道用個人的心理特質，來區別傳統年齡學生（年齡低於 25 歲者）與成人學生（Ashar & Skenes, 1993; Chartrand, 1992; Chickering & Havighurst, 1981; Miller & Winston, 1990）。這些特質中常被提到（且非常直覺式）的觀察結果是：成人學生通常有工作、家庭及社區責任。伴隨著這些責任，兩年制大學的學生更關注與工作、家庭及社區責任，及相互拉扯所帶來的壓力管理；而較年輕及較傳統年齡學生，則較明顯的在建立認同感及參與大學所提供的社交活動。

這些差異導致 Chartrand（1992）主張：傳統學生的發展模式（例如 Pascarella, 1980; Tinto, 1975）可能太專注與青春晚期有關的發展因素，而忽略了大多數成人大學生對於工作、家庭及社區等重要的議題。Miller 和 Winston（1990）表達了同樣的顧慮：

---

*註：Darrell Anthony Luzzo 博士係 Junior Achievement 公司之資深教育副總經理，以及《大學生生涯諮詢：有效策略的實證指南》（*Career Counseling of College Students: An Empirical Guide to Strategies That Work*）（APA Books 出版）的編者。有關本章的通信應寄給 Darrell Anthony Luzzo，地址：One Education Way, Colorado Springs, CO 80906；電子郵件：dluzzo@ja.org。

> 較年長的成人群……反映出與傳統年齡學生相當不同的發展需求及任務；而這些非傳統的學生因處於不同的發展階段，針對這群不同年齡層的特殊性質及生活模式來說，調整相關的社會心理評估策略及工具是很重要的（p. 109）。

就讀二年制大學的成人，和特定族群一樣，具有諮商輔導員提供生涯服務時需要考量的各種特性。本章主要討論這類界定及特性，並提供特定的策略，處理就讀二年制社區大學成人學生的生涯抉擇需求。

一、就讀二年制大學成人生涯發展相關因素

對許多就讀二年制大學的成年學生而言，決定追求更多教育訓練，常是基於經濟需求或經濟考量的動機（Ashar & Skenes, 1993）。在離開學校幾年後，重新回到大學的成人，將自己報名大學或研究課程視為增加自己工作穩定性的方法，或藉由更新自己在某個領域的技能，或完成一個在幾年前就想追尋的學位；對許多成人學生，隨著失業而來的，可能是福利的中斷，包括教育費或其他訓練；有些人重返大學，可能是基於終身學習的目的或休閒及嗜好的追求。由於就讀二年制大學的課程時間彈性且相對成本較低，所以許多成人認為，這是達成自己目標的良好環境。

過去十五年間所進行的研究顯示：就讀大學的成人學生，並不比年輕的學弟妹在生涯探索和規劃上更為進步（Ashar & Skenes, 1993; Brock & Davis, 1987; Healy & Reilly, 1989; Luzzo, 2000; Mounty, 1991）。然而，有幾個明顯不同的因素，可將就讀二年制大學成人學生與較年輕學生生涯發展加以區分。由於大多數的二年制生涯發展諮商計畫，傳統上都將重點放在傳統年齡學生的需求上（如文獻中所定義，低於25歲者），所以針對人數漸增的成人大學生族群，生涯諮商輔導員必須發展合適的生涯諮商輔導介入（Ginter & Brown, 1996; Luzzo, 2000; Mounty, 1991）。

有證據證明：傳統及非傳統的大學生（其中很多就讀二年制大學）在

生涯探索及規劃的需求上，有類似之處。實證研究結果顯示，大學生的年齡與他們對於生涯決策原則的認知（Healy, Mitchell, & Mourton, 1987; Luzzo, 1993a）、對自己職業偏好的認知（Greenhaus, Hawkins, & Brenner, 1983），以及生涯的果決程度（Slaney, 1986; Zagora & Cramer, 1994）之間並無關係。換言之，年輕傳統年齡的大學生以及成人大學生，對於生涯決策的認知，和對於他們生涯知識了解的追求，以及在生涯目標上的猶豫不決，都是一樣的。

另一方面，研究人員發現：有幾個用來區別二年制大學的成人學生，與較年輕或傳統年齡學生的因素，如果對這些差異能更加了解，有助於發展出更適合二年制大學成人學生的生涯諮商輔導介入。

已故的 Donald Super（1984）生涯發展理論的基本信條就是：當一個人隨著時間而成長時（即變得更年長），他（她）會獲利於先前的工作經驗，使他們根據先前所學到的生涯探索及規劃原則來發揮。高中畢業後直接進入二年制大學的在職經驗，以及一般的生活經驗上，都比起離開學校幾年之後再回到學校，這群接近 30 或 30 出頭的成人少得很多。所以，較年長的成人學生比較可能處在生涯發展的建立或維持階段，更可能在面對生涯抉擇時，展現出更適當的態度，這樣的概念被 Super 稱為**生涯成熟度**（career maturity），後來稱為**生涯適應能力**（career adaptability）。

Super（1984）也認為，成人學生比起較年輕學生更可能進行**再循環**（recycling），這是一種重新體驗生涯發展階段的歷程。由於重回校園的成人學生，是用自己先前生涯抉擇經驗中累積到的知識，他們在重複生涯發展的早期階段，例如**生涯選項**（career options）的探索歷程中，由體驗生涯轉型及生涯的選擇中，確立了生涯，所以通常被認為（雖然有時候不正確）這是比較有效果，甚至是比較有效率的說法（Healy & Reilly, 1989）。另一方面，重新循環比初次體驗生涯發展的初步階段更具有挑戰性，主要是與多重生活角色有關的其他責任。

Super 的學生，後來在生涯發展領域闖出自己名號的 John Crites，進一步發展出生涯成熟度的概念。Crites（1971）指出：一個人面對生涯抉擇的態度和情緒反應，是構成生涯成熟度兩個主要領域之一（另一領域是認知或做抉擇的能力）。Crites和Super一樣，都認為當人隨著時間成長（即變得更年長）時，他們的工作相關經驗及一般生活經驗，會幫助他們發展出對於生涯抉擇更適當的態度。

不同的調查研究（其中有幾項研究分析從社區大學生那裡取得的資料）顯示，大學生年齡與他們的生涯抉擇態度之間的正向關係（Blustein, 1988; Guthrie & Herman, 1982; Healy, O'Shea, & Crook, 1985; Luzzo, 1993b），因此，可佐證 Super 及 Crites 所提出的主張：至少在生涯成熟度的情感層面（即態度、感覺）是如此。對於生涯探索及規劃的過程，成人學生對生涯抉擇所展現的態度，通常是具安全感且感到自在的；而較年輕的學生，則比較可能出現與生涯抉擇有關的不安全及焦慮感。

Donald Super 的另一位學生 Charles Healy，以及 Healy 的幾位同事（Healy, 1991; Healy, Mitchell, & Mourton, 1987; Healy & Mourton, 1987; Healy et al., 1985; Healy & Reilly, 1989）在 1980 年代中期及 1990 年代初期，進行一系列的研究，讓生涯諮商輔導員更清楚了解，年齡在二年制大學學生的生涯發展上所扮演的角色。在 1985 年出版的一份研究中，Healy 等人請受試者填寫一份生涯成熟度的《生涯成熟量表》（*Career Maturity Inventory,* CMI）（Crites, 1978），和一份有關年齡的學業成績平均數（grade point average, GPA）及職業狀況的表格，結果顯示：年齡與生涯抉擇態度之間有正向的關係（$r = .48, p < .01$）；一項路徑分析也顯示年齡與職業等級之間，以及年齡、職業態度與GPA之間，都有正向的關係。此調查有關的兩個主要發現：⑴生涯成熟度的情感要素，事實上（是）與二年制大學生的年齡有關（成人對於生涯抉擇展現的，比年輕的學生更為成熟）；且⑵用更成熟的態度來面對生涯抉擇的歷程，能增進受雇能力（employability）及有助於學業的成就。

Blustein（1988）在非社區大學的學生樣本中，請學生完成生涯猶豫、生涯承諾，以及生涯成熟度的測量。發現與 Healy 等人（1985）的二年制大學生樣本結果一致，也顯示出年齡與生涯成熟度之間的正向關係，年齡在生涯成熟度分數的變異上占了將近 5%；最後，在一份最近的研究當中，Luzzo（1993b）提出了更多的證據顯示，年齡可能是決定大學生對於生涯抉擇態度的重要因素。學生填了幾份生涯發展的測量資料，以及人口結構的問卷，結果顯示：參與調查者的年齡與生涯抉擇的態度之間有著正相關（$r = .31, p < .001$），年齡占了學生生涯抉擇態度變異的9%以上。同樣的研究，較年長的學生比起較年輕的傳統年齡學生，對於生涯抉擇更能展現出成熟的態度。

就讀大學的傳統及非傳統學生，在生涯發展的其他層面上——包括生涯承諾、職業認同、生涯抉擇的自我效能，及知覺到生涯諮商的需求，都顯出不同（Colarelli & Bishop, 1990; Greenhaus, Hawkins, & Brenner, 1983; Haviland & Mahaffy, 1985; Luzzo, 1993a; Peterson, 1993）。Colarelli 和 Bishop（1990）在一項針對 341 名就讀企管碩士（MBA）班學生的研究中，請受試者填寫兩份生涯承諾（career commitment）資料，以及控制信念（locus of control）、角色衝突（role conflict）和角色模稜兩可（role ambiguity）的心理測量資料，結果顯示：成人學生對於生涯決定比起傳統學生更為堅定。結果也指出：在提供社區（以及其他）大學成人學生生涯諮商服務時，特別考量個人特性（例如：性別、族群）及心理特性（例如：控制信念、多元角色衝突等）是重要的。

Haviland 和 Mahaffy（1985）請所有研究受試者——都是成人大學生，填寫《我的職涯狀況》（*My Vocational Situation,* MVS）調查表（Holland, Daiger, & Power, 1980）。MVS 的施測，研究者能評估受試者的職業認同、對職業訊息的了解，以及意識到生涯目標的阻礙。受試者的得分與MVS常態組的傳統大學生的得分（如MVS手冊所指出）相比，結果顯示：為就讀二年制大學的成人學生設計生涯介入時，必須考量的幾項重要發現，若與常態樣本較年輕學生相比，Haviland和Mahaffy調查中的受試者顯示：他們更能意識到達成生涯目標的阻礙，且更需要生涯資訊；Haviland和Mahaffy的結論是：成人學生將可從生涯諮商脈絡中，去討論他們所意識到的阻礙，及得到豐富的生涯相關資訊，並從中獲益。

1993 年所出版的兩份研究（Luzzo, 1993a; Peterson, 1993）評估大學生的年齡與其生涯抉擇自我效能之間的關係。**生涯抉擇自我效能**（career decision-making self-efficacy），這個名詞首先由Taylor和Betz（1983）提出，係以 Bandura（1977）的自我效能理論為基礎，指的是一個人進行生涯抉擇能力的信心。大學生的生涯抉擇自我效能與生涯發展及成熟度的幾個指標略有關係，其中包括生涯探索行為（career exploration behavior）（Blustein, 1989）、生涯果決程度（career decidedness）（Taylor & Betz, 1983），及生涯控制信念（career locus of control）（Luzzo, 1995）。Luzzo（1993a）和 Peterson（1993）的研究結果顯示：大學生的年齡與生涯抉擇自我效能之間有顯著的相關，也就是說，成人學生比起傳統學生更具有進行生涯抉擇的信心。然而，這兩項研究仍有限制，因為樣本是四年制大學的傳統及非傳統學生，所以這些發現並不適用於二年制大學學生。

近來有幾個研究，針對二年制大學生生涯發展，研究人員提出幾個額外的個人及心理因素，值得生涯諮商輔導員注意。例如：Ryan、Solberg 和 Brown（1996）檢視了 220 名社區大學學生的家庭失功能、對父母的依附關係，以及生涯自我效能研究。調查結果顯示：對父母的依附以及家庭失功能的程度，相當能預測受試者的生涯自我效能程度。Ryan 等人（1996）的研究強調：應將心理健康和關係議題納入生涯諮商的脈絡裡。

Newman 和 Lucero-Miller（1999）針對墨西哥裔美國人的社區大學生評估幾種生涯變項，以及家庭凝聚力與文化融入之間的關係。研究結果顯示：提供生涯服務給二年制大學的成人學生時，考量社會文化變項（例如：家庭凝聚力、族群認同、文化適應）的重要性。

Healy 和 Reilly（1989）進行了一項研究——是目前最周全的二年制大學的生涯抉擇需求分析。就讀加州十所不同社區大學的 2,900 名學生回答了幾個有關生涯諮商需求及服務的問題。受試者將生涯領域劃分成七個需求等級（如：**主要需求、最小需求，或完全無需求**），分別是：認識更多有關興趣及能力→了解如何針對生涯目標做決定→對生涯計畫更確定→探索與生涯有關的興趣及能力→選擇與生涯目標有關的課程→發展求職技能→取得一份工作。

Healy 和 Reilly（1989）調查發現，提供生涯諮商輔導員二年制大學成人學生生涯發展的有用資訊，並指出若干更有效運用、以滿足成人學生生涯抉擇需求的策略。結果是二年制大學學生的生涯需求在程度上，會隨著年齡增長而降低。就大部分情況而言，二年制大學較年輕的學生比起成人學生更可能在：(1)認識更多有關興趣及能力；(2)了解如何針對生涯目標做決定；以及(3)生涯領域上求職技能的發展有很大的需求。然而，Healy 和 Reilly的研究結果也顯示：「大多數」受試者在「每個」年齡層（17～19、20～23、24～29、30～40、41～50），對這七個生涯領域都有不同需求。

> 原本被認為次要顧慮的需求任務，如果在成人年期間重複出現，就會如研究樣本中，超過 30 歲以上的成人中有 25%到 35%的人，反而成為最主要的需求。更令人驚訝的是，探索與工作相關的興趣及能力的需求，對將近 40%的 40 到 50 歲的人而言，是很重要的。顯然，這些成人學生對於改變中的機會結構（opportunity structure）都採取探索的態度，並預期他們可藉由工作經驗尋求發展，並發現自己內在的潛力（Healy & Reilly, 1989, p. 544）。

Healy 和 Reilly（1989）發現：有關男女生涯探索及需求規劃上幾種值得注意的差異，在研究中顯示，女性對於生涯規劃的確定程度不如男性。Healy 和 Reilly 從生涯自我效能的觀點來解釋這個發現，並做了以下的表示：「女性對於生涯規劃較不確定，可能來自於〔女性的〕……前進至一個對女性懷有偏見的工作體系，或是對整合式生涯、婚姻與子女之間的困難顧慮。」（p. 544）

在 Healy 和 Reilly（1989）有關男女表達出的生涯需求調查中，所觀察到的差異是在工作取得方面。年齡層 24 至 29 歲以及 41 至 50 歲的男性，比起相同年齡層的女性，更可能認為「取得工作」是*主要的*生涯需求；另外，30 至 40 歲的女性，比男性更可能把「取得工作」當成是*主要需求*。這樣特定的發現強調：提供生涯諮商服務給二年制大學的成人學生時，須考量多重因素（例如：年齡、性別等）的必要性，所以一種生涯介入或生涯諮商策略，適合所有學生——包括所有成人學生——會是一項錯誤的想法。

先前研究在生涯諮商實務的意涵

遺憾的是，大多數二年制及四年制的生涯發展計畫及生涯諮商介入，往往將重點放在傳統年齡（即較年輕）學生上（Luzzo, 2000）。因此，發展更為適合各年齡群的生涯發展計畫，以因應越來越多重返校園的二年制大學成人學生的需求，是有必要的（Ginter & Brown, 1996; Griff, 1987; Mounty, 1991）。

根據本章研究歸納提出：針對成人學生群特別相關的議題，發展設計出生涯諮商介入是必要的（Mounty, 1991）。特別針對成人學生的生涯需求，所設計的介入及服務又方便取得，讓他們知道：生涯服務對於他們的學業及職業發展是息息相關且有用的。也就是說，生涯諮商輔導員越了解二年制大學生的需求，且投入越多的資源，就越有可能發展出有效的生涯發展介入策略，且是成人學生也可利用的。針對輔導二年制大學成人學生時，生涯諮商輔導員及職業心理學家們已提出多種可隨機應變且富創意的生涯介入策略，以下將討論其中幾個想法。

首先最重要的是，認知這些學生是來自多種不同的背景，且就讀動機也各有不同（Luzzo, 2000）。就讀二年制大學的學生可能是被裁員的工廠員工，需要取得某個領域的證明，以便有資格擔任其相關領域的更高職位，或進入更有前途的新領域以穩固就業機會；就讀社區大學的成人學生可能是某知名企業裡成功且資深的員工，只因為必須擁有準學士學位才能升遷；一個成人學生可能是從高中畢業，在家鄉裡或外出工作了好幾年，最近決定重返校園取得專業的學位，可能選擇二年制大學做為出發點。隨著多元化的「成人學生」，提升我們的能力以提供高品質的生涯諮商服務給這群人數漸多的人，絕對是刻不容緩的。

由於二年制大學學生所展現的許多獨特特質，初步評估他們與生涯相關的需求及顧慮是關鍵所在。生涯諮商輔導員應確定每一當事人的特定需求，並根據此特定需求發展出介入策略，而非認為每個利用生涯服務的成人學生，都會因為性向測驗、討論過去的就業經驗，或取得勞動市場的資訊而獲益。

雖然二年制大學較年輕學生與成人學生之間，在生涯發展上存在著某些差異，然而，並非因為成人學生的生涯發展比較進階（advanced），因而對生涯規劃及抉擇的輔導需求就遽減（Healy et al., 1987; Healy & Reilly, 1989; Luzzo, 1993a）。再者，根據本章研究，二年制大學的成人學生對於生涯抉擇的介入需求不同於較年輕的同學，這並不恰當。換言之，設計適當的生涯介入，若只考量年齡並不適當。沒有任何理由可以讓我們相信：只有成人學生才關心與生涯抉擇有關的經濟因素。而是「所有的學生，無論從傳統或非傳統的觀點來看，都期待大學生在今日充滿競爭的就業市場上，能增進他們的生涯規劃及目標」（Mounty, 1991, p. 43）。事實上，在二年制大學中工作的生涯諮商輔導員必須承認：所有年齡的大學生都有生涯探索和學業協助（例如：選課等）的需求。

Healy 和 Reilly（1989）調查顯示，許多就讀二年制大學的成人學生都在思考生涯轉型的事，因此，就像傳統學生的需要一樣，他們也需要學習就業機會的輔導。諮商輔導員可與校園中的其他機構協調各項服務，進而建立一套可提供所有年齡學生使用的資源網路，取得生涯探索及生涯規劃中有價值的經驗。例如：生涯諮商輔導員與二年制大學的職業及學術部門之間，建立持續的聯繫關係，就能確保這些課程內容的掌握，進而提供學生正確及有用的資訊。

Davies 和 Feller（1999）擔心許多二年制大學只提供片段短暫的服務，可能使非傳統學生邊緣化，所以建議二年制大學的多個學生服務部門能協調並結合各種服務。尤其主張二年制大學成立全方位生涯協助中心（comprehensive career assistance centers），以提供整合性的學業、生涯及個人服務。Davies 和 Feller 模式認知到：提供生涯諮商服務給二年制大學的成人時，須廣泛考量教育及心理社會因素。

另一個提升成人學生生涯發展計畫與活動的策略，是擴大生涯安置及諮商服務時間，就是納入夜間及週末時段。如此一來，二年制大學的生涯諮商輔導員就可協助在職的成人學生，在傳統朝九晚五上班時間之外，更方便地利用到生涯諮商服務。提供夜間及週末的輔導時間給這些重返校園的成人學生，去面對所帶來的生活改變並獲得更好的調適機會。

專為二年制大學成人學生所設計的諮商工作坊、研討會及課程，應該包括之前成人研究中用以處理與生涯相關的特定關注部分（Haviland & Mahaffy, 1985; Healy & Reilly, 1989; Luzzo, 1993a）。Healy 和 Reilly 對於社區大學生調查的結果在這一方面特別實用。例如：二年制大學的成人學生雖然對於選擇生涯目標、進一步確定生涯規劃，以及謀求工作的重視程度不如傳統學生，但卻相當重視探索與他們工作有關的興趣及技能；較年長的二年制大學生也認為：學習有關選擇適當課程，為特定生涯做準備的過程是相當重要的。以上這些主題應成為特定滿足二年制大學生需求的工作坊及研討會重點。

Haviland和Mahaffy（1985）的研究顯示，成人大學生生涯發展中，最具影響力的因素之一是：對於生涯阻礙相關的認知。因此，諮商輔導員應考慮將有關生涯阻礙的認知整合至生涯諮商歷程中，且應協助較年長的成人當事人，發展出面對及克服生涯相關阻礙的策略。Albert 和 Luzzo（1999）提出了幾項策略，例如：鼓勵當事人記錄他們在過去所遭遇到阻礙的日誌，日誌可能包括：個人如何解讀所遭遇及去面對和處理這些阻礙的歷程，諮商輔導員可鼓勵當事人列出更多可用來處理或預防個人特定阻礙的方法。

諮商輔導員也可從歸因的觀點，討論對生涯阻礙的認知，協助當事人評估他們在生涯抉擇過程的信心及自我掌控程度（Albert & Luzzo, 1999）；進而幫助成人大學生能夠成功面對生涯相關阻礙及增加自信心。這樣的策略可協助成人學生知道，只要努力訓練去克服阻礙，就能提升自己面對更多阻礙的掌控感，及對此阻礙負起責任。

生涯諮商輔導員也須牢記，許多其他心理特質，可能對二年制大學成人生涯發展深具意義的影響。如本章先前討論，許多生涯諮商輔導員及職業心理學家開始認知到整合心理、學業，以及職業議題，納入生涯介入的重要性（Davies & Feller, 1999; Newman & Lucero-Miller, 1999; Ryan et al., 1996）。在輔導成人大學生時，諮商輔導員須討論多重角色衝突、族群認同、家庭凝聚力，以及文化適應等心理因素，在學生的生涯抉擇中所扮演的角色。將這些類型的心理特質納入生涯諮商過程，可協助較年長學生，思考在他們生命中，個人及生涯相關議題之間的交互作用，而達到目的。

二年制大學成人學生的諮詢工作坊及研討會，應妥善規劃策略，處理學生們自己「特定」與生涯相關的顧慮。生涯諮商輔導員也依先前研究所指出的顧慮（例如 Haviland & Mahaffy, 1985; Healy & Reilly, 1989），更好的是，諮商輔導員可進行校園現場調查研究，以確保計畫的提供，能滿足學生的需求。這項策略提供生涯發展服務給已廣泛存在於二年制大學成人學生群中的特殊次群體時，顯得特別重要。近年來，專業期刊所刊載的報告已納入且用來處理如「在職貧困者」（Johnson, 2000）及殘障學生（Norton & Field, 1998; Trach & Harney, 1998）等特殊群體有關生涯發展需求計畫，同時提供特別針對特定群體的生涯服務，如此生涯諮商輔導員就可確保最有效的輔導介入，且盡可能提供給更多有此需求的學生。

最後，二年制大學生涯中心招募且雇用在實務上具有處理特定成人大學生生涯問題及顧慮的專業諮商輔導員。二年制大學諮商輔導員如能了解成人學生群中常見的生涯相關問題，將會受到尋求服務成人的賞識及敬重。專門提供給四年制院校的生涯訓練計畫，在理論及實務課程上，可能需要涵蓋非傳統的學生群及二年制的諮商服務；對於想在這些場合中工作的研究生，提供二年制大學的實務課程及實習機會，是一個絕佳的訓練場所。同儕指導（peer mentoring）也是協助大學諮商輔導員了解更多有關成人學生需求及發展有效的生涯介入策略。

持續研究及評量成人學生生涯介入需求

隨著就讀各種學院及大學成人學生數目不斷增加——最明顯的是二年制大學，所以，由生涯諮商輔導員決定傳統的生涯諮商介入（例如：小團體的評估、一對一的諮商），是否適合於較年長學生群是很重要的。

二年制大學的生涯諮商輔導員，適合在自己的學校設計及執行此研究。諮商輔導員可考慮與學校教職員，及知道研究方法的當地大學教授合作，這樣的合作可能在生涯諮商輔導員進行研究計畫的初步階段，就被證明有效。由生涯諮商輔導員所進行的研究結果，將有助於釐清傳統的介入，對於成人學生是否和原本針對的較年輕學生一樣有效。

再者，二年制大學的諮商輔導員應將研究結果，發表於相關的專業大會上，例如：美國社區大學協會（American Association for Community Colleges）、美國大學職員協會（American College Personnel Association）、全國生涯發展協會（NCDA）、全國學生人事管理者協會（National Association of Student Personnel Administrators）、美國諮商協會的年度大會；並在專業期刊上刊載研究結果，例如：《大學生發展月刊》（*Journal of College Student Development*）、《生涯發展月刊》、《生涯發展季刊》。如此一來，二年制大學的生涯諮商輔導員不但可對知識庫做出貢獻，更協助同事提供有效的生涯諮商服務給所有學生。

未來研究方向應特別鎖定許多尚待回答的問題，如就讀二年制大學中較年輕及較年長的成人，如何進行生涯抉擇的歷程（Healy & Reilly, 1989）。較年長或較年輕的學生是否透過相同或不同的方式探索他們的生涯？對於協助他們自己準備未來的生涯及課程，是否都問同樣的問題？傳統及非傳統學生是否同樣關心經濟的議題？他們是否對於工作領域及當前的就業趨勢都有同樣的理解？種族／族群的多元性會以何種方式影響成人學生的生涯發展需求？先回答這些相關問題的答案，將有助於諮商輔導員為二年制大學的成人提供最有效的生涯諮商輔導。

生涯諮商輔導員及職業心理學家多年來即主張：生涯探索及規劃中的環境影響因素，在傳統生涯發展研究和實務裡一直被忽略（Blustein & Phillips, 1988; Morrow, Gore, & Campbell, 1996; Parham & Austin, 1994）。將這些變項整合在未來的調查中，會顯得日形重要。例如：我們對於家庭成員在成人學生生涯發展上所扮演的角色，所知相對較少；同樣的，只有幾項研究探討了個人對生涯抉擇作用的感知、角色的模稜兩可、性取向，以及社經地位對於成人學生生涯抉擇方式的影響（Blustein, 1988; Colarelli & Bishop, 1990; Healy & Reilly, 1989）。

同樣的，最新的學生生涯文獻有利於生涯諮商輔導員，特別是探討與成人群體有關的變項（Ashar & Skenes, 1993; Chartrand, 1992; Miller & Winston, 1990）。有關工作、家庭及社區責任相互拉扯的壓力，以及大學生活缺乏與社會的整合，在成人學生的生涯發展環境中，均須加以評量。

毫無疑問的，就讀大學的成人數目——尤其是就讀二年制大學者，將在未來若干年間持續增加（Ashar & Skenes, 1993; Luzzo, 2000）。隨著成人學生人數擴張而來的挑戰，是以現有二年制大學計畫及諮商服務為基礎，更有效地處理成人生涯抉擇需求（Griff, 1987）。考量所有年齡層大學生並發展有效的生涯諮商服務，也被視為一個關鍵因素，在此我們把研究焦點放在二年制大學成人學生生涯發展上，以因應此挑戰。

參考文獻

Albert, K. A., & Luzzo, D. A. (1999). The role of perceived barriers in career development: A social-cognitive perspective. *Journal of Counseling and Development, 77,* 431-436.

Ashar, H., & Skenes, R. (1993). Can Tinto's student departure model be applied to nontraditional students? *Adult Education Quarterly, 43,* 90-100.

Bandura, A. (1977). Self-efficacy: Toward a unifying theory of behavioral change. *Psychological Review, 84,* 191-215.

Blustein, D. L. (1988). A canonical analysis of career choice crystallization and vocational maturity. *Journal of Counseling Psychology, 35,* 294-297.

Blustein, D. L. (1989). The role of goal instability and career self-efficacy in the career exploration process. *Journal of Vocational Behavior, 35,* 194-203.

Blustein, D. L., & Phillips, S. D. (1988). Individual and contextual factors in career exploration. *Journal of Vocational Behavior, 33,* 203-216.

Brock, S. B., & Davis, E. M. (1987). Adapting career services for the adult student. *Journal of College Student Personnel, 28,* 87-89.

Chartrand, J. M. (1992). An empirical test of a model of nontraditional student adjustment. *Journal of Counseling Psychology, 39,* 193-202.

Chickering, A. W., & Havighurst, R. J. (1981). The life cycle. In A. W. Chickering & Associates (Eds.), *The modern American college.* (pp. 16-50). San Francisco: Jossey-Bass.

Colarelli, S. M., & Bishop, R. C. (1990). Functions, correlates, and management. *Group and Organizational Studies, 15,* 158-176.

Crites, J. O. (1971). *The maturity of vocational attitudes in adolescence.* Washington, DC: American Personnel and Guidance Association.

Crites, J. O. (1978). *The Career Maturity Inventory.* Monterey, CA: CTB/McGraw Hill.

Davies, T. G., & Feller, R. (1999). Community colleges need comprehensive career assistance centers. *Career Planning and Adult Development Journal, 15*(2), 87-97.

Ginter, E. J., & Brown, S. (1996, August). *Lifestyle assessment and planning utilizing Super's C-DAC model and a life-skills model.* Presentation made at the 3rd International Congress on Integrative and Eclectic Psychotherapy, Huatulco, Mexico.

Greenhaus, J. H., Hawkins, B. L., & Brenner, O. C. (1983). The impact of career exploration on the career decision-making process. *Journal of College Student Personnel, 24,* 494-502.

Griff, N. (1987). Meeting the career development needs of returning students. *Journal of College Student Personnel, 28,* 469-470.

Guthrie, W. R., & Herman, A. (1982). Vocational maturity and its relationship to vocational choice. *Journal of Vocational Behavior, 21,* 196-205.

Haviland, M. G., & Mahaffy, J. E. (1985). The use of My Vocational Situation with nontraditional college students. *Journal of College Student Personnel, 26,* 169-170.

Healy, C. C. (1991). Exploring a path linking anxiety, career maturity, grade point average, and life satisfaction in a community college population. *Journal of College Student Development, 32,* 207-211.

Healy, C. C., Mitchell, J. M., & Mourton, D. L. (1987). Age and grade differences in career development among community college students. *Review of Higher Education, 10,* 247-258.

Healy, C. C., & Mourton, D. L. (1987). The relationship of career exploration, college jobs, and grade point average. *Journal of College Student Personnel, 28,* 28-34.

Healy, C. C., O'Shea, D., & Crook, R. H. (1985). Relation of career attitudes to age and career progress during college. *Journal of Counseling Psychology, 32,* 239-244.

Healy, C. C., & Reilly, K. C. (1989). Career needs of community college students: Implications for services and theory. *Journal of College Student Development, 30,* 541-545.

Holland, J., Daiger, D., & Power, P. (1980). *My Vocational Situation.* Palo Alto, CA: Consulting Psychologists Press.

Johnson, R. H. (2000). CareersNOW! *Community College Journal, 70*(6), 32-36.

Luzzo, D. A. (1993a). Career decision-making differences between traditional and nontraditional college students. *Journal of Career Development, 20,* 113-120.

Luzzo, D. A. (1993b). Value of career decision-making self-efficacy in predicting career decision-making attitudes and skills. *Journal of Counseling Psychology, 40,* 194-199.

Luzzo, D. A. (1995). The relative contributions of self-efficacy and locus of control to the prediction of career maturity. *Journal of College Student Development, 36,* 61-66.

Luzzo, D. A. (1999). Identifying the career decision-making needs of nontraditional college students. *Journal of Counseling and Development, 77,* 135-140.

Luzzo, D. A. (2000). Career development of returning adult and graduate students. In D. A. Luzzo (Ed.), *Career counseling of college students: An empirical guide to strategies that work* (pp. 191-200). Washington, DC: American Psychological Association.

Miller, T. K., & Winston, R. B., Jr. (1990). Assessing development from a psychosocial perspective. In D. G. Creamer (Ed.), *College student development: Theory and practice for the 1990s* (pp. 89-126). Washington, DC: American College Personnel Association.

Morrow, S. L., Gore, P. A., & Campbell, B. W. (1996). The application of a sociocognitive framework to the career development of lesbian women and gay men. *Journal of Vocational Behavior, 48,* 136-148.

Mounty, L. H. (1991). Involving nontraditional commuting students in the career planning process at an urban institution. *Journal of Higher Education Management, 6,* 43-48.

Newman, J. L., & Lucero-Miller, D. (1999). Predicting acculturation using career, family, and demographic variables in a sample of Mexican American students. *Journal of Multicultural Counseling and Development, 27,* 75-92.

Norton, S. C., & Field, K. F. (1998). Career placement project: A career readiness program for community college students with disabilities. *Journal of Employment Counseling, 35,* 40-44.

Parham, T. A., & Austin, N. L. (1994). Career development and African Americans: A contextual reappraisal using the nigrescence construct. *Journal of Vocational Behavior, 44,* 139-154.

Pascarella, E. T. (1980). Student-faculty informal contact and college outcomes. *Review of Educational Research, 50,* 545-595.

Peterson, S. L. (1993). Career decision-making self-efficacy and institutional integration of underprepared college students. *Research in Higher Education, 34,* 659-685.

Rathus, S. A., & Fichner-Rathus, L. (1997). *The right start.* New York: Addison Wesley Longman.

Ryan, N. E., Solberg, V. S., & Brown, S. D. (1996). Family dysfunction, parental attachment, and career search self-efficacy among community college students. *Journal of Counseling Psychology, 43,* 84-89.

Slaney, F. M. (1986). Career indecision in reentry and undergraduate women. *Journal of College Student Personnel, 27,* 114-119.

Super, D. E. (1984). Career and life development. In D. Brown, L. Brooks, & Associates (Eds.), *Career choice and development* (pp. 192-234). San Francisco: Jossey-Bass.

Taylor, K. M., & Betz, N. E. (1983). Applications of self-efficacy theory to the understanding and treatment of career indecision. *Journal of Vocational Behavior, 22,* 63-81.

Tinto, V. (1975). Dropout from higher education: A theoretical synthesis of recent research. *Review of Educational Research, 45,* 89-125.

Trach, J. S., & Harney, J. Y. (1998). Impact of cooperative education on career development for community college students with and without disabilities. *Journal of Vocational Education Research, 23,* 147-158.

Zagora, M. Z., & Cramer, S. H. (1994). The effects of vocational identity status on outcomes of a career decision-making intervention for community college students. *Journal of College Student Development, 35,* 239-247.

第六篇

訓練生涯諮商輔導員、評量計畫及未來情境

第二十章

迎接21世紀當事人的挑戰：生涯諮商輔導員訓練

南伊利諾大學Carbondale校區｜Jane L. Swanson
馬里蘭大學｜Karen M. O'Brien

21世紀的人在一生中會面臨許多次生涯如何建構的轉變，包括：對於工作觀念、工作方式上的根本性改變。這些改變對於生涯專業人員而言，意義相當重大，因此，我們必須注意前來做生涯諮商的當事人，所帶來越來越多元的需求。

本章中我們討論，訓練生涯諮商輔導員輔導多種不同成人當事人所遇到的議題。本章一開始討論生涯諮商相關活動，包括：簡要的歷史觀點、目前各種概念，以及對於生涯諮商複雜度的看法。此討論為後續內容設立一個脈絡，將焦點特別放在生涯諮商輔導員的訓練，包括提出生涯諮商訓練的模式，討論師資群的態度、課程、督導和研究上的改變，以及說明幾個範例。最後，針對發展生涯諮商輔導員的訓練計畫模式，提供建議。

一、生涯諮商輔導的過去、現在及未來

將生涯諮商視為一種專業活動，可追溯至1900年代初期社會改革者Frank Parsons在波士頓率先展開的工作（Brewer, 1942; Dawis, 2000）。Parsons（1909）在20世紀後期，為生涯諮商概念及實務奠立了基礎。他的三角模式——了解自己、認識工作世界，以及必須連結前面二個領域的「真實推理」（true reasoning），幾乎主宰了生涯諮商輔導及職業指導的建立，而他的持續影響力，明顯在今日**人境適配**（person-environment fit）的理論中證實（Dawis, 2000; Swanson, 1996）。多年來，**特質因素取向**是生涯諮

商輔導的唯一方法；然而，其他取向補強了（也有人會說取代了）特質因素／人境適配的生涯諮商輔導。尤其是發展性、社會學習，以及社會認知理論，已深深地影響生涯發展是知識性的，而生涯諮商輔導是實務性的認知。

將生涯發展理論與生涯諮商輔導理論加以區別是很重要的。生涯發展理論是為了解釋職業行為而設計，例如：最初的生涯選擇、工作調整，或終身生涯進展。這些理論都經過清楚的闡述，且受到研究人員相當的重視（Swanson & Gore, 2000）。另一方面，生涯諮商輔導理論的目標，是為了提供生涯諮商輔導員如何輔導當事人的方向，這些理論的發展較不周全，並至少有一位研究者做出了生涯諮商理論不存在的結論（Osipow, 1996）。

然而，最近所發展出來的理論大多是生涯諮商輔導理論，它們的目的在於概述諮商如何進行（Gysbers, Heppner, & Johnston, 1998; Krumboltz, 1996; Spokane, 1991）。生涯諮商輔導模式的建構，圍繞著自我介紹及關係建立的階段，一個當事人探討工作相關問題的階段，以及一個協助當事人面對問題解決的階段。

這些生涯諮商輔導模式提供了有用的典範，以協助諮商輔導員輔導有生涯顧慮的當事人。當事人會尋求解決與個人生活盤根錯節的生涯相關問題。Gysbers等人（1998）指出，諮商輔導員若要有效輔導當事人，則須將生涯諮商技巧與情感—社會諮商（emotional-social counseling）技巧結合。他們響應Blustein和Spengler（1995）對於感官領域諮商（domain-sensitive counseling）的呼籲，此「係指一種輔導當事人的方式，其中包含了所有的人類經驗」（p. 316）。換言之，有效的生涯諮商輔導員要將當事人的顧慮當作治療的起點，並視為當事人的需求，發展出能處理生涯及非生涯領域的介入策略（Swanson & Fouad, 1999）。

由於生涯諮商及情感—社會諮商發展自不同的歷史傳統，且在不同的專業領域裡發展，因此被視為各自獨立的活動。長久以來，就存在著有關生涯諮商與個人諮商是否相同？是否是彼此的次級體系？或者是不同活動的爭論（Brown & Krane, 2000; Swanson, 1995）。Haverkamp 和 Moore（1993）討論存在於此專業中的二分法，其中生涯諮商及情感—社會諮商是以不同的認知基模在運作。他們主張：情感—社會諮商的明確定義太廣，包括任何與生涯無直接關聯的事物；而生涯諮商的明確定義則太狹窄，主要是由年輕成人的最初生涯選擇構成，且忽略了成人工作的調適及工作與非工作的交集。

有關生涯諮商與情感—社會諮商的重疊部分，並未達成共識（Hackett, 1993; Subich, 1993; Super, 1993; Swanson, 1995）。其中一個看法是生涯諮商及情感—社會諮商即使有不同，卻也十分類似。Rounds 和 Tinsley（1984）主張：生涯介入是「一種**心理治療**的形式，應被視為一種行為改變的方法，且與心理治療理論有關」（p. 138）。生涯諮商及情感—社會諮商在當事人的實證比較，支持這兩個領域間相似性的證據（Anderson & Niles, 1995; Kirschner, Hoffman, & Hill, 1994; Nagel, Hoffman, & Hill, 1995）。

最近文獻的趨勢是：鼓勵統整個人議題納入生涯諮商中（Imbimbo, 1994; Krumboltz, 1993）。Betz 和 Corning（1993）在諮商中，使用性別和種族當變項，來說明生涯諮商及情感—社會諮商議題的全人取向及不可切割性。研究顯示：諮商輔導員若將有生涯問題的當事人，視為不同於有情感—社會議題的當事人，將是不智的（Gold & Scanlon, 1993; Lucas, 1992）。且在諮商當中，若重要的情感—社會議題並未得到處理，當事人對於生涯諮商的滿意度將會較低（Phillips, Friedlander, Kost, Specterman, & Robbins, 1988）。

一個相關領域的文獻凸顯生涯諮商與心理健康結果之間的關聯。越來越多人認知到，工作與心理健康是相互交錯的，且成人的生涯需求是複雜的（Davidson & Gilbert, 1993; Flamer, 1986; Hackett, 1993; Haverkamp & Moore, 1993; Herr, 1989）。Brown 和 Brooks（1985）認為：對於成人的生涯諮商，甚至可以用來取代壓力管理，或者是情感—社會諮商。再者，他們指出，心理健康的專業人員已經忽略了生涯諮商的潛在價值。

另有一個不同的觀點（Crites, 1981; Hackett, 1993; Spokane, 1989, 1991）主張：生涯與情感—社會諮商之間，是有明顯區別的。這些作者提出，生涯諮商比情感—社會諮商更困難，因為前者需要擁有更廣泛領域的專業（Crites, 1981; Hackett, 1993）。同樣的，Crites（1981）斷言，生涯諮商通常包含、甚至超越情感—社會諮商，並探索當事人在工作世界的角色。

Brown 和 Krane（2000）也在最近爭論將生涯與情感—社會諮商分割開。他們的結論是：「想將生涯諮商與心理治療劃上等號可能言之過早，且可能將重點傾向放在我們專業領域的需求，而非當事人的需求。」（p. 740）他們認為：支持模糊生涯與情感—社會諮商的人，單純是為了使生涯諮商，變成一種對諮商專業人員而言，更具吸引力的活動。雖然諮商心理學家關心新進生涯諮商者的興趣及效能（Heppner, O'Brien, Hinkelman, & Flores, 1996; O'Brien, Heppner, Flores, & Bikos, 1997），但是我們相信，是當事人的需求而非諮商專業人員的需求，帶動了更為**整合取向**（integrated approach）的生涯諮商（Blustein, 1987; Blustein & Spengler, 1995; Dorn, 1992; Lucas, 1993）。有趣的是，Brown和Krane將生涯諮商的目標界定為：「協助人們做出與目標相符的工作或生涯選擇，使他們能在變動的社會中，去體驗工作、生涯及對生活的滿意。」（p. 740）雖然他們警告：勿將生涯與情感—社會諮商視為相同的活動，但他們確實承認，有些問題值得更加注意，包括何時及是否將焦點放在非生涯的議題？且在整個生涯諮商脈絡中，情感—社會議題是重要的。

Brown 和 Krane（2000）整合了許多獨立研究的後設分析證據，說明這些證據支持生涯諮商的效率（Ryan, 1999）。更進一步說，他們的結論是：對於確定有效的結果，有五項處理要素是重要的：

1. 紙筆測驗。
2. 個別化的測驗解讀及回饋。
3. 有關工作領域的資訊。
4. 示範仿效。
5. 在當事人的生活脈絡中建構支持系統。

諮商輔導員可根據這些結果確定，生涯諮商活動通常對當事人有正面的影響，尤其是前述特點被納入時。然而，遺憾的是，Ryan的分析卻不見兩個關鍵因素，主要是研究人員未給予充分重視。首先，此份研究並未檢視任何與諮商歷程或諮商關係相關的因素，在生涯諮商中，這兩者是很主要的治療因素（Heppner & Hendricks, 1995; Hill & Corbett, 1993; Meara & Patton, 1994）。其次，對於不同當事人（或諮商輔導員）的特性，造成不同治療結果的相關資訊更少。除了幾個顯著的例外（例如 Heppner & Hendricks, 1995），對於將研究重點放在以人際互動治療歸因（attribute-by-treatment interactions）（Fretz, 1981）的呼籲，顯然並未被注意到。

生涯諮商複雜度

生涯諮商的觀點，承認生涯諮商與情感—社會諮商之間，或生涯議題與情感—社會議題之間的重要關聯。當事人前來諮商時，帶著一些問題，其中某些顯然適合生涯諮商的狹隘定義，而其他問題則需要更廣的觀點，因為它們與當事人的生活盤根錯節。諮商輔導員須覺察生涯因素與情感—社會因素，如何與當事人的生活連結，並清楚地處理當事人正在經歷的系列議題。

因此，我們將生涯諮商定義為：諮商輔導員與當事人之間一種持續的、面對面的互動，而生涯或工作相關的議題是主要（但不一定是唯一）的重點（Swanson, 1995）。這期間，諮商輔導員協助當事人處理一般議題，以及會干擾當事人在學習愛和工作中潛力發揮的相關顧慮。因此，生涯諮商（career counseling）是生涯介入的次級體系；此定義排除其他的介入，例如：電腦式的導引系統、持續的課程或工作坊、研討會等教導性的經驗，以及自我導引的生涯工具。另一個由全國生涯發展協會（NCDA, 1997）所提出的定義，則凸顯了將生涯議題放在較廣泛的個人生活範疇內：「生涯諮商被定義為一種協助人們發展一生生涯的歷程，重點在於員工角色的定義，以及該角色如何與其他生活角色互動。」（p. 1）Imbimbo（1994）建議將生涯諮商定位為「折衷諮商介入（eclectic counseling intervention），其中諮商輔導員可自由引用各種理論及技巧。」（p. 51）

這些定義的核心假設，和諮商輔導員與當事人之間的互動有關。換言之，雖然生涯諮商包括了各項活動，例如：資訊提供及電腦試探，更重要的是，這些活動發生在諮商輔導員與當事人的關係或與工作結合的環境中。進一步說，生涯諮商可能包含各種當事人的問題、諮商輔導員的技巧，以及脈絡情境的因素。

許多研究者已經認知生涯諮商的複雜度及重要性，所以，會與當事人討論多種不同面向的生涯諮商歷程及結果。如：個人的種族／族群、性別、年齡、性取向……都界定了一個人，在過去及未來所能得到的機會類型，這些更是生涯諮商中絕對必須處理的。所以，一個人的工作和其他生活角色、功能所衍生出的衝突和壓力，能在諮商中被解決。因為這些因素很明確地讓我們相信，生涯諮商很少是可以用制式方法或在幾次諮商中，就可完成的簡單工作。

反對將個人關注議題納入生涯諮商的人，可能擔心生涯諮商輔導效果被稀釋，正如證據顯示：有些職業相關的議題被情感—社會問題所掩蓋（Spengler, Blustein, & Strohmer, 1990; Spengler, 2000）。然而，同樣也有人擔心忽略一個人的生涯與個人生命議題交錯的關聯性，這樣的狀況會發生在諮商輔導員未體認人們生活的複雜性，以及未努力將生涯及情感—社會的議題整合在諮商中。如Hackett（1993）指出：「如果我們將當事人的生活完全區隔化，無疑是在幫他們的倒忙。」（p. 110）此點特別清楚顯示：來尋求生涯諮商的當事人，他們的成人生活必須考量。如果不直接且明確地關注當事人在生活中發生的其他事情，我們很難想像生涯諮商如何會有效。

生涯諮商的未來趨勢及議題

網際網路及其他豐富的資訊技術的使用，將改變當事人如何蒐集職業資訊，及生涯諮商輔導員如何輔導自己的當事人（Gore & Leuwerke, 2000）。例如，O*NET把大量的職業資訊，直接放入諮商輔導員及當事人手中。虛擬實境的技術已被用於協助當事人探索潛在的工作活動及環境（Krumboltz, 1997）。然而，這些有關工作世界及前所未有的資訊取得，將無法取代對諮商輔導員的需求；事實上，當事人將更需要有管道評估及執行這些他們所獲得的資訊。雖然網路資訊的爆炸，使資訊更能提供給更多的人，但這些資訊的正確性及可使用性更需要被處理（Robinson, Meyer, Prince, McLean, & Low, 2000）。

在21世紀初，我們面臨了新的挑戰，這也將塑造生涯諮商的未來。勞動力的本質正在改變，以種族／族群、性別、年齡、臨時性對永久性員工，以及兼職對全職員工等多元化的增加。員工的技能因為科技的迅速改變而落伍，全球經濟因素影響了國內就業市場，所有這些因素都影響了生涯諮商實務，無論是即將尋求諮商的當事人，或諮商輔導員在處理的當事人議題方面。

另一項挑戰，來自就業合約性質及「生涯」意義的改變（Arthur & Rousseau, 1996; Hall, 1996; Rifkin, 1995）。改變可能會發生在工作性質的本身，包括：臨時勞動力的增加、管理其他員工的新挑戰（遠距工作、工作分擔）、工作相對於其他生活角色的平衡，以及「生涯」對其他邊緣化群體（marginalized groups）的意義（Swanson & Gore, 2000）。

二、生涯諮商輔導員訓練

面對今日不同群體當事人的成人生涯，我們正面臨了多重的挑戰，訓練生涯諮商輔導員的方式也必須加以評估和改變。歷史上，生涯諮商輔導員都是以生涯發展的特質因素模式加以訓練（Gerstein, 1992）。雖然此模式對於許多當事人而言，效果極佳，但仍有一些尋求職業服務的成人當事人，需要的不僅只是人境適配的生涯諮商取向。明確地說，這些成人可能有長期猶豫不決、情緒上的困難、自尊心低，或學業和家庭的問題（Zamostny, O'Brien, & Tomlinson, 2000）。雖然提供興趣及技能的測驗，以及對當事人進行有關工作領域的教育，可能是有用的，但難以選擇一個成功的生涯，所以需要對生涯諮商採取更全方位取向（comprehensive approach）。

多年來，無論生涯發展或職業輔導的發展模式，都是針對歐美男性（Cook, Heppner, & O'Brien, 2000）。有鑑於美國的許多人口結構改變，越來越多的有色人種及白人女性需要生涯諮商輔導員的協助（Gysbers, Heppner, & Johnston, 1998）。這些當事人多元的生涯發展，似乎偏離了習慣用於說明歐美男性的職業路徑，那種較為線性的模式。由於職場及社會的改變，學校裡所設定的個別化生涯介入不再能滿足許多生涯當事人（廣義的解釋包括：個人、團體及組織）的需求。**職業介入**（vocational interventions）發生在就業的場域、福利辦公室、老舊的婦女收容所，以及無數非傳統場域中。許多職業代表著多元群體，大體上一般成人的需求，可能比提供有關自己及工作領域的資訊需求更為廣泛，所以訓練生涯諮商輔導員的方法必須有所改變，以因應多元群體的當事人在多種不同場合的需求。

生涯諮商輔導訓練模式

如Chiappone（1992）適切指出：生涯諮商輔導員今日需要的技能，因著職業的專業性，他們必須協助當事人面對、處理改變，並將生涯發展視為終身的歷程。理想上，生涯諮商輔導員應接受**全方位教育**（comprehensive education），其中包括：生涯發展及組織理論的訓練、基礎和進階的助人技巧〔或許使用Hill和O'Brien（1999）模式〕、評估、多元文化諮商、評量及研究。此外，學生將學習有關團體介入、計畫發展、倫理行為、與工作領域有關的資訊及資源、科技、諮詢及督導（National Career Development Association Professional Standards Committee, 1992, 1997）。最重要的是，學生被教導以理論及先前研究的發現，做為自己對當事人的認知及輔導當事人的依據。

在輔導當事人時（再次說明，當事人應廣義解釋為：個人、團體或組織），生涯諮商輔導員會用幾次晤談時間，進行當事人的個人史、個性、心理的／組織的健康、能力、技能、興趣、目標和價值觀的整體性評估。由於對當事人脈絡、背景深入的評估，生涯諮商輔導員會影響並帶動當事人（Cook et al., 2000）。評估期間，生涯諮商輔導員會關注，並與當事人發展出一種工作上的結盟（其重要性已得到下列人士的研究證明：Bikos, O'Brien, & Heppner, 1997; Heppner & Hendricks, 1995; Meara & Patton, 1994）。只有這種全方位的評估（聲稱有助於任何成人當事人）完成之後，諮商輔導員才能針對個別當事人發展出一套專業的介入策略。需要有關自己本身及工作領域相關資訊的當事人，可透過互動及創意的方式得到這種資訊。然而，近來大部分的生涯諮商絕大多數的成人當事人會接受到整合的諮商取向（Anderson & Niles, 1995; Betz & Corning, 1993; Blustein, 1987; Dorn, 1992; Krumboltz, 1993）。鼓勵及訓練生涯諮商輔導員處理許多當事人所提出的生涯議題，而無須將這些問題轉介給「真正的」（real）諮商輔導員，導致諮商次數增加或中斷。在這些諮商輔導員的研究中，創意是受到鼓勵的（Heppner, O'Brien, Hinkelman, & Humphrey, 1994），當採用更全人取向的諮商時，對於當事人生活中難以捉摸的部分如能夠被了解，較容易受職場雇用（Wrenn, 1988）。此外，生涯諮商輔導員可利用其研究技巧，以科學的思考介入，並評量他們工作的效果。最激進的是，鼓勵生涯諮商輔導員要以更廣泛的社會層面上進行介入，藉著成為生涯當事人的倡導者，並努力為所有成人去改變阻礙生涯機會的法律及社會期待（Fassinger & O'Brien, 2000）。

事實上，很少計畫能提出全方位、全人且生態取向（ecological approach）的生涯諮商訓練給生涯諮商輔導員。這麼做需要師資群的態度、計畫的課程、督導及研究的改變，可惜的是，大學院校及教職員對於相關課程改變的配合是很緩慢的（Goodyear et al., 2000）。在以下段落中，我們提出了若干可增進生涯諮商輔導員能力的改變，使生涯諮商輔導員能顧及成人中，有生涯顧慮者的需求及人口結構的改變。

改變師資群態度

在接受研究所訓練的生涯諮商輔導員，一定會影響他們提供給不同群體成人當事人輔導能力的品質。Heppner 及其同事（1996）在最近一份針對諮商心理學研究生所做的研究中指出：在研究所訓練中，對於生涯諮商態度的負面影響包括：來自教授或指導者對於生涯諮商的負面態度，以及教導效果差、無趣的生涯諮商課程。在訓練生涯諮商輔導員時，最優先（或許是最不花錢）的改變之一，是增加教授對於生涯諮商的興趣及興奮程度。理想上，只有對生涯諮商展現出熱情的教授才來教這些課程。另一方面，教導生涯諮商的優秀教授可以分享能增進對課程內容熱愛的創新想法。生涯諮商課程在馬里蘭大學由專精此領域的教授教導，這些教授使用一種教導—實驗（didactic-practicum）的訓練模式，其中，當學生學習職業心理學相關的理論及研究時，並同時進行輔導有生涯顧慮的當事人。同樣的，Swanson和Fouad（1999）倡導在教導生涯諮商時，整合理論與臨床工作，藉由當事人研究，凸顯職業理論的應用。此外，同時也出版統整多元文化及女性主義的一系列案例彙編，提供生涯諮商實務訓練使用（例如Cook et al., 2000）。

在訓練生涯諮商輔導員時，師資群可考慮使用先進的科技。例如，Larrabee 和 Blanton（1999）提出一種透過光碟輔助訓練生涯諮商輔導員的方法。此光碟包含了十個與輔助生涯發展有關的單元（例如：生涯發展理論、個人及團體諮商技巧、諮詢及監督，以及多元文化的生涯諮商）。

除了改變師資群的態度及行為外，Heppner 等人（1996）指出：需要改變的是學生的認知，他們認為自己的生涯諮商技巧不如情感—社會諮商。因此，師資群可關注學生有關生涯諮商的自我效能，因為自我效能感可能會相當影響他們對生涯諮商的興趣、堅持、表現和參與度。師資群可考慮施行《生涯諮商自我效能量表》（*Career Counseling Self-Efficacy Scale*）（O'Brien, Heppner, Flores, & Bikos, 1997），以評估基本諮商技巧、職業評估及解釋技巧、多元文化能力技巧，以及與工作領域有關的知識、倫理及生涯研究的信心。此量表的實用性，可從近來美國中西地區某州，由大多數碩士層級的生涯諮商輔導員取樣看出來（Perrone, Perrone, Chan, & Thomas, 2000）。

改變課程安排

除了師資群及研究生態度的改變外，改變課程安排可提供生涯諮商輔導員處理成人當事人繁雜問題所需的技能。在 Heppner 等人（1996）的研究中指出：當學生在實習成為生涯諮商輔導員時，正向的體驗被認為是對生涯諮商態度最大的影響。為了增進生涯諮商的興趣及技能，學生應有機會輔導不同的族群、性別和性取向，以及各種問題，層次從只提供需求的資訊，到較大情緒變動的掙扎（例如：憂鬱、長期猶豫不決）和環境脈絡因素（例如：暴露於職場種族主義或性騷擾；雙生涯的調適及親職議題）所困擾的當事人。此外，可教導學生有關 Savickas（1991）的看法：即生涯諮商輔導員的主要功能，在於協助成人當事人檢視自己過去對於工作及愛的成功信念。

在職場上的實務經驗，可使學生了解成人當事人的多元需求。研究生可協助生涯諮商輔導員，發展失業員工的計畫到退休適應的研討會，為員工找出優質的兒童照顧方案，及研究員工生產力的管理，多重角色扮演所造成的影響。

訓練計畫的另一個考量是：生涯諮商實務經驗的安排。許多課程將生涯諮商實務排在情感—社會諮商實務之前，暗示著生涯諮商更為基本，且比情感—社會諮商更簡單，較不具挑戰性。實際上，生涯諮商若能妥善且全方位進行，對研究生及有經驗的專業人士而言，會是同樣具有挑戰性的（Anderson, 1998; Crites, 1981）。Anderson（1998）指出：當學生發現一般生涯諮商實務輔導的當事人，比沒有生涯顧慮的其他顧客較為困難時，他們不免感到驚訝。有趣的是，Phillips和她的同事（1988）建議：生涯諮商應由更資深的諮商輔導員提供，因為他們發現，當事人對於生涯諮商的滿意度與諮商輔導員的經歷有關。

最重要的是，全國無數的大學都需要改變，在這些大學中，生涯及心理—社會的諮商是分開且分別提供的。我們相信，諮商服務的分開造成刻意且有傷害的二元化，未能反映求助者的需求（以及最有效的處理）。我們提倡：由受過訓練的生涯諮商輔導員提供整合式取向，處理生涯諮商的複雜情況，並了解成人當事人的需要，實際上已超越特質—因素取向。

進行多元文化議題的訓練，對生涯諮商輔導員極為重要。Swanson（1993）提供多元文化的訓練，納入整個課程的指導原則給生涯諮商輔導員。具體而言，她建議：訓練計畫能確實在課程上納入多元文化的訓練，需要增加學生及師資群的多元性，將多元文化的議題統整到課程中，並且提供針對多元文化議題的個別課程、實務及實習經驗。此外，Swanson 要求為學生進行例行性多元文化敏銳度及能力的評量。

生涯諮商輔導員督導

有關於生涯諮商輔導員督導，一直很少被注意到；訓練學生成為生涯諮商輔導員督導的方法更少被提及。Bronson（2000）在對生涯諮商輔導員督導所進行的一項縝密評估中，提出如何改進生涯諮商輔導員督導的建議。Bronson 指出：生涯諮商督導必須將生涯諮商輔導的複雜度納入考量，這與我們訓練生涯諮商輔導員的模式一致。她指出有效生涯諮商督導的十項要素（即「督導關係、諮商技巧、個案概念化、評估技巧、資源及資訊、個人及生涯議題之間的關聯、提升對生涯諮商督導的興趣、以適合不同發展年齡的方式處理生涯議題、多元文化議題，以及諮商倫理」）（p. 224-225）。

若學生要發展全方位技巧，關注生涯諮商督導者的訓練是必要且重要的服務。Osborne 和 Usher（1994）說明一種模式：提供高階的博士班學生督導碩士層級生涯諮商經驗。具體而言，他們針對提升大學生生涯發展歷程的三套學術系列課程執行經驗，提出報告並提供碩士班學生輔助生涯發展的經驗，同時訓練博士班學生成為生涯諮商的督導。

對訓練計畫評量的研究建議

顯然，所建議的生涯諮商模式比先前大多數訓練計畫所運用的模式更為全方位且具整合性。為了評量此訓練方法及全方位取向的介入，研究是必需的。進行這些研究時，研究人員應關注 Osipow（1982）所說的：與生涯諮商研究有關的議題，除了學習如何進行研究外，應教導學生如何將研究用在規劃成人當事人的介入。Ryan（1999）發現，針對有生涯選擇顧慮的當事人使用助人團體介入時，納入學生為有效預測指標（例如：紙上測驗、解讀測驗、增進支援網絡、示範及提供相關工作領域的資訊）。

計畫範例。沒有任何研究所課程實施訓練生涯諮商輔導員的模式，Anderson（1998）說明了密蘇里哥倫比亞大學的計畫，此計畫謹慎地考量生涯諮商輔導員的發展。在整個研究所訓練期間，諮商心理學的學生接觸到與生涯諮商有關的研究，他們的研究是以理論及相關研究做為基礎，生涯中心的實習被稱為「諮商心理學實務」，且以全人化諮商機構（holistic counseling agency）及全人模式中心取向（holistic model center approach）為依據，將重點放在職業及心理健康顧慮的整合上。每學期提供諮商心理學實務，課程中學生上課（討論當事人，並學習相關理論、介入及專業發展）、接受督導，並將大部分時間用於準備及輔導當事人。教授強調諮商技巧（例如：諮商輔導員與當事人之間的關係發展）的重要性，且關注脈絡情境對於當事人生活的影響，學生接觸到有著廣泛問題的多元成人當事人。此外，研究生被訓練以互動及有創意的方式，使用評估工具，接受那些深信生涯諮商是重要且有價值的師資群及較高年級學生的督導。

此外，受訓的學生會接觸到先進的生涯中心，此中心採用 Heppner 和 Johnston（1994）針對校園生涯中心概要列出的標準。Heppner 和 Johnston 特別指出：大學生涯中心應以具體的哲學及心理學為基礎，及當事人的發展需求為依據具體做研究。倡導關注先進診斷系統、持續的在職人員訓練、對多元文化議題及不同當事人群體的重要性，或許最重要的是，臨床實務需要靠研究強化。最後，他們指出：所有研究應在生涯中心進行。

Chiappone（1992）也列出於約翰甘迺迪大學實施的碩士級生涯諮商輔導員訓練模式，說明此計畫是專注於生涯發展，同時納入研究所諮商課程的正面要素。此計畫提供一套全方位的作業範圍（例如：基本傾聽及諮商技巧、評估、工作世界資訊、求職策略、諮詢、管理、評量，以及多元文化議題）。學生在被督導下完成實習和對外的實際工作，以及一套生涯發展計畫。每年舉辦暑期班，通常由全國各地的生涯專業人員參加，完成此計畫的學生可獲得生涯發展碩士學位及碩士以上的證書。

本章中特別介紹的計畫範例，為具體提升生涯諮商輔導員的訓練。以下可用於協助研究所發展出生涯諮商輔導員的訓練計畫模式。

三、生涯諮商輔導員的訓練計畫模式及建議摘要

1. 與多元文化諮商訓練取向類似的是（Abreu, Gim Chung, & Atkinson, 2000），研究所計畫採取整合式取向來訓練生涯諮商輔導員；其中，生涯相關課題盡可能納入計畫（例如：所有的實務課程、研究課程）。此外，應教導多元文化、脈絡情境、全人化及生態化的生涯諮商取向，且學生應具有不同需求及問題成人當事人的輔導經驗。

2. 生涯諮商輔導員應接受基礎及進階的助人技巧訓練，以期有能力處理職業及心理健康的顧慮（Niles & Pate, 1989）。生涯相對於情感—社會諮商的錯誤二分法，應予以排除，且生涯及非生涯的諮商服務，應由相同場所的相同生涯諮商輔導員提供。
3. 以生涯諮商為重點的課程，應仿效教導—實驗的模式，就是學生學習有關的理論及研究時，同時擔任生涯諮商輔導員或進行相關的當事人研究。只有對生涯諮商有熱情的教授，才應教導這些課程。
4. 應在職業介入發展實行前，教導生涯諮商輔導員完成一套成人當事人的評估。所有的輔導應以理論及研究為基礎，且應認知影響當事人的環境脈絡力量（contextual forces）。
5. 學生應接受生涯諮商輔導員督導訓練。督導的實務應於實習現場提供，使有興趣的學生獲得新進及高階生涯諮商輔導員督導的經驗。
6. 生涯諮商輔導員應加以訓練，期整合研究的發現，並納入自己的工作中。此外，調查研究應提出生涯諮商輔導員訓練取向的效果；研究人員也應研究在職業心理學中，能有更多有才能的學者及執業者的訓練計畫，以評估促成這些計畫成功的因素。
7. 最後，應鼓勵生涯諮商輔導員倡導社會性的改變，以增進所有成人當事人得到優質教育，並找到有意義的工作。

四、結論

近來，生涯諮商輔導員已認知到影響成人當事人取得各項機會、做抉擇能力，以及追求實現在愛及工作潛力上的複雜力量。為了完成這項複雜但重要的工作，訓練計畫必須重新評量及重新建構，使生涯諮商輔導員能提供全方位的服務給需要廣泛職業介入的不同當事人。

參考文獻

Abreu, J. M., Gim Chung, R. H., & Atkinson, D. R. (2000). Multicultural counseling training: Past, present, and future directions. *The Counseling Psychologist, 28,* 641-656.

Anderson, D. C. (1998). A focus on career: Graduate training in counseling psychology. *Journal of Career Development, 25,* 101-110.

Anderson, W. P., & Niles, S. G. (1995). Career and personal concerns expressed by career counseling clients. *The Career Development Quarterly, 43,* 240-245.

Arthur, M. B., & Rousseau, D. M. (1996). *The boundaryless career: A new employment principle for a new organizational era.* New York: Oxford University Press.

Betz, N. E., & Corning, A. F. (1993). The inseparability of "career" and "personal" counseling. *The Career Development Quarterly, 42,* 137-142.

Bikos, L. H., O'Brien, K. M., & Heppner, M. J. (1997, January). *Evaluating process and outcome variables in counseling for career development.* Paper presented at the annual meeting of the National Career Development Association, Daytona, FL.

Blustein, D. L. (1987). Integrating career counseling and psychotherapy: A comprehensive treatment strategy. *Psychotherapy, 24,* 794-799.

Blustein, D. L., & Spengler, P. M. (1995). Personal adjustment: Career counseling and psychotherapy. In W. B. Walsh & S. H. Osipow (Eds.), *Handbook of vocational psychology* (2nd ed., pp. 295-329). Mahweh, NJ: Erlbaum.

Brewer, J. M. (1942). *History of vocational guidance.* New York: Harper & Row.

Bronson, M. K. (2000). Supervision of career counseling. In L. J. Bradley & N. Ladany (Eds.), *Counselor supervision: Principles, process and practice* (pp. 222-244). Philadelphia: Accelerated Development.

Brown, D., & Brooks, L. (1985). Career counseling as a mental health intervention. *Professional Psychology: Research and Practice, 16,* 860-867.

Brown, S. D., & Krane, N. E. R. (2000). Four (or five) sessions and a cloud of dust: Old assumptions and new observations about career counseling. In S. D. Brown & R. W. Lent (Eds.), *Handbook of counseling psychology* (3rd ed., pp. 740-766). New York: Wiley.

Chiappone, J. M. (1992). The career development professional of the 1990s: A training model. In H. D. Lea & Z. B. Leibowitz (Eds.), *Adult career development: Concepts, issues, and practices* (pp. 364-379). Alexandria, VA: The National Career Development Association.

Cook, E. P., Heppner, M. J., & O'Brien, K. M. (2000). *Understanding diversity within women's career development: An ecological perspective.* Unpublished manuscript.

Crites, J. O. (1981). *Career counseling: Models, methods, and materials.* New York: McGraw-Hill.

Davidson, S. L., & Gilbert, L. A. (1993). Career counseling is a personal matter. *The Career Development Quarterly, 42,* 149-155.

Dawis, R. V. (2000). The person-environment tradition in counseling psychology. In W. E. Martin, Jr. & J. L. Swartz-Kulstad (Eds.), *Person-environment psychology and mental health: Assessment and intervention* (pp. 91-111). Mahweh, NJ: Erlbaum.

Dorn, F. J. (1992). Occupational wellness: The integration of career identity and personal identity. *Journal of Counseling and Development, 71,* 176-178.

Fassinger, R. E., & O'Brien, K. M. (2000). Career counseling with college women: A scientist-practitioner-advocate model of intervention. In D. A. Luzzo (Ed.), *Career development of college students: Translating theory and research into practice* (pp. 253-265). Washington, DC: American Psychological Association.

Flamer, S. (1986). Clinical-career intervention with adults: Low visibility, high need? *Journal of Community Psychology, 14,* 224-227.

Fretz, B. R. (1981). Evaluating the effectiveness of career interventions. *Journal of Counseling Psychology, 28,* 77-90.

Gerstein, M. (1992). Training professionals for career development responsibilities in business and industry: An update. In H. D. Lea & Z. B. Leibowitz (Eds.), *Adult career development: Concepts, issues, and practices* (pp. 364-379). Alexandria, VA: The National Career Development Association.

Gold, J. M., & Scanlon, C. R. (1993). Psychological distress and counseling duration of career and noncareer clients. *The Career Development Quarterly, 42,* 186-191.

Goodyear, R. K., Cortese, J. R., Guzzardo, C. R., Allison, R. D., Claiborn, C. D., & Packard, T. (2000). Factors, trends, and topics in the evolution of counseling psychology training. *The Counseling Psychologist, 28,* 603-621.

Gore, P. A., Jr., & Leuwerke, W. C. (2000). Information technology for career assessment on the Internet. *Journal of Career Assessment, 8,* 3-19.

Gysbers, N. C., Heppner, M. J., & Johnston, J. A. (1998). Career counseling: Process, issues, and techniques. Boston: Allyn & Bacon.

Hackett, G. (1993). Career counseling and psychotherapy: False dichotomies and recommended remedies. *Journal of Career Assessment, 1,* 105-117.

Hall, D. T. (1996). *The career is dead. Long live the career.* San Francisco: Jossey-Bass.

Haverkamp, B. E., & Moore, D. (1993). The career-personal dichotomy: Perceptual reality, practical illusion, and workplace integration. *The Career Development Quarterly, 42,* 154-160.

Heppner, M. J., & Hendricks, F. (1995). A process and outcome study examining career indecision and indecisiveness. *Journal of Counseling and Development, 73,* 426-437.

Heppner, M. J., & Johnston, J. A. (1994). Evaluating elements of career planning centers: Eight critical issues. *Journal of Career Development, 21,* 175-183.

Heppner, M. J., O'Brien, K. M., Hinkelman, J. M., & Flores, L. Y. (1996). Training counseling psychologists in career development: Are we our own worst enemies? *The Counseling Psychologist, 24,* 105-125.

Heppner, M. J., O'Brien, K. M., Hinkelman, J. M., & Humphrey, C. F. (1994). Shifting the paradigm: The use of creativity in career counseling. *Journal of Career Development, 21,* 77-86.

Herr, E. L. (1989). Career development and mental health. *Journal of Career Development, 16,* 5-18.

Hill, C. E., & Corbett, M. M. (1993). A perspective of the history of process and outcome research in counseling psychology. *Journal of Counseling Psychology, 40,* 3-24.

Hill, C. E., & O'Brien, K. M. (1999). *Helping skills: Facilitating exploration, insight, and action.* Washington, DC: American Psychological Association.

Imbimbo, P. V. (1994). Integrating personal and career counseling: A challenge for counselors. *Journal of Employment Counseling, 31,* 50-59.

Kirschner, T., Hoffman, M. A., & Hill, C. E. (1994). Case study of the process and outcome of career counseling. *Journal of Counseling Psychology, 41,* 216-226.

Krumboltz, J. D. (1993). Integrating career and personal counseling. *The Career Development Quarterly, 42,* 143-148.

Krumboltz, J. D. (1996). A learning theory of career counseling. In M. L. Savickas & W. B. Walsh (Eds.), *Handbook of career counseling theory and practice* (pp. 55-80). Palo Alto, CA: Davies-Black.

Krumboltz, J. D. (1997, August). Virtual job experience. In G. Hackett (Chair), *Information Highways, Byways, and Cul de Sacs in Counseling Psychology.* Symposium presented at the annual meeting of the American Psychological Association, Chicago, IL.

Larrabee, M. J., & Blanton, B. L. (1999). Innovations for enhancing education of career counselors using technology. *Journal of Employment Counseling, 36,* 13-23.

Lucas, M. S. (1992). Problems expressed by career and non-career help seekers: A comparison. *Journal of Counseling and Development, 70,* 417-420.

Lucas, M. S. (1993). Personal aspects of career counseling: Three examples. *The Career Development Quarterly, 42,* 161-166.

Meara, N. M., & Patton, M. J. (1994). Contributions of the working alliance in the practice of career counseling. *The Career Development Quarterly, 43,* 161-177.

Nagel, D. P., Hoffman, M. A., & Hill, C. E. (1995). A comparison of verbal response modes used by mater's-level career counselors and other helpers. *Journal of Counseling and Development, 74,* 101-104.

National Career Development Association. (1992). Career counseling competencies. *The Career Development Quarterly, 40,* 378-386.

National Career Development Association. (1997). *Career counseling competencies.* Columbus, OH: Author.

Niles, S. G., & Pate, R. H. (1989). Competency and training issues related to the integration of career counseling and mental health counseling. *Journal of Career Development, 16,* 63-71.

O'Brien, K. M., Heppner, M. J., Flores, L. Y., & Bikos, L. H. (1997). The Career Counseling Self-Efficacy Scale: Instrument development and training applications. *Journal of Counseling Psychology, 44,* 20-31.

Osborne, W. L., & Usher, C. H. (1994). A Super approach: Training career educators, career counselors and researchers. *Journal of Career Development, 20,* 219-225.

Osipow, S. H. (1982). Research in career counseling: An analysis of issues and problems. *The Counseling Psychologist, 10,* 27-34.

Osipow, S. H. (1996). Does career theory guide practice or does career practice guide theory? In M. L. Savickas & W. B. Walsh (Eds.), *Handbook of career counseling theory and practice* (pp. 403-409). Palo Alto, CA: Davies-Black.

Parsons, F. (1909). *Choosing a vocation.* Boston: Houghton Mifflin.

Perrone, K. M., Perrone, P. A., Chan. F., & Thomas, K. R. (2000). Assessing efficacy and importance of career counseling competencies. *The Career Development Quarterly, 48,* 212-225.

Phillips, S. D., Friedlander, M. L., Kost, P. P., Specterman, R. V., & Robbins, E. S. (1988). Personal versus vocational focus in career counseling: A retrospective outcome study. *Journal of Counseling and Development, 67,* 169-173.

Rifkin, J. (1995). *The End of Work.* New York: Putnam.

Robinson, N. K., Meyer, D., Prince, J. P., McLean, C., & Low, R. (2000). Mining the Internet for career information: A model approach for college students. *Journal of Career Assessment, 8,* 37-54.

Rounds, J. B., Jr., & Tinsley, H. E. A. (1984). Diagnosis and treatment of vocational problems. In S. D. Brown & R. W. Lent (Eds.), *Handbook of counseling psychology* (pp. 137-177). New York: Wiley.

Ryan, N. E. (1999). *Career counseling and career choice goal attainment: A meta-analytically derived model for career counseling practice.* Unpublished doctoral dissertation, Loyola University, Chicago.

Savickas, M. L. (1991). The meaning of work and love: Career issues and interventions. *The Career Development Quarterly, 39,* 315-324.

Spengler, P. M. (2000). Does vocational overshadowing even exist? A test of the robustness of the vocational overshadowing bias. *Journal of Counseling Psychology, 47,* 342-351.

Spengler, P. M., Blustein, D. L., & Strohmer, D. C. (1990). Diagnostic and treatment overshadowing of vocational problems by personal problems. *Journal of Counseling Psychology, 37,* 372-381.

Spokane, A. R. (1989). Are there psychological and mental health consequences of difficult career decisions? *Journal of Career Development, 16*(1), 19-23.

Spokane, A. R. (1991). *Career intervention.* Englewood Cliffs, NJ: Allyn & Bacon.

Subich, L. M. (1993). How personal is career counseling? *The Career Development Quarterly, 42,* 129-131.

Super, D. E. (1993). The two faces of counseling: Or is it three? *The Career Development Quarterly, 42,* 132-136.

Swanson, J. L. (1993). Integrating a multicultural perspective into training for career counseling: Programmatic and individual interventions. *The Career Development Quarterly, 42,* 41-49.

Swanson, J. L. (1995). The process and outcome of career counseling. In W. B. Walsh & S. H. Osipow (Eds.), *Handbook of vocational psychology* (2nd ed., pp. 217-259). Mahweh, NJ: Erlbaum.

Swanson, J. L. (1996). The theory is the practice: Trait-and-factor/Person-environment fit counseling. In M. L. Savickas & W. B. Walsh (Eds.), *Handbook of career counseling theory and practice* (pp. 93-108). Palo Alto, CA: Davies-Black.

Swanson, J. L., & Fouad, N. A. (1999). *Career theory and practice: Learning through case studies*. Thousand Oaks, CA: Sage.

Swanson, J. L., & Gore, P. (2000). Advances in career development theory and research. In S. D. Brown and R. W. Lent (Eds), *Handbook of counseling psychology* (3rd ed., pp. 233-269). New York: Wiley.

Wrenn, C. G. (1988). The person in career counseling. *The Career Development Quarterly, 36,* 337-342.

Zamostny, K. P., O'Brien, K. M., & Tomlinson, M. J. (2000, August). *Career problems among help-seekers: An integrative approach*. Paper presented at the annual convention of the American Psychological Association, Washington, DC.

第二十一章

評量成人生涯發展計畫的成效

印第安那大學｜Susan C. Whiston
Briana K. Brecheisen

在許多協助成人生涯發展情境中，實務工作者不僅需要提供生涯諮商輔導，還必須證明他們所提供的服務是有效的。本書前面章節已探討許多協助成人生涯發展的方法，但尚未探討如何評量成人生涯發展計畫這個重要的主題。所有提供協助成人生涯的場域中，都要求相關的計畫評量及提供負責任的資訊。還有，許多生涯發展的場合中，沒有經費雇用專業的評量人員（evaluator），因此，在第一線的實務工作者必須自行進行這些活動。本章主要協助生涯發展實務工作者評量成人生涯發展計畫的效果。

計畫評量（program evaluation）須提供行政人員、資助機構，或行政董事會繁瑣的資訊，所以被視為是一項辛苦的任務。但是，評量研究可用於增加實務工作者效能，以及增加提供給當事人的生涯服務資訊。有時實務工作者會拖延生涯計畫評量，因為與諮商輔導相關的活動相較，他們在這個領域比較沒有信心。Whiston（1996）指出：諮商輔導與研究歷程之間有許多相似之處，我們認為，相似之處在於生涯諮商輔導及計畫評量進行的歷程（見表 21-1）。在生涯諮商輔導中，諮商輔導員在一開始找出適當的生涯議題；而在計畫評量中，實務工作者則將重點放在評量上。在生涯諮商輔導中，諮商輔導員會接著制定諮商目標，這類似於制定評量計畫中的評量設計步驟。在制定評量計畫時，評量者也必須選擇評量工具或**結果測量**（outcome measures），這類似於精確地判斷諮商輔導的進展。在生涯諮商輔導及計畫評量中，下一個步驟是蒐集資訊，實務工作者通常蒐集與當事人有關的資料（例如：興趣、價值觀），做為生涯諮商輔導的一部分；

而在計畫評量方面，評量者蒐集的資料則是與計畫有關的資訊。這些相似性持續到下一個階段，其中所蒐集到的資訊其分析及解釋可能涉及當事人或計畫資訊；同樣的歷程持續到最後階段。在生涯諮商輔導中，最終階段在協助當事人利用諮商輔導中獲得的資訊，做出與生涯／生活方式有關的決定，並執行生涯目標；而在計畫評量中，最後的階段使用經過評量歷程所取得的資訊，以增進計畫及達成計畫目標。

表 21-1 生涯諮商輔導與計畫評量之間相似處

生涯諮商輔導	計畫評量
步驟 1：找出適當的生涯議題	步驟 1：找出評量的重點
步驟 2：制定諮商輔導目標	步驟 2：形成評量設計及歷程
步驟 3：決定判斷諮商輔導的進展	步驟 3：決定評量或結果衡量方式
步驟 4：蒐集當事人資訊	步驟 4：蒐集計畫資訊
步驟 5：分析及解釋資訊	步驟 5：分析及解釋計畫資訊
步驟 6：使用諮商輔導時所取得的資訊做出生涯／生活方式的決定	步驟 6：使用計畫評量中所取得的資訊，以做出決定

一、評量生涯發展計畫的步驟

表 21-1 當中所列，評量生涯發展計畫的一般步驟可加以調整及修正，以符合提供給成人的多種計畫及服務的獨特需求。然而，重要的是依序進行這些步驟，因為這些步驟是根據發展的進度設計的。在經歷此架構時，應了解某些架構可能已經存在於此組織中，且可迅速達成，而其他的步驟則可能更為耗時。優質的計畫評量往往涉及時間及資源的投入，但這並不意味著所有優質的評量都是昂貴的（Joint Committee on Standards for Educational Evaluation, 1994）。有了充分的規劃及有創意的資源分配，計畫評量的進行，往往可提供有利於財務的資訊。

找出評量重點

評量任何生涯發展的第一個步驟，是決定需要評量什麼，以及需要何種資訊。這個基本步驟有時被遺漏，因為趕著進行評量，以便在截止時間前完成或回應外在的壓力（例如：對資助組織的年度評量或報告）。評量的目的在於蒐集資料，且考量需要什麼資訊？以及為何需要？這是很重要的。Rossi 和 Freeman（1982）主張：進行評量研究並無普世的標準，而每個評量重點須針對被評量的計畫量身訂做。在多數的評量中，計畫目標或標的與評量之間需要有直接的關聯。在要求責任制（accountability）的時代裡，參與生涯發展計畫的人應確保計畫的目標是可以測量的。在生涯發展計畫中，發展計畫目標以可量化的方式說明計畫的目標，例如：決定計畫預期服務的人數，找出計畫提供優質服務的指標，並具體說明這些生涯服務的預期結果。計畫目標及標的的檢討，有助於找出評量的重點或核心目的。再者，藉由個人要求反映計畫的詳細歷程及步驟，有助於增進整個計畫的目標及標的分析。

找出評量重點方面，評量者須考慮的最初因素是：考量需要**形成性**或**總結性**評量。教育評量標準聯合委員會（Joint Committee on Standards for Educational Evaluation, 1994）指出：形成性評量或意見回應與持續進行的計畫改善有關；而總結性評量是針對有關計畫的價值或優點做出結論。在形成性評量中，目標在於評量持續進行的計畫，並提出改善的建議；總結性評量用在評量計畫的優點時，常用來決定保持、修正或刪除這個計畫。

Benkofski 和 Heppner（1999）建議，要求行政人員提供他們的評量重點，有關評量及蒐集、分析資料的方法。在評量成人生涯發展計畫時，從提供直接服務的人（例如：諮商輔導員）、協助計畫提供的辦事人員，以及接受服務的當事人，都有助於資訊的取得。雖然 Benkofski 和 Heppner（1999）指出，評量者應從保管者（stakeholders）那裡取得資訊，他們也建議：評量者在進入設計及方法議題前，先界定範圍。若評量研究重點不清楚時，要想出有效的評量設計是很困難的；還有，若不設定範圍，評量研究可能很快就變得過度複雜且繁重。

在人本服務計畫中，Yates（1996）指出，在責任制及財務責任的年代，管理者及實務工作者須蒐集有關效果、利益、成本效益及成本利益的資料。與計畫本身的優點或一般的效果相比，有些保管人（例如：管理者、諮商輔導委員會、資助單位）對於生涯發展計畫的成本效益或成本利益更感興趣。因此，在許多情況下，評量的重點在於決定生涯發展計畫的利益是否超過計畫成本。Yates 指出，為了決定效果（effectiveness）、利益（benefits）、成本效益（cost-effectiveness）及成本利益（cost- benefits），我們必須決定計畫成本，了解提供給當事人的程序及計畫，找出造成當事人改變的歷程，並衡量計畫的結果或效應。

形成評量設計及歷程

評量設計及方法的選擇，係著重在評量的環境，以及評量資源的可取得性。評量生涯發展計畫的設計，比起只是單純選擇顯示計畫結果是否成功或標準檢測更為複雜。評量研究設計時，需要考慮的部分之一，就是想要的資訊類型這個決策歷程的展開與否，可由資訊的說明是否充分或比較性資料是否充足而決定。在某些情況下，說明計畫並歸納出結果或評量資訊即可，當事人完成某項生涯發展計畫時，提供有關該當事人的說明，往往可提供有用的資訊，但仍很難將正面的結果直接歸因於生涯發展計畫。舉例來說，假設一項協助當事人面試技巧的計畫，透過結果評量發現：30 名參與者中，有 25 人是在完成計畫的一個月後就業。若無比較資料，我們難以確定就業的正面結果是因為生涯發展計畫的關係。將參與者與計畫之前的就業狀況相比，或將他們的就業狀況與尚未完成計畫者的就業狀況相比，比較資料將可提供更多令人信服的發現。若評量者確定比較資料是必要的，則他（她）須考量**受試者間**（intersubject，通常是某種以對照組資料為型態的各種主題的變異）或**受試者內**（intrasubject，通常只將重點放在個人主題內變項暫時展開的主題內變異）何者較合適。

在「受試者間」設計，需要有一個對照組，讓評量者決定是否有接受生涯介入比對照組更好的結果。有些評量者可能避開受試者間設計，因為難以從適當的對照組蒐集資料。在研究結果中，研究者常使用一種候補名單控制組（wait-list conrol group），以處理族群的顧慮及群組間平等議題。有些評量者可能避開受試者間或群組對照設計，是考量控制組中未接受生涯計畫的族群或實務上的議題。所以，在候補名單控制組設計中，以隨機方式將參與者分配到實驗處理組或候補名單控制組，且在實驗處理階段及實施後測後，仍可將實驗處理組提供給候補名單的控制組（Heppner, Kivlighan, & Wampold, 1999）。用隨機的方式分配到實驗處理組或候補名單控制組，就能解決群組間平等的議題，因此，有關不提供服務給需要協助的個人，其難題就消失了。

然而，在某些情況下，候補名單控制組可能不是一個確實可行的選擇，而另一個選擇是受試者間使用不同處理的設計，得到有關不同生涯介入效果的考量。例如：社區大學可能需要調查，電腦化的生涯輔導系統是否值得投資，在此情況下，他們可在生涯探索課程中，將被要求使用電腦化生涯輔導系統計畫的學生表現的結果，與課程中並未被要求使用學生的結果做一比較。受試者間設計的另一個範例，是將接受傳統取向的求職者訓練的結果，與參與更為全方位及密集計畫的人的結果，相互比較。

檢驗群組差異（group differences）並非是唯一可用的評量方式。評量者亦可使用「受試者內」研究設計，此設計是研究每一受試者或參與者內的變異。受試者內設計常見的做法是，在人們參與計畫之前進行前測，再於生涯發展計畫結束時進行後測。前—後測設計主要問題在於若無控制組，則無法排除當事人的改變是因為其他因素的可能性。受試者內設計的另一個做法，與**時間系列**（time-series approach）的做法有關，其中，有關個人的資訊在一段時間內蒐集，以觀察個人是否因為計畫而發生改變。時間系列的做法可用來監測成人參與生涯發展計畫數個月後，求職行為是否增加。

另一個受試者內設計，是使用單一受試者或單一個案設計。在諮商研究中，有越來越多研究使用單一個案研究（Heppner et al., 1999）。雖然單一受試者設計（single-subject designs）通常不用於評量研究中，但有一些情況對於蒐集有關個人進一步資訊會有幫助。單一個案設計（single-case designs）對於實務工作者而言，比起其他研究設計可能較熟悉，因為在過去，這種方法一直都被視為教導、學習和督導的基本模式（Jones, 1993）。

單一個案研究可以是量化、質化，或兩者結合，且有興趣者可直接閱讀Hillard（1993）以及 Galassi 和 Gersh（1993）的文獻。

考慮評量研究的另一個因素是，是否需要成本效益及成本利益的資訊。若評量研究包括生涯發展計畫的成本，以及對特定組織（例如：機關或教育機構）或社會（例如：州及聯邦支出的減少）的服務效果，以及對其利益之間關係的分析，那麼有些特定的資訊就需要蒐集。具體而言，評量者將需要蒐集生涯發展計畫所需的成本。Yates（1996）發現，此成本應包括人事、設施、設備及用品。此外，評量設計也需要包括蒐集成果資訊的方法，此方法可轉換為有形的利益和金錢的單位計算。

考量評量研究的最後一個因素是：如何蒐集有關計畫及當事人接受到的服務相關資訊？若無法清楚說明當事人接受什麼服務，以及他們確實接受到這些服務的證明，評量研究結果是沒有意義的。Rossi 和 Freeman（1982）指出：計畫失敗的原因之一，在於實驗處理並未標準化、未控制，或目標族群中有太多的變異。有時，評量的結果可能反映組織系統裡的困難，其中當事人接受到的服務相當不同，甚至可稱為不佳的服務。Yates（1996）指出：有關計畫程序的特定資料，必須在成本利益分析中蒐集，以檢驗計畫中成本與利益之間的關係。檢驗計畫的實行類似於確保諮商研究中實驗處理的完整性。在諮商研究中，處理手冊或提供諮商輔導員的督導及訓練，是用以確保提供諮商輔導處理的一致性與適切性（Lambert & Hill, 1994）。

決定評量或結果測量

如果沒有健全的評量方法或程序，就無法確定生涯發展計畫的效果。選擇適當的測量方法並非易事，人們有時會因為對於測量工具不熟悉，而迴避做生涯計畫的評量。過去五十年針對生涯介入所進行的研究結果，可協助評量者選擇可靠及有效的測量方式。在評量結果方面，現今的趨勢是使用一種以上的結果測量方式，並從多種管道蒐集資訊（Lambert & Hill, 1994; Oliver, 1979）。

Whiston（in press）設計了一份組織大綱，以協助評量者選擇多重生涯結果評估。後文中表 21-2 是此組織大綱的概覽，包括：內容、來源、焦點及時間導向四個領域。這四個領域中，每一個都有各種結果測量方式，可供評量者選擇。使用此大綱時，評量者可考慮每一個領域，且嘗試選擇在該領域內不同結果測量方法。理想的情況下，生涯實務工作者可選擇工具，使各領域內所有因素在測量結果中都能說明。但這樣的目標是不切實際的，因為實際上的限制（例如：時間、開銷，以及缺乏完善的工具）將影響工具的選擇。組織大綱可以協助系統化地選擇及處理多種有關生涯歷程中，不同領域的結果測量工具，且能避免某些不必要的重複結果。雖然一般的做法係使用多種結果測量方式，但這種組織大綱也可依情境，只選定一種測量工具做最全方位的結果測量。

從不同的觀點蒐集資訊，對評量生涯發展計畫是有助益的。在 Whiston 的組織大綱中，第一個要考量的是「**內容領域**」（content domain），包括：生涯知識及技能、生涯行為、感情，以及有效的角色功能。這些分類引自 Fretz（1981）的專題論文。第一類：**生涯知識及技能**，強調生涯諮商目標，是要能增進當事人對自己和工作世界的認識。本組織系統的用意在於，協助實務工作者選擇多重結果測量方法，以便從不同的觀點評量當事人的改變。因此，在內容分類中，當評量者已選擇一種測量知識及技能（例如：求職歷程的知識）的結果測量方式時，他（她）可選擇第二種評量生涯行為、感情，或有效角色功能運作的測量工具。

內容領域中的第二類是**生涯行為**（career behaviors）。此處的重點並非取得知識及技能，而是當事人所展現出的生涯行為，包括：在訓練計畫中的表現、生涯資訊行為、在模擬面試中的表現、尋找首份／新的工作、工作評等，或職業升遷。內容領域中的第三類是指**感情及信念**（sentiments and beliefs），且融入態度、信念、感知能力及其他情感上的反應。此分類包括：面對生涯確定性、承諾態度，以及測量生涯的重要性，例如《生涯決策量表》（*Career Decision Scale*）（Osipow, 1987），或取材自 Holland、Daiger 和 Power 於 1980 年編製的《我的職涯狀況》（*My Vocational Situation*）中的職業認同量表。此分類更包括信念、自我效能的測量方式，例如《生涯決策自我效能量表》（Taylor & Betz, 1983），都可加以選擇來測量所評量的生涯計畫，是否影響當事人的信念。內容領域當中的最後一類是：**有效的角色功能運作**，此類與生涯計畫是否造成當事人角色運作能力的改變有關，且更了解有效的角色功能運作，將視當事人的年齡及發展程度有所不同。生涯成熟度的測量，在生涯諮商研究中常被當做測量結果的方法，尤其被認為是有效角色功能運作的指標。其他有效角色功能運作的測量方法，包括：自我概念、內控／外控，以及調適的測量方法。

在諮商輔導及心理治療研究結果中，其趨勢是：從多元測量觀點改變的發生（Lambert & Hill, 1994）。主要理由是實務研究發現，輔導效果會因為諮商評量者不同，而有所差異。如表 21-2 所反映的，第二個要考量的領域是「**來源領域**」（source domain），分類包括：當事人、諮商輔導員、受過訓練的觀察者、其他相關人士，以及機構的／檔案的資訊。生涯領域中所使用的大多數工具，涉及了當事人的自陳報告（self-report）（Oliver, 1979）。在評量成人生涯計畫時，指導者、雇主、同儕以及家人，可針對生涯諮商效果，提供個人觀點。再者，機構或檔案的資訊（例如：就業記錄、薪水、未就業的時間）也都可用，更有助於生涯計畫的整體評估。

在選擇生涯結果測量方式上，Oliver（1978, 1979）建議人們使用整體性及特定性的測量方法。此模式第三個要考量的領域是「**焦點領域**」（focus domain），鼓勵評量者考慮整體性及特定性的測量方法。通常，整體性的測量方法包括許多措施，而特定性的方法只有幾種（Gelso, 1979）。整體性測量方法包括《多層面的生涯行為量表》（*Multidimensional Career Behavior Scales*）（Spokane, 1990），可用於評量與生涯選擇有關的多個因素。針對計畫目標，評量者可考慮採用心理治療研究中常用的《目標達成量表》（*Goal Attainment Scaling*）（Kiresuk & Sherman, 1968）。「目標達成量表」需要形成特定的目標，並針對可能的結果分級。目標會區分出優先順序，越可行的目標在評量結果中會得到越高分數。生涯研究中有幾個目標達成量表，例如：《自我導向職業目標達成量表》（*Self-Directed Vocational Goal Attainment Scale*）（Hoffman, Magoon, & Spokane, 1981）。雖然目標達成量表不易實行，但卻具有測量特定生涯發展計畫目標的獨特優勢。

分類模式的最後一個要考量的領域是「**時間導向**」（time orientation），強調短期及長期計畫目標的重要性。Kidd和Killeen（1992）主張：並非所有標準的測量方式都是平等的，應投入更多的心力使用有意義的測量方法。在成人發展計畫中，實務工作者協助當事人發展技能（例如：履歷表撰寫），但長期的目標是得到工作或生涯滿意度。Whiston（in press）將此領域中的分類標示為「大結果」及「小結果」。小結果測量方式不如大結果測量方式顯著，並反映出可能造成更多間接影響的短期改變。大結果範例，包括：減少生涯未定向、增進人際網絡技巧，以及提升生涯決策自我效能；且大結果可測量更為長期或終極的標準，如：獲得工作。

表 21-2　生涯結果測量大綱

內容	來源	焦點	時間導向
生涯知識及技能	當事人	整體性	大結果
生涯行為	諮商輔導員	特定性	小結果
情感及信念	受過訓練的觀察者		
有效的角色功能運作	其他相關人士		
	機構的／檔案的		

此分類大綱係用於協助評量者，從多元觀點使用多重測量方法，然而，它假設所有的評量措施都有完善的心理測量，且與所評量的計畫有關。特別重要的是：評量人員選擇的評量措施都適合成人特定的生涯計畫；然而，Whiston、Sexton和Lasoff（1998）曾發現，有評量者使用不恰當的結果測量方法進行研究的情況。

蒐集資訊

Benkofske和Heppner（1999）指出，資料蒐集會因為事前適當的規劃及準備而顯得有效率。如先前步驟所強調，在蒐集任何資訊「之前」，決定需要什麼資訊，以及之前所蒐集的資訊中什麼是最適當？實際蒐集資訊或資料蒐集的歷程是辛苦且具挑戰性的任務。因為當蒐集資訊時，難以處理的問題情境出現，可能會削弱整個評量歷程，進而導致生涯發展計畫的負面後果（例如：資訊不足，無法持續撥款資助）。可藉由蒐集資訊者受過徹底的訓練，且準備好處理潛在問題的能力而確保，就可避免許多陷阱。Benkofske 和 Heppner（1999）建議，當仍有足夠時間可以調整歷程、找出問題所在時，可做前導性研究（piloting）蒐集資料歷程，因前導性研究的資料蒐集歷程也可找出問題，例如：參與者對於研究說明或要調查的問題不了解；研究者觀察技術遲緩而影響效率；或機構的資料取出有困難（例如：畢業的學位、就業記錄）。

資料分析及解釋

蒐集完資料後，下一個步驟是分析資料並解釋結果。有些實務工作者可能會避開評量研究，因為他們害怕統計和資料分析。在某些情況下，評量者可採用描述性統計（例如：平均值、標準差）或不涉及統計的質性資料分析程序。然而，新的電腦統計套裝系統使資料分析更為簡單、更容易使用。不熟悉統計的人可向有經驗的人諮詢，因為統計上的決定是很複雜的，且牽涉到與統計有關的議題，例如：(1)所使用的統計考驗（statistical test）；(2)α水準（α level）；(3)統計考驗的方向性（directionality of the statistical test）；(4)效果值（effect size）；以及(5)受試者數目（Heppner et al., 1999）。實務工作者亦可考慮下列給研究者建議（例如 Thompson & Snyder, 1998）和統計的效果值（effect size）。《美國心理學會出版手冊》（*Publication Manual of the American Psychological Association*）（American Psychological Association, 1994）鼓勵效果值報告，相較之下，它們具有容易計算的優點。效果值通常是以實驗組的平均減去控制組的平均，再除以兩組或控制組的標準差。因此，效果值顯示了計畫受試者及非受試者在所使用的測量結果方式上的差異度。

若評量者比較擅長統計，相關及迴歸分析通常可提供重要的資料，尤其是與計畫成本及利益有關。在生涯諮商輔導領域中，必須說明個體做出有效生涯選擇所帶來的經濟效益。應鼓勵研究人員更進一步探討生涯諮商輔導在財務上的益處（例如：減少曠職、與工作壓力有關的醫療費用，以及更換員工的成本），並將這些計算及線性模式與受試者分享。另外，研究顯示：生涯發展計畫能產生個人及財務利益，可協助人們將自己當前計畫更正當化，並有助於擴大成人生涯發展計畫服務。

當資料分析後，就應開始展開解釋結果的重大工作。在解釋結果的早期階段，更應考慮向相關的行政人員解釋結果的重要。Benkofske和Heppner（1999）建議，所有評量報告應包含：⑴說明計畫；⑵摘要評量歷程；⑶討論資料蒐集程序；以及⑷提供評量的結果及發現。他們指出：報告包含了一份執行摘要，以及一份建議清單，其中包括計畫好的部分，以及需要改善的領域。任何報告需要針對廣大潛在的讀者，閱讀報告時使用理解的「眼光」來檢視整個結果，而非對少數讀者去調整扭曲的結果，或修正錯誤的發現，因為正確呈現評量研究發現是與專業倫理標準並存的。

資訊使用

評量研究不應在報告完成後就停止，因為評量研究的目的是使用評量中所產生的資訊。一旦資料被分析和解釋，生涯發展人員須考慮將資訊傳達給資訊管理者及其他適當的人。所以，評量的目的不僅是發現弱點，更是找出優勢。有時，評量研究的結果只提供給需服務的當事人，但未提供給計畫資助者讓他們了解。專業助人工作者若只將重點放在提供有品質的服務給當事人，會造成遺漏了推廣其專案的機會。另外，評量研究可以提供所需的資訊，來證明該計畫對額外資源的需求。

二、評量模式應用

以下內容包含了一套說明模式，以輔助成人生涯發展計畫的有效評估。如先前所提到，計畫評量有六個步驟：

1. 找出評量重點。
2. 形成評量設計及程序。
3. 決定評量或結果測量方式。

4.蒐集計畫資訊。

5.分析及解釋計畫資訊。

6.使用自計畫評量中所取得的資訊，以做出決定。

此處選出一個評量失業協助計畫的例子，以說明評量步驟。對於提供個人失業協助輔導及場所的評量，在過去二十年間已變得越來越重要，因為這些研究提供政策制定者，有關失業協助服務的效率及效果的相關問題（Riccio & Orenstein, 1996）。再者，許多與評量失業協助計畫及場所有關的議題，都與其他成人生涯發展計畫的服務有密切相關。

步驟 1：找出評量重點

在開始評估失業協助計畫時，評量者必須先決定評量的重點。首要的考量是，評量是否需要具有總結性及形成性。若評量的目標在於決定失業協助輔導的效果，且用意在於尋求持續的資助，則評估應為總結性。反之，若評估是為了找出改善計畫的方法，則應為形成性。此視評量的重點而定，然而，也常可見到評量者將總結性及形成性的層面都納入評量歷程。

評量者可能大致了解，他們所認為的評量重點應該是什麼，但可能難以精確說明重點。對這些人而言，檢視先前與失業協助計畫有關的研究，可能有助於釐清他們失業協助計畫的評量需求。在檢視此領域的研究時，有四種主要的分類。第一類型：牽涉到評量整體計畫的效果。若對整體計畫評量有興趣，可由美國衛生暨人力服務部（U.S. Department of Health and Human Services）最近一份評量失業協助計畫（http://wtw.doleta.gov/wtweval/evalsum.htm）的整體效果研究，找出有用的資訊。此份研究談到檢視所有失業協助的受助者、對計畫深入分析、失業協助計畫評量的衝擊，以及這些計畫的成本效益。這種性質的評量研究，目的往往在於決定計畫的利益是否大於成本。第二類型：如 Hollister、Kemper 和 Woodridge（1979）提及，涉及了使用個案研究，衡量計畫參與程度與持續時間的相關性，以及不同計畫的結果，例如：就業及收入。評量研究的第三類型：是進行比較當事人接受失業協助計畫在不同場所間的差異。例如 Mead

（1983）檢驗了個人輔導場所的特質與結果測量方式之間的關係，如：參與者找到工作的比例。研究的最後一個類型：是比較失業協助場所內的服務及介入。Riccio 和 Orenstein（1996）指出，這種研究是很有效力的，因為它使不同處理策略的效果，評量時不會有偏誤，且更重要是，能找出哪些工作對於強化失業協助計畫的發展是必要的。以下的內容將以最後一類失業協助的評量方法為研究範例，說明評量成人生涯發展計畫的步驟。具體而言，本模擬評量研究的重點在於：將接受生涯諮商輔導相關的服務效果，例如：個案管理、支持團體、藥物濫用治療，以及職場調解，與未接受生涯諮商輔導相關的服務效果（如：基本技能訓練、交通協助，以及兒童照顧協助）做比較。

步驟 2：形成評量設計及程序

在說明評量研究重點後，可選擇評量設計及方法。在設計一項評量研究時，第一個考慮的因素是所需要的資訊類型。將接受諮商輔導相關的失業協助服務效果，與未接受諮商輔導相關的服務效果比較時，只有描述性的資訊並不夠。需要有關兩個或更多群組的比較資料，因此需要運用受試者間設計。更具體地說，將須針對接受生涯諮商輔導相關服務參與者及未接受生涯諮商輔導相關服務參與者進行資料的蒐集。如此可使研究人員比較這兩個群組，目的在於決定兩種服務的差異結果。然而，受試者間設計在評估各種失業協助服務時是最適合的，實務工作者若想測量接受諮商輔導及未接受諮商輔導所造成的改變，也可考慮受試者內的設計。這涉及了前測—後測的受試者，目標在於測量個人的改變，而不是做接受諮商輔導與未接受諮商輔導兩群組介入方法的比較。

設計評量研究的第二個考量因素為：是否需要成本—效益或成本—利益的資訊。在失業協助計畫中，將與接受諮商輔導相關的服務與未接受諮商輔導相關的服務比較時，成本—利益的資訊可是關注的焦點。因此，評量者首先需要蒐集有關接受諮商輔導及未接受諮商輔導相關服務的成本資訊。這包括提供各項服務所需的人事、設施及日用品。其次，評量者須制定各種方法，將結果資訊轉變為金錢單位（monetary units）。換言之，他們要量化計畫服務的利益。在失業協助計畫中，許多接受者不再需要未成年子女家庭協助計畫（Aid to Family with Dependent Children, AFDC）、貧困家庭臨時協助計畫（Temporary Assistance to Needy Families, TANF），以及食物券等服務，而經濟上的節省可加以計算。對個人的利益，例如：工作的收入及受雇期，也可加以計算。這類變項應進行統計的數據分析及解釋。然而，評量人員應對工作滿意度及適切性等結果感興趣，正如Edwards、Rachal和Dixon（1999）所說的：因為有興趣，否則這項任務是複雜的，因為這些變項需要依等級、順序給數字編碼，以便納入統計的數據分析中。

在設計評量研究時，一些額外的因素也應考慮，像是：保密性、處理的完整性，以及普遍適用性。首先，評量者應向失業協助計畫的參與者保證，他們在研究期間所提供的資訊不會提供給他們的個案管理人（case manager），且不會用來對付他們；其次，評估人員應設計出處理的完整性及確保介入方式，係按照原來計畫的執行。例如：如果計畫的實行者希望了解支持性團體對於工作滿意度的衝擊，他必須確保此支持性團體有系統的標準化運作，救濟金的領取者實際上參與了團體活動。評量的程序須包括對於所提供的服務詳細說明，使其他失業協助機構在執行服務時是有效的，且能夠遵循程序。

步驟 3：決定評量或結果測量方式

任何失業協助計畫無法在沒有完善的評量方式下決定其效力。Edwards、Rachal和Dixon（1999）主張，失業協助計畫不能只因為它們能導致「好的」薪水，就判斷它們是成功的。他們也主張，失業協助計畫應根據計畫能否提升求助者的個人及職場問題的能力來加以評量。此處將提出可用於失業協助計畫中，接受諮商輔導者與並未接受諮商輔導者，對可能結果測量方式的比較。許多州已有強制的報告規定，而這些建議的目的是要聲明這些結果測量方式的重要性。

在使用 Whiston（in press）所提出的結果大綱時，首先會考慮「內容領域」（見表21-2）中的生涯知識及技能、生涯行為、情感及信念，以及有效的角色功能運作。在失業協助計畫中所蒐集到的典型評量資訊是，有多少接受諮商輔導者找到工作、工作薪資、每週平均工時，以及就業時間的長度（Ganzglass, Golonka, Tweedie, & Falk, 1998），所有這些結果都可歸類為生涯行為，且失業協助計畫的工作人員可考慮內容領域中的其他種類。有若干工具可用於觀察受試者的情感及信念，是否因為失業協助計畫而改變。在情感及信念中的工具範例是：《生涯轉型測驗》（Heppner, 1998）、《就業成功的障礙》（Liptak, 1996）或《生涯性向量表》（Bonett & Stickel, 1992）。Whiston 也指出，結果的測量方式應考量有效功能角色的測量。這個領域的結果測量方式，應包括整體功能運作的測量方式，如：《簡明症狀量表》（Derogatis, 1999）或《生活品質測驗》（Frisch, 1994）。在比較接受諮商輔導與未接受諮商輔導服務的結果時，將測量方法納入知識及技能的種類，是很重要的。有許多方法及工具可用來測量受試者，藉由他們在失業協助計畫中所接受的訓練培養出來的知識及技能。例如，Hamilton 等人（1997）發現，許多失業協助計畫涉及了成人基本教育，且這些服務可使用成人的成就測量方式，如：《成人基本教育測驗》（CTB/McGraw-Hill, 1994）來加以評量。

使用 Whiston（in press）的模式，選擇多重結果的測量方式時，評估失業協助計畫的人可考慮將焦點放在第二個「來源領域」。來源領域鼓勵評量者從不同的觀點（例如：當事人、諮商輔導員、相關的他人）蒐集資訊。在評量失業協助計畫時，可從受試者及他們的雇主蒐集評量訊息（Freedman et al., 2000）。在一個非傳統來源的創新評估中，Zaslow、McGroder 和 Moore（2000）檢視了三項失業協助計畫，對於計畫受試者的子女發展及幸福感的影響，這套全國失業協助策略評量研究：探討子女是否會因為母親參與失業協助計畫而受到影響；其中包括檢視子女如何受到影響，以及如何影響。結果測量方式包括：子女的認知發展、學業成就、行為適應、情緒適應，以及整體健康評定。

「焦點領域」是 Whiston（in press）在結果大綱中提出的第三種領域，且包括結果的整體性及特定的測量方式。特定的測量方式，評估的通常是與協助內容有關的結果。可用於失業協助策略的特定結果範例，包括：求職活動、GED認證取得，以及自我效能的測量。整體性的測量方法比較一般性，且關注在失業協助計畫中的某些部分，例如：獲得工作的受試者人數、接受救助者減少、收入增加，以及擁有工作福利者的人數。在評量生涯發展計畫時，將整體性及特定性的測量方法共同納入往往是有用的，尤其是針對某些問題時，特定的處理是否產生特定的效果。

在使用 Whiston（in press）的結果大綱時，最後一個需要考量的領域是「時間導向領域」，其中包括了大結果及小結果。大結果是比較間接的結果，且在失業協助中，有無接受諮商輔導的例子裡，大結果可能包括：就業率、薪資、工作滿意度，以及工作升遷等結果測量方式。小結果屬於較短期目標，且是比較不受注意的成功指標。雖然小結果不如大結果重要，但仍能提供所需的資訊。例如：在諮商輔導與否的比較中，小結果包括對所提供服務的滿意度、對工作的承諾或職業的重要性，以及自我效能增加等指標。在選擇結果測量方面，使用嚴謹的心理測驗來評量相關的領域或概念是很重要的。通常，單一的測量方式不足以評量複雜的生涯輔導效果，因此，評量者將須從多元的觀點使用多元的測量方法。

步驟 4：蒐集計畫資訊

在決定結果測量方式後，評估失業協助計畫中接受諮商輔導及未接受諮商輔導的構成要素，接著是蒐集評量資訊。完成一份有用的評量研究，關鍵在於：謹慎的規劃，以及注意細節。評量者在蒐集評量資料時，須確保實際蒐集資料的人受過充分的訓練。例如：若要使用編碼系統，觀察失業協助計畫受試者的在職情況，並判斷他們的表現，觀察者應先接受如何觀察以及將行為編碼的訓練。其次，資料蒐集的方法應加以測試。正如先前的範例，應讓研究人員使用編碼系統，處理模擬的資料，使編碼系統在必要時得以修正。再者，更早讓計畫的工作人員及受試者融入，能使資料蒐集歷程更美好。將研究的理由及目的提供給所有受試者，更能增強他們在研究所投注的心力。最後，研究人員應於評量研究開始前，確定受試者都了解且同意，並能遵循保密原則。如果失業協助計畫的受試者認為，計畫管理人將可取得他們提供給研究者的資料，則他們可能抗拒，並拒絕透露負面的訊息，避免產生對自己不利的影響。如果評量資訊不是由失業協助計畫的工作人員蒐集，且測量方法於服務提供後立即完成，則受試者會願意誠實揭露自己的資料。

失業協助計畫可能在資料蒐集的機會上優於其他的生涯發展計畫，因為有資料庫可透過美國衛生暨人力服務部及勞工部取得。這兩個聯邦的部會都有針對失業協助計畫的網站（http://wtw.doleta.gov/ 和 http://aspe.hhs.gov/hsp/hspwelfare.htm），提供評估失業協助計畫的相關資料。例如：如何追蹤求助者受雇的情形。再者，這些網站包括多種失業協助計畫的多個範例，這些範例的評估報告，也提供蒐集評量資料有效方法的相關資訊。失業協助計畫的其他生涯發展專業人員可透過檢視這些網站，及探討用於評量失業協助計畫的政策及程序上獲得助益。

步驟 5：分析及解釋計畫資訊

當蒐集到失業協助體系內，接受諮商輔導及未接受諮商輔導相關服務效果的資料時，這些資料須使用推論統計加以分析。一種**多因子變異數分析**（multivariate analysis of variance, MANOVA）或許是最適當的統計考驗，其中可分析範例研究的結果，因為一種以上的依變項（dependent variable）會被納入分析。評量者也可考慮用**多因子共變數分析**（multivariate analysis of covariance, MANCOVA），其中加上了一個共變項（covariant）。這種統計方法可用於控制外在的變項，進而使研究人員確信計畫服務效果之間的變異量，實際上是因為計畫的服務，而非其他變項。效應的規模顯示：使用不同結果測量方式，在接受諮商輔導相關活動者與未接受諮商輔導者之間差異的程度。最後，為了預測未來失業協助服務的受試者得到成功的結果，可使用**多元迴歸分析**（multiple regression analyses）。

結果解釋是計畫評量中較令人期待的部分，應該由完全了解統計結果的人進行解讀。例如：若失業協助計畫的管理人雇用了統計學家分析結果，則應在解釋資料時請統計學家協助。在解釋結果時，須納入更多的考量。首先，評量人員應讓報告能針對讀者（例如：內部的管理人員、其他地區的管理人員、政府官員）進行撰寫。在失業協助例子中，管理人員可考慮摘錄報告中的相關部分，寄給適當的人。例如：簡單的歸納可寄給地方的報社或立法委員會的州立法人員。其次，在解釋評量研究的結果時，必須小心，不誇大或忽略不同服務的影響。如研究發現是支持失業協助計畫的，不應過度美化；正如研究發現是不支持失業協助計畫的有效性，同樣不應受到忽視。此外，評估結果須在適當的情境下解讀，不應被過度推論。例如：針對中西部鄉村地區失業協助計畫所做的研究，不可推論到加州都市地區的計畫上。最後，結果的解釋須考量失業協助計畫中的實務性或臨床的重要性。這通常是指說明失業協助計畫的正面效益，使讀者能了解當事人的需求，以及如何呈現當事人正面改變的結果。

步驟 6：使用自計畫評量中取得的資訊，以做出決定

評量的研究結果可供作實務建議，當這些建議能夠實行時，才會有價值。一旦已進行蒐集、分析且解讀計畫資料，評量人員及計畫管理人應透過計畫的修改，將結果轉換為行動。例如，範例研究的結果如果顯示：個人的生涯諮商輔導與一些結果有顯著的相關，則計畫管理人員應考慮重新分配資金，使生涯諮商輔導成為計畫的重點。反之，若生涯諮商輔導活動與各種結果的相關低於未接受生涯諮商輔導服務者，則計畫管理人員須增加較具效果的服務。

從評量中取得的資訊不只可用於計畫修正及改善，我們認為，生涯發展人員在告知大眾生涯發展活動的好處部分，需要做得更好。以失業協助計畫為例，若干評量研究顯示失業協助計畫的效果（Michalopoulos, Schwartz, & Adams-Ciardullo, 2000），然而，這些發現並非眾所周知。由於目前的重點放在實證上所支持的輔導，因此強調這些正面的發現，似乎是值得的。事實上，如果研究人員及實務工作者加強宣導生涯發展計畫的正面效果，有助於各種生涯發展計畫的進行。

三、結論

本章將重點放在評量成人生涯發展計畫的歷程。沒有證據指出進行評

量計畫是有風險的，所以持續提供負責任的資訊是必要的。評量的進行不應被視為一種獨立的活動，它應是完整計畫的持續歷程。本章提出評量計畫的執行步驟，針對生涯發展計畫進行計畫評量，此時或許是重新檢視該歷程並看到是否能改進程序，且取得更好資訊的時候。對於目前並未蒐集評量資訊的生涯發展計畫行政人員，建議宜在自己的計畫癱瘓之前，立刻進行資訊的評量。

參考文獻

American Psychological Association. (1994). *Publication Manual of the American Psychological Association.* Washington, DC: Author.

Benkofske, M., & Heppner, C. C. (1999). Program evaluation. In P. P. Heppner, D. M. Kivlighan, & B. E. Wampold (Eds.), *Research design in counseling* (pp. 488-513). Belmont, CA: Wadsworth.

Bonett, R. M., & Stickel, S. A. (1992). A psychometric analysis of the Career Aptitude Scale. *Measurement and Evaluation in Counseling and Development, 25,* 14-26.

CTB/McGraw-Hill. (1994). *Test of Adult Basic Education.* Monterey, CA: Author.

Derogatis, L. R. (1999). *Brief Symptoms Inventory 18.* Minneapolis, MN: National Computer Systems.

Edwards, S. A., Rachal, K. C., & Dixon, D. N. (1999). Counseling psychology and welfare reform: Implications and opportunities. *The Counseling Psychologist, 27*(2), 263-284.

Freedman, S., Friedlander, D., Hamilton, G., Rock J., Mitchell, M., Nudelman, J., Schweder, A., & Storto, L. (2000). *Evaluating alternative welfare-to-work approaches: Two-year impacts of eleven programs (executive summary)* [On-line]. Available: http://aspe.hhs.gov/hsp/NEWWS/11-prog-es00/index.htm.

Fretz, B. R. (1981). Evaluating the effectiveness of career interventions [Monograph]. *Journal of Counseling, 28,* 77-90.

Frisch, M. B. (1994). *Quality of Life Inventory.* Minneapolis, MN: National Computer Systems.

Galassi, J. P., & Gersh, T. L. (1993). Myths, misconceptions, and missed opportunity: Single-case designs and counseling psychology. *Journal of Counseling Psychology, 40,* 525-531.

Ganzglass, E., Golonka, S., Tweedie, J., & Falk, S. (1998). Tracking welfare reform: Designing followup studies of recipients who leave welfare. Retrieved November 16, 2000 from Department of Health and Human Services, Office for the Assistant Secretary for Planning and Evaluation Web site: http://aspe.hhs.gov/hsp/isp/ ngancsl.htm.

Gelso, C. J. (1979). Research in counseling: Methodological and professional issues. *The Counseling Psychologist, 8*(3), 7-35.

Hamilton, G., Brock, T., Farrell, M., Friedlander, D., Harkneet, K., Hunter-Manns, J., Walter, J., & Weisman, J. (1997). *Evaluating two welfare-to-work program approaches: Two-year findings on the labor force attachment and human capital development programs in three sites* [On-line]. Available: http://aspa.hha.gov/hsp/ isp/2yrwtw97/exsum.htm.

Heppner, M. J. (1998). The Career Transitions Inventory: Measuring internal resources in adulthood. *Journal of Career Assessment, 6,* 135-145.

Heppner, P. P., Kivlighan, D. M., & Wampold, B. E. (1999). *Research design in counseling* (2nd ed.). Belmont, CA: Wadsworth.

Hillard, R. B. (1993). Single-case methodology in psychotherapy process and outcome research. *Journal of Consulting and Clinical Psychology, 61,* 373-380.

Hoffman, J. L., Magoon, T. M., & Spokane, A. R. (1981). Effects of feedback mode on counseling outcomes using the Strong-Campbell Interest Inventory: Does the counselor really matter? *Journal of Counseling Psychology, 28,* 119-125.

Hollister, G. R., Kemper, P., & Woodridge, J. (1979). Linking process and impact analysis: The case of supported work. In T. D. Cook & C. S. Reichardt (Eds.), *Qualitative and quantitative methods in evaluation research* (pp. 234-253). Beverly Hills, CA: Sage.

Joint Committee on Standards for Educational Evaluation. (1994). *The program evaluation* (2nd ed.). Thousand Oaks, CA: Sage.

Jones, E. E. (1993). Introduction to special section: Single-case research in psychotherapy. *Journal of Consulting and Clinical Psychology, 61,* 371-372.

Kidd, J. M., & Killeen, J. (1992). Are the effects of career guidance worth having? Changes in practice and outcomes. *Journal of Organizational Psychology, 65,* 219-234.

Kiresuk, D. J., & Sherman, R. E. (1968). Goal attainment scaling: A general method for evaluating comprehensive community mental health programs. *Community Mental Health Journal, 4,* 443-453.

Lambert, M. J., & Hill, C. E. (1994). Assessing psychotherapy outcome and process. In A. E. Bergin & S. L. Garfield (Eds.), *Handbook of psychotherapy and behavior change* (4th ed., pp. 72-113). New York: Wiley.

Liptak, J. J. (1996). *Barriers to Employment Success Inventory.* Indianapolis, IN: Jist Publishing.

Mead, L. M. (1983). Expectations and welfare work: WIN in New York City. *Policy Studies Review, 2*(4), 648-688.

Michalopoulos, C., Schwartz, C., & Adams-Ciardullo, D. (2000). *What works best for whom: Impacts of 20 welfare-to-work programs by subgroups* [On-line]. Available: http://aspe.hhs.gov/hsp/NEWWS/synthesises-00/index.htm.

Oliver, L. W. (1978). *Outcome measures for career counseling research* (Technical Paper 316). Alexandria, VA: U.S. Army Research Institute.

Oliver, L. W. (1979). Outcome measurement in career counseling research. *Journal of Counseling Psychology, 26,* 217-226.

Osipow, S. H. (1987). *Career Decision Scale Manual.* Odessa, FL: Psychological Assessment Resources.

Riccio, J. A., & Orenstein, A. (1996). Understanding the best practices for operating welfare-to-work programs. *Evaluation Review, 20*(1), 3-28.

Rossi, P. H., & Freeman, H. E. (1982). *Evaluation: A systematic approach.* Beverly Hills, CA: Sage.

Spokane, A. R. (1990). *Multidimensional Career Behavior Scales.* Unpublished scale available from author.

Taylor, K. M., & Betz, N. E. (1983). Application of self-efficacy theory to understanding and treatment of career indecision. *Journal of Vocational Behavior, 22,* 63-81.

Thompson, B., & Snyder, P. A. (1998). Statistical significance and reliability analyses in recent Journal of Counseling & Development research articles. *Journal of Counseling and Development, 76,* 436-441.

Whiston, S. C. (1996). Accountability through action research: Research methods for practitioners. *Journal of Counseling and Development, 74,* 616-623.

Whiston, S. C. (in press). Selecting career outcome assessments: An organizational scheme. *Journal of Career Assessment.*

Whiston, S. C., Sexton, T. L., & Lasoff, D. L. (1998). Career-intervention outcome: A replication and extension of Oliver and Spokane (1988). *Journal of Counseling Psychology, 45,* 150-165.

Yates, B. T. (1996). *Analyzing costs, procedures, processes, and outcomes in human services.* Thousand Oaks, CA: Sage.

Zaslow, M. J., McGroder, S. M., & Moore, K. A. (2000). *Impact on young children and their families two years after enrollment: Summary report.* [On-line]. Available: http://aspe.hhs.gov/hsp/NEWWS/child-outcomes/summary.htm#overview.

第二十二章

成人生涯發展的未來觀點

賓州州立大學｜Edwin L. Herr

使用過往的經驗做為參考架構，有助於觀察未來的成人生涯發展。在這樣的環境下，成人生涯發展相對而言，是一個新的名詞也是新的概念。大約一個世代之前，「成人生涯發展」一詞很少被使用。當時的焦點傾向於：大多數人在青少年晚期或20歲出頭，就做了職業和雇主的選擇；而在成人時，他們實踐了這些早期所選擇的生涯路徑。除了少數例外，這種假定說明生涯探索及選擇的重要性，往往是在生涯的前端，而非分布於人的一生當中，而到了中年及晚年時期被一種強調線性生涯（linear careers）、穩定性（通常是在一家公司或工作場所長期任職）、責任、收入的持續，及可預期的增加等言語所描述，但是以上這些觀點將被重整、維持、平穩、減緩等字眼所取代。

20世紀後半期大多數的理論觀點談的是男性的生涯發展，通常是白人及受過良好教育的人，而不是女性、有色人種或貧困者的生涯發展。幾位例外的研究者（Super, 1957; Krumboltz, 1979, 1994; Vondracek, Lerner, & Schulenberg, 1986），則是將重點放在個人的生涯發展，而不是放在個人與企業的互動及社會交互影響的生涯發展；具體地說，成人生涯發展的概念並未充分**脈絡化**，如果人類行為缺乏脈絡化，就無法解釋人們前去諮商時，所帶去的自我建構理論及問題，有的可能只是真空狀態下存在的一個觀點。個人在如此受限的觀點中，生涯發展對所有人而言，都被視為相同且同質性的。然而，文化因素及性別是**生涯認同**（career identity）最主要的影響，卻被輕描淡寫為：個人所生活的環境，對其影響是有利且極少改變的，實際上環境的改變是持續發生在生活中的。

相對於這樣的觀點，本書前面幾章的理論及介入，則對成人生涯發展有著不同的看法。我們體認到：成年時期是動態的，員工做出選擇，進出不同的工作及生涯路徑，探索並重新塑造自己。在三十年之前，約為今日50歲左右較典型的員工，要進入職場工作時的程序，是不為人知且無法探尋的。但是，他們必須適應並學習履行這些：當他們開始打造自己的生涯時，並未存在組織型態及找工作的任何工具；當時進入職涯時，目前所盛行的電腦科技、電訊、衛星，以及全球經濟，都尚未成為話題焦點。直到1995年前，職場都沒有網際網路可供使用，工作及工作場所是以地點、地理狀態和政治主權加以分界。但現在已不再如此，事實上，先進科技及國際經濟競爭的影響，已改變了工作方式、工作組織，以及在何處工作、如何工作及由誰完成。

有關成人生涯發展目前的進展與實行的脈絡要素，範圍很廣。例如：工作性質的加速改變；某些產業（如製造業）的工作機會持續減少；許多職位及工作場合需要準備新的技能；某些工作從一個國家轉移至另一個國家；世界許多地區的高失業率。當前的趨勢是：在全球經濟中，任何國家經濟發展的主要資產為就業勞動力的識字能力、算術能力、溝通能力及電腦技能。

由於科技及政治因素，全球職業架構正迅速改變，必須為來自多元背景的人安排提供不同的工作種類及勞動力（Rifkin, 1996）。例如英國管理學家 Handy（1994）指出，在歐洲及北美國家，勞動力的概念被分為三個同心圓：中間的小圈是雇主所需，以完成特定工作任務的永久勞動力，這些人具有長期穩定、優良的福利及收入，並隨組織改變工作程序，他們在學習及再學習上也得到雇主的支持；第二圈是由臨時員工構成：基本上都是兼職的員工，公司購買他們的技能，用於特定的時間內（例如：冬天假期的零售員工、夏日收成的農場員工、限定時間內完成特定專案的員工）。這些人常有好幾個兼職工作，但並無長期任職，他們通常缺少永久員工所能擁有之健保及其他的福利，且工作很不穩定；第三圈的員工是從事外包的專門公司：他們本身是雇主，與傳統公司一樣有臨時工與較長期員工。

外包公司有特殊功能及服務，而費用又較低（例如：會計、廣告、食品服務、行銷、保全法律服務、保管服務）。所以一般替外包公司工作的人可能是兼職的員工，也可能是比較長期的員工，他們被分派到特定公司或工作場所，從事非長期性質的工作。

Handy 對於公司職業架構的概念化，具有許多推論的意涵。其中之一是：對傳統就業形象的觀感——在一家長期、全職及永久雇主的工作。對多數人而言，已不再是如此，因此產生了許多替代性雇用模式（alternate employment patterns），成為《勞工評論月刊》（*Monthly Labor Review*）常討論的議題（Hipple, 2001）。約有 560 萬名員工（占 1999 年就業總人口 4.3%）擔任臨時工作，屬於短期或暫時的性質，預期不會長久且持續。隨著全職但未被正式雇用的比率提高，臨時員工的比率也增加。許多人的工作是透過臨時機構的協助，包括醫師、生物及生命科學家、演員及導演、建築工人、圖書館辦事員、接待人員，以及打字員。臨時員工比正式員工更可能擔任多種工作，且較年輕、工資較少，雇主也未提供健康保險或退休計畫，這些人大都是在異國出生或屬於少數族群。在眾多種類的臨時工中，美國政府使用的幾個分類，包括：獨立承包商；主要是自行開業的顧問及自由員工；僅在有需要時被找去工作的應徵員工；由臨時協助機構給付薪資的臨時協助機構。承包公司的員工，可能在所提供地點替單一的雇主或若干雇主工作（DiNatale, 2001），目前的勞動力幾乎有 10%，是隨時在變動且無法逐週去預測的（Golden, 2001）。

關於 Handy 所指出的三個同心圓：永久、臨時、外包，還有更多可以談的，這些員工，都需要保持自己的技能永不落伍，並且鎖定雇主、臨時協助機構及外包公司，以臨時或非臨時方式雇用員工，所以多數員工必須繼續學習，期待能具有符合雇主的能力。而另一層含義則是：這些員工中，每個人都是自己生涯的管理者，雇主無須為員工的生涯發展負責，他們將此視為員工自己的責任。在這樣的環境下，雇主與員工之間的關係改變，員工須維持可受雇用且不落伍的能力，成為繼續保住飯碗的一個先決條件。有觀察者指出：員工除了技術的能力外，必須具備個人的彈性（Herr & Cramer, 1996），以因應多變的就業情況及需求。

這樣的觀點已使研究人員主張：新型態的生涯正在出現，這有別於傳統的成人生涯發展理論。Arnold和Jackson（1997）指出，工作方式及工作組織結構上的改變，已影響到許多國家對「**新生涯**」（new career）概念的思維。他們表示：

> 在就業機會結構上所發生的改變，意味著生涯模式及多元化經驗的擴大，更多不同種類的生涯轉型（career transitions）將發生。結果可能是在未來，將有更多的人會經歷到許多女性所經驗的分割的生涯（fragmented careers）（p. 428）……更多人將替中小企業的雇主工作，且更多的人將是自營商……這些都凸顯了終身學習的必要性，特別是在生涯轉型期間，用來支持當事人，更加需要合適的生涯輔導策略……新的生涯認知是：人們傾向主觀積極地涉入自己的生涯及生涯發展客觀真實的改變（p. 429）。

基本上，就同樣的觀點而言，Hall 及其同事（1996）討論了**角色多變的生涯**（protean career）。他們指出：

> 人們的生涯隨著自己進出不同的工作領域、科技、功能、組織及其他工作環境，越來越變成一種「迷你階段」（或學習階段的短期循環）的探尋—試驗—精通—離開的循環（p. 33）……這種多變的生涯型態涉及了橫向的成長、擴展自己的能力範圍、與工作及其他人聯繫的方式，對照傳統的直向成功成長（向上機動性）。在多變的成長型態中，目標在於：不斷學習、自我心理層次的成功，以及自我認同上的擴展與整合。比較傳統型態的目標是：符合別人眼中的成功和自尊，以及權力的提升（p. 35）。

由Hall及同事所使用的「變化莫測」（protean）一詞，起源自希臘神話中的海神Proteus。他具有許多面向，且在必要情況下，將自己轉換為許多型態（Lifton, 1993）。雖然持續性及穩定性在心理學文獻中定位為：個人成長及發展的理想特性，但是未來的成人生涯發展可能會更為暫時性、更自發性，更根植於環境和組織的流動性，以及不可預測性和動盪性。

明顯的要點在於：人是由他們所遭遇的環境所塑造，是需要加以學習管理的。Super（1984）針對這一點，做了以下表示：

> 生涯行為及發展並不會分別從工作領域及個人、社會、經濟環境中獨自展開。關係是人際間彼此的互惠和交流互動（reciprocal and interactive）所建構的。因此，專業人士須對工作領域有徹底的了解，以便能：(1)體認工作領域對個人行為及發展的動態衝擊；以及(2)藉由工作環境中有效管理，讓與他們共事的人成為有能力、有成就的人（Super, 1984, p.25）。

一、成人生涯發展理論意涵

Super的說法對於生涯發展理論有明顯的意涵，如有關**多變的自我**（protean self）、個人身為自己的生涯管理者，以及正在改變中的工作型態——永久、臨時、外包的評論，現在正在世界各地湧現，誰占有哪個職業的層級，以及誰需要具備個人彈性的需求。

這些議題引起當代成人發展理論在內容和廣度層面的重要討論，特別是現有的理論是否充分反映改變中的工作性質——因為臨時、工作可能更為片段及更多的階段；員工與雇主之間關係的改變；員工個人需要更多的個人彈性，並成為自己的生涯管理者；以及員工越來越需要認知到工作將不受地理或環境限制，在全球環境下，將有來自其他國家的員工同時競爭工作的壓力。

此理論也有其他意涵，包括：

1. 了解人類行為與生涯發展的潛在影響，了解人們生活在不同的社會、文化、政治及經濟環境中。這些環境常影響或限制工作角色和工作倫理的觀念，例如：強化有成就的形象、有回報的認知及人際關係風格、可用的資源，以及所提供的資訊型態與完整性。人們藉以調適自己去認同各種環境的結合，受到出生順序、出生地點、文化傳統、社經地位、歷史，以及許多其他因素的影響。「這樣的環境並非靜態的，而是不斷地改變，且人們經常處於須接受、解釋與個人環境有關的壓力下，結合來自各種環境的訊息，做出反應行動」（Herr, 1999, p. 6）。

2. 人們對於自己所居住環境的想法也很重要。他們是否思考自己受限的環境位置，這個特殊的城鎮或都市，正是他們決定打造及發揮自己生涯抱負所需。倘若如此，他們如何解釋自己在全球競爭世界中的角色，在當中他們協助生產的產品或服務，可能只是一個複雜的進出口網際網路的一部分。而此網際網路改變了品質標準、製造成本，及對於競爭對手與潛在顧客的了解，然而，這些競爭者及顧客在其中所運作的經濟及社會體系議題更為重要。這些員工是否考量勞動力和員工的跨國移動：勞工過剩，包括受過高度訓練及有技能的員工，其中更多人尋求在美國或其他已開發國家謀得工作；知識型員工具備識字、算術、溝通、電腦使用技能，所以，就業能力及終身訓練變成許多新興職業的必備條件。員工需要能促進適應力及彈性的世界觀，以因應改變嗎？這些觀點應該被員工所了解嗎？這些因素應該納入成人生涯發展理論中嗎？在一個充滿流動經濟體系及生涯架構的世界中，這些動態顯然對未來了解成人生涯發展及其變動性質的關聯越來越重要。

3. 人類行為的變動性觀點，就如同人類行為心理學的觀點一樣，是透過人類行為的社會學逐漸被了解。就狹義而言，人類行為心理學被理解為關注個人行動以及行動的起源和影響；人類行為社會學則比較關注環境脈絡，和刺激形成及限制個體行動有關的社會化因素（Herr, 1999）。在成人生涯發展中，哪些職業及哪些工作行為可能受到工作安排過程以及角色期待的影響？成人生涯發展理論須處理的議題，包括：人們如何預測這樣的改變？在面對這樣的改變時，預備自己能處之泰然且有彈性，並視改變為挑戰，而非威脅？

4. 一個新興的議題是：成人生涯發展理論的結構是否應以個人行動心理學為優先考量，或互動性的社會學、人類學、組織或經濟觀點為主。後者有助於釐清形塑或限制個人行動的環境因素，這些由環境產生的障礙和困境必須被理解和克服，它們也更直接地反映出塑造行為的環境與個人之間的互動處理。

　　隨著環境及個人行為成為成人生涯發展理論的焦點，擴大了介入的視野，需要了解人們與所居住的多重環境，經常進行適應性的互動。這些環境包括：家庭、社區、機構場合、政府機關、工作場所及社會政策。每一個環境都可以是一個生涯介入的潛在目標，用來協助成人生涯發展。由於對處理個人及所處環境介入更為重視而產生新的問題，是成人所需的資訊類型及傳送資訊的方式和先進科技（例如：電腦輔助的生涯導引系統、網際網路）的使用，做為主要的生涯介入，以及生涯專家們對個人、團體及有助於或阻礙生涯發展的社會／經濟環境（例如：工作場所、學校或機構）所扮演的不同角色。這樣的觀點更確定了建構一套全方位介入矩陣（comprehensive matrix of interventions）的需求，這樣的介入與現有特定的問題、當事人特質及場合有關。矩陣的目的在於分析可取得的方式與成人生涯發展有關的科學研究，將理論及研究或我們所知的，用實際的關聯性轉換為個人或環境內所界定的問題種類及問題發生的地點。

5. 為了成功建立「現有問題×處置／介入×當事人特性×環境」的矩陣，需要在現有的理論和研究中未具代表性人口的相關知識，來說明這些人口群的生涯發展，例如：貧困者、只有高中或以下教育程度者、來自不同文化背景的移民者、男女同性戀者，以及變性者。如果成人生涯發展理論要更完全反映障礙的差異，並且強化與這些次群體有關的生涯發展因素，則有關這些群體的生涯行為和「生活經驗」的研究，需要受到更大的重視。

更加重視不同次群體的生涯發展變異需求，可能需要分割的理論（segmented theories），而不只是具有完整包涵性的理論。分割理論會更直接將重點放在特定型態的障礙、強化因素及訊息的接受，以及影響女性、種族及少數族群、殘障人士、具有另類性取向，還有不同教育程度、社會經濟地位，與其他分類的生涯行為上（Herr, 1996）。這些研究的結果，必須拿來與被驗證的生涯理論，及已經被接受的各種綜合的生涯概念相互比較（Herr, 1997; Savickas, 1999）。

在理論上對達成個人彈性的要素及歷程有更多重視。這需要調整人力資本理論（human capital theory）中強調「員工即是投資者」（worker as investor）的觀點（Davenport, 1999）。在這樣的脈絡下，員工控制自己所具有且可應用於不同工作場合、問題或期望的「人力資本」。人力資本在此情況下指一個人的**能力**（知識、技能、才能）、**行為**（我們在貢獻一項任務時，該如何表現）、**努力**（effort，有意識地運用我們的心理及身體資源，完成特定的任務及工作倫理）、**時間**（我們願意在特定的工作上花多少時間），以及員工**期望投資的報酬**是什麼（例如：本身的工作實現、成長的機會、對成就的肯定、財務上的報酬）。在這樣的模式中，我們可在「員工即是投資者」與「員工即是生涯管理者」之間劃上平行線。在後者中，工作任務將人力資本應用於投資的回報，且被當成是適當的期待。然而，為了保持彈性，生涯管理者也必須經常改善並增加自己的人力資本，使之對於改變中的雇主更具有吸引力。若能從事終身學習，以改善自己的人力資本，在本質上，就是展現個人的彈性。這樣的觀點也可根據動機或自我效能理論來思考。如 Lawler（1973）所提出在產業—組織心理學中，以及 Bandura（1977）所提出在自我效能理論中的動機，都包括了相同的要素。Lawler的動機模式特性在於：（E？P）（P？O）這個方程式，方程式中 E ＝努力（Effort）；P ＝表現（Performance）；O ＝結果（Outcomes）。基本上，這樣的架構解釋出以某種方式的行動傾向取決於一種期望，即行為之後將是特定的結果；也取決於結果對於行動者的價值或吸引力。因此，有兩個期望值涉入動機中：第一，「努力？表現」，反映出一個人對於他（她）可完成特定工作或其他情況中，所估計的可能性。基本的問題是：我投資的人力資本，是否讓我在此情況下有適當的表現？這就是 Bandura（1977）及 Betz 和 Hackett（1986）等所稱的自我效能感，即個人對於自己能夠或不能執行一項任務的相信程度。動機的第二個層面則是「表現？結果」，重點在於一種主觀的可能性，即如果可達成特定的表現（如果人力資本足夠），則可導致某種想要的結果（可達成想要的投資回報）。在這個動機過程中，個人對於結果信念是被重視的。在此模式中，生涯管理者強化他（她）自己的彈性，將會擴大自己可能的表現，並釐清自己的價值觀，可將這些價值觀廣泛應用於各種潛在工作表現的選擇和情境。

顯然，有其他可能達成個人彈性本質及歷程的考量方法，然而，個人有適應改變的能力，在必要情況下重塑自己，以及具備個人彈性能力，將攸關著未來成人生涯發展的概念。

二、結論

成人的生涯發展概念與歷程，會在不同時期，跨越世代、跨越國界而有不同的變化，在經濟體制及職業架構處於重大波動的現代，生涯發展因所處環境影響，在性質上有別於過去所形成的生涯發展理論。本章試圖找出影響成人生涯發展性質及結果的動態影響力。具體而言，本章將焦點放在理論發展及研究領域，需要更多的關注與精進，探討所選定的概念（例如：個人彈性），更確認次群體（例如：貧困者、移民者等）的生活經驗及生涯行為，這些都必須更完整地被納入成人生涯發展理論中。

參考文獻

Arnold, J., & Jackson, C. (1997). The new career: Issues and challenges. *British Journal of Guidance and Counselling, 25*(4), 427-434.

Bandura, A. (1977). Self-efficacy: Toward a unifying theory of behavioral change. *Psychological Review, 84,* 191-215.

Betz, N. E., & Hackett, G. (1986). Applications of self-efficacy theory to understanding career choice behavior. *Journal of Social and Clinical Psychology, 4,* 279-289.

Davenport, T. O. *(1999). Human capital. What it is and why people invest in it.* San Francisco: Jossey-Bass.

DiNatale, M. (2001). Alternative work arrangements. *Monthly Labor Review, 124*(3), 28-49.

Golden, L. (2001). Flexible work schedules: What are trading off to get them? *Monthly Labor Review, 124(*3), 50-67.

Hall, D. T., & Associates (Eds.). (1996). *The career is dead—long live the career. A relational approach to careers.* San Francisco: Jossey-Bass.

Handy, C. (1994). *The age of paradox.* Boston, MA: Harvard Business School Press.

Herr, E. L. (1996). Toward the convergence of career theory and practice: Mythology, issues, and possibilities. In M. Savickas & W. B. Walsh (Eds.), *Handbook of career counseling theory and practice.* Palo Alto, CA: Davies-Black.

Herr, E. L. (1997). Perspectives on career guidance and counselling in the 21st century. *Educational and Vocational Guidance, 60,* 1-15.

Herr, E. L. (1999). *Counseling in a dynamic society. Contexts and practices for the 21st century.* Alexandria, VA: American Counseling Association.

Herr, E. L., & Cramer, S. H. (1996). *Career guidance and counseling through the lifespan: Systematic approaches.* New York: Harper Collins.

Hipple, S. (2001). Contingent work. *Monthly Labor Review, 124*(3), 3-27.

Krumboltz, J. D. (1979). A social learning theory of career decision making. In A. M. Mitchell, G. G. Jame, & J. D. Krumboltz (Eds.), *Social learning and career decision making* (pp. 19-49). Cranston, RI: Carrole Press.

Krumboltz, J. D. (1994). Improving career development theory from a social learning perspective. In M. L. Savickas & R. W. Lent (Eds.), *Convergence in career development theories. Implications for science and practice* (pp. 9-31). Palo Alto, CA: CPP Books.

Lawler, E. E. (1973). *Motivation in work organizations.* Monterey, CA: Brooks/Cole.

Lifton, R. J. (1993). *The protean self: Human resilience in an age of fragmentation.* New York: Basic Books.

Rifkin, J. (1996). *The end of work. The decline of the global labor force and the dawn of the post-market era.* New York: Tarcher/Putnam.

Savickas, M. (1999). Career development and public policy: The role of values, theory and research. *Making waves: Career development and public policy. International Symposium 1999 Papers, Proceedings and Strategies.* Ottawa, Canada: Canadian Career Development Foundation.

Super, D. E. (1957). *The psychology of careers.* New York: Harper & Row.

Super, D. E. (1984). *Career and life development.* In D. Brown & L. Brooks (Eds.), Career choice and development: Applying contemporary approaches to practice. San Francisco: Jossey Bass.

Vondracek, F. W., Lerner, R. M., & Schulenberg, J. E. (1986) *Career development: A life-span developmental approach.* Hillsdale, NJ: Erlbaum.

成人生涯發展｜概念、議題及實務
Adult Career Development: Concepts, Issues and Practices

中英名詞對照

第一章

career concerns　生涯關注　4
career development tasks　生涯發展任務　4
career ethic　生涯倫理　4
career interventions　生涯介入　8
career paths　生涯路徑　5
career practitioners　生涯實務工作者　8
community counseling strategy　社區諮商策略　19
counselor　生涯諮商輔導員　6
heterogeneous workplace　異質化職場　10
holistic life context　全人生活脈絡　5
integrating career counseling　整合式生涯諮商　19
intrapersonal experience　個人內在自我經驗　18
knowledge workers　知識型員工　11
learning organizations　學習型組織　14
life structure　生活結構　5
narrative life story　敘說生命故事　17
on-stop career shops　一次辦成職業介紹所　19
Protean Careers　多變的生涯　13
ripple effect　漣漪效應　7
self-efficacy　自我效能感　5
self-fulfillment ethic　自我實現倫理　6
social action strategy　社會行動策略　18
social contract　社會約定　3
theory of work adjustment　工作調整理論　17
vocational ethic　職業倫理　4
work ethics　工作倫理　4, 6

第二章

第三章

第四章

第五章

第六章

第七章

第八章

active engagement approach　積極參與取向　169
basic organization structure　基本組織結構　170
behavioral rehearsal training　行為預演訓練　184
brainstorming　腦力激盪　178
brief/solution-focused counseling　短期／焦點解決的諮商　175
career anchors　生涯心錨　177
careercraft　生涯雕琢　180
centric wheel　生涯輪　171
collaborative relationship　合作關係　180
crisis of imagination　想像危機　169
dramatic re-enactment　戲劇化再促發　178
insight　領悟　179
linear process　線性歷程　170
metaphoric case conceptualization　隱喻式個案概念化　189
metaphoric imagery　隱喻心像　174
mind mapping　心智圖像　178
miracle question　奇蹟式問話　188
moments of movement　當下行動　185
negotiation process　協調歷程　172
pattern identification exercise　自我認同練習模式　176
pre-mature closure　過早做決定　183
projection　投射　179
questioning strategies　提問策略　175
reframing　重新框架　170
re-integrate　重新整合　178
self discovery　自我發現　177
self-directed behavior　自我探索行為　173
self-exploration　自我探索　177
systematic questioning　系統化問話　173
The Art of Weaving　《編織藝術》　181

第九章

第十章

integrated mental map　整合心靈地圖　219
intervention　介入　219
intrapsychic processes　內在的心理歷程　223
meaning making　意義形成　218
personal agency　個人自主性　216
person-focused interventions　以人為主的諮商介入　221
relational orientation　關係導向　215
self-efficacy beliefs　自我效能信念　214
self-perceptions　自我覺知　215
sexist ideology　性別主義意識型態　207
target behavior　標的行為　220

第十一章

acculturation model　文化適應模式　242
alternation model　替換模式　242
bicultural model　雙文化模式　242
debilitating beliefs　削弱的信念　240
dialectical process　邏輯辯證歷程　242
ego-statuses　自我地位　242
ethnic identity development　族群認同發展　241
Ethnocentric monoculturalism　族群中心的單一文化主義　231
facilitative beliefs　助益的信念　240
individual-focused approach　個人為主的取向　237
Minority Identity Development, MID　少數認同發展模式　241
Models of Biracial identity　雙種族認同模式　241
models of Black and White racial identity　黑白種族認同模式　241
multicultural counseling and therapy, MCT　多元文化諮商及治療　240
naïve Eurocentric approach　天真的歐洲中心觀點　231
Nigrescence theory　黑人化過程理論　241
segmented approach　部分或片段取向　247
self-estimates　自我評量　239
self-observation generalization　自我觀察類化　239

第十二章

第十三章

career development intervention　生涯發展介入　285
career development theory　生涯發展理論　285
career maturity　生涯成熟度　298
community-referenced assessment　社區參照式評估　290
decision-making theory　決策理論　286
functional assessment　功能性評估　290
multitrait, multimethod, multifactored assessment, MTMM　多特質、多方法、多因素評估　291
self-efficacy　自我效能　300
social learning/learning theory　社會學習／學習理論　286
trait-factor approach　特質—因素分析法　285
Transdisciplinary Career Planning Model, TCPM　跨領域生涯規劃模式　287

第十四章

American Mental Health Counseling Association　美國心理健康諮商輔導協會　308
Career ownership and stewardship　生涯所有權及管理者　310
Career that is life-long　終身生涯　311
contextual perspective　脈絡式觀點　320
Department of Defense, DOD　國防部　308
holistic approach　全人取向　317
integrated one-owner　整合式單一業主　317
life-career development　終身生涯發展　317
National Career Development Guidelines, NCDG　國家職涯發展指導方針　319
Secretary's Commission on Achieving Necessary Skills, SCANS　達成必要技能委員會　315

第十五章

agent　促動者，主導者　333
American Association of Retired Persons, AARP　美國退休人士協會　324
bridge employment　就業間隙　325

第十六章

第十七章

career exploration　生涯探索　377
career transition　生涯轉型　375
community-based approaches　社區取向　371
cybercounseling　網路諮商　383
cybercounselor　網路諮商師　384
Employment Link　就業連結　381
Jewish Vocational Service, JVS　猶太職業服務　381
Job Link　工作連結　381
one-stop center　一次滿足服務中心　377
Operation ABLE　ABLE 作業　378
seamless system　天衣無縫系統　379
self-paced approach　自主學習取向　378
team approach　團隊取向　384
technological approach　科技取向　383
Troy Career Center　Troy 生涯中心　379
Work Connect　工作聯繫　381

第十八章

alternative career plans　替代性生涯規劃　403
Career and Placement Services, CAPS　生涯及安置服務　400
career needs　生涯需求　405
career orientation　生涯導向　390
comprehensive services　全方位服務　392
employment market　就業市場　395
employment opportunities　就業機會　395
enrollment-driven demand　入學所衍生出的需求　395
holistic approach　全人取向　392
integrative approach　整合式取向　402
multiple roles　多重角色　391
multiplier effect　多重效應　404
replacement-driven demand　替代所衍生出的需求　395
research settings　研究型大學　390

第十九章

career adaptability　生涯適應能力　411
career decision-making self- efficacy　生涯抉擇自我效能　413
career locus of control　生涯控制信念　414
Career Maturity Inventory　《生涯成熟量表》　412
career maturity　生涯成熟度　411
career options　生涯選項　411
comprehensive career assistance centers　全方位生涯協助中心　417
My Vocational Situation, MVS　《我的職涯狀況》　413
opportunity structure　機會結構　415
peer mentoring　同儕指導　419
recycling　再循環　411
re-experiencing　重新體驗　411
role ambiguity　角色模稜兩可　413
self-efficacy theory　自我效能理論　414

第二十章

attribute-by-treatment interactions　人際互動治療歸因　431
career counseling　生涯諮商　431
comprehensive approach　全方位取向　433
comprehensive education　全方位教育　434
contextual forces　環境脈絡力量　440
didactic-practicum　教導—實驗　435
domain-sensitive counseling　感官領域諮商　428
eclectic counseling intervention　折衷諮商介入　431
ecological approach　生態取向　435
emotional-social counseling　情感—社會諮商　428
holistic counseling agency　全人化諮商機構　438
holistic model center approach　全人模式中心取向　438
integrative approach　整合取向　430
marginalized groups　邊緣化群體　433

第二十一章

piloting　前導性研究　456
pretest-posttest design　前後測設計　451
Quality of Life Inventory　《生活品質測驗》　461
regression analyses　迴歸分析　456
Self-Directed Vocational Goal Attainment Scale　《自我導向職業目標達成量表》　454
single-case design　單一個案設計　451
single-subject design　單一受試者設計　451
source domain　來源領域　454
standard deviation　標準差　456
statistical test　統計考驗　456
Temporary Assistance to Needy Families, TANF　貧困家庭臨時協助計畫　460
Test of Adult Basic Education　《成人基本教育測驗》　461
the directionality of the statistical test　統計考驗的方向性　456
The Publication Manual of the American Psychological Association　《美國心理學會出版手冊》　456
time-orientation domain　時間導向領域　454
time-series approach　時間系列　451
treatment group　實驗處理組　451
U.S. Departmentof Health and Human Services　美國衛生暨人力服務部　458
wait-list conrol group　候補名單控制組　451
welfare-to-work　失業協助　458

第二十二章

alternate employment pattern　替代性雇用模式　471
career identity　生涯認同　469
career manager　生涯管理者　471
comprehensive matrix of interventions　全方位介入矩陣　475
fragmented careers　分割的生涯　472
human capital theory　人力資本理論　476
linear careers　線性生涯　469
new career　新生涯　472

國家圖書館出版品預行編目資料

成人生涯發展——概念、議題及實務／Spencer G. Niles 主編；彭慧玲，蔣美華，林月順譯.
--初版.-- 臺北市：心理, 2009.11
面； 公分.--（輔導諮商系列；21085）
含參考書目
譯自：Adult career development：concepts, issues and practices
ISBN 978-986-191-312-4（平裝）

1. 職場 2. 生涯規劃

494.35 98017715

輔導諮商系列 21085

成人生涯發展——概念、議題及實務

主　　編：Spencer G. Niles
校 閱 者：蕭　文
譯　　者：彭慧玲、蔣美華、林月順
執行編輯：林汝穎
總 編 輯：林敬堯
發 行 人：洪有義
出 版 者：心理出版社股份有限公司
地　　址：台北市大安區和平東路一段 180 號 7 樓
電　　話：(02) 23671490
傳　　真：(02) 23671457
郵撥帳號：19293172　心理出版社股份有限公司
網　　址：http://www.psy.com.tw
電子信箱：psychoco@ms15.hinet.net
駐美代表：Lisa Wu（Tel：973 546-5845）
排 版 者：臻圓打字印刷有限公司
印 刷 者：東縉彩色印刷有限公司
初版一刷：2009 年 11 月
I S B N：978-986-191-312-4
定　　價：新台幣 520 元